数学模型与建模算法

主　编　刘红良
副主编　李成福
编　者　周光明　文志武

湘潭大学教材建设基金出版资助

科 学 出 版 社
北　京

内 容 简 介

本书以高等数学和工程数学为基础，在传授数学建模知识的同时，注重应用能力的培养，架起了数学与实际应用问题之间的桥梁. 全书包括数学建模的基本理论与方法，内容涉及初等模型、规划模型、随机性模型、多元统计模型、微分方程模型、评价模型、图论及软件的使用等.

本书可以作为高等学校各专业学生数学建模课程的教材和参加数学建模竞赛的辅导书，还可以作为科技工作者的参考书.

图书在版编目(CIP)数据

数学模型与建模算法/刘红良主编. —北京：科学出版社，2016.7

ISBN 978-7-03-049365-1

Ⅰ. ①数… Ⅱ. ①刘… Ⅲ. ① 数学模型-算法 Ⅳ. ①O141.4

中国版本图书馆 CIP 数据核字（2016）第 159997 号

责任编辑：王 静／责任校对：张凤琴

责任印制：吴兆东 ／封面设计：迷底书装

科学出版社 出版

北京东黄城根北街 16 号

邮政编码：100717

http://www.sciencep.com

北京华宇信诺印刷有限公司印刷

科学出版社发行 各地新华书店经销

*

2016 年 8 月第 一 版 开本：720×1000 1/16

2025 年12月第十三次印刷 印张：25 3/4

字数：519 000

定价：69.00 元

（如有印装质量问题，我社负责调换）

序

随着计算机技术的迅速发展, 数学的应用不仅在工程技术、自然科学等领域发挥着越来越重要的作用, 而且以空前的广度和深度向经济、管理、金融、生物、医学、环境、地质、人口、交通等领域渗透, 数学技术已经成为当代高新技术的重要组成部分. 应用数学去解决各类实际问题时, 建立数学模型是关键的一步, 同时也是困难的一步. 建立数学模型的过程, 是把错综复杂的实际问题简化、抽象为合理的数学结构的过程. 要通过调查、收集数据资料, 观察和研究实际对象的固有特征和内在规律, 抓住问题的主要矛盾, 建立起反映实际问题的数量关系, 然后利用数学的理论和方法去分析和解决问题. 这就需要深厚扎实的数学基础、敏锐的洞察力和想象力、对实际问题的浓厚兴趣和广博的知识面. 数学建模是联系数学与实际问题的桥梁, 是数学科学技术转化的主要途径, 数学建模在科学技术发展中的重要作用越来越受到数学界和工程界的普遍重视, 它已成为现代科技工作者必备的重要能力之一. 为了适应科学技术发展的需要和培养高质量、高层次科技人才, 数学建模已经在大学教育中广泛开展, 国内外越来越多的大学正在进行数学建模课程的教学和参加开放性的数学建模竞赛, 将数学建模教学和竞赛作为高等院校的教学改革和培养高层次科技人才的一个重要方面, 许多院校正在将数学建模与教学改革相结合, 努力探索更有效的数学建模教学法和培养创新人才的新思路.

与我国高校的其他数学类课程相比, 数学建模具有难度大、涉及面广、形式灵活等特点, 为适应新形势要求, 湘潭大学数学建模指导小组根据竞赛过程中积累的教学经验编写了该书. 兼顾夯实数学建模理论, 强化数学建模方法应用, 注重写作能力培养, 该书编排涉及最优化、随机过程、多元统计分析、图论、微分方程、计算方法、层次分析法、模糊数学及数学软件包等内容. 相信该书的出版将对数学建模的教学和研究起到促进作用.

刘建州

2016 年 3 月

前　言

近几十年来，随着科学技术的发展和社会的进步，数学这一重要的基础学科迅速地向自然科学和社会科学的各个领域渗透，并在工程技术、经济管理等领域发挥越来越明显的作用，数学在自然和社会各个方面中的重要性已日益为人们所认识．要将数学方法应用到实际问题中去，首先要将所考察的实际问题归结为一个数学问题，即把这个问题的内在规律用数学符号、数学公式表示出来，然后利用数学的概念、方法和理论进行深入的分析和研究，得到定量的结果，以供人们作分析、预报、决策或者控制．这个过程就是通常所说的建立数学模型．

数学模型是连接数学理论和实际问题的桥梁，数学建模是应用数学解决实际问题的重要手段和途径．不同的实际问题，往往有不同的数学模型，同一实际问题，也可能从不同的角度，采用不同的数学方法，得到完全不同的数学模型，这一特点决定了数学模型是一门实践性很强的课程．本书的几位作者都从事过数学模型课程教学和担任过大学生数学建模竞赛的指导教师，在多年的教学实践中，积累了一些心得体会和经验，参考我校前期编写的教材及国内优秀的数学建模教材、教学辅导材料，在此基础上编写了本书，希望能对数学建模兴趣者提供帮助．

全书内容在阐述数学方法的同时，注重应用过程，强化创新意识，锻炼写作能力．因此，本书有利于训练学生的科学思维方法，培养学生的创新能力、应用能力及论文写作能力．

本书以我校多年前编写的实用数学建模教程为参考资料，编写过程中同时参阅了许多专家和学者的论文论著及大量网上相关资源，在此一并向他们致以诚挚的谢意！

感谢湘潭大学参加数学建模竞赛学生对出版本书的付出与贡献．在本书的出版过程中，得到了湘潭大学教务处、数学与计算科学学院和科学出版社许多同志的大力支持和帮助，在此一并表示感谢．

感谢湘潭大学教材建设基金对本书出版的资助．

由于作者的经验及时间有限，书中难免有错误和不妥之处，我们热切希望专家读者批评指正．

作　者
2016 年 3 月
于湘潭大学数学与计算科学学院

目　　录

第一章　绪　　论

第一节　数学建模简介

随着科学技术的进步, 特别是计算机的广泛普及, 数学的应用已不再局限于物理学等传统领域, 生态学、环境科学、医学、经济学、信息科学及一些交叉科学都提出了大量有待解决的实际研究课题. 解决这些实际问题, 十分关键而又困难的一步就是要建立恰当的数学模型. 建立数学模型的过程需要把错综复杂的实际问题抽象为简单合理的数学结构, 要做到这一点, 既要有创新能力, 又要寻找合适的数学工具, 从某种意义上讲, 它是能力与知识的综合运用. 在传统的大学教育中, 往往比较重视知识的传授, 而能力的培养则常常被忽略. 为了使大学教学更加适应社会的需求, 传统的教学内容与模式必须有所改革, 在这方面各级领导和许多教育工作者都作了大量的努力和尝试, 数学实验课程的开设和数学建模竞赛活动的举办就是其中之一.

近年来, 数学建模竞赛题型相比几年前有许多创新和改进之处, 更多来源于与人们密切相关的实际问题, 复杂性和新颖性明显增加, 比如涉及日常生活问题, 如折叠桌椅的设计、烤箱托盘的优化和拔河比赛的最优安排等, 同时涉及大量有关国民经济的问题, 如医疗保险、城市规划、药物分析、卫星定位和人口预测等, 甚至涉及科技热点问题, 如输电阻塞管理、风电功率预测和制动器试验控制平台等. 这类建模问题在教科书中找不到固定成熟的方法, 对参赛者的计算机算法 (包括统计方法、优化算法、数值分析、微分方程数值解及智能算法等) 功底和数学软件应用能力提出了更高的要求. 因此, 指导小组成员有效地选择数学建模教学内容和方式及以培养学生创新能力为目标的培训模式改革和实践研究具有重要理论意义和实用价值.

20 世纪 80 年代初, 数学建模开始进入我国大学课堂后, 促成了数学建模竞赛的三大盛宴: 全国大学生数学建模竞赛、美国大学生数学建模竞赛及“电工杯”数学建模竞赛. 具体情况如下.

(1) 1992 年全国大学生数学建模竞赛开始举办, 每年举办一次. 多年来, 数学建模教学和竞赛活动相互促进、健康发展. 2013 年全国大学生数学建模竞赛参赛规模已达到 1326 所院校, 共 23339 支队伍.

(2) 美国大学生数学建模竞赛 (MCM/ICM), 是唯一的国际性数学建模竞赛, 也是世界范围内最具影响力的数学建模竞赛, 乃当今各类数学建模竞赛之鼻祖. MCM

始于 1985 年, ICM 始于 2000 年, 由 COMAP(the Consortium for Mathematics and Its Application, 美国数学及其应用联合会) 主办, 得到了 SIAM, NSA, INFORMS 等多个组织的赞助. 2014 年, 有来自美国、中国、加拿大、芬兰、英国、澳大利亚等 19 个国家和地区共 7783 支队伍参加此项赛事角逐, 其中包括来自哈佛大学、普林斯顿大学、西点军校、麻省理工学院、清华大学、北京大学、北京航空航天大学、浙江大学、南开大学、上海交通大学、华中科技大学、南京大学等国际知名高校的学生, 且 85% 以上的队伍来自中国学生.

(3) “中国电机工程学会杯” 全国大学生电工数学建模竞赛自 2003 年在中国电机工程学会的指导下开始举办, 每两年举办一次, 在 2013 年举办的第七届竞赛中有 198 所高校共 2417 支队伍参加.

此外, 还有中国统计教育学会主办的全国大学生统计建模大赛、中国自动化学会主办的 MathorCup & CAA 世界大学生数学建模竞赛、中国数学建模网络挑战赛及亚太杯数学建模竞赛 (APMCM) 等各级赛事, 此外还有计算机仿真大赛和物流仿真大赛等一系列竞赛.

目前开设各种类型数学建模课程的学校已超过千所. 在我国甚至世界范围内, 尚没有哪一门数学课程、哪一项学科性竞赛能取得如此迅猛的发展. 中国高等教育学会会长周远清教授曾用 “成功的高等教育改革实践” 给予评价.

第二节　数学建模的方法及步骤

一、 数学建模的方法

一般说来建立数学模型的方法大体上可分为两大类: 一类是机理分析方法, 另一类是测试分析方法.

机理分析是根据对现实对象特性的认识, 分析其因果关系, 找出反映内部机理的规律. 建立的模型常具有明确的物理或现实意义. 具体包括:

(1) 比例分析法——建立变量之间函数关系的最基本、最常用的方法;

(2) 代数方法——求解离散问题 (离散的数据、符号、图形) 的主要方法;

(3) 逻辑方法——数学理论研究的重要方法, 在决策等学科中以及社会学和经济学等领域的实际问题上都得到了广泛应用;

(4) 常微分方程——解决两个变量之间的变化规律, 关键是建立瞬时变化率的表达式;

(5) 偏微分方程——解决因变量与两个以上自变量之间的变化规律.

测试分析方法将研究对象视为一个 “黑箱” 系统, 内部机理无法直接寻求, 可以测量系统的输入输出数据, 并以此为基础运用统计分析方法, 按照事先确定的准则在某一类模型中选出一个与数据拟合得最好的模型. 这种方法亦称为系统辨识 (System Identification). 系统辨识是一门专门学科, 需要一定的控制理论和随机过程方面的知识. 常用经典方法: 阶跃响应法、脉冲响应法、频率响应法、相关分析法、谱分析法、回归分析法和极大似然法、时间序列法、灰色预测法等. 现代系统辨识方法主要包括如下五点.

1. *集员系统辨识法*

集员系统辨识是假设在噪声或噪声功率未知但有界的情况下, 利用数据提供的信息给参数或传递函数确定一个总是包含真参数或传递函数的成员集 (例如椭球体、多面体、平行六面体等). 不同的实际应用对象, 集员成员集的定义也不同. 集员辨识理论已广泛应用到多传感器信息融合处理、软测量技术、通信、信号处理、鲁棒控制及故障检测等方面.

2. *多层递阶系统辨识法*

多层递阶系统辨识方法的主要思想为: 以时变参数模型的辨识方法作为基础, 在输入输出等价的意义下, 把一大类非线性模型化为多层线性模型, 为非线性系统的建模提供了一个十分有效的途径.

3. *神经网络系统辨识法*

由于人工神经网络具有良好的非线性映射能力、自学习适应能力和并行信息处理能力, 为解决未知不确定非线性系统的辨识问题提供了一条新的思路.

与传统的基于算法的辨识方法相比较, 人工神经网络用于系统辨识具有以下优点: ① 不要求建立实际系统的辨识格式, 可以省去对系统建模这一步骤; ② 可以对本质非线性系统进行辨识; ③ 辨识的收敛速度仅与神经网络的本身及所采用的学习算法有关; ④ 通过调节神经元之间的连接权即可使网络的输出来逼近系统的输出; ⑤ 神经网络也是系统的一个物理实现, 可以用在线控制.

4. *模糊逻辑系统辨识法*

模糊逻辑理论用模糊集合理论, 从系统输入和输出的量测值来辨识系统的模糊模型, 也是系统辨识的一个新的和有效的方法, 在非线性系统辨识领域中有十分广泛的应用. 模糊逻辑辨识具有独特的优越性: 能够有效地辨识复杂和病态结构的系统; 能够有效地辨识具有大时延、时变、多输入单输出的非线性复杂系统; 可以辨识性能优越的人类控制器; 可以得到被控对象的定性与定量相结合的模型. 模糊逻辑建模方法的主要内容可分为两个层次: 一是模型结构的辨识, 二是模型参数的估计. 典型的模糊结构的辨识方法有: 模糊网格法、自适应模糊网格法、模糊聚类法及模糊搜索树法等.

5. 小波网络系统辨识法

小波网络是在小波分解的基础上提出的一种前馈神经网络口, 使用小波网络进行动态系统辨识, 成为神经网络辨识的一种新的方法. 小波分析在理论上保证了小波网络在非线性函数逼近中所具有的快速性、准确性和全局收敛性等优点. 小波理论在系统辨识中, 尤其在非线性系统辨识中的应用潜力越来越大, 为不确定的复杂的非线性系统辨识提供了一种新的有效途径, 其具有良好的应用前景.

将这两种方法结合起来也是常用的建模方法, 即用机理分析建立模型的结构, 用系统辨识确定模型的参数.

二、 数学建模步骤

由于实际问题的背景、性质及建模的目的等方面不同, 因此, 建模要经过哪些步骤并没有固定的模式和标准. 一般来说数学建模的基本步骤包括以下几个主要部分 (图 1.1).

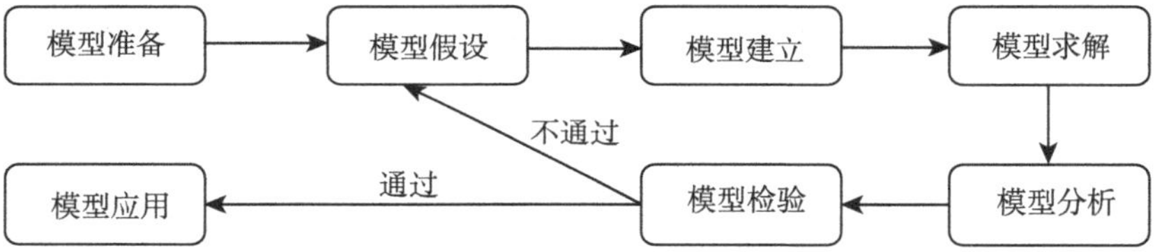

图 1.1 数学建模步骤图

1. 模型准备

首先需要对问题进行剖析, 抓住问题本质和主要因素, 确定问题的关键词, 查阅相关资料和文献, 了解问题的实际背景、原始数据及相关研究进展情况, 获得关键资料, 并初步确定研究问题的类型. 所以, 要明确问题中所给的信息点, 把握好解决问题的方向和目的, 仔细分析问题关键词和数据信息, 同时可适当补充一些相关信息和数据. 为接下来的模型建立研究基础.

2. 模型假设

根据问题对象的特征和建模的目的, 对问题进行合理的简化, 用精确的语言作出假设是建模的关键步骤. 一般来说, 一个实际问题不经过简化假设就很难翻译成数学问题, 即使可能, 也很难求解. 不同的简化假设会得到不同的模型. 假设作得不合理或者过于简单, 会导致模型失败或部分失败, 于是应该修改和补充假设; 假设作得过分详细, 试图把复杂对象的各方面因素都考虑进去, 会使你很难甚至无法继续下一步的工作. 通常作假设的依据, 一是出于对问题内在规律的认识; 二是来自对数据或现象的分析, 亦可为二者之综合. 作假设时既要运用与问题相关的物理、化学、生物、经济等方面的知识, 又要充分发挥想象力、洞察力和判断力, 善于辨别问题的主次, 果断地抓住主要因素, 舍弃次要因素, 尽量将问题清晰化和科学化.

3. 模型建立

基于所作的分析和假设, 根据所提供的要求和信息, 结合相关的数学基本原理和理论知识, 建立一个关于问题中主要变量与主要因素间的数学规律模型, 可用数学语言、符号进行描述和表示问题的内在现象和规律. 但在建模过程中应注重创新, 不要一味效仿, 可以将多个知识点进行穿插和结合并进行改进和优化, 体现模型的创新性.

4. 模型求解

在模型求解过程, 会用到传统的数学方法, 如微积分、微分方程、优化方法、统计分析等, 同时也需要现代算法, 如智能算法、复杂网络等, 但目前, 最广泛使用的是数学软件和计算机技术, 如 MATLAB、Lingo、SPSS 等. 有时还需要掌握一门编程语言或新的软件, 所以需要具备针对实际问题学习新知识的能力, 能够灵活应用新知识并将其与实际问题结合以对所建模型进行求解.

5. 模型分析

对所求的结果, 针对问题的实际情况和意义进行分析. 可以通过误差分析、灵敏度分析来确定模型解决实际问题的效果及实际应用的范围. 通过误差分析, 可以适当地调整模型, 或提出误差产生的可能原因以及解决的方案; 通过灵敏度分析, 可以确定模型中主要变量和参数的误差允许范围, 从而分析模型的健壮性与鲁棒性.

6. 模型检验

将数学上分析的结果转回到实际问题中, 并用实际的现象、数据与之比较, 检验模型的合理性和适用性. 这一步对于建模的成败至关重要. 模型检验的结果如果不符合或者部分不符合实际, 问题通常出在模型假设上, 应修改、补充假设, 重新建模. 有些模型要经过几次反复, 不断完善, 直到检验结果获得某种程度上的满意.

7. 模型应用

将实际问题转化为数学模型进行求解并证明, 在进行大量研究和演绎后, 最终还需将其回归到实际, 看其是否具有合理性和可行性. 这需要用实际信息或数据进行验证.

应当指出, 并不是所有建模过程都要经过这些步骤, 有时各步骤之间的界限也不那么分明. 建模时可采取灵活的表述方式.

第二章　初等模型

第一节　椅子问题

四条腿长度相等的椅子放在高度连续变化的不平整地面上, 四条腿能否同时着地?

假设椅子中心不动, 每条腿的尖端点为几何学上的点, 用 A, B, C, D 表示, AC, BD 分别看作坐标系中的 x 轴、y 轴. θ 表示 AC 转动后与初始位置 x 轴的夹角, $g(\theta)$ 表示 A, C 两腿与地面距离之和, $f(\theta)$ 表示 B, D 两腿与地面距离之和, 当地面光滑时 $f(\theta), g(\theta)$ 皆为连续函数. 如图 2.1 所示.

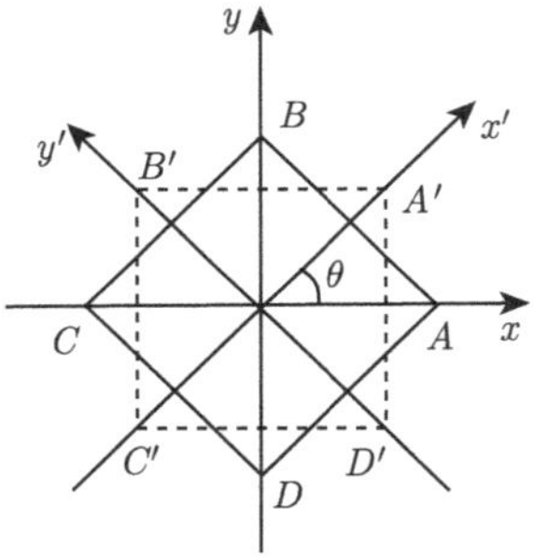

图 2.1　椅脚的坐标图

模型分析　由于三条腿总能着地, 所以 $f(\theta)g(\theta)=0$. 不妨设 $\theta=0$ 时, $g(0)=0$, $f(0)>0$, 这样椅子问题抽象成: 已知 $f(\theta)$, $g(\theta)$ 为连续函数, $g(0)=0$, $f(0)>0$, 且对任意 θ 都有 $g(\theta)\cdot f(\theta)=0$. 求证存在 θ_0, 使

$$g(\theta_0)=f(\theta_0)=0,\quad 0<\theta<\pi/2.$$

证明　令 $h(\theta)=g(\theta)-f(\theta)$, 显然 $h(0)=g(0)-f(0)<0$.

将椅子转动 $\frac{\pi}{2}$, 则有 $g\left(\frac{\pi}{2}\right)>0$, $f\left(\frac{\pi}{2}\right)=0$, 从而

$$h\left(\frac{\pi}{2}\right)=g\left(\frac{\pi}{2}\right)-f\left(\frac{\pi}{2}\right)>0.$$

又由于 $h(\theta)$ 连续, 由连续函数零点存在定理, 必定存在 θ_0, $0<\theta_0<\frac{\pi}{2}$ 使 $h(\theta_0)=0$, 即 $g(\theta_0)=f(\theta_0)$, 由 $g(\theta_0)\cdot f(\theta_0)=0$ 可得

$$g(\theta_0)=f(\theta_0)=0.$$

问题本质 合理的假设 (椅不动, 对角线为坐标轴); 首先把椅子转动和坐标旋转联系起来; 然后腿与地面距离用 θ 函数表示; 最后利用三点确定一平面得 $f(\theta_0) - g(\theta_0) = 0$.

第二节 房屋隔热性能问题

房屋取暖由于室内外温差导致热量总会从墙、窗、屋顶流失, 为此人们会采取一些隔热措施减少热量的散失. 比如, 用隔热材料填充墙壁、覆盖屋顶、使用双层玻璃窗等.

采用什么措施保暖效果最好? 这涉及热机理和工程造价等许多因素, 在这里我们只考虑给出计算室内热量透过墙、窗等散失到室外的算法.

为了解决该问题, 我们首先需要在涉及热量散失的诸多因素, 如室内外温度, 对流, 传导, 辐射, 墙和窗的面积、厚度、传热性质及所使用的隔热材料的特性等因素, 选择最关键的因素建立数学模型.

经技术上的分析及实测, 假定

(1) 辐射散热的影响可以忽略不计;

(2) 在室内外温度都已恒定时 (这是我们考虑的一般情形), 单位时间内通过单位面积从墙或窗散失的热量都是与时间和位置无关的常数.

下面我们分析热量透过墙 (或玻璃) 散失机理. 如图 2.2 所示.

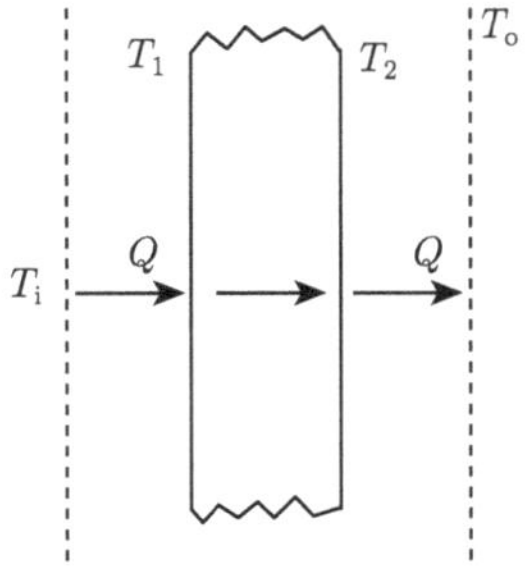

图 2.2 热量透过墙散失原理

设室内温度 T_i、室外温度 T_o、墙 (或玻璃) 内侧温度 T_1, 外侧温度 T_2. 室内热量通过空气对流传递到内墙面, 外墙面再通过空气对流将热量散失到室外. 而在墙体内部, 由于 T_1 与 T_2 的温差导致热量的传导. 这样, 用 Q 表示单位时间通过单位面积墙面散失的热量, 则墙面内侧散失的热量

$$Q = h_1 (T_i - T_1), \tag{2.1}$$

在墙面外侧散失的热量

$$Q = h_2 (T_2 - T_o), \tag{2.2}$$

其中 h_1 和 h_2 称为对流传热系数, 其值与墙材料的表面性质及空气流动速度有关.

由墙两侧温度差 $T_1 - T_2$ 引起墙内部的热传导, 根据热学知识应满足

$$Q = \frac{k}{a} (T_1 - T_2), \tag{2.3}$$

其中 k 为热传导系数, a 为墙体厚度.

由能量守恒知, 达到热平衡时, 由室内传导到墙上的热量等于墙内侧传到外侧的热量, 同时也等于由墙外侧散失到室外的热量, 而上述三等式中的 Q 应相等. 在此三式中消去 T_1 和 T_2 得

$$\left[\frac{1}{h_1} + \frac{a}{k} + \frac{1}{h_2}\right] Q = T_i - T_o. \tag{2.4}$$

令

$$\frac{1}{U} = \frac{1}{h_1} + \frac{a}{k} + \frac{1}{h_2},$$

式 (2.4) 可改写为

$$Q = U (T_i - T_o),$$

其中 U 为综合热系数. 它取决于隔热材料的材质、厚度、表面性质等, 例如, 对于单层玻璃. 取 $h_1 = 10$, $h_2 = 20$, $k = 1$, $a = 0.003$, 所以其综合传热系数 $U = 6.45\ \mathrm{W/(m^2{\cdot}℃)}$.

显然综合传热系数越小对保温越有利. 表 2.1 列出几种经实测和计算得到的墙和窗的综合传热系数.

表 2.1　各类物质的传热系数

品种	综合热传系数/(W/(m^2·℃))
实心砖墙	1.92
空心砖墙	0.873
填充隔热墙	0.50
单层玻璃 (6mm)	6.41
双层玻璃	1.27

由表 2.1 可见采用墙或窗上的保暖对减少热量散失是很有效的.

思考题　用厚度为 a 的玻璃制作双层玻璃. 设室内近窗的对流传热系数为 h_1, 室外近窗的对流传热系数为 h_2, 两层玻璃间的对流传热系数为 h_c, 玻璃的热传导系数为 k, 试说明此双层玻璃窗的综合传热系数为

$$U = \left[\frac{1}{h_1} + \frac{2a}{k} + \frac{1}{h_c} + \frac{1}{h_2}\right]^{-1}.$$

第三节　雨中行走问题

人们外出行走, 未带雨伞势必淋雨, 问要走多快才会少淋雨?

模型假设　(1) 人在雨中沿一直线从一处向另一处行进;

(2) 雨速已知;

(3) 人体近似看成一长方体.

模型建立　适当选取坐标系, 如图 2.3 所示, 设 $(u,0,0)$ 为人速, (v_x,v_y,v_z) 为雨速, l 为行走距离, l/u 为行走时间, 人体为长方体, 其前、侧、顶的面积之比为 $1:L:T$, 则单位时间淋雨为

$$|u-v_x|+|v_y|L+|v_z|T,$$

总淋雨量为

$$R(u)=\frac{l}{u}(|u-v_x|+a),$$

其中 $a=|v_y|L+|v_z|T$ 为大于零的常数. 问题转化为已知 l,v_x,a, 求 u 为何值时 $R(u)$ 最小?

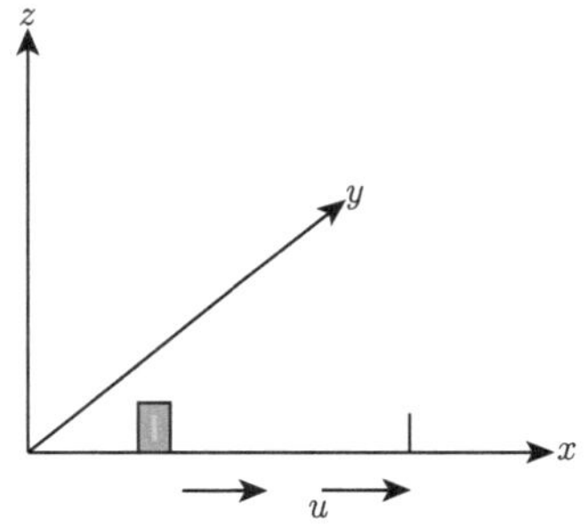

图 2.3　人行走方向示意图

模型求解　下面分两种情况讨论.

(1) 当 $v_x>0$ 时 (雨在 x 轴上分量和人行进的方向一致)

$$R(u)=\begin{cases}\dfrac{l}{u}(v_x-u+a)=\dfrac{l(v_x+a)}{u}-l, & u\leqslant v_x,\\[2ex] \dfrac{l}{u}(u-v_x+a)=\dfrac{l(a-v_x)}{u}+l, & u>v_x.\end{cases}$$

对雨速在 x 方向的分量 v_x 与 a 的值, 分三种情况分析:

(i) 当 $v_x>a$ 时, 当 $u=v_x$ 才使 $R(u)$ 取最小值, $R_{\min}=la/v_x$.

(ii) 当 $v_x \leqslant a$ 时, $u=+\infty$ 时 $R(u)$ 最小为 l. 由于人行走的速度不可能达到无穷大, 因此, 实际上取不到最小值.

(2) 当 $v_x<0$ 时 (雨速在 x 轴上的分量和人行走方向相反)

$$R|u|=\frac{1}{u}(u+|v_x|+a)=\frac{l(a+|v_x|)}{u}+l,$$

$u=+\infty$ 时 $R(u)$ 最小为 l, 类似也取不到最小值.

结论 仅当 $v_x>a>0$ 时, 应取 $u=v_x$ 可以使前后不淋雨, 则总淋雨量最小, 其他情况下都应使 u 尽量地大.

第四节 状态转移模型

问题一 人、狗、鸡、米均要从河的南岸经过河后抵达河的北岸, 船需要人划, 另外至多还能载一物, 而人不在时, 狗要吃鸡, 鸡要吃米, 问人、狗、鸡、米应怎样过河?

模型建立 我们把人、狗、鸡、米依次用四维向量的四个分量表示, 物在南岸用 "1" 表示, 物在北岸用 "0" 表示. 如 (1, 0, 1, 0) 表人、鸡在南岸、狗、米在北岸. 问题中允许存在的状态 (穷举法)

$$\begin{array}{ll}(1,1,1,1), & (0,0,0,0),\\(1,1,1,0), & (0,0,0,1),\\(1,1,0,1), & (0,0,1,0),\\(1,0,1,1), & (0,1,0,0),\\(1,0,1,0), & (0,1,0,1)\end{array}$$

共 10 个, 右边正好是左边相反状态.

船的**一次运载**用**向量**表示, 一物在船上记 1, 否则记 0.

本系统共有四个运算向量, 分别为

$$(1,0,1,0)\,,\quad (1,1,0,0)\,,\quad (1,0,0,1)\,,\quad (1,0,0,0)\,.$$

一次过河就是一状态向量和一运算向量的加法 (二进制运算).

问题转化为: 找出从 $(1,1,1,1)$ 与运算向量经过奇数次运算变为状态 $(0,0,0,0)$, 则人、狗、鸡、米均安全过河了.

模型求解 如果经过运算后出现的状态不满足题设要求画 ×, 如果运算后出现的状态是前面出现过的状态画 ××, 具体运算步骤为

$$(1)\ (1,1,1,1)+\begin{cases}(1,0,1,0)\\(1,1,0,0)\\(1,0,0,1)\\(1,0,0,0)\end{cases}\rightarrow\begin{cases}(0,1,0,1)\\(0,0,1,1)\times\\(0,1,1,0)\times\\(0,1,1,1)\times\end{cases}$$

$$(2)\ (0,1,0,1)+\begin{cases}(1,0,1,0)\\(1,1,0,0)\\(1,0,0,1)\\(1,0,0,0)\end{cases}\rightarrow\begin{cases}(1,1,1,1)\times\times\\(1,0,0,1)\ \times\\(1,1,0,0)\ \times\\(1,1,0,1)\end{cases}$$

$$(3)\ (1,1,0,1)+\begin{cases}(1,0,1,0)\\(1,1,0,0)\\(1,0,0,1)\\(1,0,0,0)\end{cases}\rightarrow\begin{cases}(0,1,1,1)\ \times\\(0,0,0,1)\\(0,1,0,0)\\(0,1,0,1)\times\times\end{cases}$$

$$(4)\ (0,0,0,1)+\begin{cases}(1,0,1,0)\\(1,1,0,0)\\(1,0,0,1)\\(1,0,0,0)\end{cases}\rightarrow\begin{cases}(1,0,1,1)\\(1,1,0,1)\times\times\\(1,0,0,0)\ \times\\(1,0,0,1)\ \times\end{cases}$$

$$(4)'\ (0,1,0,0)+\begin{cases}(1,0,1,0)\\(1,1,0,0)\\(1,0,0,1)\\(1,0,0,0)\end{cases}\rightarrow\begin{cases}(1,1,1,0)\\(1,0,0,0)\ \times\\(1,1,0,1)\times\times\\(1,1,0,0)\ \times\end{cases}$$

$$(5)\ (1,0,1,1)+\begin{cases}(1,0,1,0)\\(1,1,0,0)\\(1,0,0,1)\\(1,0,0,0)\end{cases}\rightarrow\begin{cases}(0,0,0,1)\times\times\\(0,1,1,1)\ \times\\(0,0,1,0)\\(0,0,1,1)\ \times\end{cases}$$

$$(5)'\ (1,1,1,0)+\begin{cases}(1,0,1,0)\\(1,1,0,0)\\(1,0,0,1)\\(1,0,0,0)\end{cases}\rightarrow\begin{cases}(0,1,0,0)\times\times\\(0,0,1,0)\\(0,1,1,1)\ \times\\(0,1,1,0)\ \times\end{cases}$$

$$(6)\ (0,0,1,0)+\begin{cases}(1,0,1,0)\\(1,1,0,0)\\(1,0,0,1)\\(1,0,0,0)\end{cases}\rightarrow\begin{cases}(1,0,0,0)\ \times\\(1,1,1,0)\times\times\\(1,0,1,1)\ \times\\(1,0,1,0)\end{cases}$$

$$(7)\ (1,0,1,0)+\left\{\begin{array}{l}(1,0,1,0)\\(1,1,0,0)\\(1,0,0,1)\\(1,0,0,0)\end{array}\right. \rightarrow \left\{\begin{array}{l}(0,0,0,0)\\(0,1,1,0)\times\\(0,0,1,1)\times\\(0,0,1,0)\end{array}\right.$$

具体转移过程为

$$(1,1,1,1)\rightarrow(0,1,0,1)\rightarrow(1,1,0,1)\begin{array}{l}\nearrow(0,0,0,1)\rightarrow(1,0,1,1)\searrow\\\searrow(0,1,0,0)\rightarrow(1,1,1,0)\nearrow\end{array}(0,0,1,0)$$

$$\rightarrow(1,0,1,0)\rightarrow(0,0,0,0).$$

问题二　有三对夫妻要过河, 船最多能载二人, 由于封建意识严重, 要求任一女子不能在丈夫不在场的情况下与另外的男子在一起, 如何安排三对夫妻过河. 这是阿拉伯早期的一道趣味数学题, 此问题有多种解法, 下面介绍两种解法.

1. 把问题化为状态转移问题

夫妻过河问题与人、狗、鸡、米过河问题的相似之处, 都是带有约束条件的过河问题, 但夫妻过河问题还要复杂一些.

模型建立　用向量 (H,W) 表示有 H 个男子, W 个女子在南岸, 其中 $0\leqslant H\leqslant 3$, $0\leqslant W\leqslant 3$. 根据题意, 一共有 9 个可取状态, 它们是 $(0,0)$, $(0,1)$, $(0,2)$, $(0,3)$, $(3,1)$, $(3,2)$, $(3,3)$, $(1,1)$ 和 $(2,2)$. 定义运算向量为 $\left((-1)^j m,(-1)^j n\right)$, 其中 $m,n=0,1,2$ 且 $1\leqslant m+n\leqslant 2, j=1,2,3,\cdots$.

夫妻过河问题转化为: 求由状态 $(3,3)$ 经奇数次运算转移到 $(0,0)$ 的转移过程.

模型求解　具体运算与问题一类似, 运算第一步:

$$(3,3)+\left\{\begin{array}{l}\left((-1)^1\cdot 0,(-1)^1\cdot 1\right)\\\left((-1)^1\cdot 0,(-1)^1\cdot 2\right)\\\left((-1)^1\cdot 1,(-1)^1\cdot 1\right)\\\left((-1)^1\cdot 1,(-1)^1\cdot 0\right)\\\left((-1)^1\cdot 2,(-1)^1\cdot 0\right)\end{array}\right. \rightarrow \left\{\begin{array}{l}(3,2)\\(3,1)\\(2,2)\\(2,3)\times\\(1,3)\times\end{array}\right.$$

第二步是将 $(3,2)$, $(3,1)$, $(2,2)$ 分别与运算向量进行运算, 如此下去, 读者不难验证, 经过 11 次取运算后即可完成.

为了便于计算机求解, 记允许状态集合和可取运算集合分别为

$$S=\{(i,j)\,|i=0,j=0,1,2,3;\ j=3,i=0,1,2,3;\ i=j=1,2\},$$

$$D = \{(m,n)\,|1 \leqslant m+n \leqslant 2,\ m,n=0,1\ ,2\}.$$

并用 $S_1(m,n)$, $S_2(m,n), \cdots (S_k \in S)$ 表示状态的变化过程, $d_k(m,n)\,(d_k \in D)$ 表示状态 $S_k(m,n)$ 下的过河方案, 当 k 为奇数时, d_k 表示从南岸到北岸, 当 k 为偶数时, 表示从北岸到南岸. 状态转移满足下列关系

$$S_{k+1} = S_k + (-1)^k d_k. \tag{2.5}$$

于是问题归结为: 求 $d_k \in D\,(k=1,2,\cdots)$ 使 $(S_k \in S)$ 状态按 (2.5) 式由初始状态 $S_1(3,3)$ 经 n 步转移到 $S_n(0,0)$ 的最小的 n 值.

利用上面的模型, 就容易在计算机上实现求解了. 如果在计算过程中出现循环, 说明问题无解.

2. 用图解法求解

在 H-W 平面坐标系中, 以小圆圈 "○" 表示可取状态, 从点 $A(3,3)$ 经过奇数次运动到达原点 (0,0), 其运动规则为

(1) 第奇数次需向左或下运动 2 格;

(2) 第偶数次需向右或上运动 1 格至 2 格;

(3) 每次运动必须落在可取状态即点 "○" 上 (图 2.4).

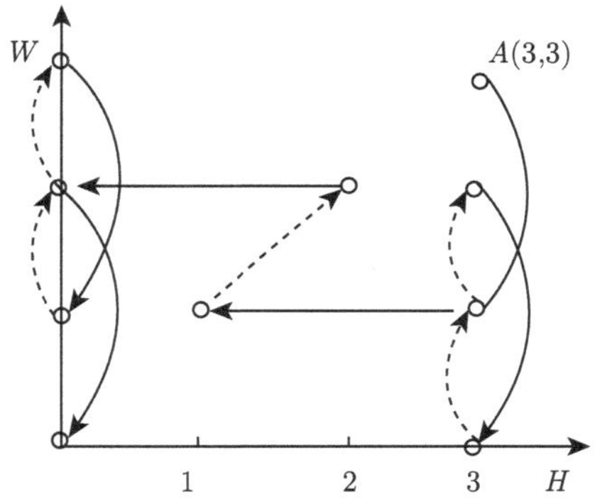

图 2.4 图解法

思考题 有三名商人各带一个仆人要过河, 但船最多能载二人, 商人已识得仆人的阴谋: 在河的任一岸, 只要仆人数超过商人数, 仆人会将商人杀死并窃取货物. 安排如何乘船的权力掌握在商人手中, 试为商人制订一个安全过河方案.

第五节 传送系统问题

工人们在各自的工作台上生产同一种产品, 生产周期 (生产一件产品的时间) 是一定的, 这些工作台上方有一条以常速运转的传送产品的传送带, 带上设置有若

干钩子，工人们将生产出的产品挂在经过上方的钩子带走，当传送系统进入稳定状态时，每个工人往钩子上挂他生产出产品的时刻是随机的．试作出一些简化假设，并给出描述这一过程效能指标，建立传送系统模型．

模型假设　(1) n 个工人的生产是相互独立的；生产周期 T 是常数；n 个工作台均匀排列．

(2) 一个生产周期内有 m 个钩子通过每一工作台上方，钩子均匀排列；到达第一个工作台上方的钩子都是空的．

(3) 每只钩子通过某一工作台上方的时间间隔$\Delta t = \dfrac{T}{m}$．如果这个工人生产出一件产品，那么当该钩子是空的时，则工人可以将产品挂上带走；当该钩子非空时，则工人只能把产品放在地板上 (他没有时间等候下一只钩子)，而产品一旦放在地板上就永远退出这一传送系统．

(4) 当传送系统进入稳态后，每个工人在一个生产周期内生产出一件产品的时间是均匀分布的．

传送带的效能指标 D 为一周期内未被传送带送走的产品数 (期望值) 和产品总数 n 的比．

模型建立　显然，D 越小传送系统效率越高，为了得到 D 的表达式，需要分析一只钩子非空的概率．

因为一工人在 Δt 内生产出一件产品的概率即他能往一只空钩子上挂产品的概率为 $p = \dfrac{\Delta t}{T} = \dfrac{1}{m}$，又记 $q = 1 - p$，所以 n 个工人都不往一只钩子上挂产品的概率，即一只钩子为空的概率是 q^n，于是一只钩子非空的概率是 $1 - q^n$，由此每一周期平均有 $T/\Delta t\,(1 - q^n) = m\,(1 - q^n)$ 只非空的钩子通过工作台，这也就是传送带每周期平均送走的产品数目．

由指标 D 的定义，有

$$D = \frac{n - m\,(1 - q^n)}{n} = 1 - \frac{m}{n}\left[1 - \left(1 - \frac{1}{m}\right)^n\right]. \tag{2.6}$$

当 $\dfrac{n}{m}$ 较小时，式 (2.6) 的近似表达式为

$$D \approx 1 - \frac{m}{n}\left[1 - \left(1 - \frac{n}{m} + \frac{n\,(n-1)}{2m^2}\right)\right] = \frac{n-1}{2m},$$

D 近似地与 n 成正比，与 m 成反比．

第六节　包扎管道问题

水管或煤气管经常需要从外部包扎以便对管道起保护作用，如何进行包扎才能

使带子全部包住管道而且最节省材料.

模型假设　先对管子的形状和包扎带作下面的假设:

(1) 管道的横截面都是圆, 而且粗细均匀;

(2) 带子的宽度是不变的, 而且带子的宽度小于圆管截面的周长.

我们的问题变成: 如何用带子缠绕在管道外部才能使带子全部包住管道外部, 而且带子间互不重叠?

模型建立　要使带子包住全部管道而且带子间互不重叠, 必须要有一个适当的缠绕角度, 也就是说, 在这个问题中带子的宽度、管道的粗细和缠绕的角度之间存在一定的关系, 找出这个关系就可以进一步讨论如何根据管道粗细和带子的宽度确定包扎方式.

我们用 W 表示带子的宽度, C 表示圆管的周长. θ 表示带子的倾斜方向与管道母线垂线的方向之间的夹角.

设想将带子缠绕在管道上使它包住管道且带子间互不重叠, 并且从带子一角的 A 点沿圆管母线的方向画一条辅助线 l, 再在辅助线与带子边缘的交点处画出圆管的横截面的截口 C. 将画有辅助线和截口线的带子截下一段展开, 平放在平面上, 如图 2.5 所示.

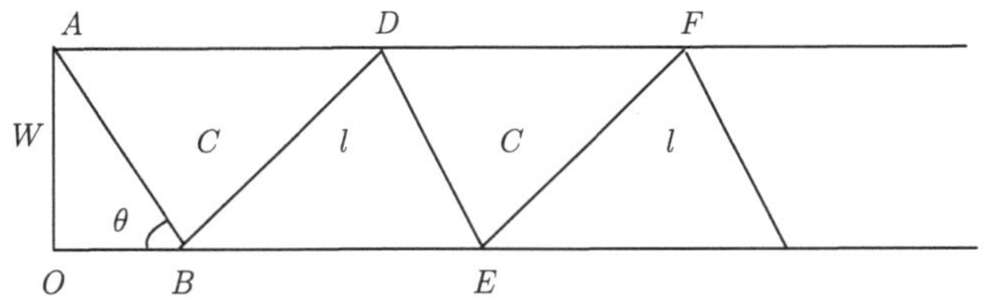

图 2.5　包装带子展开图

这时 A, B 和 D, E 分别是管道上的同一点, 直线 AB 和 DE 是圆管的截口而 BD 和 EF 是圆管的母线, 且有 $AO \perp OB$. 易得

$$W = C\sin\theta,$$

这就是所需要的管道包扎的数学模型.

思考题　(1) 当管道的截面是正方形或其他形状时, 对问题的结论有什么影响?

(2) 如果包扎时允许一定宽度的重叠, 这时如何修改我们的模型?

(3) 如果给定管道的长度、粗细和带子的宽度, 能否使用模型计算所需带子的长度?

第七节 人员疏散问题

考虑学校的一座教学楼, 其中一楼有一排四间相同的教室, 如图 2.6 所示. 学生们可以沿教室外的走道一直走到尽头的出口. 试用数学模型来分析人员疏散所用的时间.

分析 混乱无序的疏散撤离是难于使用数学方法来分析的, 而且这也绝不是最佳的疏散撤离方案, 为简单起见, 开始我们不妨假设疏散时大家秩序井然地排成单行且间隔均匀地、匀速地撤离建筑物.

在这些假设下, 疏散撤离的队伍中人与人之间的距离为常数, 记为 d(米), 队列行进速度也是常数 v(米/秒). 令第 i 个教室中的人数为 n_i+1 人, 第 i 个教室的门口到前一个教室的门口的距离为 L_i(米), 教室门的宽度为 D(米). 疏散时教室内第一个人到达教室门口所用的时间忽略不计.

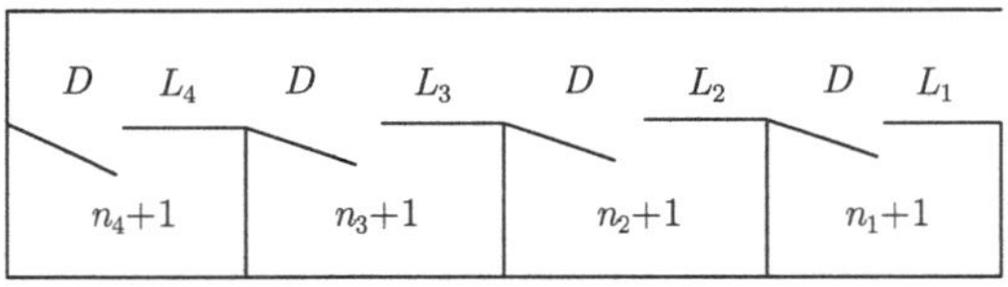

图 2.6 教室示意图

首先考虑第一个教室内人员的疏散. 这个教室撤空的时间是 n_1d/v, 而该教室的最后一个人到达出口, 即全部撤离的时间是 $T_1=L_1/v+n_1d/v$(秒).

同样, 第二个教室撤空的时间是 n_2d/v 秒. 而最后一个人到达出口所用时间是 $T_2=(L_1+L_2+D)/v+n_2d/v$(秒). 但是在单行撤离的假设下还应该考虑到这两支疏散队伍可能出现重叠的情形. 即第二个教室的第一个撤离者到达第一个教室门口时, 第一个教室内的人还没有疏散完毕. 这时如果两支队伍同时行进势必造成混乱. 因此需要等待第一个教室撤空之后第二个教室的队伍再继续前进. 这种情形出现的条件是

$$(n_1+1)d/v>(L_2+D)/v, \quad 即 \quad (n_1+1)d>L_2+D.$$

由此可以得到这两个教室内的人员 (单队) 完全撤出教学楼所用的时间的数学模型.

$$T_{12}=\begin{cases}(L_1+L_2+D+n_2d)/v, & (n_1+1)d\leqslant L_2+D,\\ [L_1+(n_1+n_2+1)d]/v, & (n_1+1)d>L_2+D.\end{cases}$$

类似地, 可以给出四个教室内的人员完全撤出教学楼所用的时间的数学模型.

我们进一步分析所得模型, 发现疏散的时间主要由两部分构成: 队伍排头的人从教室门口走出教学楼的时间和队伍的排尾的人走一个队伍的长度达到排头位置所用的时间. 我们不妨记为

$$T = \frac{L}{v} + \frac{nd}{v}.$$

由此可以看出: 楼道的长度越长, 教室内的人员越多疏散所用的时间越长; 另外, 如果楼道的长度一定, 教室内的人数一定时, 队伍的行进速度越快, 疏散所用的时间越短; 队伍越密集 (d 越小) 队伍的长度越短, 疏散所用的时间也就越短: 这些都是与我们的生活常识一致的.

但是进一步分析, 如果队伍十分密集使得 $d=0$, 此时, 教室内全部成员疏散所用时间为 $T=L/v$, 它是一个与教室内的人数无关的量, 这显然和现实生活相悖的. 问题在于在建模时忽略了队伍中的身体的厚度的假设 (这应该在 "假设" 中明确列出). 如果我们把这个假设修正为: 人的身体的厚度是相同的, 记为 ω, 则上述模型就可以修改为

$$T = \frac{L}{v} + \frac{n(d+\omega)}{v},$$

这时就不会出现和现实生活相悖的现象了.

但是, 如果使用这个模型, 我们应得到这样的结论: 疏散时队伍应该以最密的队形, 以人所可能的最大行进速度行进所得到的疏散时间是最短的. 但是稍有生活经验的人都知道上面的结论是不切实际的. 因为一个密集队形的队伍行进时是不可能达到单个人所可能的最大行进速度. 过于密集的队伍疏散时所用时间也不可能是最短的, 之所以会出现这样不切实际的结论, 在于我们在建模时分别考虑了队列的密集程度和队列行进的速度对疏散时间的影响. 这实际上相当于作了一个 "假设": 队列的密集程度与队列的行进速度是相互独立互不影响的 (这也应该在 "假设" 中明确列出). 这个假设与实际情况是不一致的. 因此, 一个正确的人员疏散模型还应该明确地加上 "假设": 疏散队伍行进的速度要受到队伍的密集程度的影响, 队列越密集, 行进的最大速度越慢, 也就是说队列的最大的行进速度依赖于队列的密集程度, 是队列密集程度的函数 $v(d)$, 而且是 d 的增函数, 这样一来, 模型又可以修正为

$$T = \frac{L}{v(d)} + \frac{n(d+\omega)}{v(d)}.$$

这时我们可以证明一定存在一个适当的队列密集程度和队伍的行进速度使得人疏散所用的时间最短.

思考题　如果教室外的走道足够宽, 可以容许两列、三列或四列队伍同时并进时怎样组建疏散时间的数学模型.

真题练习　2010 年全国大学生数学建模竞赛 A 题

储油罐的变位识别与罐容表标定

通常加油站都有若干个储存燃油的地下储油罐, 并且一般都有与之配套的 "油位计量管理系统", 采用流量计和油位计来测量进/出油量与罐内油位高度等数据, 通过预先标定的罐容表 (即罐内油位高度与储油量的对应关系) 进行实时计算, 以得到罐内油位高度和储油量的变化情况.

许多储油罐在使用一段时间后, 由于地基变形等原因, 使罐体的位置会发生纵向倾斜和横向偏转等变化 (以下称为变位), 从而导致罐容表发生改变. 按照有关规定, 需要定期对罐容表进行重新标定. 请你们用数学建模方法研究解决储油罐的变位识别与罐容表标定的问题.

(1) 为了掌握罐体变位后对罐容表的影响, 针对小椭圆型储油罐 (两端平头的椭圆柱体), 分别对罐体无变位和倾斜角为 $\alpha=4.1°$ 的纵向变位两种情况做了实验, 实验数据如附件 1 所示. 请建立数学模型研究罐体变位后对罐容表的影响, 并给出罐体变位后油位高度间隔为 1cm 的罐容表标定值.

(2) 对于题中所给的实际储油罐, 试建立罐体变位后标定罐容表的数学模型, 即罐内储油量与油位高度及变位参数 (纵向倾斜角度 α 和横向偏转角度 β) 之间的一般关系. 请利用罐体变位后在进/出油过程中的实际检测数据 (附件 2), 根据你们所建立的数学模型确定变位参数, 并给出罐体变位后油位高度间隔为 10cm 的罐容表标定值. 进一步利用附件 2 中的实际检测数据来分析检验你们模型的正确性与方法的可靠性.

附件 1 和附件 2 的实验数据及实际储油罐示意图详见网址 http://www.shumo.com/wiki 栏目中的数模题库, 后面所有真题及数据都在该栏目中可以找到.

第三章　规划模型

本章介绍规划模型, 这是一类有着广泛应用的确定性系统优化模型. 这类规划问题模型规范, 建模直接, 求解方法典型, 实用面宽. 掌握这类规划问题的数学建模, 是建模者必须具备的基本建模素养. 下面介绍线性规划、非线性规划等模型.

第一节　线性规划模型

一、 问题的提出及标准形

例 1　设某工厂使用机床甲、乙生产 A, B 两种产品. 每生产 A 一吨需使用设备甲 6 小时, 设备乙 2 小时, 可得利润 300 元. 每生产 B 一吨需使用设备甲 6 小时, 设备乙 3 小时, 可以得利润 400 元. 设备甲每天至多可工作 20 小时, 设备乙每天至多可工作 12 小时. 问每天应当生产 A, B 各多少吨, 才能使总利润最大?

解　设该厂每天生产产品 A, B 的产量分别为 x_1(吨) 和 x_2(吨), 所得到的总利润为 z(元), 则可以建立数学模型为

$$\text{目标函数}\quad \max z = 300x_1 + 400x_2,$$

$$\text{约束条件}\quad \text{s.t.}\begin{cases} 6x_1 + 6x_2 \leqslant 20, \\ 2x_1 + 3x_2 \leqslant 12, \\ x_1 \geqslant 0, x_2 \geqslant 0. \end{cases}$$

从上例可以看出, 在一些变量满足某些线性等式或不等式的约束条件下, 求这些变量的值使这些变量的某个线性函数达到最大值 (或最小值), 称这类问题为线性规划问题, 这个线性函数称为目标函数.

线性规划问题是运筹学中最常用的方法之一, 其特征就是在满足一组线性约束和变量非负的条件下, 求多变量线性函数值 (最大值或最小值). 这一特征决定了所有的线性规划模型可以化为相同的标准形式, 这样就可以采用固定的方法以求得最优解.

线性规划问题的标准形式为

$$\text{目标函数}\quad \max z = c_1x_1 + c_2x_2 + \cdots + c_nx_n,$$

$$\text{约束条件}\quad \text{s.t.}\begin{cases} a_{11}x_1+a_{12}x_2+\cdots+a_{1n}x_n=b_1,\\ a_{21}x_1+a_{22}x_2+\cdots+a_{2n}x_n=b_2,\\ \qquad\cdots\cdots\\ a_{m1}x_1+a_{m2}x_2+\cdots+a_{mn}x_n=b_m,\\ x_1,x_2,\cdots,x_n\geqslant 0,\end{cases}$$

其中 $b_1,b_2,\cdots,b_m$ 均为非负值.

若令 $C=(c_1,c_2,\cdots,c_n)^{\mathrm{T}},X=(x_1,x_2,\cdots,x_n)^{\mathrm{T}}$,

$$A=\begin{pmatrix} a_{11} & \cdots & a_{1n}\\ \vdots & & \vdots\\ a_{m1} & \cdots & a_{mn}\end{pmatrix},\quad B=(b_1,b_2,\cdots,b_m)^{\mathrm{T}},$$

则线性规划问题的标准形式可以写为

$$\text{目标函数}\quad \max z=C^{\mathrm{T}}X,$$

$$\text{约束条件}\quad \text{s.t.}\begin{cases} AX=B,\\ X\geqslant 0.\end{cases}$$

对于不符合标准形的线性规划问题, 可以通过下列方法化为标准形.

(1) 目标函数求极小值, 即为

$$\min z=C^{\mathrm{T}}X=c_1x_1+c_2x_2+\cdots+c_nx_n,$$

等价于求 $\max(-z)=-(c_1x_1+c_2x_2+\cdots+c_nx_n)=-C^{\mathrm{T}}X$.

(2) 当右端的项 $b_i<0$ 时, 只需将等式两端同乘以 (-1), 则等式右端项 $(-b_i)$ 就大于 0.

(3) 约束条件为不等式. 当约束条件为 "$\leqslant$" 时, 如 $5x_1+x_2\leqslant 24$, 可以令 $x_3=24-5x_1-x_2$, 则此约束条件就成为 $5x_1+x_2+x_3=24, x_3\geqslant 0$. 当约束条件为 "$\geqslant$" 时, 如 $10x_1+9x_2\geqslant 18$, 则可以令 $x_4=10x_1+9x_2-18$ 得 $10x_1+9x_2-x_4=18$, $x_4\geqslant 0$. x_3,x_4 都是新加上去的变量, 取值为非负, 加到原约束条件上去的目的是将不等式转化为等式, 其中 x_3 称为松弛变量, x_4 称为剩余变量.

(4) 取值为无约束的变量. 若 x_5 的取值无约束, 则令 $x_5=x_5'-x_5''$, 其中 $x_5'\geqslant 0, x_5''\geqslant 0$.

(5) 当 $x_6\leqslant 0$ 时, 就令 $x_6'=-x_6$, 即有 $x_6'\geqslant 0$.

例 2　将下述线性规划问题化为标准形.

$$\min\quad z=2x_1+x_2+3x_3+x_4,$$

$$\text{s.t.}\begin{cases} x_1+x_2+x_3+x_4\leqslant 7,\\ 2x_1-3x_2+5x_3=-8,\\ x_1-2x_3+2x_4\geqslant 1,\\ x_1,x_3\geqslant 0,x_2\leqslant 0.\end{cases}$$

解 令 $z'=-z, x_2'=-x_2, x_4=x_4'-x_4''$, 按上述标准化法则, 该问题化为标准形为

$$\max\quad z'=-2x_1+x_2'-3x_3-x_4'+x_4'',$$

$$\text{s.t.}\begin{cases} x_1-x_2'+x_3+x_4'-x_4''+x_5=7,\\ -2x_1-3x_2'-5x_3=8,\\ x_1-2x_3+2x_4'-2x_4''-x_6=1,\\ x_i\geqslant 0, i=1,2,3,5,6, x_2'\geqslant 0, x_4'\geqslant 0, x_4''\geqslant 0.\end{cases}$$

简单的线性规划问题可以用图解法, 一般的线性规划问题可以用单纯形法, 由于计算机的普及, 现在有了解决线性规划问题的软件, 如常用的 MATLAB、Lingo 等软件. 这里我们不介绍线性规划问题的一般解法, 具体解法可以参考线性规划方面的书籍.

二、 线性规划模型的建立

下面我们通过几个例子来分析怎样建立线性规划模型.

例 3 一贸易公司专门经营某种杂粮的批发业务, 公司现有库容量 5000 吨的仓库. 1 月 1 日, 公司拥有库存 1000 吨杂粮, 并有资金 2000 元. 估计第一季度杂粮价格如表 3.1 所示.

表 3.1 第一季度进出货单价表

	进货价/元	出货价/元
一月	2.85	3.10
二月	3.05	3.25
三月	2.90	2.95

如果买进的杂粮当月到货, 但需到下月才能卖出, 且规定 “货到付款”. 公司希望季度末库存为 2000 吨, 问应当采取什么样的买进和卖出策略, 才能使三个月总的获利最大? 试建立数学模型.

解 **问题分析** (1) 确定决策变量问题. 要确定每个月买进多少, 卖出多少吨杂粮, 故设 x_1, x_2, x_3 分别为一、二、三月买进的杂粮吨数, y_1, y_2, y_3 分别为一、二、

三月卖出杂粮的吨数.

(2) 确定目标函数. 每个月通过卖出杂粮获得资金, 买进杂粮要消耗资金, 它们之差就为本月的利润, 故得目标函数为

$$\max \quad z = 3.10y_1 + 3.25y_2 + 2.95y_3 - 2.85x_1 - 3.05x_2 - 2.90x_3.$$

(3) 确定约束条件. 根据题目的要求, 总共有四类约束条件, 存货约束、库容约束、资金约束、期末库存约束.

(i) 存货约束: 由于当月买进的杂粮只能在下月出售, 故每个月卖出的杂粮不能超过上个月末的存货量, 即得到存货约束为

$$y_1 \leqslant 1000, \quad y_2 \leqslant 1000 - y_1 + x_1, \quad y_3 \leqslant 1000 - y_1 + x_1 - y_2 + x_2.$$

(ii) 库容约束: 由于库容为 5000 吨, 那么每个月的存货数量不能超过 5000 吨, 不妨设贸易公司每个月都在月底进货, 或者是当月在将杂粮卖出以后再进货, 这样就会减少库存容量, 这个假设是合理的. 那么库存容量约束为

$$1000 - y_1 + x_1 \leqslant 5000, \quad 1000 - y_1 + x_1 - y_2 + x_2 \leqslant 5000.$$

(iii) 资金约束: 贸易公司的资金除了初始的以外, 每个月都要出售杂粮回收资金, 在回收资金以后, 再进杂粮, 每个月进杂粮的数量不能超过其拥有资金能购买的杂粮数量, 即得资金约束为

$$x_1 \leqslant \frac{2000 + 3.10y_1}{2.85}, \quad x_2 \leqslant \frac{2000 + 3.10y_1 - 2.85x_1 + 3.25y_2}{3.05},$$

$$x_3 \leqslant \frac{2000 + 3.10y_1 - 2.85x_1 + 3.25y_2 - 3.05x_2 + 2.95y_3}{2.90}.$$

(iv) 季末库存: 题中要求季末的库存为 2000 吨, 得到关系式

$$1000 - y_1 + x_1 - y_2 + x_2 - y_3 + x_3 = 2000.$$

显然, 每个月出售的杂粮数和买进的杂粮数不能为负, 即

$$x_1, \ x_2, x_3, y_1, y_2, y_3 \geqslant 0.$$

综上所述, 该公司的杂粮采购与销售计划的线性规划数学模型即为

$$\max z = 3.10y_1 + 3.25y_2 + 2.95y_3 - 2.85x_1 - 3.05x_2 - 2.90x_3,$$

$$
\text{s.t.}\begin{cases}
y_1 \leqslant 1000, \\
y_2 \leqslant 1000 - y_1 + x_1, \\
y_3 \leqslant 1000 - y_1 + x_1 - y_2 + x_2, \\
1000 - y_1 + x_1 \leqslant 5000, \\
1000 - y_1 + x_1 - y_2 + x_2 \leqslant 5000, \\
x_1 \leqslant \dfrac{2000 + 3.10y_1}{2.85}, \\
x_2 \leqslant \dfrac{2000 + 3.10y_1 - 2.85x_1 + 3.25y_2}{3.05}, \\
x_3 \leqslant \dfrac{2000 + 3.10y_1 - 2.85x_1 + 3.25y_2 - 3.05x_2 + 2.95y_3}{2.90}, \\
1000 - y_1 + x_1 - y_2 + x_2 - y_3 + x_3 = 2000,
\end{cases}
$$

$$x_1,\ x_2,\ x_3,\ y_1,\ y_2,\ y_3 \geqslant 0.$$

例 4　某工厂生产 A, B 两种食品, 现有 50 名熟练工人, 已知一名熟练工人每小时可以生产 10 千克 A 或 6 千克 B. 根据合同预订, 该两种食品每周的需求量将急剧上升, 见表 3.2. 为此该厂决定到第八周末培训出 50 名新的工人, 两班生产. 已知一名工人每周工作 40 小时, 一名熟练工人用两周时间可以培训出不多于 3 名新工人 (培训期间熟练工人和被培训工人都不参加生产). 熟练工人每周工资为 360 元, 新工人培训期间工资为 120 元, 培训结束参加工作以后, 工资每周 240 元, 生产效率同熟练工人. 在培训的过渡期间, 很多熟练工人愿加班生产, 工厂决定安排部分工人每周加班 20 小时, 每加班 1 小时另付加班工资 12 元. 又若预订的食品不能按期交货, 每推迟一周的赔款费为: 食品 A——0.50 元 / 千克周; 食品 B——0.60 元 / 千克周. 在上述各条件下, 工厂应如何作出全面的安排, 使各项费用的总和最小. 试建立数学模型.

表 3.2　A, B 产品每周生产的数量表 (吨/周)

周次 / 食品	1	2	3	4	5	6	7	8
A	10	10	12	12	16	16	20	20
B	6	7.2	8.4	10.8	10.8	12	12	12

解　**问题分析**　根据题意, 不妨假设新工人的培训时间为 2 周, 每周都是在周初开始抽调熟练工人对新工人进行培训. 参加培训的新工人中途不能退出. 根据这个假设, 在第 8 周工厂就不再抽调熟练工人, 也不招收新工人进行培训. 由于生产线以及计划的安排, 一名工人在一周内不调换生产食品的种类, 即一名工人一周内只能生产一种食品. 所有的食品在第八周末要全部交付出去 (按合同要求

行事).

(1) 确定决策变量.

设 x_i, y_i 为第 i 周安排生产食品 A, B 的工人数; u_i, v_i 为第 i 周安排生产食品 A, B 的加班熟练工人数; w_i 为从第 i 周开始调出来培训新工人的熟练工人数; n_i 为从第 i 周开始接受培训的新工人数; F_{1i}, F_{2i} 为第 i 周周末未能按期交货的食品 A 和 B 的数量; R_{1i}, R_{2i} 为第 i 周对食品 A 和 B 的需求量.

(2) 目标函数.

根据题意, 要求总费用最小, 总费用包括以下几项:

(i) 50 个熟练工人的工资, 是一个常数, 50×360×8=144000.

(ii) 熟练工人的加班费

$$\sum_{i=1}^{8}[(u_i+v_i)\times 12\times 20]=240\sum_{i=1}^{8}(u_i+v_i).$$

(iii) 新工人培训时的工资及生产食品时的工资. 由于新工人培训时间为 2 周, 2 周后就下去生产, 在第 8 周就没有招收新工人进行培训. 第 i 周新招收工人培训时期的工资总额为 $2\times 120n_i$, 而第 i 周新培训的工人的生产时间为 $(7-i)$ 周, 故他们的生产时的工资总额为 $(7-i)\times 240n_i$, 故新工人培训及生产时期的工资总额为

$$\sum_{i=1}^{7}240n_i+\sum_{i=1}^{7}240(7-i)n_i=240\sum_{i=1}^{7}(8-i)n_i.$$

(iv) 每一周未按时交货时要付赔偿费, 由于第 8 周必须全部交货, 故第 8 周就没有赔偿费, 得到赔偿费为

$$\sum_{i=1}^{7}(0.5F_{1i}+0.6F_{2i}).$$

综上所述, 得到目标函数为

$$\begin{aligned}\min z=&144000+240\sum_{i=1}^{8}(u_i+v_i)+240\sum_{i=1}^{7}(8-i)n_i\\&+\sum_{i=1}^{7}(0.5F_{1i}+0.6F_{2i}).\end{aligned}$$

(3) 确定约束条件.

(i) 食品供应约束.

到第 k 周周末, 工人共生产了食品 A 的数量

$$10\times 40\times\sum_{i=1}^{k}x_i+10\times 20\times\sum_{i=1}^{k}u_i;$$

生产食品 B 的数量为

$$6 \times 40 \times \sum_{i=1}^{k} y_i + 6 \times 20 \times \sum_{i=1}^{k} v_i.$$

到第 k 周周末未能按时交付的食品 A 和 B 的数量分别为 F_{1k}, F_{2k}, 则未能按时交付的与已生产的食品之和就是第 k 周的食品需求量, 得到约束条件为

$$\begin{aligned} 400 \times \sum_{i=1}^{k} x_i + 200 \times \sum_{i=1}^{k} u_i + F_{1i} &= \sum_{i=1}^{k} R_{1i}, \\ 240 \times \sum_{i=1}^{k} y_i + 120 \times \sum_{i=1}^{k} v_i + F_{2i} &= \sum_{i=1}^{k} R_{2i}, \end{aligned}$$

其中 $k = 1, 2, \cdots, 7$, 当 $k = 8$ 时, 即第 8 周周末时, 应当交付 A 食品 116000(千克), 应交付 B 食品 79200(千克), 这样就得到另外两个食品供应约束

$$\begin{aligned} 400 \times \sum_{i=1}^{8} x_i + 200 \times \sum_{i=1}^{8} u_i &= 116000, \\ 240 \times \sum_{i=1}^{8} y_i + 120 \times \sum_{i=1}^{8} v_i &= 79200. \end{aligned}$$

(ii) 上班工人数约束.

由于一个熟练工人一旦被调去培训新工人, 至少要培训 2 周时间, 即本周抽调去培训新工人的熟练工人, 下一周还不能参加生产, 故第 1, 2 周上班工人数约束为

$$x_1 + y_1 + w_1 = 50, \quad x_2 + y_2 + w_1 + w_2 = 50.$$

从第 3 周开始那些培训出来的新工人就可以参加生产了, 故得到约束

$$x_i + y_i + w_{i-1} + w_i = 50 + \sum_{k=1}^{i-2} n_k, \quad i = 3, 4, \cdots, 8.$$

由于第 8 周不再抽调熟练工人去培训新工人, 故有 $w_8 = 0$.

(iii) 新培训出来的工人和参加加班的熟练工人的约束为

$$\begin{aligned} &\sum_{i=1}^{7} n_i = 50, \quad n_i \leqslant 3w_i, \quad i = 1, 2, \cdots, 7, \\ &u_i + v_i \leqslant 50, \quad i = 1, 2, \cdots, 8. \end{aligned}$$

(iv) 显然所有的决策变量 $x_i, y_i, w_i, u_i, v_i, n_i, F_{1i}, F_{2i}, R_{1i}, R_{2i}$ 都非负.

综合上述分析, 得到该问题的数学规划模型为

$$\min z = 144000 + 240\sum_{i=1}^{8}(u_i + v_i) + 240\sum_{i=1}^{7}(8-i)n_i + \sum_{i=1}^{7}(0.5F_{1i} + 0.6F_{2i}),$$

$$\text{s.t.}\begin{cases} 400\times\sum_{i=1}^{k}x_i + 200\times\sum_{i=1}^{k}u_i + F_{1i} = \sum_{i=1}^{k}R_{1i}, \quad k=1,2,\cdots,7,\\ 240\times\sum_{i=1}^{k}y_i + 120\times\sum_{i=1}^{k}v_i + F_{2i} = \sum_{i=1}^{k}R_{2i}, \quad k=1,2,\cdots,7,\\ 400\times\sum_{i=1}^{8}x_i + 200\times\sum_{i=1}^{8}u_i = 116000,\\ 240\times\sum_{i=1}^{8}y_i + 120\times\sum_{i=1}^{8}v_i = 79200,\\ x_1 + y_1 + w_1 = 50,\\ x_2 + y_2 + w_1 + w_2 = 50,\\ x_i + y_i + w_{i-1} + w_i = 50 + \sum_{k=1}^{i-2}n_k, \quad i=3,4,\cdots,8,\\ w_8 = 0,\\ \sum_{i=1}^{7}n_i = 50, \quad i=1,2,\cdots,7,\\ n_i \leqslant 3w_i, \quad i=1,2,\cdots,7,\\ u_i + v_i \leqslant 50, \quad i=1,2,\cdots,8,\\ x_i, y_i, w_i, u_i, v_i, n_i, F_{1i}, F_{2i}, R_{1i}, R_{2i} \geqslant 0. \end{cases}$$

第二节 运输问题

一、平衡运输问题的数学模型

一般平衡运输问题的描述如下: 有 m 个生产地点 (产地)$A_1, A_2, \cdots, A_m$, 生产某种物资, 供给 n 个消费地点 (销地)$B_1, B_2, \cdots, B_n (m \geqslant 2, n \geqslant 2)$, 已知从产地 A_i 运到销地 B_j 的单位运费为 c_{ij}, 具体见表 3.3.

已知产地 A_i 的供应量为 $a_i (i = 1,2,\cdots,m)$, 销地 B_j 的需求量为 $b_j (j = 1,2,\cdots,n)$, 并且总产量等于总销量, 即有 $\sum_{i=1}^{m}a_i = \sum_{j=1}^{n}b_j$.

设产地 A_i 运到销地 B_j 的物资为 x_{ij} 个单位, 求使总运费最小的运输方案.

表 3.3 产地 A_i 运到销地 B_i 的单位运费表

销地 / 产地	B_1	B_2	$\cdots$	B_n	产量
A_1	c_{11}	c_{12}	$\cdots$	c_{1n}	a_1
A_2	c_{21}	c_{22}	$\cdots$	c_{2n}	a_2
$\vdots$	$\vdots$	$\vdots$		$\vdots$	$\vdots$
A_m	c_{m1}	c_{m2}	$\cdots$	c_{mn}	a_m
销量	b_1	b_2	$\cdots$	b_n	$\sum_{i=1}^{m} a_i = \sum_{j=1}^{n} b_j$

根据题意, 建立的线性规划模型为

$$\min z = \sum_{i=1}^{m}\sum_{j=1}^{n} c_{ij}x_{ij},$$

$$\text{s.t.}\begin{cases} \sum\limits_{i=1}^{m} x_{ij} = b_j, & j = 1,2,\cdots,n, \\ \sum\limits_{j=1}^{n} x_{ij} = a_i, & i = 1,2,\cdots,m, \\ x_{ij} \geqslant 0, & i = 1,2,\cdots,m;\ j = 1,2,\cdots,n. \end{cases}$$

令

$$C = (c_{11}, c_{12}, \cdots, c_{1n}, c_{21}, c_{22}, \cdots, c_{2n}, \cdots, c_{m1}, c_{m2}, \cdots, c_{mn})^{\mathrm{T}},$$

$$X = (x_{11}, x_{12}, \cdots, x_{1n}, x_{21}, x_{22}, \cdots, x_{2n}, \cdots, x_{m1}, x_{m2}, \cdots, x_{mn})^{\mathrm{T}},$$

$$A = \begin{pmatrix} 1 & 1 & \cdots & 1 & & & & & & & & & \\ & & & & 1 & 1 & \cdots & 1 & & & & & \\ & & & & & & & & \ddots & & & & \\ & & & & & & & & & 1 & 1 & \cdots & 1 \\ 1 & & & & 1 & & & & & 1 & & & \\ & 1 & & & & 1 & & & & & 1 & & \\ & & \ddots & & & & \ddots & & & & & \ddots & \\ & & & 1 & & & & 1 & & & & & 1 \end{pmatrix}.$$

A 是一个 $(m+n)\times(mn)$ 矩阵, 其列向量为

$$A_{ij} = (0, \cdots, 0, \underset{\text{第 } i \text{ 个}}{1}, 0, \cdots, 0, \underset{\text{第 } m+j \text{ 个}}{1}, 0, \cdots, 0)^{\mathrm{T}},$$

即 A_{ij} 除了第 i 个和第 $m+j$ 个分量为 1 之外, 其余分量全为 0.

上述运输问题用矩阵形式表示即为

$$\min \quad z = C^{\mathrm{T}}X,$$
$$\text{s.t.} \begin{cases} AX = B, \\ X \geqslant 0, \end{cases}$$

其中 $B=(a_1,a_2,\cdots,a_m,b_1,b_2,\cdots,b_n)^{\mathrm{T}}$, 且 $\sum\limits_{i=1}^{m} a_i = \sum\limits_{j=1}^{n} b_j$.

从以上分析可以看到运输问题具有一些特点:

(i) 约束条件的系数矩阵中的元素等于 0 或者是 1;

(ii) 约束条件系数矩阵的每一列有两个非零元素, 这对应于每一个变量在前 m 个约束方程中出现一次, 在后 n 个方程中出现一次;

(iii) 所有的约束条件为等式;

(iv) 各产地产量之和等于各销地的销量之和.

产销平衡的运输问题是一个线性规划问题, 可以用线性规划的方法求解. 但由于问题的特殊性, 它又有特殊而又简单的解法, 下面就通过一个例子来说明解决运输问题的特殊解法——表上作业法.

例 5　某种产品有三个产地 A_1, A_2, A_3, 销售到四个地点 B_1, B_2, B_3, B_4, 由各产地运到各销地的运价见表 3.4, 问如何调运才能使运价最小?

表 3.4　各产地运到各销地的运价表

产地 \ 销地	B_1	B_2	B_3	B_4	产量
A_1	4	12	4	11	16
A_2	2	10	3	9	10
A_3	8	5	11	6	22
销量	8	14	12	14	48

(1) 用最小元素法确定基本可行解.

最小元素法的基本思想很直观, 也就是所谓的贪婪算法. 为了减少运费, 优先考虑单位运价最小的供应业务, 最大限度的满足这一对供应业务关系. 具体表示如下: 若 $c_{kl} = \min\limits_{i,j}\{c_{ij}\}$, 取 $x_{kl} = \min\{a_k, b_l\}$, 这个 x_{kl} 就是由 A_k 运往 B_l 的供应量. 若 $x_{kl} = a_k$, 则 A_k 的产品已供应完毕, 没有产品供应给其他的销地, 以后就不再考虑这个产地, 而 B_l 的需求量还剩下 $b_l - x_{kl} = b_l - a_k$; 若 $x_{kl} = b_l$, 则销地 B_l 的需求量已全部满足, 以后就不再考虑这个销地, 而 A_k 的供应量还剩下 $a_k - x_{kl} = a_k - b_l$; 去掉一个产地或去掉一个销地以后, 就剩下一张新的供应关系表, 可以将此方法继续用于新表上, 得到运输问题的一个初始可行方案.

对于例 5 具体步骤如下：

(i) 从表中找到最小元素 $c_{21}=2$, 由于 $\min\{a_2,b_1\}=b_1=8$, 故令 $x_{21}=8$, 由于 B_1 的需求量已全部满足, 因而有 $x_{11}=0, x_{31}=0$. 同时将 B_1 所在的列划去.

(ii) 从表上未划去的元素里找到最小的元素 $c_{23}=3$, 由于 A_2 供应 B_1 以后, 其供应量仅剩下 $a_2-b_1=10-8=2$ 小于 $b_3=12$, 故将 A_2 剩下的这些产品全部供应给 B_3, 即 $x_{23}=2, x_{22}=0, x_{24}=0$, 此时 A_2 已经没有产品供应, A_2 所在的行不用再考虑, 划去次行.

将上面两步重复进行, 直到划去所有的行和列, 就可以得到一个初始解：$x_{13}=10$, $x_{32}=14$, $x_{21}=8$, $x_{34}=8$, $x_{14}=6$, $x_{23}=2$, 其余的变量 x_{ij} 取值全部为 0.

上述过程和结果用表 3.5 表示如下, 表中的数字有括号的是运价, 没有括号的数字是相应的变量的取值.

表 3.5　各产地运到各销地的情况表

销地 / 产地	B_1	B_2	B_3	B_4	产量
A_1	(4)	(12)	10 (4)	6 (11)	16
A_2	8 (2)	(10)	2 (3)	(9)	10
A_3	(8)	14 (5)	(11)	8 (6)	22
销量	8	14	12	14	48

(2) 最优解的判定.

(i) 闭回路法：在表 3.5 中没有填入基本初始解的格子称为空格, 可以证明, 每一个空格都唯一的存在一个这样的闭回路：这个闭回路的所有顶点之中, 除了这个顶点是空格以外, 其他的顶点都是填有数字的格, 闭回路就是由一些水平线段和垂直线段依次连接这些顶点构成的封闭的多边形. 例如, 空格 x_{12} 对应的闭回路为 $(x_{12}x_{14}x_{34}x_{31}x_{12})$(图 3.1(a)), x_{22} 对应的闭回路为 $(x_{22}x_{32}x_{34}x_{14}x_{13}x_{23}x_{22})$(图 3.1(b)). 闭回路可以是一个简单的矩形, 也可以是一个其他复杂的多边形.

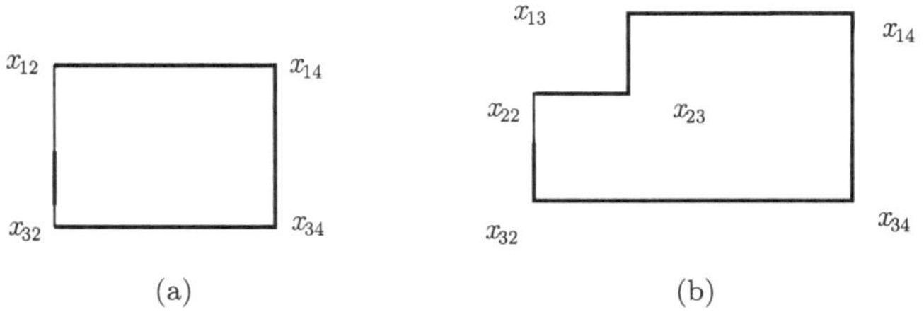

图 3.1　空格 x_{12}, x_{22} 对应的闭回路图

运输问题是一个特殊的线性规划问题, 判断一个可行解是否为线性规划问题的最优解, 就要看它的非基变量的检验数是否全部为非负. 可以证明运输问题的一个

空格所对应的变量就是一个非基变量, 所以判断运输问题的可行解是否是最优解, 就是要看它的所有空格的检验数是否为非负.

空格检验数的确定方法如下：从一个空格 (对应变量为 x_{ij}) 出发, 找出唯一的一个闭回路, 给空格标号 1, 闭回路上的其他顶点按顺序依次标号 2, 3, $\cdots$. 序号为奇数的顶点运费之和减去序号为偶数的顶点运费之和所得的数就是对应于这个空格 (非基变量 x_{ij}) 的检验数 r_{ij}. 当检验数全部非负时, 对应的可行解就是最优解. 如表 3.5 的检验数为

$$
\begin{aligned}
&r_{11}=c_{11}-c_{21}+c_{23}-c_{31}=4-2+3-4=1,\\
&r_{22}=c_{22}-c_{32}+c_{34}-c_{14}+c_{13}-c_{23}=10-5+6-11+4-3=1,\\
&r_{12}=c_{12}-c_{32}+c_{34}-c_{14}=12-5+6-11=2,\\
&r_{24}=c_{24}-c_{14}+c_{13}-c_{23}=9-11+4-2=-1,\\
&r_{31}=c_{31}-c_{21}+c_{23}-c_{13}+c_{14}-c_{34}=8-2+3-4+11-6=10,\\
&r_{33}=c_{33}-c_{34}+c_{14}-c_{13}=11-6+11-4=12,
\end{aligned}
$$

由于 $r_{24}=-1<0$, 故此初始解不是最优解.

(ii) 位势法: 在运价表中, 将每一行对应一个行位势 u_i, 每一列对应一个列位势 v_j, 则可以证明每一个运价可以表示为它所在的行列的位势之和. 即 $c_{ij}=u_i+v_j$, 非基本变量 (空格)x_{ij} 所对应的检验数可以表示为 $r_{ij}=c_{ij}-(u_i+v_j)$. 如表 3.5 有

$$
\begin{cases}
u_1+v_3=4,\\
u_1+v_4=11,\\
u_2+v_1=2,\\
u_2+v_3=3,\\
u_3+v_2=5,\\
u_3+v_4=6.
\end{cases}
$$

由于变量的个数恰好比方程的个数多一个, 可以指定某一个位势为 0, 如上我们可以令 $u_2=0$, 则可以解得

$$
v_1=2,\quad v_3=3,\quad u_1=1,\quad v_4=10,\quad u_3=-4,\quad v_2=9,
$$

则可以得到空格对应的检验数为

$$
r_{11}=1,\quad r_{12}=2,\quad r_{22}=1,\quad r_{24}=-1,\quad r_{31}=10,\quad r_{33}=12.
$$

(3) 方案的调整.

当某个非基变量 x_{ij}(空格) 对应的检验数为负数时, 按如下方法做调整：找出 x_{ij} 所对应的闭回路, 在闭回路中的所有偶数标号顶点中, 找出最小的运量 λ, 然后

就将此闭回路上所有偶数顶点的运量减去这一最小运量 λ, 奇数顶点加上这一最小运量 λ. 则得到一个优于原运输方案的新运输方案. 然后对新运输方案继续检验其最优性, 继续调整, 直到找到最优方案为止.

二、 不平衡运输问题

当总产量大于总销量时, 即 $\sum\limits_{i=1}^{m} a_i > \sum\limits_{j=1}^{n} b_j$, 我们增加一个假想的销地 B_{n+1}, 在 B_{n+1} 处的销量为 $b_{n+1} = \sum\limits_{i=1}^{m} a_i - \sum\limits_{j=1}^{n} b_j$. 由于此销地实际上并不存在, 产品实际上并没有运输到 B_{n+1} 处去, 故从 A_i 到 B_{n+1} 的运价为 0, 即 $c_{i,n+1} = 0$. 则这个不平衡运输问题变为了平衡运输问题.

$$\min z = \sum_{i=1}^{m} \sum_{j=1}^{n+1} c_{ij} x_{ij},$$

$$\text{s.t.} \begin{cases} \sum\limits_{j=1}^{n+1} x_{ij} = a_i, \quad i = 1, 2, \cdots, m, \\ \sum\limits_{i=1}^{m} x_{ij} = b_j, \quad j = 1, 2, \cdots, n+1, \\ x_{ij} \geqslant 0, \quad i = 1, 2, \cdots, m; j = 1, 2, \cdots, n+1. \end{cases}$$

当总销量大于总产量时, 即 $\sum\limits_{j=1}^{n} b_j > \sum\limits_{i=1}^{m} a_i$, 我们可以假想一个虚拟的产地 A_{m+1}, 在 A_{m+1} 处的产量为 $a_{m+1} = \sum\limits_{j=1}^{n} b_j - \sum\limits_{i=1}^{m} a_i$, 从 A_{m+1} 到 B_j 的运价为 $c_{m+1,j} = 0$, 可以得到类似于上面的数学模型.

三、 有转运的情形

前面的平衡运输问题和不平衡运输问题中, 都是由产地直接运往销地, 如果某产品从生产地先运到某中间站, 或者是先运到另外一个产地, 或者是先运到另外一个销地, 然后再运往目的地, 这样的情形应该如何处理呢? 这样就是有转运的运输情形.

解决这类问题, 我们首先要将它化为无转运的运输问题.

假设有 m 个产地 $A_1, A_2, \cdots, A_m$ 和 n 个销地 $B_1, B_2, \cdots, B_n$, 另外还有 l 个中转地 $C_1, C_2, \cdots, C_l$. 这 $m+n+l$ 个地点既可以作为产地也可以作为销地. 我们假设

a_i: 第 i 个地点的产量;

b_j：第 j 个地点的销量;

w_i：第 i 个地点的转运费;

x_{ij}：由地点 i 运到地点 j 的产品量;

c_{ij}：由地点 i 到地点 j 的单位运价.

将产地、销地、中转地同时编号, 产地在前, 销地排第二, 中转地排最后, 则有

$$a_{m+1} = \cdots = a_{m+n} = \cdots = a_{m+n+l} = 0,$$

$$b_1 = b_2 = \cdots = b_m = b_{m+n+1} = \cdots = b_{m+n+l} = 0.$$

为了方便, 这里我们不妨只考虑平衡运输问题, 即 $\sum\limits_{i=1}^{m} a_i = \sum\limits_{j=m+1}^{m+n} b_j = Q$, 则有转运的运输问题可以被认为:

(1) 产地 A_i 可以看成为一个销售量为 Q 的销地, 产量为 $Q + a_i$ 的产地;

(2) 销地 B_j 可以看成是一个产量为 Q 的产地, 销售量为 $Q + b_j$ 的销地;

(3) 中转站可以看成是一个产量和销量都为 Q 的产地和销地.

因此, 得到的数学模型为

$$\min z = \sum_{i=1}^{m+n+l} \sum_{j=1}^{m+n+l} c_{ij} x_{ij} + \sum_{i=1}^{m+n+l} w_i Q,$$

$$\text{s.t.} \begin{cases} \sum\limits_{j=1}^{m+n+l} x_{ij} = Q + a_i, \quad i = 1, 2, \cdots, m, \\ \sum\limits_{j=1}^{m+n+l} x_{ij} = Q, \quad i = m+1, \cdots, m+n, m+n+1, \cdots, m+n+l, \\ \sum\limits_{i=1}^{m+n+l} x_{ij} = Q, \quad j = 1, 2, \cdots, m, m+n+1, \cdots, m+n+l, \\ \sum\limits_{i=1}^{m+n+l} x_{ij} = Q + b_j, \quad j = m+1, m+2, \cdots, m+n+l, \\ x_{ij} \geqslant 0, \quad i, j = 1, 2, \cdots, m+n+l, \end{cases}$$

$c_{ii} = -w_i$.

第三节　指派问题

一、指派问题的数学模型

设有 n 个人被分配去完成 n 项工作, 每人完成一项工作. 因各人的专长不同, 每个人去完成同一项工作所花费的时间也不相同. 设 $c_{ij}(i, j = 1, 2, \cdots, n)$ 是第 i

个人完成第 j 项工作所花费的时间, 现在应当如何分配他们的工作, 才能使完成任务所花费的总时间最少. 这就是指派问题或分派问题, 其中称矩阵 $C=(c_{ij})_{n\times n}$ 为指派问题的系数矩阵.

为建数学模型, 我们引入变量 x_{ij}, 若指派第 i 人完成第 j 项工作, 则 $x_{ij}=1$, 否则 $x_{ij}=0$, 其中 $i,j=1,2,\cdots,n$.

于是指派问题的数学模型为

$$\min\quad z=\sum_{i=1}^{n}\sum_{j=1}^{n}c_{ij}x_{ij},$$

$$\text{s.t.}\begin{cases}\displaystyle\sum_{i=1}^{n}x_{ij}=1, & j=1,2,\cdots,n,\\ \displaystyle\sum_{j=1}^{n}x_{ij}=1, & i=1,2,\cdots,n,\\ x_{ij}=0\text{ 或 }1, & i,j=1,2,\cdots,n.\end{cases}$$

上述模型中若将条件 $x_{ij}=0$ 或 1 改为 $x_{ij}\geqslant 0$, 则模型就是一个特殊的运输问题: $m=n,a_i=b_j=1$ 的一个特殊运输问题.

二、 指派问题的匈牙利算法

定理 1 将系数矩阵 $C=(c_{ij})$ 中的某一行 (列) 中的每一个元素都减去常数 a, 得到一个新矩阵 $B=(b_{ij})$. 若以 $B=(b_{ij})$ 为系数矩阵的指派问题的最优解为 $(\bar{x}_{ij})$, 则原指派问题的最优解也为 $(\bar{x}_{ij})$, 且对任意的可行解都有

$$\sum_{i=1}^{n}\sum_{j=1}^{n}c_{ij}x_{ij}=\sum_{i=1}^{n}\sum_{j=1}^{n}b_{ij}x_{ij}+a.$$

证明 设从 $C=(c_{ij})$ 的第 k 行减去元素 a, 得到

$$b_{ij}=\begin{cases}c_{ij}, & i\neq k,\\ c_{ij}-a, & i=k,\end{cases}$$

由于对任意的可行解都有 $\sum\limits_{j=1}^{n}x_{ij}=1$, 故有

$$\begin{aligned}\sum_{i=1}^{n}\sum_{j=1}^{n}b_{ij}x_{ij}&=\sum_{\substack{i=1\\ i\neq k}}^{n}\sum_{j=1}^{n}c_{ij}x_{ij}+\sum_{j=1}^{n}(c_{kj}-a)x_{kj}\\ &=\sum_{i=1}^{n}\sum_{j=1}^{n}c_{ij}x_{ij}-a\sum_{j=1}^{n}x_{kj}=\sum_{i=1}^{n}\sum_{j=1}^{n}c_{ij}x_{ij}-a.\end{aligned}$$

由于 $(\bar{x}_{ij})$ 是以 (b_{ij}) 为系数矩阵的指派问题的最优解, 所以对于任意的可行解都有

$$\sum_{i=1}^{n}\sum_{j=1}^{n} b_{ij}x_{ij} \geqslant \sum_{i=1}^{n}\sum_{j=1}^{n} b_{ij}\bar{x}_{ij} = \sum_{i=1}^{n}\sum_{j=1}^{n} c_{ij}\bar{x}_{ij} - a,$$

即

$$\sum_{i=1}^{n}\sum_{j=1}^{n} c_{ij}x_{ij} - a \geqslant \sum_{i=1}^{n}\sum_{j=1}^{n} c_{ij}\bar{x}_{ij} - a,$$

故

$$\sum_{i=1}^{n}\sum_{j=1}^{n} c_{ij}x_{ij} \geqslant \sum_{i=1}^{n}\sum_{j=1}^{n} c_{ij}\bar{x}_{ij},$$

从而 $(\bar{x}_{ij})$ 为原问题的最优解.

定理 2　将系数矩阵 $C=(c_{ij})$ 的第 i 行各元素减去常数 $p_i(i=1,2,\cdots,n)$, 第 j 列各元素减去常数 q_j, 得到一个新矩阵 (b_{ij}), 即 $b_{ij}=c_{ij}-p_i-q_j$, 若 $b_{ij}\geqslant 0$, 且 (b_{ij}) 中有 n 个不同行不同列的零元素, 即有 $(1,2,\cdots,n)$ 的一个排列 $(j_1j_2\cdots j_n)$, 使 $b_{j_1}=b_{j_2}=\cdots=b_{j_n}=0$. 取矩阵 $(\bar{x}_{ij})$, 其中 $\bar{x}_{1j_1}=\bar{x}_{2j_2}=\cdots=\bar{x}_{nj_n}=1$, 其余的 $\bar{x}_{ij}=0$, 则 $(\bar{x}_{ij})$ 就是以 (b_{ij}) 为系数矩阵的指派问题的最优解, 也是原指派问题的最优解.

证明　由已知条件可知 $\sum\limits_{i=1}^{n}\sum\limits_{j=1}^{n} b_{ij}\bar{x}_{ij}=0$.

而对于任意的可行解 (x_{ij}), 由于 $b_{ij}\geqslant 0$, 故

$$\sum_{i=1}^{n}\sum_{j=1}^{n} b_{ij}x_{ij} \geqslant 0 = \sum_{i=1}^{n}\sum_{j=1}^{n} b_{ij}\bar{x}_{ij},$$

另外明显地有 $\sum\limits_{i=1}^{n}\bar{x}_{ij}=1, \sum\limits_{j=1}^{n}\bar{x}_{ij}=1, i,j=1,2,\cdots,n$.

故 $(\bar{x}_{ij})$ 为新指派问题的最优解, 根据定理 1, 它也是原指派问题的最优解.

根据定理 1 和定理 2, 我们将指派问题的匈牙利算法表述如下：

(1) 变换系数矩阵. 先将系数矩阵的每一行的所有元素都减去本行中的最小元素, 然后将每一列的所有元素都减去本列中的最小元素. 这样所得的变换矩阵的每一行每一列至少有一个 “0” 元素, 而且没有负元素.

(2) 在变换后的系数矩阵中确定独立的 “0” 元素 (即不同行不同列的 “0” 元素). 若某行 (或某列) 只有一个 “0” 元素, 则对此 “0” 元素画 $\square$, 同时把位于此 “0” 元素的同行同列的其他 “0” 元素划去 (记为 $\emptyset$). 若遇到所有的行列中的 “0” 元素都不止一个, 我们任意选取一个 “0” 元素加 $\square$, 同时划去其同行同列的其他 “0” 元

素, 如此反复进行, 直到所有的 "0" 元素都被画上 $\square$ 或者是划去为止. 画上 $\square$ 的 "0" 元素就是矩阵中独立的 "0" 元素.

如果独立的 "0" 元素有 n 个, 则令解矩阵中与独立 "0" 元素对应的位置上的变量取 1, 其他变量取 0, 此对应的指派方案总费用为 0, 从而一定是最优解.

如独立的 "0" 元素少于 n 个, 即至少有一行或者一列中没有画 $\square$ 的 "0" 元素, 采取如下的步骤进行变换:

(i) 对没有 $\boxed{0}$ 的行打 $\triangleleft$;

(ii) 对有 $\triangleleft$ 的行中的 $\cancel{0}$ 所在的列打 Δ;

(iii) 对有 Δ 的列中的 $\boxed{0}$ 所在的行打 $\triangleleft$;

(iv) 重复 (ii) 和 (iii) 的步骤, 直到不能再打 $\triangleleft$ 为止;

(v) 将没有打 $\triangleleft$ 的行和已经打 Δ 的列画直线, 这样所得的直线集合就是覆盖住矩阵中所有 "0" 元素的最小条数直线集合.

(3) 继续变换矩阵. 找出未被直线覆盖的元素中的最小元素, 令打 $\triangleleft$ 的行中的所有元素都减去这个最小元素, 打 Δ 的列元素都加上这个最小元素. 则原先选中的 "0" 元素不变, 而未被直线覆盖的元素中至少有一个元素已经变为 "0" 元素, 且新矩阵的指派问题与原指派问题有相同的最优解.

反复上面的步骤, 直到找出 n 个独立的 "0" 元素为止.

例 6　求下面系数矩阵 C 对应的指派问题的最优解.

$$C=\begin{pmatrix} 12 & 7 & 9 & 7 & 9 \\ 8 & 9 & 6 & 6 & 6 \\ 7 & 17 & 12 & 14 & 12 \\ 15 & 14 & 6 & 6 & 10 \\ 4 & 10 & 7 & 10 & 6 \end{pmatrix}.$$

解　我们将第一行减去 7, 第二行减去 6, 第三行减去 7, 第四行减去 6, 第五行减去 4, 就得到行列式

$$C\to\begin{pmatrix} 5 & 0 & 2 & 0 & 2 \\ 2 & 3 & 0 & 0 & 0 \\ 0 & 10 & 5 & 7 & 5 \\ 9 & 8 & 0 & 0 & 4 \\ 0 & 6 & 3 & 6 & 2 \end{pmatrix}\to\begin{array}{c} \left(\begin{array}{ccccc} 5 & \boxed{0} & 2 & \cancel{0} & 2 \\ 2 & 3 & \boxed{0} & \cancel{0} & \cancel{0} \\ \boxed{0} & 10 & 5 & 7 & 5 \\ 9 & 8 & \cancel{0} & \boxed{0} & 4 \\ \cancel{0} & 6 & 3 & 6 & 2 \end{array}\right)\begin{array}{c} \\ \\ \triangleleft \\ \\ \triangleleft \end{array} \\ \begin{array}{ccccc} \Delta & & & & \end{array} \end{array},$$

则上面矩阵中的第一、二、四行和第一列被直线覆盖, 未被直线覆盖的行列中的最

小元素是 2, 故将第三、五行的元素减去 2, 第一列的元素加上 2, 得到

$$\begin{pmatrix} 7 & \boxed{0} & 2 & \xcancel{0} & 2 \\ 4 & 3 & \boxed{0} & \xcancel{0} & \xcancel{0} \\ \boxed{0} & 8 & 3 & 5 & 3 \\ 11 & 8 & \xcancel{0} & \boxed{0} & 4 \\ \xcancel{0} & 4 & 1 & 4 & \boxed{0} \end{pmatrix},$$

故得到相应的解为 $x_{12}=1, x_{23}=1, x_{31}=1, x_{44}=1, x_{55}=1$, 其他的 $x_{ij}=0$.

三、 一般指派问题

1. 最大化指派问题

若目标函数是求最大不是求最小, 设 $M=\max\limits_{i,j}\{c_{ij}\}$, 令 $C'=(c'_{ij})=(M-c_{ij})$, 则以 $C'=(c'_{ij})$ 为系数矩阵的最小化指派问题就与原问题同解.

2. 人与事的数目不等

若人多于事或者是事多于人, 则添上相应数目的虚拟“事”或者是虚拟“人”, 使得人与事的数目相等, 不过人做虚拟的事或者是虚拟的人做事的费用都为 0.

3. 一个人可以做几件事

若一个人可以做几件事, 则将该人化为相同的几个人, 这几个人做事的费用也完全相同.

4. 某事一定不能由某人来做

某事一定不能由某人来做, 可取此人做该事时的费用是一个足够大的数.

第四节　动态规划

一、 基本概念和基本原理

动态规划是数学规划的一个分支, 是用来解决多阶段决策过程的最优化问题的一种方法, 如最优路径问题、资源分配方案问题、排序问题、生产计划与投资安排等问题. 动态规划主要涉及以下八个基本概念.

(1) 阶段: 将所给的问题根据时间或者是空间划分成若干相互联系的阶段, 以便按次序去求解. K 表示阶段变量, n 表示总的阶段数.

(2) 状态: 各阶段开始时的客观状况, 称为状态. 它既是前一阶段的一个终点也是这一阶段的一个起点. 通常一个阶段包含若干个状态. 描述状态的变量称为状

态变量, 常用 s_k 表示第 k 阶段的状态变量, 状态变量的取值集合就称为状态集合, 用 S_k 表示.

(3) 决策: 当阶段和状态决定以后, 从该状态到下阶段的某状态的选择称为决策. 描述决策的变量称为决策变量, 用 u_k 或是 $u_k(s_k)$ 来表示第 k 阶段处于状态 s_k 时的决策变量. 决策变量的取值范围称为允许决策集合, 记为 U_k 或者是 $U_k(s_k)$, $u_k \in U_k(s_k)$.

(4) 状态转移方程: 描述状态转移规律的函数称为状态转移方程. 用 $s_{k+1} = T(s_k, u_k)$ 来表示状态转移方程.

(5) 策略: 各阶段所确定的决策构成了一个决策序列 $\{u_1(s_1), u_2(s_2), \cdots, u_n(s_n)\}$, 称这个决策序列为策略, 使问题得到最优解的策略称为最优策略.

(6) 效用函数: 在状态 s_k 时采用决策 u_k 所得的效用 $v_k(s_k, u_k)$ 称为效用函数.

(7) 目标函数: 用于衡量所选定策略优劣的函数.

(8) 最优化原理: 一个过程的最优化策略具有如下的性质, 无论初始状态与初始决策如何, 对于先前决策所形成的状态而言, 其以后的决策也应当构成最优策略.

根据这一最优原理, 就可得到动态规划的基本递推方程.

设 $f_k(s_k)$ 表示在 k 阶段, 以 s_k 为初始状态出发到最终状态时使用最优策略所得的最佳效益值, 则可以得到递推方程

$$\begin{cases} f_k(s_k) = \underset{u_k \in U_k(s_k)}{\operatorname{opt}} [v_k(s_k, u_k) + f_{k+1}(s_{k+1})], \quad k = n, n-1, \cdots, 1, \\ f_{n+1}(s_{n+1}) = 0, \\ s_{k+1} = T(s_k, u_k), \end{cases}$$

式中 opt 可根据题意取为 min 或是 max.

此递推方程就是将多阶段决策问题的求解过程看成是一个连续的递推过程, 由后向前逐渐推算. 这相当于将原问题划分成了许多相互联系的但比原问题简单的子问题. 在求解每个子问题时, 均利用它后面子问题的最优结果, 依次向前推进, 最后一个子问题的最优解就是原问题的最优解.

二、 动态规划的应用

例 7 考察如图 3.2 所示的线路网络, 各点连线上标明的数字是两点之间的距离 d, 今从 A 点出发, 应当选择怎样的路径才能使达到 F 点的路程最短.

解 $k = 5$, 第五阶段,

$$f_5(E_1) = 1, \quad \text{最优路径为 } E_1 \to F.$$

$$f_5(E_2) = 2, \quad \text{最优路径为 } E_2 \to F.$$

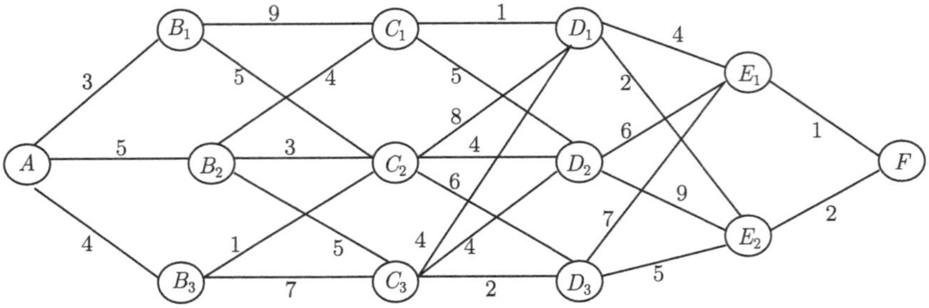

图 3.2　线路网络

$k=4$, 第四阶段,

$$f_4(D_1)=\min\left\{\begin{array}{l} d(D_1,E_1)+f_5(E_1) \\ d(D_1,E_2)+f_5(E_2) \end{array}\right\}=\min\left\{\begin{array}{ll} 4+1 & \\ 2+2 & * \end{array}\right\}=4,$$

最优路径为 $D_1\to E_2$;

$$f_4(D_2)=\min\left\{\begin{array}{l} d(D_2,E_1)+f_5(E_1) \\ d(D_2,E_2)+f_5(E_2) \end{array}\right\}=\min\left\{\begin{array}{ll} 6+1 & * \\ 9+2 & \end{array}\right\}=7,$$

最优路径为 $D_2\to E_1$;

$$f_4(D_3)=\min\left\{\begin{array}{l} d(D_3,E_1)+f_5(E_1) \\ d(D_3,E_2)+f_5(E_2) \end{array}\right\}=\min\left\{\begin{array}{ll} 7+1 & \\ 5+2 & * \end{array}\right\}=7.$$

最优路径为 $D_3\to E_2$.

类似地有, $k=3$ 时, 第三阶段,

$f_3(C_1)=5$, 最优路径为 $C_1\to D_1$;

$f_3(C_2)=11$, 最优路径为 $C_2\to D_2$;

$f_3(C_3)=8$, 最优路径为$C_3\to D_1$.

$k=2$ 时, 第二阶段,

$f_2(B_1)=14$, 最优路径为 $B_1\to C_1$;

$f_2(B_2)=9$, 最优路径为$B_2\to C_1$;

$f_2(B_3)=12$, 最优路径为$B_3\to C_2$.

$k=1$ 时, 第一阶段, $f_1(A)=14$, 最优路径为 $A\to B_2$.

经过回溯得到从 A 到 F 的最短路径为

$$A \to B_2 \to C_1 \to D_1 \to E_2 \to F, \quad \text{总长度为14.}$$

例 8 选派问题: 某研究所正在研制登月火箭. 共有三个研究组 (分别记为 1, 2, 3), 试用三种不同的手段独立进行试制. 在目前的条件下, 三个组研制的不成功概率分别为 0.40, 0.60, 0.80. 于是三个组都不成功的概率为

$$0.40 \times 0.60 \times 0.80 = 0.192.$$

我们的目标是使上面的概率 (即三个组都不成功的概率) 为最小. 为了减低不成功的概率, 今计划派 2 名专家加强上面三个组的研制力量. 表 3.6 给出了在各组中分配的专家人数分别为 0, 1, 2 时的研制不成功概率.

我们现在应当如何选派这 2 名专家才能使三个组的研制都不成功的概率最小.

表 3.6 研究小组研制不成功概率表

小组 / 人数	1	2	3
0	0.40	0.60	0.80
1	0.20	0.40	0.50
2	0.15	0.20	0.30

解 令 $p_i(x_i)$ 为第 i 个小组分配 x_i 名专家时的不成功概率, 则得到数学模型为

$$\begin{aligned} &\min \quad \{p_1(x_1) \cdot p_2(x_2) \cdot p_3(x_3)\}, \\ &\text{s.t.} \quad x_1 + x_2 + x_3 = 2, \\ &\qquad\quad x_1, x_2, x_3 \text{是正整数}. \end{aligned}$$

现在设 $s_k = \sum_{i=k}^{3} x_i \ (k = 1, 2, 3)$ 表示给第 k 组至第 3 组的专家数, 则有相应的动态规划模型为

$$\begin{cases} f_k(s_k) = \min\limits_{0 \leqslant u_k \leqslant s_k} \{p_k(u_k) f_{k+1}(s_k - u_k)\}, \quad k = 1, 2, \\ f_3(u_3) = \min\limits_{0 \leqslant u_3 \leqslant s_3} p_3(u_3) = p_3(s_3). \end{cases}$$

我们逐步递推得到

$$\begin{aligned} &f_3(0) = 0.8, \quad f_3(1) = 0.50, \quad f_3(2) = 0.30, \\ &f_2(0) = \min\{p_2(0) f_3(0)\} = \{0.60 \times 0.80\} = 0.48, \quad u_2 = 0, \\ &f_2(1) = \min\{p_2(0) f_3(1), p_2(1) f_3(0)\} \end{aligned}$$

$$= \min\{0.60 \times 0.50, 0.40 \times 0.80\} = 0.30, \quad u_2 = 0,$$

$$f_2(2) = \min\{p_2(0)f_3(2), p_2(1)f_3(1), p_2(2)f_3(0)\}$$
$$= \min\{0.18, 0.20, 0.16\} = 0.16, \quad u_2 = 0,$$

$$f_1(2) = \min\{p_1(0)f_2(2), p_1(1)f_2(1), p_1(2)f_2(0)\}$$
$$= \min\{0.064, 0.06, 0.072\} = 0.06, \quad u_1 = 1.$$

于是我们得到最优解为 $u_1 = 1, u_2 = 0, u_3 = 1$, 都不成功的概率为 0.06.

例 9 (排序问题)　设有 n 个零件需要在两台机床 A 和 B 上前后加工. 以 $1, 2, \cdots, n$ 表示各零件, 以 a_i, b_i 表示零件 i 分别在 A, B 上加工所需的时间, 且零件只能先在 A 上加工以后才能在 B 上加工. 问应如何安排加工次序, 以使得完成全部零件加工的时间最短.

解　问题分析　(1) 不同的加工次序可能会导致不同的完成加工的时间, 故完成加工的时间是加工排序的函数.

(2) 对 n 个零件加工所需的加工方案共有 $n! \times n!$ 种, 故当 n 较大时, 列举法不现实.

(3) 如果有交错安排加工, 即若在 A 上的加工次序是 1,2, 而在 B 上的加工次序又为 2,1, 由于中间有等待加工时间, 此种加工方式肯定不是最优的. 因此我们只需考虑在 A, B 机床上有相同加工次序的情形.

设 X 表示等待在机床 A 上加工的零件集合.

"阶段" 表示等待在 A 上加工零件 X 中所含零件的个数.

t 表示从机床 A 加工完毕某零件时刻算起, 直到在 B 上加工完毕该零件所需要的时间 (包括等待时间和在 B 上的加工时间).

(X, t) 表示机床 A 和 B 在加工过程中进行情况的状态.

$f(X, t)$ 表示由状态 (X, t) 出发, 对尚未加工的零件按最优次序加工, 把 X 中的零件全部加工完毕所需的总时间.

$f(X, t, i)$ 表示由状态 (X, t) 出发, 在机床 A 上加工零件 i, 然后按最优次序将 $X - \{i\}$ 中的零件全部加工完毕所需要的时间.

$f(X, t, i, j)$ 表示由状态 (X, t) 出发, 在 A 上相继加工零件 i, j, 然后按最优次序将 $X - \{i, j\}$ 中的零件加工完毕所需的时间, 可得

$$f(X, t, i) = \begin{cases} a_i + f(X - \{i\}, t - a_i + b_i), & t \geqslant a_i, \\ a_i + f(X - \{i\}, b_i), & t < a_i. \end{cases} \tag{3.1}$$

若记

$$z_i = \max\{t - a_i, 0\} + b_i = \begin{cases} t - a_i + b_i, & t \geqslant a_i, \\ b_i, & t < a_i, \end{cases}$$

则式 (3.1) 可以写成

$$f(X,t,i)=a_i+f(X-\{i\},z_i). \tag{3.2}$$

同理有

$$f(X,t,i,j)=a_i+a_j+f(X-\{i,j\},z_{ij}), \tag{3.3}$$

其中 $z_{ij}=\max\{z_i-a_j,0\}+b_j$ 表示在机床 A 上相继加工零件 i 和 j, 并从 A 上将零件 j 加工完毕的时刻算起, 直到在机床 B 上继续加工完毕零件 i,j 的所需时间.

由于

$$\begin{aligned}z_{ij}&=\max\{z_i-a_j,0\}+b_j\\&=\max\{\max\{t-a_i,0\}+b_i-a_j,0\}+b_j\\&=\max\{\max\{t-a_i-a_j+b_i,b_i-a_j\},0\}+b_j\\&=\max\{t-a_i-a_j+b_i+b_j,b_i+b_j-a_j,b_j\}.\end{aligned} \tag{3.4}$$

由于 i,j 的对称性, 可得到

$$z_{ji}=\max\{t-a_i-a_j+b_i+b_j,b_i+b_j-a_i,b_i\}, \tag{3.5}$$

而

$$f(X,t,j,i)=a_j+a_i+f(X-\{j,i\},z_{ji}).$$

由于 $f(X,t)$ 为 t 的单调增加的函数, 因此当 $z_{ij}\leqslant z_{ji}$ 时, 有

$$f(X,t,i,j)\leqslant f(X,t,j,i). \tag{3.6}$$

再注意到 (3.4) 及 (3.5) 式, 可知 (3.6) 式等价于

$$\begin{aligned}&\max\{t-a_i-a_j+b_i+b_j,b_i+b_j-a_j,b_j\}\\\leqslant&\max\{t-a_i-a_j+b_i+b_j,b_i+b_j-a_i,b_i\},\end{aligned}$$

即 $\max\{b_i+b_j-a_j,b_j\}\leqslant\max\{b_i+b_j-a_i,b_i\}$.

上式两端同时减去 b_i 和 b_j, 得到

$$\max\{-a_j,-b_i\}\leqslant\max\{-a_i,-b_j\},$$

亦即

$$\min\{a_j,b_i\}\geqslant\min\{a_i,b_j\}. \tag{3.7}$$

因此只需 (3.7) 式成立, 则 (3.5) 式也就成立, 进而 (3.6) 式成立. 由此得到一个简单的排序法则:

当 $\min\{a_j, b_i\} \geqslant \min\{a_i, b_j\}$ 时, 就应将 i 排在 j 之前加工. 步骤如下:

(1) 找出 $a_1, a_2, \cdots, a_n; b_1, b_2, \cdots, b_n$ 中的最小数.

(2) 若最小数为 a_i, 则将 i 排在第一位加工; 若最小数为 b_j 则将 j 排在最后加工.

(3) 去掉已经排列加工次序的零件, 重复上述步骤进行, 直到全部排完为止.

看下面的一个具体情况 (表 3.7).

表 3.7　工件加工时间表

工件 / 机床	1	2	3	4	5	6
A	30	60	60	20	80	90
B	70	70	50	60	30	40

按上面的排序方法, 最优加工次序为 $4 \to 1 \to 2 \to 3 \to 6 \to 5$, 得到的用时最少.

三、建模实例

凸多边形的最优切割策略　设要在一个平面区域内切割出一个预定的 n 边凸多边形, 一般每次切割只能切割一条边. 共需切割 n 次当单独切割某边时, 知道该边的长度及其两个侧边的长度, 已知上述 $3n$ 个长度, 并假设不相邻边的延长线在该平面区域内不相交, 如何确定这 n 条边的切割方式 (即切割次序), 使切割的总长度最小.

1. 下面建立其模型

设该预定的凸多边形的边依次为 $L_1, L_2, \cdots, L_n$. 记 $L = \{L_1, L_2, \cdots, L_n\}$ 是边的集合. 为了方便, 我们定义 L_0 与 L_n 为同一条边. 在 L 中, L_{k-1} 与 $L_k (k = 1, 2, \cdots, n)$ 为相邻边, L_k 的长度为 d_k, 其两个侧边长度为 a_k 和 d_k(这两个侧边也用 a_k 和 d_k 表示), L_{k-1} 与 L_k 的两个相邻侧边 (侧边长度) 分别为 b_{k-1} 和 a_k (图 3.3).

由于不相邻边的延长线在该平面区域内不相交, 故单独切割 L_k 时, 就只将 L_{k-1} 及 L_{k+1} 的与 L_k 相邻的两个侧边 b_k, a_{k+1} 切割掉, 不影响其他边.

(1) 设 x_k 表示第 k 次切割的边, 称任一切割方式 $p = (x_1, x_2, \cdots, x_n)$ 为一切割策略, 策略集 S.

特别地, 称 $p = (L_k, L_{k+1}, \cdots, L_{k-1})$ 或 $p = (L_k, L_{k-1}, \cdots, L_{k+1})$ 为循环策略.

(2) 将本问题分成 n 个阶段, 第 k 阶段即为第 k 次切割, 第 k 阶段的决策即为 x_k.

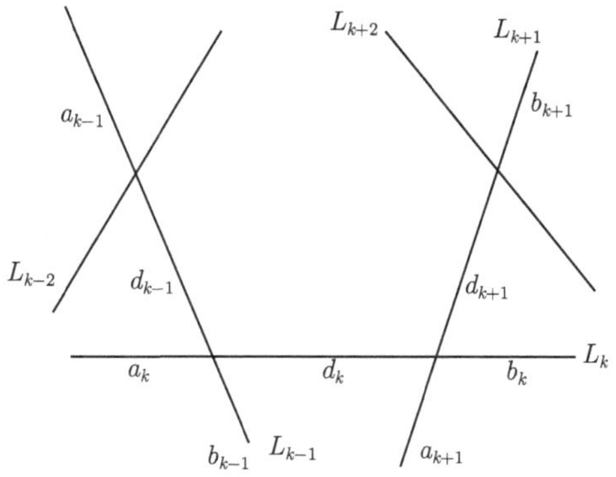

图 3.3 切割边长示意图

(3) $\Omega_k = \{\{x_1, x_2, \cdots, x_k\} | x_i \in L, i = 1, 2, \cdots, k, i \neq j$ 时, $x_i \neq x_j\}$ 为第 k 阶段的状态集合, 它表示从 n 条边中任意割去 k 条边的所有组合.

(4) $\lambda_k \in \Omega_k$ 为状态变量, 状态转移方程为

$$\lambda_{k+1} = \lambda_k + x_{k+1}.$$

(5) $V_k(\lambda_{k-1}, x_k)$ 表示第 k 阶段切割的长度, 它与 λ_{k-1} 及 x_k 有关.

(6) 当采取策略 $p = (x_1, x_2, \cdots, x_n)$ 时, 所切割的总长度为

$$f(p) = \sum_{k=1}^{n} V_k(\lambda_{k-1}, x_k).$$

若 $p^* \in S$, 对任意的 $p \in S$ 都有 $f(p^*) \leqslant f(p)$, 称 p^* 为最优策略.

2. 优化变换准则

定义 1 设 $p_1 \in S, p_2 \in S$, 若 $f(p_1) = f(p_2)$, 称 p_1 与 p_2 等优; 若 $f(p_1) < f(p_2)$, p_1 优于 p_2.

准则 I (等优变换) $p_1 = (\cdots L_i L_j \cdots), p_2 = (\cdots L_j L_i \cdots)$, 若 L_i 与 L_j 不相邻, 则 p_1, p_2 等优.

证明
$$\begin{aligned} f(p_1) - f(p_2) = & V_k(\lambda_{k-1}, L_i) + V_{k+1}(\lambda_k, L_j) \\ & -[V_k(\lambda_{k-1}, L_j) + V_{k+1}(\lambda_k^1, L_i)], \end{aligned}$$

其中 $\lambda_k = \lambda_{k-1} + L_i, \lambda_k^1 = \lambda_{k-1} + L_j$.

由于 L_i, L_j 不相邻, 切割 L_i, L_j 时互不影响, 故在状态 λ_{k-1} 下切割 L_i 与在状态 λ_k^1 下切割 L_i 所切割的长度相同, 在状态 λ_{k-1} 下切割 L_j 与在状态 λ_k 下切割 L_j 所切割的长度相同, 即

$$V_k(\lambda_{k-1}, L_i) = V_{k+1}(\lambda_k^1, L_i), \quad V_k(\lambda_{k-1}, L_j) = V_{k+1}(\lambda_k, L_j).$$

因此 $f(p_1) = f(p_2), p_1$ 与 p_2 等优.

称这种不相邻边在相邻切割时的切割次序交换为等优变换.

准则 II (优化变换) 设 $p_1=(\cdots L_iL_{i+1}\cdots), p_2=(\cdots L_{i+1}L_i\cdots)$, 则当 $b_i<a_{i+1}$ 时, p_1 优于 p_2; 当 $b_i=a_{i+1}$ 时, p_1 与 p_2 等优; 当 $b_i>a_{i+1}$ 时, p_2 优于 p_1.

证明
$$f(p_1)-f(p_2)=V_k(\lambda_{k-1},L_i)+V_{k+1}(\lambda_k,L_{i+1})-[V_k(\lambda_{k-1},L_{i+1})+V_{k+1}(\lambda_k^1,L_i)],$$

其中

$$\lambda_k=\lambda_{k-1}+L_i, \lambda_k^1=\lambda_{k-1}+L_{i+1},$$

$$V_k(\lambda_{k-1},L_i)=\delta_1(\lambda_{k-1})a_i+d_i+b_i, \quad V_{k+1}(\lambda_k,L_{i+1})=d_{i+1}+\delta_2(\lambda_{k-1})b_{i+1},$$

$$V_k(\lambda_{k-1},L_{i+1})=a_{i+1}+d_{i+1}+\delta_2(\lambda_{k-1})b_{i+1}, \quad V_{k+1}(\lambda_k^1,L_i)=\delta_1(\lambda_{k-1})a_i+d_i,$$

$$\delta_1(\lambda_{k-1})=\begin{cases}0, & L_{i-1}\in\lambda_{k-1},\\ 1, & L_{i-1}\,\overline{\in}\,\lambda_{k-1},\end{cases} \quad \delta_2(\lambda_{k-1})=\begin{cases}0, & L_{i+2}\in\lambda_{k-1},\\ 1, & L_{i+2}\,\overline{\in}\,\lambda_{k-1}.\end{cases}$$

故 $f(p_1)-f(p_2)=b_i-a_{i+1}$.

当 $b_i<a_{i+1}$ 时, $f(p_1)<f(p_2)$, p_1 优于 p_2; $b_i=a_{i+1}$ 时 $f(p_1)=f(p_2)$, p_1 与 p_2 等优; $b_i>a_{i+1}$ 时, $f(p_1)>f(p_2)$, p_2 优于 p_1.

称这种相邻边在相邻切割时, 如交换它们的切割次序, 就可以得到一个更优的策略的次序交换为优化变换.

3. 简明切割策略

引理 1 在一个切割策略中, 如果相邻边不是相邻切割, 总可以通过等优变换, 将它们变成相邻切割, 但不改变它们的先后切割次序 (循环策略除外).

证明 设

$$p=(\cdots L_k\cdots L_{k-1}\cdots L_{k-i}\cdots L_{k+j}\cdots L_{k+2}\cdots L_{k+1}\cdots).$$

若 $k+j>n$, 则将 L_{k+j} 看成 $L_{(k+j)-n}$.

在 L_k 与 L_{k-1} 之间切割的边与 L_k 不相邻, 通过等优变换, 可以将它们排在 L_k 之前切割. 依此类推, 经过一系列等优变换, p 变成

$$p_1=(\cdots L_kL_{k-1}L_{k-2}\cdots L_{k-i}L_{k+j}\cdots L_{k+3}L_{k+2}L_{k+1}\cdots),$$

其中 L_{k-i} 与 L_{k-j} 一定相邻, 故 $(L_{k-1}L_{k-2}\cdots L_{k-i})$ 与 $(L_{k+j}\cdots L_{k+3}L_{k+2}L_{k+1})$ 中的边都不相邻, 通过等优变换, 可以将 $(L_{k-1}L_{k-2}\cdots L_{k-i})$ 排在 L_{k+1} 之后切割, 同理 $(L_{k+j}\cdots L_{k+3}L_{k+2})$ 可以排在 L_k 之前切割. 这样经过一系列等优变换, L_k 与 L_{k+1} 就变成了相邻切割.

引理 2 设 L_{k-1} 与 L_k 相邻, $b_{k-1}<a_k$(或 $b_{k-1}>a_k$), 对于任何的 L_k 先于 (或后于)L_{k-1} 切割的策略 p, 它一定不是最优策略 (L_{k-1}, L_k 为循环策略的最先、最后切割除外).

证明 设 $b_{k-1}<a_k, p=(\cdots L_k\cdots L_{k-1}\cdots)$, 根据引理 1, p 与$p_1=(\cdots L_kL_{k-1}\cdots)$ 等优, 又由准则Ⅱ, $p_2=(\cdots L_{k-1}L_k\cdots)$ 优于 p_1, p_2 优于 p,p 不是最优策略.

由引理 2 可知, 为得到最优策略, 当 $b_{k-1}<a_k$ 时, L_{k-1} 应先于 L_k 切割, 当 $b_{k-1}>a_k$ 时, L_k 应先于 L_{k-1} 切割; 当 $b_{k-1}=a_k$ 时, L_{k-1} 与 L_k 都可以先切割, 此时, 称 L_{k-1} 与 L_k 可同时切割.

我们用

$L_{k-1}>L_k$ 表示 L_{k-1} 应先于 L_k 切割 (即 $b_{k-1}<a_k$);

$L_{k-1}<L_k$ 表示 L_{k-1} 应后于 L_k 切割 (即 $b_{k-1}>a_k$);

$L_{k-1}=L_k$ 表示 L_{k-1} 可与 L_k 同时切割 (即 $b_{k-1}=a_k$).

定义 2 若 $L_k\geqslant L_{k-1},L_k\geqslant L_{k+1}$, 称 L_k 为极先切割边;

若 $L_k\leqslant L_{k-1},L_k\leqslant L_{k+1}$, 称 L_k 为极后切割边.

由切割的实际问题可知, 极先极后切割边要么同时存在, 要么同时不存在, 下面就这两种情况讨论.

1) 极先极后切割边同时存在

考虑如下类型, 其他类推.

设 $m<i<k<j<n, L_m, L_k$ 为极先切割边, L_i, L_j 为极后切割边, 即

$$\begin{aligned}&L_m\geqslant L_{m+1}\geqslant\cdots\geqslant L_i,\quad L_m\geqslant L_{m-1}\geqslant\cdots\geqslant L_j,\\&L_k\geqslant L_{k+1}\geqslant\cdots\geqslant L_j,\quad L_k\geqslant L_{k-1}\geqslant\cdots\geqslant L_i.\end{aligned}$$

为方便, 记

$$\begin{aligned}&p_{m+1}^{i-1}=(L_{m+1}L_{m+2}\cdots L_{i-1}),\quad p_{m-1}^{j+1}=(L_{m-1}L_{m-2}\cdots L_{j+1}),\\&p_{k+1}^{j-1}=(L_{k+1}L_{k+2}\cdots L_{j-1}),\quad p_{k-1}^{i+1}=(L_{k-1}L_{k-2}\cdots L_{i+1}),\end{aligned}$$

称 $p_{m+1}^{i-1},p_{m-1}^{j+1},p_{k+1}^{j-1},p_{k-1}^{i+1}$ 为连续切割段.

令 $p^*=(l_ml_kp_{m+1}^{i-1}p_{m-1}^{j+1}p_{k+1}^{j-1}p_{k-1}^{i+1}L_iL_j)$.

定理 3 上述条件下所得到的 p^* 一定是最优切割策略.

证明 我们称 $L_i>L_j$ 时, L_i 先于 L_j 切割为优先切割条件.

由引理 2 可知, 若 p 不满足一切优先切割条件, 则 p 一定不是最优策略.

设 p 为任一满足一切优先切割条件的策略, 由引理 1, p 经过一系列等优变换成为 p_1, p_1 中含有 $p_{m+1}^{i-1},p_{m-1}^{j+1},p_{k+1}^{j-1},p_{k-1}^{i+1}$ 四个连续切割段, 而 L_m 在 $p_{m+1}^{i-1},p_{m-1}^{j+1},L_i,L_j$ 之前切割, 又 L_m 与 $p_{k+1}^{j-1},p_{k-1}^{i+1}$ 不相邻, 由准则Ⅰ, 可以通过等优变换, 将 L_m 最先切割. 同理, 可以通过等优变换, 将 L_k 排在 L_m 之后切割, 将 L_j 最后切割, 将 L_i 排在 L_j 之前切割. 而 $p_{m+1}^{i-1},p_{m-1}^{j+1},p_{k+1}^{j-1},p_{k-1}^{i+1}$ 四个连续切割段互不相邻, 可以通过等优变换, 将它们排成 $(p_{m+1}^{i-1},p_{m-1}^{j+1},p_{k+1}^{j-1},p_{k-1}^{i+1})$ 的次序切割. 此时 p 经过这一系列

等优变换成为了 p^*, p 与 p^* 等优, 即 $f(p) = f(p^*)$. 故任一满足一切优先切割条件的策略 p 都与 p^* 等优, p^* 为最优策略.

2) 不存在极先极后切割边

这种情况只可能是 $L_1 > L_2 > \cdots > L_n > L_1$ 或 $L_1 < L_2 < \cdots < L_n < L_1$ 两类.

我们讨论 $L_1 > L_2 > \cdots > L_n > L_1$ 这一类情形.

定理 4　设 $L_1 > L_2 > \cdots > L_n > L_1, L_{i-1}$ 与 L_i 的相邻侧边长分别为 b_{i-1} 和 a_i, 当 $\min\{a_i - b_{i-1}\} = a_k - b_{k-1}$ 时, 则 $p_k = (L_k L_{k+1} \cdots L_{k-1})$ 这一循环策略为最优切割策略.

证明　由引理 2 可知, 当 $L_1 > L_2 > \cdots > L_n > L_1$ 时, 最优策略只可能是循环策略.

记 $d = d_1 + d_2 + \cdots + d_n$ 为凸多边形边长之和.

设 $p_i = (L_i L_{i+1} \cdots L_{i-1})$ 为任一循环策略, 则

$$f(p_k) = a_k + \sum_{j \neq k-1} b_j + d, \quad f(p_i) = a_i + \sum_{j \neq i-1} b_j + d,$$

$$f(p_k) - f(p_i) = a_k + b_{i-1} - (a_i + b_{k-1}) = (a_k - b_{k-1}) - (a_i - b_{i-1}) \leqslant 0,$$

故 $f(p_k) \leqslant f(p_i)$.

由 p_i 的任意性可得 p_k 为最优切割策略.

4. 实例分析

例 10　考虑一个 $n = 11$ 的凸多边形, 数据见表 3.8.

表 3.8　凸多边形数据表

L / a, b	L_1	L_2	L_3	L_4	L_5	L_6	L_7	L_8	L_9	L_{10}	L_{11}
a_i	2	4	7	6	1	2	5	8	11	9	3
b_i	5	2	3	9	7	6	1	3	5	4	2

$d = d_1 + d_2 + \cdots + d_{11}$ 为常数.

由于 $b_1 = 5, a_2 = 4, a_2 < b_1$, 故 $L_2 > L_1$.

同样可得

$$L_2 > L_1 = L_{11} > L_{10}, \quad L_2 > L_3 > L_4,$$
$$L_7 > L_6 > L_5 > L_4, \quad L_7 > L_8 > L_9 > L_{10},$$

故 L_2, L_7 为极先切割边, L_4, L_{10} 为极后切割边, 最优切割策略为

$$p^* = (L_2 L_7 L_3 L_1 L_{11} L_8 L_9 L_6 L_5 L_4 L_{10}).$$

$(L_3),(L_1L_{11}),(L_8L_9),(L_6L_5)$ 为连续切割段.

$$f(p^*)=a_2+b_2+a_7+b_7+b_3+a_1+a_{11}+b_8+b_9+a_6+a_5+d=34+d.$$

例 11　考虑 $n=11$ 的凸多边形, 数据见表 3.9

表 3.9　凸多边形数据表

a,b \ L	L_1	L_2	L_3	L_4	L_5	L_6	L_7	L_8	L_9	L_{10}	L_{11}
a_i	12	5	9	6	8	7	5	9	7	8	13
b_i	3	7	4	6	4	4	7	4	5	11	9

$d=d_1+d_2+\cdots+d_{11}$ 为常数.

由于 $b_1=3,a_2=5,b_1<a_2$, 故 $L_1>L_2$.

同理有 $L_2>L_3>L_4>\cdots>L_{11}>L_1$,

$$\min\{a_i-b_{i-1}\}=a_7-b_6=5-4=1,$$

故最优切割策略为

$$p^*=(L_7L_8L_9L_{10}L_{11}L_1L_2L_3L_4L_5L_6),$$

$$f(p^*)=a_7+\sum_{i\neq 6}b_i+d=65+d.$$

第五节　非线性规划

非线性规划的一般形式为

$$\begin{aligned}&\min\quad f(X),\\&\text{s.t.}\begin{cases}h_i(X)=0, & i=1,2,\cdots,m,\\ g_j(X)\geqslant 0, & j=1,2,\cdots,l,\end{cases}\end{aligned}\tag{3.8}$$

其中 $X=(x_1,x_2,\cdots,x_n)^{\mathrm T}$ 是 n 维欧氏空间 $\mathbf{R}^n$ 中的点 (向量), 而 $f(X),h_i(X)$, $g_j(X)$ 中至少有一个是非线性函数. 记模型 (3.8) 的可行域为 S.

若 $X_0\in S$, 对任何 $X\in S$ 都有 $f(X_0)\leqslant f(X)$, 称 X_0 为 (3.8) 式的全局最优解.

若 $X_0\in S$, 对任何 $X\in S\cap N(X_0,\delta)$ 都有 $f(X_0)\leqslant f(X)$, 称 X_0 为式 (3.8) 的局部最优解. $N(X_0,\delta)$ 是 X_0 的 δ 邻域.

线性规划具有标准的求解方法 (如单纯形法), 其最优解一定在可行域的边界上到达, 且经有限步计算必定可以找到最优解. 而非线性规划与之不同, 一般只能求出近似最优解或者是局部近似最优解. 下面我们来介绍非线性规划的几种常用解法.

一、 无约束非线性规划的求解

1. 一维搜索法

一维搜索法是用来求解单变量最优化问题的最优点的近似方法, 即求解问题

$$\begin{aligned} \min \quad & f(x), \\ \text{s.t.} \quad & a \leqslant x \leqslant b \end{aligned} \tag{3.9}$$

的近似最优解. 一维搜索的方法很多, 这里我们只介绍黄金分割法 (0.618 法).

设 $f(x)$ 是定义在 $[a, b]$ 区间上的单峰函数 (即只有一个极值点). 黄金分割法的基本原理: 在区间 $[a, b]$ 中取两点 $x_1 < x_1'$, 不如假设 $f(x_1) > f(x_1')$, 则最优点必定落在区间 $[x_1, b]$ 中, 令 $x_1 - a = b - x_1'$, 即 $x_1' - a = b - x_1$.

令

$$\frac{x_1' - a}{b - a} = \frac{b - x_1}{b - a} = \lambda,$$

即

$$x_1' = a + \lambda(b - a), \quad x_1 = b - \lambda(b - a). \tag{3.10}$$

再在区间 $[x_1, b]$ 中取一点 x_2, 区间 $[x_1, b]$ 中有两点 x_1' 和 x_2, 令 $b - x_2 = x_1' - x_1$, 令

$$\frac{b - x_1'}{b - x_1} = \lambda, \tag{3.11}$$

将 (3.10) 代入 (3.11) 得

$$\lambda = \frac{(b - a) - \lambda(b - a)}{\lambda(b - a)} \Rightarrow \lambda^2 + \lambda - 1 = 0,$$

解得 $\lambda = \dfrac{\sqrt{5} - 1}{2} \approx 0.618$.

黄金分割就是以 0.618 的比率逐步缩小搜索区间, 最后得到最优点的近似值. 具体计算步骤如下.

(i) 计算 $x_1' = a_1 + \lambda(b_1 - a_1)$, $x_1 = a_1 + b_1 - x_1'$, 并求 $f(x_1), f(x_1')$, 令 $k = 1$.

(ii) 若 $b_k - a_k \leqslant \varepsilon$, 则结束计算, 取最优解为 $x^* = \dfrac{1}{2}(b_k + a_k)$, 否则, 令 $x_k' = a_k + \lambda(b_k - a_k)$, $x_k = a_k + b_k - x_k'$, 转入 (iii).

(iii) 比较 $f(x_k')$ 和 $f(x_k)$,

若 $f(x_k')$ 优于 $f(x_k)$, 则令 $a_{k+1} = a_k, b_{k+1} = x_k'$;

若 $f(x_k)$ 优于 $f(x_k')$, 则令 $a_{k+1} = x_k, b_{k+1} = b_k$,

然后以 $k + 1$ 代替 k 转入 (ii), 最后的区间长度为 $b_k - a_k = (b_1 - a_1)\lambda^{k-1}$.

2. 高维无约束问题

高维无约束极值问题可以表述为

$$\min f(X), \quad X \in \mathbf{R}^n. \tag{3.12}$$

求解高维无约束极值问题有两类方法：一类由于利用到函数的解析性质，称为解析法，这类方法中常用的有梯度法、牛顿法等；另一类因为在迭代过程中仅用到函数，而不用到函数的解析性质，称为直接法．下面我们就介绍解析法中的梯度法和直接法中的模式搜索法．

(1) 梯度法 (最速下降法).

定义 3　若 $f(X)$ 在 $\mathbf{R}^n$ 中的某一开集 E 中有一阶连续的偏导数，称向量

$$\nabla f(X) = \left(\frac{\partial f(X)}{\partial x_1}, \frac{\partial f(X)}{\partial x_2}, \cdots, \frac{\partial f(X)}{\partial x_n}\right)^{\mathrm{T}}$$

为函数 $f(X)$ 的梯度．

定义 4　若 $f(X)$ 在开集 E 上具有二阶连续的偏导数，称矩阵

$$\nabla^2 f(X) = \begin{pmatrix} \dfrac{\partial^2 f(X)}{\partial x_1^2} & \dfrac{\partial^2 f(X)}{\partial x_1 \partial x_2} & \cdots & \dfrac{\partial^2 f(X)}{\partial x_1 \partial x_n} \\ \dfrac{\partial^2 f(X)}{\partial x_2 \partial x_1} & \dfrac{\partial^2 f(X)}{\partial x_2^2} & \cdots & \dfrac{\partial^2 f(X)}{\partial x_2 \partial x_n} \\ \vdots & \vdots & & \vdots \\ \dfrac{\partial^2 f(X)}{\partial x_n \partial x_1} & \dfrac{\partial^2 f(X)}{\partial x_n \partial x_2} & \cdots & \dfrac{\partial^2 f(X)}{\partial x_n^2} \end{pmatrix}$$

为 $f(X)$ 的黑塞 (Hessian) 矩阵．

定义 5　多元函数的泰勒展开式：设有 n 元函数 $f(X)$ 在 X_0 的某邻域内有连续的二阶偏导数，则有如下的泰勒展开式

$$f(X) = f(X_0) + \nabla f(X_0)^{\mathrm{T}}(X - X_0) + \frac{1}{2}(x - x_0)^{\mathrm{T}} \nabla^2 f(\bar{X})(X - X_0),$$

其中 $\bar{X} = X_0 + \theta(X - X_0), 0 < \theta < 1$.

结合一元函数极值存在的必要条件和实二次型的正定型，可以证明以下定理．

定理 5　设 $f(X)$ 具有连续的一阶偏导数，X^* 为 $f(X)$ 的局部极值，则

$$\nabla f(X) = \left(\frac{\partial f(X)}{\partial x_1}, \frac{\partial f(X)}{\partial x_2}, \cdots, \frac{\partial f(X)}{\partial x_n}\right)^{\mathrm{T}} = 0.$$

定理 6　设 $f(X)$ 在开集 $E \subset \mathbf{R}^n$ 中有连续的二阶偏导数，且 $\nabla f(X^*) = 0$, $\nabla^2 f(X)$ 正定，则 X^* 为 $f(X)$ 的严格局部极小值点．

由梯度的性质知道, 梯度方向 $\nabla f(X)$ 是 $f(X)$ 增加最快的方向, 负梯度方向 $-\nabla f(X)$ 是 $f(X)$ 下降最快的方向, 梯度法就是每次沿负梯度方向搜索的方法, 其具体步骤为:

(i) 给定初始点 X^1 和允许误差 $\varepsilon>0$, 令 $k=1$.

(ii) 计算 $\nabla f(X^k)$, 若 $\|\nabla f(X^k)\|<\varepsilon$, 则停止迭代, 最小点就是 $X^*\approx X^k$; 否则, 转入 (iii).

(iii) 求 $\min\limits_{\lambda\geqslant 0} f(X^k-\lambda\nabla f(X^k))$, 得到极小值点 λ_k, 令 $X^{k+1}=X^k-\lambda_k\nabla f(X^k)$, 用 $k+1$ 代替 k 转入 (ii), 继续迭代.

实际上我们可以通过泰勒展开式, 求得 λ_k 的近似值为

$$\lambda_k=\frac{\nabla f(X^k)^{\mathrm{T}} f(X^k)}{\nabla f(X^k)^{\mathrm{T}}\nabla^2 f(X^k)\nabla f(X^k)}.$$

可以证明, 相邻两次迭代的方向是正交的, 即搜索线路呈锯齿形. 接近最优点的速度在迭代的前面阶段较快, 越是后面就越慢. 如果前面阶段用梯度法, 后面阶段用其他方法, 收敛的速度可能就会较快.

例 12　求解 $\min f(X)=x_1^2+2x_2^2-2x_1x_2-2x_2$.

解　$\nabla f(X)=(2x_1-2x_2,4x_2-2x_1-2)^{\mathrm{T}}$, 取 $\varepsilon=0.3$, 初始点 $X^1=(0,0)^{\mathrm{T}}$ 有

$$\nabla f(X^1)=(0,-2)^{\mathrm{T}},\quad \|\nabla f(X^1)\|=2>\varepsilon.$$

由 $\min\limits_{\lambda\geqslant 0} f(X^1-\lambda\nabla f(X^1))=\min\limits_{\lambda\geqslant 0}\{8\lambda^2-4\lambda\}$ 得到 $\lambda_1=\dfrac{1}{4}$.

令 $X^2=X^1-\lambda_1\nabla f(X^1)=\left(0,\dfrac{1}{2}\right)^{\mathrm{T}}$, 因为 $\|\nabla f(X^2)\|=1>\varepsilon$, 所以继续上面的迭代, 迭代 5 次以后, 就得到 $X^6=\left(\dfrac{3}{4},\dfrac{7}{8}\right)^{\mathrm{T}}$, $\|\nabla f(X^6)\|=\dfrac{1}{4}<\varepsilon$, 故得到

$$X^*\approx X^6=\left(\frac{3}{4},\frac{7}{8}\right)^{\mathrm{T}}.$$

具体的搜索结果见表 3.10.

表 3.10　例 12 的计算结果

k	1	2	3	4	5	6
X^k	$(0,0)^{\mathrm{T}}$	$\left(0,\frac{1}{2}\right)^{\mathrm{T}}$	$\left(\frac{1}{2},\frac{1}{2}\right)^{\mathrm{T}}$	$\left(\frac{1}{2},\frac{3}{4}\right)^{\mathrm{T}}$	$\left(\frac{3}{4},\frac{3}{4}\right)^{\mathrm{T}}$	$\left(\frac{3}{4},\frac{7}{8}\right)^{\mathrm{T}}$
$\|\nabla f(X^k)\|$	2	1	1	$\frac{1}{2}$	$\frac{1}{2}$	$\frac{1}{4}$
λ_k	$\frac{1}{4}$	$\frac{1}{2}$	$\frac{1}{4}$	$\frac{1}{2}$	$\frac{1}{4}$	

(2) 模式搜索法.

实际问题中的目标函数往往很复杂, 其梯度表达式也很复杂, 有时甚至很难求导. 这种情况下, 就需要用直接搜索法. 直接搜索法中的模式搜索法的特点是：在每一轮迭代中采用轴向移动和模式移动相结合, 故称为模式搜索法. 其具体步骤为:

(i) 取点 X^1 作为初始点, 允许误差为 $\varepsilon > 0$, 对每个变量 x_i $(i=1,2,\cdots,n)$ 选定搜索步长 $\Delta_i=(0,\cdots,0,\delta_i,0,\cdots,0)^{\mathrm{T}}$, 其中 δ_i 是第 i 个分量. 记 $T_{10}=X^1$, 令 $k=1$.

(ii) 从 T_{k0} 出发, 依此对各分量进行搜索：

若 $f(T_{k0}+\Delta_1)<f(T_{k0})$, 记 $T_{k1}=T_{k0}+\Delta_1$;

若 $f(T_{k0}-\Delta_1)<f(T_{k0})$, 就记 $T_{k1}=T_{k0}-\Delta_1$; 若 $f(T_{k0}+\Delta_1)\geqslant f(T_{k0})$, $f(T_{k0}-\Delta_1)\geqslant f(T_{k0})$, 则记 $T_{k1}=T_{k0}$, 即

$$T_{k1}=\begin{cases} T_{k0}+\Delta_1, & f(T_{k0}+\Delta_1)<f(T_{k0}),\\ T_{k0}-\Delta_1, & f(T_{k0}-\Delta_1)<f(T_{k0}),\\ T_{k0}, & \min\{f(T_{k0}+\Delta_1),f(T_{k0}-\Delta_1)\}\geqslant f(T_{k0}).\end{cases}$$

然后从 T_{k1} 出发对第二个分量进行类似的探索. 一般地, 从 T_{kj} 出发对 $j+1$ 个分量进行探索得到 $T_{k,j+1}$:

$$T_{k,j+1}=\begin{cases} T_{kj}+\Delta_{j+1}, & f(T_{kj}+\Delta_{j+1})<f(T_{kj}),\\ T_{kj}-\Delta_{j+1}, & f(T_{kj}-\Delta_{j+1})<f(T_{kj}),\\ T_{kj}, & \min\{f(T_{kj}+\Delta_{j+1}),f(T_{kj}-\Delta_{j+1})\}\geqslant f(T_{kj}),\end{cases}$$

其中 $j=0,1,\cdots,n-1$. 若 $f(T_{kn})<f(X^k)$, 则转入 (iii), 否则转入 (iv).

(iii) 记 $X^{k+1}=T_{kn}$, 则 $X^{k+1}-X^k$ 为 $f(X)$ 的下降方向. 从 X^k 出发, 沿方向 $\lambda(X^{k+1}-X^k)$ 达到点 $T_{k+1,0}$, 其中 λ 称为加速系数, 我们取其为 2, 则

$$T_{k+1,0}=X^k+2(X^{k+1}-X^k)=2X^{k+1}-X^k,$$

这称为模式移动. 以 $k+1$ 代替 k, 转入 (ii).

(iv) 检验是否有 $\delta_i<\varepsilon(i=1,2,\cdots,n)$, 若满足, 则停止迭代, $X^*\approx X^k$; 否则, 令 $X^{k+1}=X^k$, $T_{k+1,0}=X^k$, 以$\dfrac{1}{2}\delta_i$ 代替 δ_i, $k+1$ 代替 k, 转入 (ii) 继续.

二、 约束非线性规划的求解

现实生活中一般的问题会受到某些条件的制约, 这类带有约束条件的极值问题比无约束条件极值问题要复杂得多. 前面介绍了无约束极值问题的解法, 下面设法将有约束极值问题化为一系列无约束极值问题来求解, 下面我们就来介绍罚函数法和线性逼近法.

1. 罚函数法

我们考虑非线性规划问题 (3.8)

$$\begin{aligned}&\min\quad f(X),\\&\text{s.t.}\begin{cases}h_i(X)=0, & i=1,2,\cdots,m,\\ g_j(x)\geqslant 0, & j=1,2,\cdots,l.\end{cases}\end{aligned}$$

构造函数

$$F(M,X)=f(X)+M\left\{\sum_{i=1}^{m}h_i^2(X)+\sum_{j=1}^{l}[\max\{0,g_j(X)\}]^2\right\},$$

其中 M 是一个充分大的正数, 称为罚因子, 函数

$$\varphi(X)=\sum_{i=1}^{m}h_i^2(X)+\sum_{j=1}^{l}[\max\{0,g_j(X)\}]^2$$

称为罚函数.

从直观上看, 由于 M 很大, 当 $X\notin S$ 时, $F(X,M)$ 不可能取得极小值, 故只有当 $X\in S$ 时, $F(X,M)$ 才会取得极小值, 这样约束非线性规划问题 (3.8) 就可以化为如下无约束非线性规划问题:

$$\min\left\{F(X,M)|X\in\mathbf{R}^n\right\}. \tag{3.13}$$

定理 7　设问题 (3.8) 的最小点存在, 且

(1) $f(X),h_i(X),g_j(X)$ $(i=1,2,\cdots,m;j=1,2,\cdots,l)$ 连续;

(2) 正数序列 $\{M_k\}$ 单调增加且趋于 $+\infty$;

(3) 由上面所定义的函数 $F(X,M)=f(X)+M_k\varphi(X)$ 存在最小点 X^*, 且 $\lim\limits_{k\to\infty}X^k=X^*$, 则 X^* 是问题 (3.8) 的最小点, 且 $\lim\limits_{k\to\infty}M_k\varphi(X^k)=0$.

根据定理 5, 求解问题 (3.8) 近似最优解的方法, 也就是罚函数法的具体步骤为:

(i) 取定一个初始点 X^1, 精确度 $\varepsilon>0$ 及一个单调增加的正数序列 $\{M_k\}$, 即 $0<M_1<M_2<\cdots<M_k<\cdots$, 且 $\lim\limits_{k\to\infty}M_k^{-1}=0$, 置 $k=1$.

(ii) 以 X^k 为初始点求解无约束极值问题

$$\min_{X\in\mathbf{R}^n}F(X,M)=f(X)+M\varphi(X),$$

设其最优解为 X^{k+1}.

(iii) 若 $M_{k+1}\varphi(X^{k+1})<\varepsilon$, 则终止迭代, $X^*\approx X^{k+1}$; 否则, 以 $k+1$ 代替 k, 返回 (ii).

2. 线性逼近法

该方法是将目标函数和约束条件作线性近似, 所以称为线性逼近法, 其具体步骤为:

(i) 取一初始点 X^1, 精确度 $\varepsilon_1 > 0, \varepsilon_2 > 0$ 及初始步长 δ_{1i}, 置 $k = 1$.

(ii) 将目标函数和约束函数在 $X^k = (x_{k1}, x_{k2}, \cdots, x_{kn})^{\mathrm{T}}$ 处线性化, 得线性规划问题

$$\min\left\{f(X^k) + \nabla f(X^k)^{\mathrm{T}}(X - X^k)\right\},$$
$$\text{s.t.}\begin{cases} g_j(X^k) + \nabla g_j(X^k)^{\mathrm{T}}(X - X^k) \geqslant 0, & j = 1, 2, \cdots, l, \\ h_i(X^k) + \nabla h_i(X^k)^{\mathrm{T}}(X - X^k) = 0, & i = 1, 2, \cdots, m, \\ |x_i - x_{ki}| \leqslant \delta_{ki}. \end{cases}$$

然后求出其最优解 X^{k+1}.

(iii) 若 $\left|h_i(X^{k+1})\right| \leqslant \varepsilon_1, g_j(X^{k+1}) \geqslant -\varepsilon_1$ $(i = 1, 2, \cdots, m; j = 1, 2, \cdots, l)$, 则转入 (iv); 否则, 取 $\dfrac{1}{2}\delta_{ki}$ 代替 δ_{ki} 转回 (ii).

(iv) 若 $\left\|X^{k+1} - X^k\right\| < \varepsilon_2$, 则 $X^* \approx X^{k+1}$; 否则, 用 $k+1$ 代替 k 返回 (ii).

三、 几种特殊的非线性规划

1. 正定几何规划 (简单情形)

$$\min \quad y(X) = \sum_{j=1}^{T} c_j \left(\prod_{i=1}^{n} x_i^{a_{ij}}\right),$$
$$\text{s.t.} \quad X \geqslant 0,$$

其中 $X = (x_1, x_2, \cdots, x_n)^{\mathrm{T}}$, $c_j (j = 1, 2, \cdots, T)$, a_{ij} 为任意实数.

2. 正定几何规划 (一般情形)

$$\min \quad y_0(X) = \sum_{j=1}^{T_0} c_{0j} \left(\prod_{i=1}^{n} x_i^{a_{ij}^0}\right),$$
$$\text{s.t.} \quad y_m(X) = \sum_{j=1}^{T_m} c_{mj} \left(\prod_{i=1}^{n} x_i^{a_{ij}^m}\right) \leqslant 1, \quad m = 1, 2, \cdots, l,$$
$$X \geqslant 0,$$

其中 $y_0(X), y_m(X) (m = 1, 2, \cdots, l)$ 中的各项系数均为正数, a_{ij}^0, a_{ij}^m 为任意的实数.

3. 符号几何规划

$$
\begin{aligned}
\min \quad & y_0(X)=\sum_{j=1}^{T_0}\lambda_{0j}c_{0j}\left(\prod_{i=1}^{n}x_i^{a_{ij}^0}\right),\\
\text{s.t.} \quad & y_m(X)=\sum_{j=1}^{T_m}\lambda_{mj}c_{mj}\left(\prod_{i=1}^{n}x_i^{a_{ij}^m}\right)\leqslant\lambda_m,\quad m=1,2,\cdots,l,\\
& x\geqslant 0,
\end{aligned}
$$

其中 $\lambda_{0j},\lambda_{mj},\lambda_m$ 为 1 或 -1, $c_{0j}>0,c_{mj}>0$, a_{ij}^0,a_{ij}^m 为任意的实数.

4. 二次规划

$$
\min \quad F(X)=\sum_{j=1}^{n}c_jx_j+\frac{1}{2}\sum_{j=1}^{n}\sum_{k=1}^{n}c_{jk}x_jx_k,
$$

$$
\text{s.t.}\quad\begin{cases}\displaystyle\sum_{j=1}^{n}a_{ij}x_j+b_i\geqslant 0, & i=1,2,\cdots,m,\\ x_j\geqslant 0, & j=1,2,\cdots,n,\\ c_{jk}=c_{kj}.\end{cases}
$$

四、 建模实例

空中防撞系统的设计 在约 10000 米高空的某边长 160 千米正方形区域内, 经常有若干架飞机做水平飞行. 区域内每架飞机的位置和速度向量均有计算机记录其数据, 以便进行飞行管理. 当一架欲进入该区域的飞机到达区域边缘时, 记录其数据后, 要立即计算并判断是否会与区域内的飞机发生碰撞. 如果会碰撞, 则应计算如何调整各架 (包括新进入的) 飞机的方向角, 以避免碰撞. 现假定条件如下:

(1) 不碰撞的标准为任意两架飞机的距离大于 8 千米;

(2) 飞机飞行方向角调整的幅度不应超过 30°;

(3) 所有飞行速度均为每小时 800 千米;

(4) 进入该区域的飞机在到达区域边界时, 与区域内飞机的距离应在 60 千米以上;

(5) 最多需考虑 6 架飞机;

(6) 不考虑飞机离开此区域后的状况.

请你对这个避免碰撞的飞行管理问题建立数学模型, 列出计算步骤, 对以下数据进行计算 (方向角误差不超过 0.01°), 要求飞机飞行方向角调整的幅度尽量小.

该区域的顶点坐标为 (0, 0), (160, 0), (160, 160), (0, 160).

记录数据见表 3.11.

表 3.11 飞机位置信息表

飞机编号	横坐标 x	纵坐标 y	方向角/(°)
1	150	140	243
2	85	85	236
3	150	155	220.5
4	145	50	159
5	130	150	230
新进入	0	0	52

注：方向角指飞行方向与 x 轴正向的夹角

试根据实际应用背景对你的模型进行评价与推广.

1. 符号约定

P_i 为第 i 架飞机坐标; θ_i 为第 i 架飞机方向角; r_{ij} 为 P_i 和 P_j 间距; θ_{ij} 为 P_{ij} 与 x 轴的夹角; v 为飞机飞行速度.

2. 问题的分析与求解

(1) 设计目标.

要设计的防撞系统中, 为确保飞机不相撞, 应满足如下条件:

(i) 安全距离要求 $|P_{ij}| \geqslant 8$;

(ii) 飞机偏离航向不应太远, 要求 $|\Delta\theta_i| \leqslant 30°$.

根据上述条件及题目的要求, 防撞系统的目标是达到总航向的改变最小, 即 $\min\left(\sum\limits_{i=1}^{6}|\Delta\theta_i|\right)$. 上述的条件和目标是我们建模的依据.

(2) 飞机相撞的判据.

根据相对运动原理, P_i 相对 P_j 的速度方向为

$$(v(\cos\theta_i-\cos\theta_j), v(\sin\theta_i-\sin\theta_j)),$$

t 时刻 P_i 相对 P_j 的位置为

$$(a_{ij}+vt(\cos\theta_i-\cos\theta_j), b_{ij}+vt(\sin\theta_i-\sin\theta_j)),$$

令 $vt=l$, 则有

$$\begin{aligned}|P_iP_j|^2=f(l)=&(a_{ij}^2+b_{ij}^2)+4l\sin\frac{\theta_i-\theta_j}{2}\left(-a_{ij}\sin\frac{\theta_i+\theta_j}{2}+b_{ij}\cos\frac{\theta_i+\theta_j}{2}\right)\\&+4l^2\sin^2\frac{\theta_i+\theta_j}{2},\quad 0<l<l_{\max}.\end{aligned}$$

由上可知, P_i 与 P_j 若相撞仅有三种可能:

(i) $f(0)<64$, 但这与初始条件不符, 故无须考虑;

(ii) $f(l_{\max}) < 64$, $r_{ij}^2 \cos^2\left(\dfrac{\theta_i+\theta_j}{2} - \theta_{ij}\right) < 64$;

(iii) $30 < l_p = -r_{ij}\sin\left(\theta_{ij} - \dfrac{\theta_i+\theta_j}{2}\right)\Big/ 2\sin\dfrac{\theta_i-\theta_j}{2} < l_{\max}$.

所以当 $f(l)$ 满足 (ii) 或 (iii) 时, P_i 与 P_j 相撞, 否则不相撞.

通过上述问题分析, 可以看出这个模型的总目标就是确定每个可调的方向角, 使它在不违反判据 $\left|r\cos\left(\theta+\dfrac{\alpha+\beta}{2}\right)\right| \geqslant 8$ 所规定的限制下, 实现前述子目标. 因此从本质上这是一个非线性规划问题.

3. 非线性规划法解决问题

根据前面的分析, 我们已把问题转化为求如下极值

$$\begin{cases} \min f(\theta) = \sum\limits_i |\Delta\theta_i|, \\ |\Delta\theta_i| < \dfrac{\pi}{6}, \\ |P_{ij}(t)| > 8, \\ 0 < t < l_{\min}/v. \end{cases}$$

用惩罚函数法可将其作为无约束极值问题求解, 也即求 $\min h(\theta) = f(\theta) + M\,c(\theta)$.

M 是一个很大的常数因子, $c(\theta)$ 在 θ 满足约束条件时为 0, 否则为正值, 这样 $h(\theta)$ 的极值通常只能在满足约束条件处取得, 并且是 $f(\theta)$ 的极值.

取 $c(\theta) = cb(\theta) + cr(\theta)$,

$$cr(\theta_i,\theta_j) = \begin{cases} 8 - \left|r_{ij}\cos\left(\theta_{ij} - \dfrac{\theta_i+\theta_j}{2}\right)\right|, & 0 < \dfrac{r_{ij}\cos\left(\theta_{ij}-\dfrac{\theta_i+\theta_j}{2}\right)}{\sin\left(\dfrac{\theta_i-\theta_j}{2}\right)} < 160\sqrt{2}, \\ 0, & \text{其他}, \end{cases}$$

$$cb(\theta_i) = \begin{cases} 0, & |\Delta\theta_i| < \pi/6, \\ |\Delta\theta_i|, & |\Delta\theta_i| > \pi/6. \end{cases}$$

用步长加速法求极值.

由于步长加速法求出的是局部最优解, 为尽量求出全局最优解, 为尽量求出全局最优解, 选用几组不同的初值代入, 求出极小值, 再从中选出最优者.

取刚进入的飞机左偏 1° 为初始值, 得出一个解为第三架飞机左偏约 2.68°, 第六架飞机左偏约 0.94°, 总改变角为约 3.629693°, 即各机新方向角为 243,236,223.18, 159,230,52.94.

第六节　多目标规划模型

前面我们讨论的都是只有一个目标函数的数学规划模型, 但是在实际问题中往往还会经常遇到多个目标函数的问题, 即多目标规划模型. 例如, 在生产产品时, 可能既要考虑利润最大又要考虑材料最省等.

多目标规划问题的数学模型一般形式为

$$\begin{cases} \min f_1(x_1,x_2,\cdots,x_n), \\ \cdots\cdots \\ \min f_m(x_1,x_2,\cdots,x_n), \\ \text{s.t.}\quad g_j(x_1,x_2,\cdots,x_n)\geqslant 0, \quad j=1,2,\cdots,p, \\ \qquad h_k(x_1,x_2,\cdots,x_n)=0, \quad k=1,2,\cdots,q. \end{cases} \tag{3.14}$$

记 $F(X)=(f_1(X),f_2(X),\cdots,f_m(X))^{\mathrm{T}},\quad X=(x_1,x_2,\cdots,x_n)^{\mathrm{T}}$,

$$E=\{X|X\in\mathbf{R}^n, g_j(X)\geqslant 0, h_k(X)=0, j=1,2,\cdots,p;\ k=1,2,\cdots,q\},$$

则多目标规划模型可以表述为

$$\begin{aligned} &\min F(X)=(f_1(X),f_2(X),\cdots,f_m(X))^{\mathrm{T}}, \\ &\text{s.t.}\quad X\in E=\{X\in\mathbf{R}^n, g_j(X)\geqslant 0, h_k(X)=0\}. \end{aligned} \tag{3.15}$$

下面我们就介绍几种多目标规划模型的处理方法, 关键是将多目标规划问题化为单目标规划问题来处理.

一、约束法

根据问题的实际意义, 从 (3.15) 的 m 个目标中, 选取一个主要的目标作为单目标规划问题的目标函数, 例如, 就取 $f_1(X)$ 作为单目标规划问题的目标函数, 其他的目标函数只要它不超过某个给定的数即可, 那么就可以化为如下的单目标规划模型:

$$\begin{aligned} &\min \quad f_1(X), \\ &\text{s.t.}\quad \begin{cases} g_j(X)\geqslant 0, & j=1,2,\cdots,p, \\ h_k(X)=0, & k=1,2,\cdots,q, \\ f_i(X)\leqslant \delta_i, & i=2,3,\cdots,m. \end{cases} \end{aligned} \tag{3.16}$$

二、 分层序列法

根据实际问题的需要, 将其 m 个目标按重要程度排一个次序, 最重要的排在最前面, 依次排下去, 并选取一组适当小的正数 $\delta_1, \delta_2, \cdots, \delta_{m-1}$, 逐层次地求解.

例如, 若 m 个目标的重要程度排序为 $f_1(X), f_2(X), \cdots, f_m(X)$, 则先求出

$$\min_{X \in E} f_1(X) = f_1^*.$$

再求 $\min\limits_{X \in E_1} f_2(X) = f_2^*$, 其中 $E_1 = \{X | f_1(X) \leqslant f_1^* + \delta_1, X \in E\}$.

接着求

$$\min_{X \in E_2} f_3(X) = f_3^*,$$

其中 $E_2 = \{X | f_1(X) \leqslant f_1^* + \delta_1, f_2(X) \leqslant f_2^* + \delta_2, X \in E\}$.

依此下去, 最后求得

$$\min_{X \in E_{m-1}} f_m(X) = f_m^*,$$

其中 $E_{m-1} = \left\{X | f_j(X) \leqslant f_j^* + \delta_j, j = 1, 2, \cdots, m-1;\ X \in E\right\}$.

最后求得的这个解就是我们所要求的多目标规划问题 (3.15) 的一个有效解.

三、 功效系数法

对于多目标规划问题, 有时候目标函数的量纲不一致, 直接计算没有什么意义, 计算出的结果也无法判别其最优性, 为此, 就用功效系数来判别目标的好坏程度.

设

$$\min_{X \in E} f_j(X) = \underline{f}_j, \quad \max_{X \in E} f_j(X) = \bar{f}_j,$$

当目标为 $\min\limits_{X \in E} f_j(X)$ 时, 定义功效函数为

$$d_j(f_j(X)) = \begin{cases} 1, & f_j(X) = \underline{f}_j, \\ 0, & f_j(X) = \bar{f}_j, \\ \dfrac{\bar{f}_j - f_j(X)}{\bar{f}_j - \underline{f}_j}, & \underline{f}_j < f_j < \bar{f}_j. \end{cases}$$

当目标为 $\max\limits_{X \in E} f_j(X)$ 时, 定义功效函数为

$$d_j(f_j(X)) = \begin{cases} 1, & f_j(X) = \bar{f}_j, \\ 0, & f_j(X) = \underline{f}_j, \\ \dfrac{f_j(X) - \underline{f}_j}{\bar{f}_j - \underline{f}_j}, & \underline{f}_j < f_j < \bar{f}_j. \end{cases}$$

上面定义的 $d_j(f_j(X))$ 是 $f_j(X)$ 的严格单调的线性函数, 最“满意”时, $d_j=1$, 最“不满意”时, $d_j=0$, 一般情况下就是 $0<d_j<1$, 功效系数 d_j 较好地反映了 $f_j(X)$ 逼近最优解的程度, 然后我们考虑所有目标函数的功效系数的几何平均数

$$H(F(X))=\left[\prod_{j=1}^{m}d_j(f_j(X))\right]^{\frac{1}{m}},$$

并求解 $\max\limits_{X\in E}H(F(X))=\left[\prod\limits_{j=1}^{m}d_j(f_j(X))\right]^{\frac{1}{m}}$ 的最优解.

四、 评价函数法

这种方法是先构造一个与所有目标函数有关的函数, 然后求相应的单目标规划问题的最优解. 构造评价函数的方法较多, 下面我们就介绍其中的几种.

1. 乘除法

设在目标函数中要求 $f_1,f_2,\cdots,f_r$ 越小越好, $f_{r+1},f_{r+2},\cdots,f_m$ 越大越好, 且 $f_j(X)>0(j=1,2,\cdots,m)$, 可以构造评价函数

$$H(F(X))=\left[\prod_{j=1}^{r}f_j(X)\right]\Bigg/\left[\prod_{j=r+1}^{m}f_j(X)\right],$$

求解 $\min\limits_{X\in E}H(F(X))$.

2. 平方和加权法

对于给定的多目标规划问题 (3.15), 设 $f_j(X)$ 的最小值的下界为 f_j^0, 即

$$\min_{X\in E}f_j(X)\geqslant f_j^0,\quad j=1,2,\cdots,m.$$

根据实际问题, 考虑 $f_1(X),f_2(X),\cdots,f_m(X)$ 的不同重要程度, 确定一组权系数 $\lambda_1\geqslant 0,\lambda_2\geqslant 0,\cdots,\lambda_m\geqslant 0$, 且 $\sum\limits_{j=1}^{m}\lambda_j=1$, 作评价函数

$$H(F(X))=\sum_{j=1}^{m}\lambda_j(f_j(X)-f_j^0)^2.$$

然后求解单目标规划问题

$$\min_{X\in E}H(F(X))=\min_{X\in E}\sum_{j=1}^{m}\lambda_j(f_j(X)-f_j^0)^2.$$

3. 线性权和法

对于给定的多目标规划问题 (3.15), 根据 m 个目标函数考虑 $f_1(X), f_2(X), \cdots, f_m(X)$ 的不同重要程度, 确定一组权系数 $\lambda_1 \geqslant 0, \lambda_2 \geqslant 0, \cdots, \lambda_m \geqslant 0$, 且 $\sum_{j=1}^{m} \lambda_j = 1$, 作评价函数

$$H(F(X)) = \sum_{j=1}^{m} \lambda_j f_j(X).$$

然后求解单目标规划问题

$$\min_{X \in E} H(F(X)) = \min_{X \in E} \sum_{j=1}^{m} \lambda_j f_j(X).$$

在线性权和法中, 若某些权系数取值为 0, 则相应的目标函数在最终目标中的重要性得不到体现, 则可以给定这些函数一个取值范围, 将它作为一个约束条件加入最终目标规划问题. 这相当于前面已经叙述过的约束法.

五、 权系数的确定方法

在平方和加权法和线性权和法中, 都涉及权系数, 那么权系数要如何确定才算是比较合理呢? 下面我们就给出几种权系数的确定方法.

1. α-方法

对给定的多目标规划模型 (3.15), 设

$$f_j(X^j) = \min_{X \in E} f_j(X), \quad j = 1, 2, \cdots, m,$$

即 X^j 是 $f_j(X)$ 的极小值. 然后求出各目标函数在 X^j 处的函数值

$$f_{ij} = f_i(X^j), \quad i, j = 1, 2, \cdots, m.$$

由定义可知 $f_{ij} = f_i(X^j) \geqslant f_i(X^i)$. 在此我们不妨假设 X^j 只是 $f_j(X)$ 的极小点, 不是其他函数 $f_i(X)$ 的极小点.

现在我们引进参数 α, 并作如下 $m+1$ 阶线性方程

$$\begin{cases} \sum_{i=1}^{m} f_{ij}\omega_i = \alpha, \quad j = 1, 2, \cdots, m, \\ \sum_{i=1}^{m} \omega_i = 1, \end{cases} \tag{3.17}$$

解方程组 (3.17), 即可以求出权系数向量 $\omega = (\omega_1, \omega_2, \cdots, \omega_m)$.

2. 均差排序法

设 $f_j(X)$ 在 E 上的极小点为 X^j, 即

$$f_j(X^j)=\min_{X\in E} f_j(X) \quad (j=1,2,\cdots,m),$$

利用这 m 个极小点, 可以求出第 i 个目标关于其他极小点的离差.

$$\delta_{ij}=f_i(X^j)-f_i(X^i), \quad i,j,=1,2,\cdots,m.$$

特别地, 当 $i=j$ 时, 有

$$\delta_{ii}=f_i(X^i)-f_i(X^i)=0.$$

其他的离差因为 X^i 为 $f_i(X)$ 的极小点, 故有 $\delta_{ij}\geqslant 0$.

设各 $X^i\,(i=1,2,\cdots,m)$ 不全相同, 则至少有一个 $i\neq j$ 使得 $\delta_{ij}>0$, 令

$$\varDelta_i=\frac{\sum\limits_{j=1}^{m}\delta_{ij}}{m-1}>0, \quad i=1,2,\cdots,m.$$

现在给 Δ_i 从大到小排序, 不妨设为

$$\Delta_1\geqslant\Delta_2\geqslant\cdots\geqslant\Delta_m>0,$$

然后令 $\omega_i=\dfrac{\Delta_{m+1}-i}{\sum\limits_{j=1}^{m}\Delta_j}, \quad i=1,2,\cdots,m$, 则向量 $\omega=(\omega_1,\omega_2,\cdots,\omega_m)^{\mathrm{T}}$ 就是我们确定的权向量.

3. 判断矩阵法

当某个问题需要确定的权系数的项数非常多时, 就难于对所有各项的重要程度作一个比较准确的把握和较正确的判断. 但两两各项之间的重要程度比较判别, 我们就用下面的矩阵判别法来确定权系数.

设

$a_{ij}=1$ 表示事项 S_i 相对于 S_j 同等重要;

$a_{ij}=3$ 表示事项 S_i 相对于 S_j 稍微重要;

$a_{ij}=5$ 表示事项 S_i 相对于 S_j 明显重要;

$a_{ij}=7$ 表示事项 S_i 相对于 S_j 非常重要;

$a_{ij}=9$ 表示事项 S_i 相对于 S_j 极端重要;

$a_{ij}=2,4,6,8$ 表示事项 S_i 相对于 S_j 的重要程度介于 $a_{ij}=1,3,5,7,9$ 之间.

为了确定权系数, 作判断矩阵

$$A=(a_{ij})=\begin{pmatrix} a_{11} & \cdots & a_{1m} \\ \vdots & & \vdots \\ a_{m1} & \cdots & a_{mm} \end{pmatrix},$$

其中 $a_{ji}=\dfrac{1}{a_{ij}}$, $a_{ii}=1\ (i,j=1,2,\cdots,m)$.

对于 A 中的每一行作几何平均, 得到 $\alpha_i=\left(\prod\limits_{j=1}^{m}a_{ij}\right)^{\frac{1}{m}}$, 然后将向量 $\alpha=(\alpha_1,\alpha_2,\cdots,\alpha_m)^{\mathrm{T}}$ 规范化, 得到问题的一组权系数

$$\omega_i=\frac{\alpha_i}{\sum\limits_{j=1}^{m}\alpha_j},\quad i=1,2,\cdots,m.$$

六、 建模实例

1. 露天矿生产的车辆安排

露天矿里有若干个爆破生成的石料堆, 每堆称为一个铲位, 每个铲位已预先根据铁含量将石料分成矿石和岩石. 一般来说, 平均铁含量不低于 25%的为矿石, 否则为岩石. 每个铲位的矿石、岩石数量, 以及矿石的平均铁含量 (称为品位) 都是已知的. 每个铲位至多能安置一台电铲, 电铲的平均装车时间为 5 分钟.

卸货地点 (以下简称卸点) 有卸矿石的矿石漏、2 个铁路倒装场 (以下简称倒装场) 和卸岩石的岩石漏、岩场等, 每个卸点都有各自的产量要求. 从保护国家资源的角度及矿山的经济效益考虑, 应该尽量把矿石按矿石卸点需要的铁含量 (假设要求都为 29.5%±1%, 称为品位限制) 搭配起来送到卸点, 搭配的量在一个班次 (8 小时) 内满足品位限制即可. 从长远看, 卸点可以移动, 但一个班次内不变. 卡车的平均卸车时间为 3 分钟.

所用卡车载重量为 154 吨, 平均时速 28km/h. 卡车的耗油量很大, 每个班次每台车消耗近 1 吨柴油. 发动机点火时需要消耗相当多的电瓶能量, 故一个班次中只在开始工作时点火一次. 卡车在等待时所耗费的能量也是相当可观的, 原则上在安排时不应发生卡车等待的情况. 电铲和卸点都不能同时为两辆及两辆以上卡车服务. 卡车每次都是满载运输.

每个铲位到每个卸点的道路都是专用的宽 60m 的双向车道, 不会出现堵车现象, 每段道路的里程都是已知的.

一个班次的生产计划应该包含以下内容: 出动几台电铲, 分别在哪些铲位上; 出动几辆卡车, 分别在哪些路线上各运输多少次 (因为随机因素影响, 装卸时间与运输时间都不精确, 所以排时计划无效, 只求出各条路线上的卡车数及安排即可). 一个合格的计划要在卡车不等待条件下满足产量和质量 (品位) 要求, 而一个好的计划还应该考虑下面两条原则之一.

(1) 总运量 (吨公里) 最小, 同时出动最少的卡车, 从而运输成本最小;

(2) 利用现有车辆运输, 获得最大的产量 (岩石产量优先; 在产量相同的情况下, 取总运量最小的解).

请你就两条原则分别建立数学模型, 并给出一个班次生产计划的快速算法.

针对下面的实例, 给出具体的生产计划、相应的总运量及岩石和矿石产量.

某露天矿有铲位 10 个、卸点 5 个, 现有铲车 7 台、卡车 20 辆. 各卸点一个班次的产量要求: 矿石漏 1.2 万吨、倒装场Ⅰ 1.3 万吨、倒装场Ⅱ 1.3 万吨、岩石漏 1.9 万吨、岩场 1.3 万吨.

各铲位和各卸点之间的距离 (公里) 见表 3.12.

表 3.12 铲位和卸点之间的距离表

	铲位 1	铲位 2	铲位 3	铲位 4	铲位 5	铲位 6	铲位 7	铲位 8	铲位 9	铲位 10
矿石漏	5.26	5.19	4.21	4.00	2.95	2.74	2.46	1.90	0.64	1.27
倒装场Ⅰ	1.90	0.99	1.90	1.13	1.27	2.25	1.48	2.04	3.09	3.51
岩场	5.89	5.61	5.61	4.56	3.51	3.65	2.46	2.46	1.06	0.57
岩石漏	0.64	1.76	1.27	1.83	2.74	2.60	4.21	3.72	5.05	6.10
倒装场Ⅱ	4.42	3.86	3.72	3.16	2.25	2.81	0.78	1.62	1.27	0.50

各铲位矿石、岩石数量 (万吨) 和矿石的平均铁含量见表 3.13.

表 3.13 矿石、岩石数量及矿石平均铁含量表

	铲位 1	铲位 2	铲位 3	铲位 4	铲位 5	铲位 6	铲位 7	铲位 8	铲位 9	铲位 10
矿石量/万吨	0.95	1.05	1.00	1.05	1.10	1.25	1.05	1.30	1.35	1.25
岩石量/万吨	1.25	1.10	1.35	1.05	1.15	1.35	1.05	1.15	1.35	1.25
铁含量/%	30	28	29	32	31	33	32	31	33	31

2. 基本假设及说明

(1) 卡车在一个班次中不应发生等待或者是熄火后再启动的情况;

(2) 在铲位或卸点处两条线路 (及以上) 造成冲突时, 只要平均时间内能完成任务即可;

(3) 空载或满载的速度都是 28km/h;

(4) 卡车可以提前退出系统.

说明: 本模型是考虑在车辆不等待的情况下进行运输的, 但实际工作中, 不等待是不可能的, 这种情况下的模型很复杂, 且无法求解, 故我们在这里不讨论有等待情况下的运输问题.

3. 符号及说明

A_i: 第 i 个铲位, $i=1,2,\cdots,n$;

B_j: 第 j 个卸点, $j=1,2,\cdots,m$,
其中, j 从 1 到 m_1 是卸矿石点, j 从 m_1+1 到 m 是卸岩石点;

R_i: A_i 处矿石的可运出车次量, $R_i=\left[\dfrac{A_i\text{处矿石量}}{154}\right]$;

r_i: A_i 处岩石的可运出车次量, $r_i=\left[\dfrac{A_i\text{处岩石量}}{154}\right]$;

λ_i: A_i 处的矿石品位;

$\bar{B}_j$: B_j 处需求车次量, $\bar{B}_j=\left[\dfrac{\bar{B}_j\text{处的需求量}}{154}\right]+1$;

N_1: 铲车数;

N_2: 卡车数;

S_{ij}: 从 A_i 到 B_j 处的距离;

X_{ij}: 从 A_i 向 B_j 处运矿石或岩石的车次数;

$$\delta_i=\begin{cases}0, & A_i\text{处不放铲车},\\ 1, & A_i\text{处放铲车}.\end{cases}$$

4. 模型的建立

1) 满足原则一的模型 (I)

(1) 决策变量.

首先引入一组 0-1 变量 $\delta_1,\delta_2,\cdots,\delta_n$, 其中 δ_i 表示 A_i 处是否安放铲车, 若 A_i 处有铲车, 则 $\delta_i=1$, 否则 $\delta_i=0$.

然后用 X_{ij} 表示从铲地 A_i 处向卸地 B_j 处运送矿石或岩石的车次量, 当 $j=1,2,\cdots,m_1$ 时, 运送矿石, 当 $j=m_1+1,\cdots,m$ 时, 运送岩石.

(2) 目标函数.

原则一有两个目标, 即总运量最小和出动的卡车数最少, 总运量最小是优先目标.

总运量就是各运输线路上的运输次数乘以该线路的距离, 再乘以卡车的满载量之和, 即 $Z_1=\sum_{i=1}^{n}\sum_{j=1}^{m}154X_{ij}S_{ij}$.

由于 154 是常数, 故可取$\min Z_1=\sum_{i=1}^{n}\sum_{j=1}^{m}X_{ij}S_{ij}$, 在不至于混淆的情况下, 也称 $\sum_{i=1}^{n}\sum_{j=1}^{m}X_{ij}S_{ij}$ 为总运量.

为了计算卡车数, 假设卡车是无等待的, 即一个班次 (8 小时, 即 480 分钟) 所有的时间都是在各线路上运输、装载或卸载, 在 A_i 到 B_j 线路上, 一辆卡车在一个来回 (即从 A_i 开始装载后到 B_j 处卸载, 然后又回 A_i 到处) 所花费的时间为: $\frac{S_{ij}}{28}\times 2\times 60+5+3$(分钟), 故在 A_i 到 B_j 线路上运输一次相当于占用了 $\frac{\frac{30}{7}S_{ij}+8}{480}$ 辆卡车, 因而一个班次内, 占用的卡车总数为: $\min Z_2=\sum_{i=1}^{n}\sum_{j=1}^{m}X_{ij}\left(\frac{30}{7}S_{ij}+8\right)\Big/480$.

(3) 约束条件.

(i) 从铲位 A_i 向所有的卸点运输的矿石或岩石的车次总数应不大于该铲地的矿石可运车次量或岩石可运车次量, 即

$$\sum_{j=1}^{m_1}X_{xj}\leqslant R_i,\quad i=1,2,\cdots,n,\qquad \sum_{j=m_1+1}^{m}X_{ij}\leqslant r_i,\quad i=1,2,\cdots,n.$$

(ii) 铲地 A_i 处由于最多只有一辆铲车, 一辆铲车在一个班次内最多只能装载$\frac{8\times 60}{5}=96$ 辆车, 因为卡车不能等待, 故从 A_i 处运载石料的车次数不超过 96, 即$\sum_{j=1}^{m}X_{ij}\leqslant 96,\ i=1,2,\cdots,n$.

(iii) 从各铲地运送到卸点 B_j 的车次量, 应不小于其所需车次量, 即$\sum_{i=1}^{n}X_{ij}\geqslant \bar{B}_j$.

(iv) 在卸点 B_j 由于一次只能有一辆车卸载, 则卸点 B_j 在一个班次内最多只能卸载$\frac{8\times 60}{3}=160$ 辆车, 因为卡车不能等待, 故从各铲地运到 B_j 的车次数不超过 160, 即 $\sum_{i=1}^{n}X_{ij}\leqslant 160\ (j=1,2,\cdots,m)$.

(v) 在矿石卸点卸下的矿石, 在一个班次内运到的矿石量的平均品位应满足品

位限制, 即

$$0.285 \leqslant \frac{\sum\limits_{i=1}^{n}(X_{ij}\times 154\times\lambda_i)}{\sum\limits_{i=1}^{n}(X_{ij}\times 154)}=\frac{\sum\limits_{i=1}^{n}\lambda_i X_{ij}}{\sum\limits_{i=1}^{n}X_{ij}}\leqslant 0.305,\quad j=1,2,\cdots,m_1.$$

(vi) 铲车数为 N_1, 则最多只能使用 N_1 辆铲车, 故一个班次内, $A_i(i=1,\cdots,n)$ 中最多只能有 N_1 个铲点被装载, 即 $\sum\limits_{i=1}^{n}\delta_i\leqslant N_1$, $\delta_i=\begin{cases}0, & A_i\text{处不放铲车},\\ 1, & A_i\text{处放铲车}.\end{cases}$ $X_{ij}\leqslant M\delta_i$, 其中 M 为一个相当大的正数.

(4) 综上所述, 得如下数学模型:

$$\min\quad Z_1=\sum_{i=1}^{n}\sum_{j=1}^{m}S_{ij}X_{ij},$$

$$\min\quad Z_2=\sum_{i=1}^{n}\sum_{j=1}^{m}X_{ij}\left(\frac{30}{7}S_{ij}+8\right)\Big/480,$$

$$\text{s.t.}\begin{cases}\sum\limits_{j=1}^{m_1}X_{ij}\leqslant R_i,\quad i=1,2,\cdots,n,\\ \sum\limits_{j=m_1+1}^{m}X_{ij}\leqslant r_i,\quad i=1,2,\cdots,n,\\ \sum\limits_{j=1}^{m_1}X_{ij}\leqslant 96,\quad i=1,2,\cdots,n,\\ \sum\limits_{i=1}^{n}X_{ij}\geqslant \bar{B}_j,\quad j=1,2,\cdots,m,\\ \sum\limits_{i=1}^{n}X_{ij}\leqslant 160,\quad j=1,2,\cdots,m,\\ 0.285\leqslant\dfrac{\sum\limits_{i=1}^{n}\lambda_i X_{ij}}{\sum\limits_{i=1}^{n}X_{ij}}\leqslant 0.305,\quad j=1,2,\cdots,m_1,\\ \sum\limits_{i=1}^{n}\delta_i\leqslant N_1,\\ X_{ij}\leqslant M\delta_i,\quad i=1,2,\cdots,n;j=1,2,\cdots,m,\\ \delta_i=0\text{ 或 }1,\end{cases}$$

其中 X_{ij} 为非负整数, M 是一个相当大的正数.

(5) 算法设计.

这是一个双目标的整数规划问题, 由于决策变量和约束条件太多, 直接用整数规划算法求解很困难, 采取以下步骤计算:

(i) 首先不考虑车辆数最少这一目标, 即将双目标规划问题转化为只有总运量最小这一单目标规划问题.

(ii) 置所有的 $\delta_i = 1(i = 1, 2, \cdots, n)$, 然后求解此线性规划模型, 得到一个解, 此解中的 X_{ij} 一般不为整数, 就取一个最接近 X_{ij} 的整数代替 X_{ij}, 得到一个近似整数解.

(iii) 在此解中, 若某铲地A_i 没有矿石或岩石运出, 就置 $\delta_i = 0$, 若有矿石或岩石运出就置 $\delta_i = 1$, 那么当 $\sum\limits_{i=1}^{n} \delta_i \leqslant N_1$时, 即铲位中被运走石料的个数之和小于或等于 N_1, 则此近似整数解就是一个满足我们要求的最优近似解; 当$\sum\limits_{i=1}^{n} \delta_i > N_1$ 时, 即铲位中被运走石料的个数之和大于 N_1, 则将模型(Ⅰ)中的约束条件 $\sum\limits_{i=1}^{n} \delta_i \leqslant N_1$ 换成 $\sum\limits_{i=1}^{n} \delta_i = N_1$, 然后对取 $\delta_i = 0$ 或 1 进行全搜索.

(iv) 在求得总运量最小的一组最优解以后, 将 X_{ij} 代入车辆数公式 $Z_2 = \sum\limits_{i=1}^{n}\sum\limits_{j=1}^{m} X_{ij}\left(\dfrac{30}{7}S_{ij} + 8\right)\Big/480$, 取大于 Z_2 的最小整数, 此最小整数就是最小车辆数, 实际上,

$$Z_2 = \frac{30}{7 \times 480}\left(\sum_{i=1}^{n}\sum_{j=1}^{m} S_{ij}X_{ij}\right) + \frac{8}{480}\sum_{i=1}^{n}\sum_{j=1}^{n} X_{ij},$$

Z_2 中的$\sum\limits_{i=1}^{n}\sum\limits_{j=1}^{m} S_{ij}X_{ij}$ 就是总运量, 而 $\sum\limits_{i=1}^{n}\sum\limits_{j=1}^{m} X_{ij}$ 是总的运输车次数, 当各卸点给定的产量是固定时, 则 $\sum\limits_{i=1}^{n}\sum\limits_{j=1}^{m} X_{ij}$ 是在这个固定值附近波动很小的一个数, 基本不影响函数 Z_2 的线性关系, 故当总运量最小时, 车辆数也是最少的.

2) 满足原则二的模型(Ⅱ)

(1) 决策变量.

模型(Ⅱ)和模型(Ⅰ)的决策变量完全相同, 为 A_i 到 B_j 的运输车次数 X_{ij}

和 $\delta_i(\delta_i=0$ 或 $1)$.

(2) 目标函数.

模型 (Ⅱ) 有三个目标函数, 即岩石产量最大为第一优先目标, 总产量最大为第二优先目标, 总运量最小为第三优先目标.

(i) 岩石产量就是各铲点运往岩石卸点 (岩石漏和岩场) 的岩石总量, 即 $W_1=154\left(\sum_{i=1}^{n}\sum_{j=m_1+1}^{m}X_{ij}\right)$.

(ii) 总产量是各铲点运往各卸点的产量之和, 即

$$W_2=154\left(\sum_{i=1}^{n}\sum_{j=1}^{m}X_{ij}\right).$$

(iii) 总运量在模型 (Ⅰ) 中已给出表达式, 为方便, 现用 W_3 表示, 即

$$W_3=154\left(\sum_{i=1}^{n}\sum_{j=1}^{m}S_{ij}X_{ij}\right).$$

(3) 约束条件.

模型 (Ⅱ) 的约束条件只是比模型 (Ⅰ) 的约束条件多了一个车辆数限制, 即

$$\sum_{i=1}^{n}\sum_{j=1}^{m}X_{ij}\left(\frac{30}{7}S_{ij}+8\right)\Big/480\leqslant N_2.$$

(4) 综上所述得模型 (Ⅱ).

$$第一优先目标\max W_1=\sum_{i=1}^{n}\sum_{j=m_1+1}^{m}X_{ij},$$

$$第二优先目标\max W_2=\sum_{i=1}^{n}\sum_{j=1}^{m}X_{ij},$$

$$第三优先目标\min W_3=\sum_{i=1}^{n}\sum_{j=1}^{m}S_{ij}X_{ij},$$

$$
\text{s.t.}\begin{cases}
\sum\limits_{j=1}^{m_1} X_{ij} \leqslant R_i, \quad i=1,2,\cdots,n,\\
\sum\limits_{j=m_1+1}^{m} X_{ij} \leqslant r_i, \quad i=1,2,\cdots,n,\\
\sum\limits_{j=1}^{m_1} X_{ij} \leqslant 96, \quad i=1,2,\cdots,n,\\
\bar{B}_j \leqslant \sum\limits_{i=1}^{n} X_{ij} \leqslant 160, \quad j=1,2,\cdots,m,\\
0.285 \leqslant \dfrac{\sum\limits_{i=1}^{n}\lambda_i X_{ij}}{\sum\limits_{i=1}^{n} X_{ij}} \leqslant 0.305, \quad j=1,2,\cdots,m_1,\\
\sum\limits_{i=1}^{n}\sum\limits_{j=1}^{m} X_{ij}\left(\dfrac{30}{7}S_{ij}+8\right)\Big/ 480 \leqslant N_2,\\
\sum\limits_{i=1}^{n}\delta_i \leqslant N_1,\\
X_{ij} \leqslant M\delta_i, \quad i=1,2,\cdots,n; j=1,2,\cdots,m,\\
\delta_i = 0 \text{ 或 } 1,
\end{cases}
$$

其中 X_{ij} 为非负整数, M 是一个相当大的正数.

(5) 算法设计.

这是一个三个目标整数规划问题, 为实现其算法, 采用分层序列法, 步骤为:

(i) 只考虑目标函数 $\max W_1=\sum\limits_{i=1}^{n}\sum\limits_{j=m_1+1}^{m}X_{ij}$, 在模型 (Ⅱ) 的约束条件下求解, 设得到的岩石的最大产量为 W_1^*.

(ii) 取一个较小的正数 C_1, 将 $\sum\limits_{i=1}^{n}\sum\limits_{j=m_1+1}^{m}X_{ij} \geqslant W_1^*-C_1$ 作为约束条件, 加上模型 (Ⅰ) 的约束条件, 求目标函数 $\max W_2=\sum\limits_{i=1}^{n}\sum\limits_{j=1}^{m}X_{ij}$ 的最优解, 设得到的总产量的最大值为 W_2^*.

(iii) 将 $\sum\limits_{i=1}^{n}\sum\limits_{j=1}^{m}X_{ij}=W_2^*, \sum\limits_{i=1}^{n}\sum\limits_{j=m_1+1}^{m}X_{ij} \geqslant W_1^*-C_1$ 作为约束条件, 加上模型 (Ⅰ) 的约束条件, 求目标函数 $\min W_3=\sum\limits_{i=1}^{n}\sum\limits_{j=1}^{m}S_{ij}X_{ij}$ 的最优解.

在上面 (i)~(iii) 的计算中, 都要使用模型 (Ⅰ) 的快速算法.

5. 计算结果

设有铲位 10 个、卸点 5 个, 现有铲车 7 台、卡车 20 辆. 各卸点一个班次的产量要求: 矿石漏 1.2 万吨, 倒装场Ⅰ 1.3 万吨, 倒装场Ⅱ 1.3 万吨, 岩石漏 1.9 万吨, 给出两个原则下的模型的具体生产计划、相应的总运量及岩石和矿石产量.

(1) 模型（Ⅰ）的计算结果.

生产计划: 出动 7 台电铲, 分别放在铲位 1, 2, 3, 4, 8, 9, 10(4, 5, 6 不安放铲车), 出动 13 辆卡车, 各线路上的运输次数见表 3.14.

表 3.14 模型（Ⅰ）中各线路的运输次数表

	铲位 1	铲位 2	铲位 3	铲位 4	铲位 5	铲位 6	铲位 7	铲位 8	铲位 9	铲位 10
矿石漏		13						54		11
倒装场Ⅰ		42			43					
岩场									70	15
岩石漏	81		43							
倒装场Ⅱ		13	2							70

总运量: 85628.62 吨公里, 岩石产量为 32186 吨, 矿石产量为 38192 吨.

(2) 模型（Ⅱ）的求解.

在具体实例的求解中, 对模型（Ⅱ）的算法进一步分析, 得到: 在算法步骤 (i) 里, 得到的岩石最大产量时的运输车数为 $W_1^* = 320$(车次), 为了找到步骤 (ii) 中的较小的正数 C_1, 将 C_1 取为 10, 计算得到的结果见表 3.15.

表 3.15 模型（Ⅱ）中各线路的运输次数表

	铲位 1	铲位 2	铲位 3	铲位 4	铲位 5	铲位 6	铲位 7	铲位 8	铲位 9	铲位 10
矿石漏			38					24	18	
倒装场Ⅰ	16	54	22	68	43					
岩场								12	74	74
岩石漏	80	28	32	20						
倒装场Ⅱ		14	4					60		22

调度 7 台铲车, 分布在铲位 1, 2, 3, 4, 8, 9, 10 处 (5, 6, 7 不安排).

卡车总数为 20 辆;

总运量: 142385.3 万吨公里;

总产量: 10.3488 万吨;

岩石产量: 49280 吨;

矿石产量: 52360 吨.

真题练习

1. 2005 年全国大学生数学建模竞赛 B 题

DVD 在线租赁

随着信息时代的到来, 网络成为人们生活中越来越不可或缺的元素之一. 许多网站利用其强大的资源和知名度, 面向其会员群提供日益专业化和便捷化的服务. 例如, 音像制品的在线租赁就是一种可行的服务. 这项服务充分发挥了网络的诸多优势, 包括传播范围广泛、直达核心消费群、强烈的互动性、感官性强、成本相对低廉等, 为顾客提供更为周到的服务.

考虑如下的在线 DVD 租赁问题. 顾客缴纳一定数量的月费成为会员, 订购 DVD 租赁服务. 会员对哪些 DVD 有兴趣, 只要在线提交订单, 网站就会通过快递的方式尽可能满足要求. 会员提交的订单包括多张 DVD, 这些 DVD 是基于其偏爱程度排序的. 网站会根据手头现有的 DVD 数量和会员的订单进行分发. 每个会员每个月租赁次数不得超过 2 次, 每次获得 3 张 DVD. 会员看完 3 张 DVD 之后, 只需要将 DVD 放进网站提供的信封里寄回 (邮费由网站承担), 就可以继续下次租赁. 请考虑以下问题.

(1) 网站正准备购买一些新的 DVD, 通过问卷调查 1000 个会员, 得到了愿意观看这些 DVD 的人数 (表 3.16 给出了其中 5 种 DVD 的数据). 此外, 历史数据显示, 60%的会员每月租赁 DVD 两次, 而另外的 40%只租一次. 假设网站现有 10 万个会员, 对表 3.16 中的每种 DVD 来说, 应该至少准备多少张, 才能保证希望看到该 DVD 的会员中至少 50%在一个月内能够看到该 DVD? 如果要求保证在三个月内至少 95%的会员能够看到该 DVD 呢?

(2) 表 3.17 中列出了网站手上 100 种 DVD 的现有张数和当前需要处理的 1000 位会员的在线订单 (表 3.17 的数据格式示例如表 3.17, 具体数据请从 http://mcm.edu.cn/ mcm05/problems2005c.asp 下载), 如何对这些 DVD 进行分配, 才能使会员获得最大的满意度? 请具体列出前 30 位会员 (即 C0001－C0030) 分别获得哪些 DVD.

(3) 继续考虑表 3.17, 并假设表 3.17 中 DVD 的现有数量全部为 0. 如果你是网站经营管理人员, 你如何决定每种 DVD 的购买量, 以及如何对这些 DVD 进行分配, 才能使一个月内 95%的会员得到他想看的 DVD, 并且满意度最大?

如果你是网站经营管理人员, 你觉得在 DVD 的需求预测、购买和分配中还有哪些重要问题值得研究? 请明确提出你的问题, 并尝试建立相应的数学模型.

表 3.16 对 1000 个会员调查的部分结果

DVD 名称	DVD1	DVD2	DVD3	DVD4	DVD5
愿意观看的人数	200	100	50	25	10

表 3.17　现有 DVD 张数和当前需要处理的会员的在线订单 (表格格式示例)

DVD 编号		D001	D002	D003	D004	…
DVD 现有数量		10	40	15	20	…
会员在线订单	C0001	6	0	0	0	…
	C0002	0	0	0	0	…
	C0003	0	0	0	3	…
	C0004	0	0	0	0	…
	…	…	…	…	…	…

注 1: D001~D100 表示 100 种 DVD, C0001~C1000 表示 1000 个会员, 会员的在线订单用数字 1, 2, … 表示，数字越小表示会员的偏爱程度越高，数字 0 表示对应的 DVD 当前不在会员的在线订单中.

注 2: 表 3.17 数据位于文件 B2005Table2.xls 中, 可从 http://mcm.edu.cn/mcm05/problems2005c.asp 下载.

2. 2006 年全国大学生数学建模竞赛A题

出版社的资源配置

出版社的资源主要包括人力资源、生产资源、资金和管理资源等, 它们都捆绑在书号上, 经过各个部门的运作, 形成成本 (策划成本、编辑成本、生产成本、库存成本、销售成本、财务与管理成本等) 和利润.

某个以教材类出版物为主的出版社, 总社领导每年需要针对分社提交的生产计划申请书、人力资源情况以及市场信息分析, 将总量一定的书号数合理地分配给各个分社, 使出版的教材产生最好的经济效益. 事实上, 由于各个分社提交的需求书号总量远大于总社的书号总量, 因此总社一般以增加强势产品支持力度的原则优化资源配置. 资源配置完成后, 各个分社 (分社以学科划分) 根据分配到的书号数量, 再重新对学科所属每个课程作出出版计划, 付诸实施.

资源配置是总社每年进行的重要决策, 直接关系到出版社的当年经济效益和长远发展战略. 由于市场信息 (主要是需求与竞争力) 通常是不完全的, 企业自身的数据收集和积累也不足, 这种情况下的决策问题在我国企业中是普遍存在的.

本题附录中给出了该出版社所掌握的一些数据资料, 请你们根据这些数据资料, 利用数学建模的方法, 在信息不足的条件下, 提出以量化分析为基础的资源 (书号) 配置方法, 给出一个明确的分配方案, 向出版社提供有益的建议.

附录 1~ 附录 6 的数据详见网址 http://www.shumo.com/wiki 栏目中的数模题库.

第四章　随机性模型

第一节　马氏链模型

在考虑一个做随机运动的动态系统时, 经常会遇到这样的情况: 系统在每个时刻所处的状态是随机的, 从这个时刻到下个时刻的状态按照一定的概率进行转移, 并且在下个时刻, 系统处于哪个状态, 只取决于这个时刻的状态和转移概率, 与该时刻以前系统所处的状态无关. 这种性质称为**无后效性**, 或**马尔可夫**(Markov)**性**(简称马氏性). 通俗地讲, 就是在已知 "现在" 的条件下, "将来" 与 "过去" 无关. 一般我们把具有马尔可夫性的随机过程称为**马氏过程**. 马氏过程是一类广泛适用于各种领域的重要的随机过程. 在本章中, 我们介绍具有离散时间, 状态为有限或可数的马尔可夫过程, 即所谓的离散参数**马尔可夫链**(Markov Chain)(简称马氏链).

马氏链模型在经济、社会、遗传、生态等许多领域有着许多的应用. 本章先对马氏链的基本知识作一简单介绍, 在此基础上, 介绍几个与马氏链有关的模型.

一、 马氏链简介

1. 马氏链的基本概念

定义 1　一随机过程 $\{X_n, n \geqslant 0\}$ 称为一个马氏链, 如果 $X_n \in S(n = 0, 1, 2, \cdots)$, 其中 S 为一个有限或可数集合 (称为马氏链的状态空间), 并且对任意的 $i, j, i_0, i_1, \cdots, i_{n-1} \in S$ 都有

$$P(X_{n+1} = j\,|X_0 = i_0, X_1 = i_1, \cdots, X_{n-1} = i_{n-1}, X_n = i) = P(X_{n+1} = j\,|X_n = i), \tag{4.1}$$

称 $P(X_{n+1} = j\,|X_n = i)$ 为马氏链的 **(一步) 转移概率**, 记为 $p_{ij}(n)$, 若 $p_{ij}(n)$ 与 n 无关, 则称此马氏链为**齐次的**.

在这一节, 我们只讨论齐次马氏链.

(4.1) 表明: 如果过程在时刻 n 处于状态 i, 则不管它以前处于什么状态, 过程下一时刻处于状态 j 的概率都是 $p_{ij}(n)$, 即在已知 "现在" 的条件下, "将来" 与 "过去" 无关.

对齐次马氏链 $\{X_n, n \geqslant 0\}$, 描述它的变化进程的最重要的量就是它的转移概率 $\{p_{ij}, i, j \in S\}$, 通常我们把它们写成矩阵的形式, 记为 $P = (p_{ij})$, 称 P 为马氏链的**转移概率矩阵**.

例 1 (无限制随机游动) 考虑在直线上做随机游动的质点, 如果某个时刻质点位于 i, 则在下一步质点以概率 p 向右移动一格到 $i+1$, 而以概率 $q=1-p$ 向左移动一格到 $i-1$. 若以 $X(n)$ 表示时刻 n 质点的位置, 那么 $\{X(n), n=0,1,\cdots\}$ 是一个随机过程, 而且当 $X(n)=i$ 时, $X(n+1), X(n+2), \cdots, X(n+k)$ 等以后的行为只与 $X(n)=i$ 有关, 而与质点在 n 以前是如何到达 i 是完全无关的, 所以它是一个马氏链, 而且还是齐次的, 其状态空间 $S=\{\cdots,-2,-1,0,1,2,\cdots\}$, 一步转移概率为

$$p_{i,j+1}=p, \quad p_{i,i-1}=q=1-p, \quad i\in S,$$

其中 $0\leqslant p\leqslant 1$, 其他的 p_{ij} 都等于 0.

例 2 (带有一个吸收壁的随机游动) 考虑随机游动, 其状态空间 $S=\{0,1,\cdots\}$, 而且一旦 $X(n)=0$ 以后, $X(n+1)$ 也就停留在 0 这个状态上, 这样的状态称为**吸收状态**, 仿照例 1 可证明: $\{X(n), n\geqslant 0\}$ 也是一个齐次马氏链, 它的一步转移概率为

$$p_{i,i+1}=p, \quad p_{i,i-1}=q=1-p, \quad i\geqslant 1, \quad p_{00}=1.$$

在本例中, 0 正好又是状态空间的端点 (壁), 所以称这一随机游动为带有一个吸收壁的随机游动.

例 3 (离散分支过程) 考虑某一群体, 用 $X(n)$ 表示第 n 代中个体的数目, 假定某一代的每一个个体可产生 Y 个下一代个体, 其中 Y 是一个取非负整数值的离散型随机变量

$$P\{Y=k\}=p_k, \quad k=0,1,\cdots,$$

并设某一代中各个个体产生下一代的个数相互独立, 则有

$$X(n+1)=Y_1+Y_2+\cdots+Y_{X(n)},$$

其中 $\{Y_l\}$ 是相互独立且与 Y 同分布的随机变量. 由此可见, 只要知道了 $X(n)$, 那么 $X(n+1)$ 的分布就完全决定了, 而与以前的代的个数 $X(n-1), X(n-2), \cdots$ 无关, 从而是一个马氏链. 称该马氏链为**离散的分支过程**.

2. 马氏链的基本性质

令 $p_{ij}^{(k)}(m)=P\{X(m+k)=j|X(m)=i\}, \quad i,j\in S, k\geqslant 1$, 我们称 $p_{ij}^{(k)}(m)$ 为时刻 m 的 k**步转移概率**, 对于 k 步转移概率, 有如下 Chapman-Kolmogrov 方程.

定理 1 设 $\{X(n), n\geqslant 0\}$ 为马氏链, 其状态空间为 S, 则对于任意 $i,j\in S$, 有

$$p_{ij}^{(k+l)}(m)=\sum_{r\in s}p_{ir}^{(k)}(m)p_{rj}^{(l)}(m+k). \tag{4.2}$$

证明

$$\begin{aligned}p_{ij}^{(k+l)}(m) =&P\{X(m+k+l)=j|X(m)=i\}\\ =&P\{X(m+k+l)=j,\bigcup_{r\in S}\{X(m+k)=r\}|X(m)=i\}\\ =&\sum_{r\in S}P\{X(m+k+l)=j,X(m+k)=r|X(m)=i\},\end{aligned}$$

$$\begin{aligned}p_{ij}^{(k+l)}(m) =&\sum_{r\in S}P\{X(m+k)=r|X(m)=i\}\\ &\cdot P\{X(m+k+l)=j|X(m+k)=r,X(m)=i\}\\ =&\sum_{r\in S}P\{X(m+k)=r|X(m)=i\}\cdot P\{X(m+k+l)=j|X(m+k)=r\}\\ =&\sum_{r\in S}P_{ir}^{(k)}(m)P_{rj}^{(l)}(m+k).\end{aligned}$$

应当强调指出, 在上述推导中, 倒数第二个等式是利用了 $X(n)$ 的马氏性.

注 1 若 $\{X(n),n\geqslant 0\}$ 为齐次马氏链, $P=(p_{ij})$ 为一步转移概率矩阵, 则 (4.2) 式变为

$$p_{ij}^{(k+l)}=\sum_{r\in S}p_{ir}^{(k)}p_{rj}^{(l)}, \tag{4.3}$$

其中 S 为马氏链 $\{X(n),n\geqslant 0\}$ 的状态空间. 由 (4.2) 可知: 由一步转移概率矩阵, 可以决定两步转移概率矩阵, 反复应用上述作法, 得到: 由一步转移概率, 可以决定所有的高阶转移概率.

定理 2 若马氏链 $\{X_n,n\geqslant 0\}$ 的初始分布为 $P\{X_0=i\}=p_i$, 其转移率矩阵为 $P=(p_{ij})$, 则 $\{X_n,n\geqslant 0\}$ 的有限维分布为

$$P\{X_0=i_0,X_1=i_1,\cdots,X_n=i_n\}=p_{i_0}\cdot p_{i_0i_1}\cdot p_{i_1i_2}\cdot\cdots\cdot p_{i_{n-1}i_n},\quad \forall\, i_0,i_1,\cdots,i_n\in S.$$

证明 由乘法公式与马氏性知

$$\begin{aligned}&P(X_0=i_0,X_1=i_1,X_2=i_2,\cdots,X_n=i_n)\\ =&P(X_0=i_0)P(X_1=i_1\,|X_0=i_0)P(X_2=i_2|X_1=i_1,X_0=i_0)\cdot\cdots\\ &\cdot P(X_n=i_n\,|X_{n-1}=i_{n-1},\cdots,X_0=i_0)\\ =&p_{i_0}p_{i_0i_1}p_{i_1i_2}\cdots p_{i_{n-1}i_n}.\end{aligned}$$

注 2 定理 2 说明, 一个马氏链可由其初始状态 X_0(或其初始分布 $P(X_0=i)=p_i$) 以及其转移概率矩阵 P 所完全确定.

例 4 (品牌选择) 市场上销售 A, B, C, D 四种牌子的牙膏, 根据市场调查表明, 可近似地认为, 消费者购买哪一种品牌的牙膏, 仅与他前一次购买的品牌有

关, 而与这之前购买的品牌无关. 记 X_0 为某消费者最初所购买的牙膏的品牌, X_1, $X_2, \cdots$ 分别为他在之后各轮所购买的牙膏的品牌, 则 $\{X_n, n \geqslant 0\}$ 为一马氏链, 其状态空间为 $S=\{A,B,C,D\}$, 它的转移概率矩阵可以从市场调查中获得, 比如为

$$P=\begin{pmatrix} 0.90 & 0.05 & 0.03 & 0.02 \\ 0.10 & 0.80 & 0.05 & 0.05 \\ 0.08 & 0.10 & 0.80 & 0.02 \\ 0.10 & 0.10 & 0.10 & 0.70 \end{pmatrix},$$

在这个问题中, 我们所关心的是随着时间的推移, 四种品牌的牙膏, 其市场占有率将如何发生变化. 经计算可知, 三步转移概率矩阵为

$$P^{(3)}=P^3=\begin{pmatrix} 0.7544 & 0.1220 & 0.0770 & 0.0466 \\ 0.2414 & 0.5496 & 0.1163 & 0.0927 \\ 0.2054 & 0.2088 & 0.5359 & 0.0499 \\ 0.2392 & 0.2066 & 0.1899 & 0.3643 \end{pmatrix},$$

一般说来, 从 $P=(p_{ij})$ 出发, 要求出 $P^{(n)}$ 的明显表达式, 可能十分困难.

3. 马氏链的状态分类

在马氏链的研究中, 虽然我们经常无法求出 P^n 的表达式, 但是我们仍然可以研究, 当步数 $n\to\infty$ 时, 马氏链到达各状态的统计规律, 即 P^n 的极限.

在进行一般讨论之前, 我们先来看一个例子.

例 5　考察二状态马氏链 $\{X_n, n \geqslant 0\}$, 其转移矩阵为

$$P=\begin{pmatrix} 1-a & a \\ b & 1-b \end{pmatrix} \quad (0 \leqslant a,b \leqslant 1).$$

为计算 P^n, 先把 P 进行如下分解

$$P=\frac{1}{a+b}\begin{pmatrix} b & a \\ b & a \end{pmatrix}+d\cdot\frac{1}{a+b}\begin{pmatrix} a & -a \\ -b & b \end{pmatrix},$$

其中 $d=1-a-b$. 由于

$$\begin{pmatrix} b & a \\ b & a \end{pmatrix}\cdot\begin{pmatrix} a & -a \\ -b & b \end{pmatrix}=\begin{pmatrix} a & -a \\ -b & b \end{pmatrix}\begin{pmatrix} b & a \\ b & a \end{pmatrix}=\begin{pmatrix} 0 & 0 \\ 0 & 0 \end{pmatrix},$$

$$\left[\frac{1}{a+b}\begin{pmatrix} b & a \\ b & a \end{pmatrix}\right]^2=\frac{1}{a+b}\begin{pmatrix} b & a \\ b & a \end{pmatrix},$$

$$\left[\frac{1}{a+b}\begin{pmatrix} a & -a \\ -b & b \end{pmatrix}\right]^2=\frac{1}{a+b}\begin{pmatrix} a & -a \\ -b & b \end{pmatrix},$$

所以, 当 $a,b>0$ 时, 有

$$P^n=\frac{1}{a+b}\begin{pmatrix} b & a \\ b & a \end{pmatrix}+d^n\cdot\frac{1}{a+b}\begin{pmatrix} a & -a \\ -b & b \end{pmatrix},$$

因为 $0\leqslant a+b\leqslant 2$, 所以 $-1\leqslant d\leqslant 1$.

(i) 当 $d=-1$ 时, 即 $a=b=1$. 此时

$$P=\begin{pmatrix} 0 & 1 \\ 1 & 0 \end{pmatrix},\quad P^{2n}=\begin{pmatrix} 1 & 0 \\ 0 & 1 \end{pmatrix},\quad P^{2n+1}=\begin{pmatrix} 0 & 1 \\ 1 & 0 \end{pmatrix},$$

这时过程总是在两个状态之间来回跳动, P^n 无极限.

(ii) 当 $d=1$ 时, 我们有 $a=b=0$, 此时 $P=\begin{pmatrix} 1 & 0 \\ 0 & 1 \end{pmatrix}$, 于是

$$P^n=\begin{pmatrix} 1 & 0 \\ 0 & 1 \end{pmatrix},$$

这意味着从状态 “1” 或状态 “2” 出发, 则永远停留在原地不动, 也即 “1”, “2” 两个状态是相互 “不通” 的.

(iii) 当 $-1<d<1$, 即 $0<a+b<2$ 时, $d^n\to 0$. 于是, 我们有

$$P^n\to\frac{1}{a+b}\begin{pmatrix} b & a \\ b & a \end{pmatrix}\quad(n\to\infty),$$

特别, 当 $a=0,\ 0<b<1$ 时,

$$P=\begin{pmatrix} 1 & 0 \\ b & 1-b \end{pmatrix}.$$

此时, 由 (4.3)(Chapman-Kolmogrov 方程) 知

$$p_{11}^{(n)}=p_{11}p_{11}^{(n-1)}+p_{12}p_{21}^{(n-1)}=p_{11}^{(n-1)},\quad n=1,2,\cdots,$$

故 $p_{11}^{(n)}=p_{11}^{(n-1)}=\cdots=p_{11}=1$.

这说明从状态 “1” 出发, 就永远停留在状态 “1”.

由于

$$P\left(\bigcup_{n=1}^{\infty}\{X_n=1|X_0=2\}\right)\geqslant\lim_{n\to\infty}P(X_n=1|X_0=2)=\lim_{n\to\infty}p_{21}^{(n)},$$

由方程 (4.3) 可得

$$p_{21}^{(n)} = p_{21}p_{11}^{(n-1)} + p_{22}p_{21}^{(n-1)} = b + (1-b)p_{21}^{(n-1)},$$

对上述差分方程, 经反复迭代有

$$\begin{aligned} p_{21}^{(n)} &= b + b(1-b) + b(1-b)^2 + \cdots + b(1-b)^{n-2} + (1-b)^{n-1} \cdot p_{21} \\ &= 1 - (1-b)^n \to 1 \quad (n \to \infty), \end{aligned}$$

从而 $P\left(\bigcup_{n=1}^{\infty} \{X_n = 1 | X_0 = 2\}\right) = 1$.

上式表明: 从状态 “2” 出发, 则经过有限步, 迟早会转移到状态 “1”. 对 $b = 0$, $0 < a < 1$, 可类似证明: 从状态 “2” 出发, 就永远停留在状态 “2”; 而从状态 “1” 出发, 经过有限步后, 迟早会转移到状态 “2”. 而当 $a = 1$, $0 < b < 1$ 时, 由于

$$P = \begin{pmatrix} 0 & 1 \\ b & 1-b \end{pmatrix},$$

且

$$P^n \to \frac{1}{1+b}\begin{pmatrix} b & 1 \\ b & 1 \end{pmatrix} \quad (n \to \infty).$$

类似于前面的分析, 可知从状态 “1” 出发, 1 步就可到达状态 “2”; 而从状态 “2” 出发, 则迟早要回到状态 “2”. 同样, 当 $b = 1$, $0 < a < 1$ 时, 从状态 “2” 出发, 1 步就到达状态 “1”; 而从状态 “1” 出发, 则迟早总要回到状态 “1”.

通过上面例子的分析, 可以看出, 当 $n \to \infty$ 时, P^n 的极限情况取决于状态之间转移、回访及互通的可能性不同, 为了深入研究马氏链, 就需要对马氏链的状态进行分类, 以便弄清楚马氏链的基本结构.

定义 2　设 i, j 为马氏链 $\{X_n, n \geqslant 0\}$ 的两个状态, 若存在 $n \geqslant 1$, 使 $p_{ij}^{(n)} > 0$, 则称**自状态 i 可达状态 j**, 记为 $i \to j$. 若 $i \to j$, $j \to i$ 则称**状态 i 和 j 是互通的**, 记为 $i \leftrightarrow j$.

定理 3　若 $i \to k, k \to j$, 则 $i \to j$.

证明　若 $i \to k, k \to j$, 则存在 $l \geqslant 1, r \geqslant 1$ 使得 $p_{ik}^{(l)} > 0$, $p_{kj}^{(r)} > 0$. 而

$$p_{ij}^{(l+r)} = \sum_{m \in S} p_{im}^{(l)} p_{mj}^{(r)} \geqslant p_{ik}^{(l)} \cdot p_{mj}^{(r)} > 0,$$

故 $i \to j$.

推论 1　若 $i \to k_1, k_1 \to k_2, \cdots, k_n \to j$, 则 $i \to j$.

推论 2　若 $i \to k_1, k_1 \leftrightarrow k_2, \cdots, k_n \leftrightarrow j$, 则 $i \to j$.

对于任意两个状态 i 和 j, 在事件 $\{X_0 = i\}$ 上引入随机变量

$$T_{ij} \triangleq \min\{n : X_0 = i, X_n = j, n \geqslant 1\},$$

显然 T_{ij} 表示从状态 i 出发, 首次进入状态 j 的时刻, 对 $\omega \in \{X_0 \neq i\}$ 或 $\omega \in \{X_0 = i, X_n \neq j, n \geqslant 1\}$, 我们定义, $T_{ij}(\omega) = +\infty$. 令

$$f_{ij}^{(n)} \triangleq P\{T_{ij} = n | X_0 = i\},$$

$f_{ij}^{(n)}$ 表示系统自状态 i 出发, 经 n 步首次到达状态 j 的概率, 显然

$$f_{ij}^{(n)} = P\{X_n = j; X_m \neq j, m = 1, 2, \cdots, n-1 | X_0 = i\},$$

再定义

$$f_{ij} = \sum_{n=1}^{\infty} f_{ij}^{(n)} = \sum_{n=1}^{\infty} P\{T_{ij} = n\} = P\{T_{ij} < \infty\},$$

则 f_{ij} 表示系统自状态 i 出发, 迟早要到达状态 j 的概率, 显然有

$$0 \leqslant f_{ij}^{(n)} \leqslant f_{ij} \leqslant 1.$$

定理 4

$$p_{ij}^{(n)} = \sum_{l=1}^{n} f_{ij}^{(l)} p_{jj}^{(n-l)}. \tag{4.4}$$

证明

$$\begin{aligned}
p_{ij}^{(n)} &= p\{X_n = j | X_0 = i\} \\
&= p\{T_{ij} \leqslant n, X_n = j | X_0 = i\} \\
&= \sum_{l=1}^{n} p\{T_{ij} = l, X_n = j | X_0 = i\} \\
&= \sum_{l=1}^{n} p\{T_{ij} = l | X_0 = i\} p\{X_n = j | X_0 = i, T_{ij} = l\} \\
&= \sum_{l=1}^{n} p\{T_{ij} = l | X_0 = i\} p\{X_n = j | X_l = j\} \\
&= \sum_{l=1}^{n} f_{ij}^{(l)} p_{jj}^{(n-l)}.
\end{aligned}$$

定理 5 $f_{ij} > 0$ 的充要条件是 $i \to j$.

证明　**充分性**　若 $i \to j$, 则存在 $n \geqslant 1$ 使 $p_{ij}^{(n)} > 0$. 又因为

$$p_{ij}^{(n)} = \sum_{l=1}^{n} f_{ij}^{(l)} p_{ij}^{(n-l)} > 0,$$

所以 $f_{ij}^{(1)}, f_{ij}^{(2)}, \cdots, f_{ij}^{(n)}$ 中至少有一个大于零. 而

$$f_{ij} = \sum_{l=1}^{\infty} f_{ij}^{(n)},$$

故 $f_{ij} > 0$.

必要性　若 $f_{ij} > 0$, 则由于 $f_{ij} = \sum\limits_{n=1}^{\infty} f_{ij}^{(n)}$, 所以存在 $n \geqslant 1$ 使 $f_{ij}^{(n)} > 0$. 又因为 $p_{ij}^{(n)} \geqslant f_{ij}^{(n)} > 0$, 所以 $i \to j$.

推论　状态 i 与 j 相通的充要条件是：$f_{ij} > 0$, $f_{ji} > 0$.

当 $i = j$ 时, T_{ii} 便是从状态 i 出发, 首次返回到状态 i 的时刻, f_{ii} 是从状态 i 出发, 在有限步内迟早要返回状态 i 的概率.

定义 3　若 $f_{ii} = 1$, 则称状态 i 是**常返的**; 若 $f_{ii} < 1$, 则称状态 i 是**非常返的**.

可以证明：若状态 i 是常返的, 则以概率 1, 系统将无穷次返回状态 i; 若 i 为非常返状态, 则系统将以概率 1, 有限次返回状态 i.

对于常返状态 i, 我们引入**平均返回时间**：

$$\mu_i = \sum_{n=1}^{\infty} n \cdot f_{ii}^{(n)}.$$

定义 4　设 i 为马氏链 $\{X_n : n \geqslant 0\}$ 的常返状态, 若 $\mu_i < \infty$, 则称状态 i 为**正常返的**; 若 $\mu_i = \infty$, 则称状态 i 为**零常返的**.

下面, 我们不加证明地给出状态 i 为常返的判别准则.

定理 6　状态 i 为常返的充要条件是 $\sum\limits_{n=1}^{\infty} p_{ii}^{(n)} = \infty$.

称状态 i 是**周期为 $t(t > 1)$ 的**, 若 $p_{ii}^{(n)}$ 除 $n = t, 2t, 3t, \cdots$ 外均为零, 但没有比 t 更大的 t' 使 $p_{ii}^{(n)}$ 除 $n = t', 2t', 3t', \cdots$ 外均为零; 当满足上述条件的 t 不存在时, 称状态 i 为**非周期的**. 非周期的正常状态, 称为遍历状态.

定理 7　若状态 i 是遍历状态, 则

$$\lim_{n\to\infty} p_{ii}^{(n)} = \frac{1}{\mu_i},$$

若 i 是周期为 t 的正常返状态, 则

$$\lim_{n\to\infty} p_{ii}^{(nt)} = \frac{t}{\mu_i},$$

其中 μ_i 为状态 i 的平均返回时间.

定理 8 若 $i \leftrightarrow j$, 则

(i) 状态 i 和 j 或同为非常返, 或同为常返; 在后一情形, 或同时为零常返或同为正常返;

(ii) 状态 i 和 j 或同为非周期的, 或同为周期的; 在后一情形, 它们有相同的周期.

4. 马氏链的转移概率的极限性质——极限概率分布

若马氏链 $\{X_n, n \geqslant 0\}$ 的所有状态两两互通, 则称此链是**不可约的**.

定理 9 设马氏链 $\{X_n, n \geqslant 0\}$ 的状态空间 $S = \{1, 2, \cdots, m\}$ 为一个有限集, 转移概率矩阵 $P = (p_{ij})_{m\times m}$, 若该马氏链是非周期, 不可约的, 则

$$\lim_{n\to\infty} p_{ij}^{(n)} = p_j,$$

p_j 与 i 无关, 并且 $p_1, p_2, \cdots, p_m$ 是方程组

$$(\pi_1, \pi_2, \cdots, \pi_m) = (\pi_1, \pi_2, \cdots, \pi_m)P$$

在 $\pi_j > 0$ 及 $\sum\limits_{j=1}^{m} \pi_j = 1$ 条件下的唯一解.

二、 马氏链模型

1. 服务网点的设置问题

为适应日益扩大的旅游事业的需要, 某大城市的甲、乙、丙三个照相馆组成一个联合经营部, 共同经营出租相机的业务. 游客可从甲、乙、丙三个照相馆任何一处租用相机, 使用完毕后, 还到三处中任何一处即可. 根据统计, 其转移概率估计见表 4.1.

表 4.1 转移概率估计

租相机处 \ 还相机处	甲	乙	丙
甲	0.2	0.8	0
乙	0.8	0	0.2
丙	0.1	0.3	0.6

现在想在甲、乙、丙三个照相馆中的一个附设相机维修点, 问该维修点设在哪一个照相馆较为合理?

用 X_n 表示照相机第 n 次被租时所在的店址, $\{X_n = 1\}$, $\{X_n = 2\}$, $\{X_n = 3\}$ 分别表示相机第 n 次被租用时在甲、乙、丙馆. 由于游客还相机 (即下次相机所在

店址) 的情况只与该次租机地点 (这次相机所在店址) 有关, 而与相机以前所处的店址无关, 所以 $\{X_n, n \geqslant 1\}$ 是一个马氏链, 其转移概率矩阵

$$P = \begin{pmatrix} 0.2 & 0.8 & 0 \\ 0.8 & 0 & 0.2 \\ 0.1 & 0.3 & 0.6 \end{pmatrix},$$

状态空间 $S = \{1, 2, 3\}$. 考虑维修点的设置地点问题, 其实质就是要计算这一马氏链的极限概率分布.

从马氏链的转移概率矩阵 P 可知: 该马氏链是一个非周期、不可约的马氏链, 由定理 9 可知 $\lim\limits_{n\to\infty} p_{ij}^{(n)} = p_j$ 存在, 其中 $i, j = 1, 2, 3$, 且 p_1, p_2, p_3 满足方程组

$$\begin{cases} p_1 = 0.2p_1 + 0.8p_2 + 0.1p_3, \\ p_2 = 0.8p_1 + 0.8p_2 + 0.3p_3, \\ p_3 = 0.2p_1 + 0.2p_2 + 0.6p_3, \\ p_1 + p_2 + p_3 = 1, \end{cases}$$

解此方程组得到

$$p_1 = \frac{17}{41}, \quad p_2 = \frac{16}{41}, \quad p_3 = \frac{8}{41}.$$

通过上面的计算可以看出, 经过长时间经营后, 该联营部的每架照相机归还到甲、乙、丙照相馆的概率分别为 $\frac{17}{41}, \frac{16}{41}, \frac{8}{41}$, 由于还到甲照相馆的相机较多, 因此照相机维修点设在甲馆较好. 但由于还到乙馆的相机与还到甲的相差不多, 若是乙馆的其他因素更为有利的话 (比如, 交通较方便、零配件的运输较方便、电力供应稳定等), 亦可考虑把维修点设在乙馆.

2. 品牌选择问题

市场上销售 A, B, C 三个不同厂家生产的 100 克袋装味精, 根据市场调查表明, 可近似地认为, 消费者购买哪一种品牌的味精, 仅与他前一次购买的品牌有关, 而与这之前购买的品牌无关, 用 X_0 表示某消费者最初所购买的味精的品牌, $X_1, X_2, \cdots$ 分别表示他在这之后各轮所购买的味精的品牌, 则 $\{X_n, n \geqslant 1\}$ 为一马氏链, 状态空间 $S = \{A, B, C\}$, 状态转移概率矩阵可以从市场调查中获得, 比如为

$$P = \begin{pmatrix} 0.8 & 0.1 & 0.1 \\ 0.5 & 0.1 & 0.4 \\ 0.5 & 0.3 & 0.2 \end{pmatrix},$$

在这个问题中, 我们所关心的是这三种品牌的味精的市场占有率随时间推移而发生变化的情况, 即讨论该马氏链的状态转移概率的极限概率分布.

从转移概率矩阵 P 可以得知：该马氏链为非周期、不可约的有限马氏链，由定理 9，我们知道，对任意 $i,j=1,2,3$，均有 $\lim\limits_{n\to\infty} p_{ij}^{(n)}=p_j$ 存在，且与 i 无关，并且 p_1,p_2,p_3 满足方程组

$$\begin{cases} p_1=0.8p_1+0.5p_2+0.5p_3, \\ p_2=0.1p_1+0.1p_2+0.3p_3, \\ p_3=0.1p_1+0.4p_2+0.2p_3, \\ p_1+p_2+p_3=1. \end{cases}$$

解上述方程组得到

$$p_1=\frac{60}{84},\quad p_2=\frac{11}{84},\quad p_3=\frac{13}{84}.$$

这说明无论消费者第一次购买哪种品牌的味精，随着时间的推移，经过长期多次购买以后，厂家 A, B, C 生产的味精的市场占有率分别为 $\frac{60}{84}, \frac{11}{84}$ 和 $\frac{13}{84}$.

评注　从服务网点的设置和品牌选择两个问题可以看出，建立马氏链模型的关键有两点，一是恰当地选取状态，状态要能描述过程的发展状况，通常情况下，状态应该是可以观测的，并且状态的转移要具有无后效性；二是正确地写出转移概率，为此可能要先确定状态转移规律，模型一旦建立，就可以用马氏链的有关知识来对实际问题进行分析和求解.

3. 基因遗传

生物的外部表征，如人的身高、体重、皮肤或头发，豆科植物茎的颜色等，都是由生物体内的基因决定的，基因从一代到下一代的转移是随机的，并且具有马氏性，因此我们可以用马氏链作工具，来研究遗传学.

基因分优势基因和劣势基因两种，分别记为 d 和 r. 每种外部特征由其体内的两个基因决定，而每个基因可以是 d 或 r 中的一个，从而基因类型有三种，分别是 dd 型、dr 型和 rr 型. 这三种类型分别称作优种、混种和劣种，用 D, H 和 R 表示.

生物繁殖时，一个后代随机地继承父亲两个基因中的一个和母亲两个基因中的一个，形成自身的两个基因，一般两个基因中哪一个遗传下去是等概率的，所以母亲的基因类型就决定了后代基因类型的概率分布. 父母基因类型组合共 6 种，DD, RR, DH(父为 D，母为 H 或父为 H，母为 D), DR, HH, HR. 通过简单的计算，得到每种组合，其后代各种基因类型的概率，见表 4.2.

下面，我们研究两个具体的基因遗传模型.

随机交配　考察一个群体，假设雄性和雌性的 D, H, R 的数量比例相等，所谓随机交配是指，对于每一个不论属于 D, H, 或 R 的雌性 (或雄性) 个体，都以 D:H:R 的数量比例为概率，与一个属于 D, H, R 的雄性 (或雌性) 个体交配，其后代则按照前面所说的方式，等概率地继承其父母亲的各一个基因，来决定它的基因类型，假

定在初始一代的群体中，三种基因类型的数量比例是 D(dd):H(dr):R(rr) $= a{:}2b{:}c$，满足 $a+2b+c=1$．记 $p=a+b, q=b+c$，则群体中优势基因 d 与劣势基因 r 的数量比例 d:r $= p{:}q$，且 $p+q=1$．下讨论在随机交配方式下所产生的一系列后代群体中的基因类型分布．

表 4.2 父母基因类型决定后代各种基因类型的概率

父母基因类型的组合 / 后代各种基因类型的概率	DD	RR	DH	DR	HH	HR
D	1	0	$\frac{1}{2}$	0	$\frac{1}{4}$	0
H	0	0	$\frac{1}{2}$	1	$\frac{1}{2}$	$\frac{1}{2}$
R	0	1	0	0	$\frac{1}{4}$	$\frac{1}{2}$

用 $X_n=1,2,3$ 分别表示第 n 代的一个个体属于 D, H 及 R 基因类型，即状态空间 $S=\{1,2,3\}, n=0,1,2,\cdots$ 转移概率 $p_{ij}=P\{$一个后代具有基因类型 $j|$母亲具有基因类型 $i\}$．显然，在已知母亲基因类型的条件下，后代的基因类型完全取决于父亲的基因类型．又因为雄性群体中，优势基因 d 与劣势基因 r 的数量比例 d:r $=p:q$，所以 $p_{11}=P\{$后代为 D(dd)| 母亲为 D(dd)$\}=p$(因为要使后代是 D(dd)，只需从雄性群体中以概率 p 获取 d)，$p_{12}=P\{\mathrm{dr}|\mathrm{dd}\}=q$(因为要使后代是 H(dr)，只需从雄性群体中以概率 q 获取劣势基因 r)，$p_{13}=P\{\mathrm{rr}|\mathrm{dd}\}=0$，$p_{21}=P\{\mathrm{dd}|\mathrm{dr}\}=\dfrac{p}{2}$(因为要使后代为 dd，所以需要以 $\dfrac{1}{2}$ 的概率从母体获得优势基因 d，同时以概率 p 从雄性群体中获取基因 d)，$p_{22}=P\{\mathrm{dr}|\mathrm{dr}\}=\dfrac{1}{2}\cdot p+\dfrac{1}{2}\cdot q=\dfrac{1}{2}$，$p_{23}=P\{\mathrm{rr}|\mathrm{dr}\}=\dfrac{q}{2}$(后代需以 $\dfrac{1}{2}$的概率从母体获取基因 r，同时以概率 q 从雄性群体中获取基因 r)，$p_{31}=P\{\mathrm{dd}|\mathrm{rr}\}=0$，$p_{32}=P\{\mathrm{dr}|\mathrm{rr}\}=p$(后代只需从雄性群体中以概率 q 获取基因 d)，$P_{33}=P\{\mathrm{rr}|\mathrm{rr}\}=q$(后代只需从雄性群体中以概率获取基因 r)(表 4.2)．综上，我们得到转移概率矩阵为

$$P=\begin{pmatrix} p & q & 0 \\ \dfrac{p}{2} & \dfrac{1}{2} & \dfrac{q}{2} \\ 0 & p & q \end{pmatrix}.$$

对于基因类型的初始分布

X_0	1	2	3
概率	a	$2b$	c

其中 $a, 2b, c$ 满足 $p=a+b, q=b+c, p+q=1$．由

$$P\{X_1=j\}=\sum_{i=1}^{3}P\{X_0=i, X_1=j\}$$

$$
\begin{aligned}
&= \sum_{i=1}^{3} P\{X_0 = i\} P\{X_1 = j | X_0 = i\} \\
&= \sum_{i=1}^{3} P\{X_0 = i\} \cdot p_{ij}, \quad j = 1, 2, 3,
\end{aligned}
$$

可求出 X_1 的概率分布为

X_1	1	2	3
概率	p^2	$2pq$	q^2

利用

$$
\begin{aligned}
P\{X_2 = j\} &= \sum_{i=1}^{3} P\{X_1 = i, X_2 = j\} \\
&= \sum_{i=1}^{3} P(X_1 = i) P\{X_2 = j | X_1 = i\} \\
&= \sum_{i=1}^{3} P(X_1 = i) \cdot p_{ij},
\end{aligned}
$$

我们得到 X_2 的概率分布为

X_2	1	2	3
概率	p^2	$2pq$	q^2

重复上述过程, 容易证明 $X_n(n \geqslant 3)$ 将一直保持这个概率分布, 这表明不管初始一代基因类型分布如何, 只要是从群体中随机选择的, 那么在随机交配方式中第一代继承者的基因类型分布为 $\mathrm{D}:\mathrm{H}:\mathrm{R} = p^2 : 2pq : q^2$, 并永远不变, 这个结论在遗传中称为 Hardy-Weinberg 平稳定律.

由概率转移矩阵 P 可知: 该马氏链为齐次、非周期、不可约的马氏链, 由定理 9 可求得

$$
\lim_{n \to \infty} p_{i1}^{(n)} = p^2, \quad \lim_{n \to \infty} p_{i2}^{(n)} = 2pq, \quad \lim_{n \to \infty} p_{i3}^{(n)} = q^2.
$$

由

$$
p\{X_n = j\} = \sum_{i=1}^{3} p\{X_0 = i\} p_{ij}^{(n)}, \quad j = 1, 2, 3
$$

可知,

$$
\lim_{n \to \infty} P\{X_n = 1\} = p^2, \quad \lim_{n \to \infty} P\{X_n = 2\} = 2pq, \quad \lim_{n \to \infty} P\{X_n = 3\} = q^2.
$$

这表明: 不论初始一代服从什么概率分布, 在随机交配方式下, 随着时间的不断推移, 三种基因类型的分布将趋于上述稳定分布.

这个模型得到的结果的正确性已由观察和实验证明. 例如, 在自然界中, 通常有 $p=q=\frac{1}{2}$, 于是上述三种基因类型的平稳分布为

$$\mathrm{D}:\mathrm{H}:\mathrm{R}=\frac{1}{4}:\frac{1}{2}:\frac{1}{4}.$$

而优种 D 和混种 H 的外部特征呈优势, 据观察, 豆科植物茎呈绿色 (优势特征) 的约占 3/4, 与上面理论结果相吻合.

近亲繁殖　从同一对父母的大量后代中, 随机地选取一雄一雌进行交配, 产生后代, 如此继续下去, 这种繁殖方式, 称为近亲繁殖. 下面我们考察在近亲繁殖方式下, 一系列后代的基因类型的演变情况.

设 $X_n=1,2,3,4,5,6$ 依次定义为 DD, RR, DH, DR, HH, HR, 则马氏链的状态空间 $S=\{1,2,3,4,5,6\}$, 因为父母全为优种 D 时, 后代必定全为优种, 所以 $p_{11}=1, p_{1j}=0\ (j=2,3,4,5,6)$. 又因为父母全为劣种 R 时, 后代必定全是劣种, 所以 $p_{22}=1, p_{2j}=0\ (j\neq 2)$. 因为配对 DH(状态 3) 的后代中 D 和 H 各占 $\frac{1}{2}$, 所以随机选取的配对为DD(状态 1) 的概率是 $\frac{1}{2}\cdot\frac{1}{2}=\frac{1}{4}$, 即 $p_{31}=\frac{1}{4}$. 又因配对DH的后代中没有 R, 故对于含有 R 的状态 2, 4, 6, 有 $p_{32}=p_{34}=p_{36}=0$.

$$\begin{aligned}p_{33}=&P\{\text{后代配对为DH}|\text{父母配对为DH}\}\\=&P\{\text{后代雄性为 D, 雌性为 H}|\text{父母配对为DH}\}\\&+P\{\text{后代雌性为 D, 雄性为 H}|\text{父母配对为DH}\}\\=&\frac{1}{2}\cdot\frac{1}{2}+\frac{1}{2}\cdot\frac{1}{2}=\frac{1}{2}.\\p_{35}=&P\{\text{后代配对为HH}|\text{父母配对为DH}\}\\=&P\{\text{后代雄性为 H, 雌性为 H}|\text{父母配对为DH}\}\\=&\frac{1}{2}\cdot\frac{1}{2}=\frac{1}{4}.\end{aligned}$$

又因为父母基因类型为DR时, 其后代基因类型必为 H, 所以后代配对必为HH, 所以 $p_{45}=1, p_{4j}=0\ (j\neq 5)$.

$$\begin{aligned}p_{51}=&P\{\text{后代配对为DD}|\text{父母配对为HH}\}\\=&P\{\text{后代雄性 D, 雌性 D}|\text{父母配对为HH}\}\\=&\frac{1}{4}\cdot\frac{1}{4}=\frac{1}{16},\\p_{52}=&P\{\text{后代 RR}|\text{父母 HH}\}=\frac{1}{4}\cdot\frac{1}{4}=\frac{1}{16},\\p_{53}=&P\{\text{后代DH}|\text{父母HH}\}\end{aligned}$$

$$
\begin{aligned}
&=P\{\text{后代雄性 D, 雌性 H}|\text{父母HH}\}+P\{\text{后代雌性 H, 雄性 D}|\text{父母 HH}\}\\
&=\frac{1}{4}\times\frac{1}{2}+\frac{1}{4}\times\frac{1}{2}=\frac{1}{4},\\
p_{54}&=P\{\text{后代 DR}|\text{父母 HH}\}=\frac{1}{4}\times\frac{1}{4}+\frac{1}{4}\times\frac{1}{4}=\frac{1}{8},\\
p_{55}&=P\{\text{后代 HH}|\text{父母 HH}\}=\frac{1}{2}\times\frac{1}{2}=\frac{1}{4},\\
p_{56}&=P\{\text{后代 HR}|\text{父母 HH}\}=\frac{1}{2}\cdot\frac{1}{2}=\frac{1}{4},\\
p_{61}&=P\{\text{后代 DD}|\text{父母 HR}\}=0,\\
p_{62}&=P\{\text{后代 RR}|\text{父母 HR}\}=\frac{1}{2}\cdot\frac{1}{2}=\frac{1}{4},\\
p_{63}&=P\{\text{后代 DH}|\text{父母 HR}\}=0,\\
p_{64}&=P\{\text{后代 DR}|\text{父母 HR}\}=0,\\
p_{65}&=P\{\text{后代 HH}|\text{父母 HR}\}=\frac{1}{4},\\
p_{66}&=P\{\text{后代 HR}|\text{父母 HR}\}\\
&=P\{\text{后代雄性 H, 雌性 R}|\text{父母HR}\}+P\{\text{后代雌性 R, 雄性 H}|\text{父母HR}\}\\
&=\frac{1}{2}\times\frac{1}{2}+\frac{1}{2}\times\frac{1}{2}=\frac{1}{2}.
\end{aligned}
$$

于是, 我们得到马氏链的转移概率矩阵

$$
P=\begin{pmatrix}
1 & 0 & 0 & 0 & 0 & 0\\
0 & 1 & 0 & 0 & 0 & 0\\
\frac{1}{4} & 0 & \frac{1}{2} & 0 & \frac{1}{4} & 0\\
0 & 0 & 0 & 0 & 1 & 0\\
\frac{1}{16} & \frac{1}{16} & \frac{1}{4} & \frac{1}{8} & \frac{1}{4} & \frac{1}{4}\\
0 & \frac{1}{4} & 0 & 0 & \frac{1}{4} & \frac{1}{2}
\end{pmatrix}.
$$

显然状态 1(DD) 和状态 2(RR) 是吸收状态, 于是该马氏链为吸收链, 它表明无论最初选择的配对是哪种基因类型组合, 经过若干代近亲繁殖, 经将变成DD或RR, 即变成全是优种或全是劣种, 而且一旦如此, 就永远保持下去, 通过进一步的计算可知, 从一个非吸收状态 3, 4, 5, 6 出发, 平均经过 $4\frac{5}{6},6\frac{2}{3},5\frac{2}{3},4\frac{5}{6}$ 代, 将会被状态 (DD) 或状态 2(RR) 吸收, 即全变成优种或劣种.

上述结果的实用价值在于, 在农业和畜牧业中常常是纯种 (优种或劣种) 生物的某些品质不如混种, 所以在近亲繁殖情形下, 经过 5~6 代就应该重新选种, 以防止品质的下降.

第二节 排队论模型

一、 排队论的基本概念

1. 排队模型的组成和特征

排队是日常生活中经常遇到的现象, 例如, 车站购票、银行存取款、故障机器的停机待修、顾客到商店购买货物、病人到医院看病、电话等待转换、计算机数据等待处理等, 由于顾客到达时间和服务时间的随机性, 可以说排队现象几乎是无法避免的.

在描述各种排队问题时, 排队论把所有要求服务的对象均称为**顾客**; 顾客要求使用某类设备或取得某种服务, 所涉及的每件设备或每个提供服务者, 不论是人还是物, 都称为**服务员**, 如服务员、售票员、医生等, 现实生活中有各种各样的排队问题, 因此排队模型也有许多不同类型. 一个排队系统通常按如下方式工作: 当一个顾客到来时, 若服务员是空闲的, 则服务员立即为顾客服务, 当服务完成以后, 服务员或者休息等待新顾客的到来, 或者为正在排队等待的顾客服务; 当一个来到的顾客发现没有空闲服务员时, 该顾客必须马上作出决定, 例如加入等待的队列, 或者立即离开.

一般的排队系统由三个基本部分组成: 输入过程、排队规则和服务机制.

(1) 输入过程.

输入过程也称顾客到达过程, 输入过程是用来描述顾客到达的规律. 顾客源可以是有限的, 也可以是无限的; 顾客的到来方式可以是一个一个的, 也可能是成批的; 顾客的到达是相互独立的; 顾客相继到达的时间间隔可以是确定型的, 也可以是随机的; 顾客相继到达的时间间隔分布, 与时间无关.

(2) 排队规则.

排队规则一般有等待制和即时制两种. 等待制是当所有服务员都不空闲时, 顾客便排队等待服务. 等待制的服务规则有先到先服务、后到先服务、随机服务、有优先权的服务等. 排队可以是有形的, 也可以是无形的, 排队容量可以是有限的, 也可以是无限的; 排队数目可以是单列, 也可以是多列, 有的可以是相互转移, 有的不可相互转移. 即时制是一旦所有服务员忙碌, 顾客便随即离去.

(3) 服务机制.

服务机制是指服务员的数目、服务时间和服务方式. 服务员的数目可以是一个, 也可以是多个; 一个服务系统对顾客可以逐个服务, 也可成批服务; 服务员为每一个顾客服务的时间可以是确定的, 也可以是随机的, 对于随机型的, 一般假定每个顾客所需的服务时间是独立同分布的随机变量; 服务时间的分布对时间是平稳的, 即分布均值、方差等参数都与时间无关, 都不受时间的影响.

对于一个实际问题建立排队论模型, 首先要明确给定以上三方面内容, 在此基础上, 或者可以对模型进行理论分析, 例如, 研究队列长度、顾客等待时间、服务员工作强度等; 或者可以对排队系统进行模拟.

排队论的主要任务就是: 建立数学模型来描述排队系统的概率规律性, 研究排队顾客的平均数、顾客平均的等待时间、服务员平均接待的顾客等数量规律, 为系统的最优设计与最优控制提供决策依据.

2. 排队模型的标准形式

排队模型的标准形式为 $X/Y/Z/A/B/C$, 其中 X: 相继到达间隔时间的分布, Y: 服务时间的分布, Z: 并列的服务台的个数.

X 和 Y 通常有以下几种情形:

M(Markov): 指数分布 (指数分布具有无记忆性, 即 Markov 性);

D(Deterministic): 确定型分布;

E_k(Erlang): k 阶埃尔朗分布;

GI(General Independent): 一般相互独立的时间间隔分布;

G(General): 一般服务时间的分布.

例如, M/M/1 表示相继到达间隔时间为指数分布、服务时间为指数分布、单服务台的模型.

A: 系统的容量限制;

B: 顾客源数目;

C: 服务规则, 如先到先服务 (FCFS)、后到先服务 (LCFS)、随机服务等. 在本章中, 我们只考虑先到先服务 (FCFS).

3. 排队系统运行的数量指标

研究排队问题的目的, 主要是研究其运行的效率, 估计服务质量, 确定系统参数的最优值, 以确定系统结构是否合理、研究设计改进措施等. 因此, 研究排队问题, 首先要确定用以判断系统运行优劣的基本数量指标, 然后求出这些指标的概率分布和数字特征. 排队系统的主要数量指标为:

(1) 队长: 系统中的顾客数, 其期望值记作 L_s;

(2) 排队长: 系统中排队等待服务的顾客数, 其期望值记作 L_q;

注: L_s(或 L_q) 越大, 说明服务效率越低.

(3) 逗留时间: 一个顾客在系统中的停留时间, 其期望值记作 W_s;

(4) 等待时间: 一个顾客在系统中排队等待的时间, 其期望值记作 W_q;

注: 逗留时间 = 等待时间 + 服务时间

(5) 忙期：服务机构连续工作的时间长度;

该指标关系到服务员的工作强度. 忙期和一个忙期平均完成服务的顾客数, 是衡量服务机构效率的重要指标.

(6) 损失率：由于即时制或排队系统条件的限制, 使顾客被拒绝服务而使服务机构受到损失的概率.

4. 系统的状态

系统的状态是指系统中顾客的数量. 若系统中有 n 个顾客, 则称系统的状态为 n.

当队长无限制时, 则 $n=0,1,\cdots$;

当队长有限制, 且最大值为 N 时, 则 $n=0,1,\cdots,N$;

当服务台个数为 c, 且服务为即时制时, 则 $n=0,1,\cdots,c$.

一般说来, 状态的取值与时间 t 有关, 因此在时刻 t 状态取值 n 的概率记为 $p_n(t)$, 若 $\lim\limits_{t\to\infty} p_n(t)=p_n$, 则称为**稳态解**(或统计平衡状态解). 稳态的含义是, 当系统运行了无限长的时间后, 初始 $(t=0)$ 出发状态的概率分布 $(p_n(0), n\geqslant 0)$ 的影响将消失, 而且系统的状态概率分布不再随时间变化. 在实际应用中大多数问题, 系统会很快趋于稳态, 而无须真正等到 $t\to\infty$, 即过一段时间以后, 就有 $p_n(t)\to p_n$.

二、 电话总机的设置

考虑一部电话总机, 它的功能是当有用户呼叫时, 提供一条线路供用户通话, 若为每一用户准备一条专线, 则费用很高; 当线路较少而需要服务的用户很多时, 就会导致有呼叫而没有闲置线路的可能, 于是, 要求通话的用户必须等待, 由此问题产生了：应当有多少条线路, 才能使被延误的通话数量低于某一指标.

此问题的特点在于：呼叫发生的时刻, 每次通话延续的时间, 一段时间内要求提供的线路数量, 以及被延误的通话数都具有随机性, 为讨论方便, 将问题具体化如下：考虑两个城市, 二者之间共有 s 条线路, 当线路全部被占用时, 再来的呼叫不能立即通话, 我们分别讨论这样的呼叫排队等待及随即离去两种情形, 要求对不能立即通话的呼叫比例加以估计, 并由此说明应如何合理选择 s 的值. 按照给定排队论问题的一般原则, 首先应给出系统的输入过程, 即通话呼叫发生的方式及强度; 还应规定服务机制, 即每次通话延续时间所服从的概率分布, 然后才能根据不同情况, 对系统进行分析.

1. 呼叫发生与通话时间的概率描述

基本假设：

(1) 设电话用户在 $(t,t+\Delta t)$ 这段时间内对电话站呼叫一次的概率等于 $\lambda\Delta t+o(\Delta t)$;

(2) 在互不重叠的时间间隔内, 总机收到的呼叫次数是相互独立的随机变量;
(3) 在 $(t, t+\Delta t)$ 这段时间内, 呼叫两次或两次以上的概率等于 $o(\Delta t)$.
记
$P_k(t)$ 表示长度为 t 的时间间隔内有 k 次呼叫的概率;
$N(t)$ 表示长度为 t 的时间间隔内, 电话用户对总机的呼叫次数.
对 $\Delta t > 0$, 考虑 $[0, t+\Delta t]$ 中有 k 次呼叫的概率 $P_k(t+\Delta t)$.
根据上述假设, 我们有

$$P_1(\Delta t) = \lambda\Delta t + o(\Delta t),$$

$$\sum_{k=2}^{\infty} P_k(\Delta t) = o(\Delta t),$$

因此 $P_0(\Delta t) = 1 - \lambda(\Delta t) + o(\Delta t)$. 显然 $P_0(0) = 1, P_k(0) = 0, k = 1, 2, \cdots$.

$$P_0(t+\Delta t) = P_0(t) \cdot P_0(\Delta t) = P_0(t)(1 - \lambda\Delta t + o(\Delta t)),$$

$$\frac{P_0(t+\Delta t) - P_0(t)}{\Delta t} = -\lambda P_0(t) + P_0(t) \cdot \frac{o(\Delta t)}{\Delta t},$$

于是有

$$\begin{cases} \dfrac{dP_0(t)}{dt} = -\lambda P_0(t), \\ P_0(0) = 1, \end{cases}$$

解微分方程得到 $P_0(t) = \mathrm{e}^{-\lambda t}$.

对 $k \geqslant 1$, 我们有

$$\begin{aligned} P_k(t+\Delta t) =& P_k(t)P_0(\Delta t) + P_{k-1}(t)P_1(\Delta t) + \sum_{i=2}^{k} P_{k-i}(t)P_i(\Delta t) \\ =& P_k(t)(1 - \lambda\Delta t + o(\Delta t)) + P_{k-1}(t)(\lambda\Delta t + o(\Delta t)) + o(\Delta t), \end{aligned}$$

化简为

$$\frac{P_k(t+\Delta t) - P_k(t)}{\Delta t} = -\lambda P_k(t) + \lambda P_{k-1}(t) + \frac{o(\Delta t)}{\Delta t},$$

令 $\Delta t \to 0$

$$\frac{dP_k(t)}{dt} = -\lambda P_k(t) + \lambda P_{k-1}(t).$$

又因为 $P_k(0) = 0, k = 1, 2, \cdots$, 且 $P_0(t) = \mathrm{e}^{-\lambda t}$, 我们得到以下微分方程组

$$\begin{cases} \dfrac{dP_k(t)}{dt} = -\lambda P_k(t) + \lambda P_{k-1}(t), \\ P_k(0) = 0, \quad k = 1, 2, \cdots, P_0(t) = \mathrm{e}^{-\lambda t}, \end{cases}$$

求解得

$$P_k(t) = \mathrm{e}^{-\lambda t} \cdot \frac{(\lambda t)^k}{k!}, \quad k = 1, 2, \cdots.$$

按照这一规律发生的电话呼叫次数 $\{N(t), t \geqslant 0\}$, 构成了一随机过程, 称为泊松 (Poisson) 过程, 由于 $N(t)$ 服从参数为 λt 的泊松分布, 所以 $N(t)$ 的数学期望 $E(N(t)) = \lambda t$, $N(t)$ 的方差 $D(N(t)) = \lambda t$. 显然, λ 表示单位时间内的平均呼叫次数, 我们从上述三条基本假设出发, 推导出了系统的输入过程.

下面, 我们从另一角度对输入过程加以描述. 容易理解, 在上述的模型假设下, 任何连续两次呼叫的时间间隔是独立同分布的连续型随机变量. 设初始时刻 $t_0 = 0$, 考虑第一次呼叫发生的时刻, 令 $T_1 = t_1 - t_0$, 则 T_1 的分布就是任意连续两次呼叫间隔 T 的分布.

由前面的结论, 我们有

$$P\{T_1 > t\} = P\{\text{在 } (0,t) \text{ 内呼叫次数为零}\} = P_0(t) = \mathrm{e}^{-\lambda t}.$$

用 $F(t)$ 表示随机变量 T_1, 即 T 的分布函数, 则有

$$F(t) = P(T \leqslant t) = \begin{cases} 1 - \mathrm{e}^{-\lambda t}, & t \geqslant 0, \\ 0, & t < 0, \end{cases}$$

随机变量 T 的概率分布密度

$$\varphi(t) = \begin{cases} \lambda \mathrm{e}^{-\lambda t}, & t > 0, \\ 0, & t \leqslant 0, \end{cases}$$

于是随机变量 T 服从参数为 λ 的指数分布.

因此 T 的数学期望 $E(T) = \dfrac{1}{\lambda}$, 方差 $D(T) = \dfrac{1}{\lambda^2}$, 这说明两次呼叫的间隔时间的平均值为 $\dfrac{1}{\lambda}$. 上面的讨论实际上也说明了泊松过程与指数分布之间的关系.

上面的研究表明: 指数分布可以用来描述连续两次呼叫时间间隔的分布, 然而, 一次通话的延续时间也是一个时间间隔, 因此, 指数分布也可用来刻画通话时间的概率规律, 记任何一次通话的延续时间为 T, 则 T 是一个随机变量. 我们假设 T 服从参数为 μ 的指数分布, 即 T 的概率密度函数为

$$\varphi_1(t) = \begin{cases} \mu \mathrm{e}^{-\mu t}, & t > 0, \\ 0, & t \leqslant 0, \end{cases}$$

在这种假定下, 我们易得

$$\lim_{\Delta t \to 0} \frac{P(T \leqslant t + \Delta t \,|T > t)}{\Delta t} = \lim_{\Delta t \to 0} \frac{P(t < T \leqslant t + \Delta t)}{\Delta t \cdot P(T > t)}$$

$$
\begin{aligned}
&= \lim_{\Delta t \to 0} \frac{(1-\mathrm{e}^{-\mu(t+\Delta t)})-(1-\mathrm{e}^{-\mu t})}{\Delta t \cdot \mathrm{e}^{-\mu t}} \\
&= \lim_{\Delta t \to 0} \frac{1-\mathrm{e}^{-\mu \Delta t}}{\Delta t} = \mu,
\end{aligned}
$$

上式表明: 在任何时间间隔 $[t, t+\Delta t)$ 内, 一次通话结束的概率为 $\mu\Delta t + o(\Delta t)$, 这一概率与 t (通话已经持续的时间) 无关, 此外, 我们还假定: 每次通话延续的时间相互独立, 且与当时多少条线路被占用无关; 因此, 如果在时刻 t 恰有 k 条线路在通话, 容易证明: 在 $(t, t+\Delta t)$ 内恰有一次通话结束这个事件的概率为 $\mu\ k\Delta t + o(\Delta t)$, 而 "在这段时间内至少结束二次通话" 的事件的概率则为 $o(\Delta t)$, 同理, 由于呼叫的发生也服从指数分布, 因此 "在这段时间内发生一次呼叫且结束一次通话" 的事件的概率也是 $o(\Delta t)$. 不难看出参数 μ 表示一条线路单位时间内结束的通话数的平均值.

对任何一次通话时间作指数分布的假设不仅符合实际, 而且指数分布具有一个很好的性质: 无记忆性, 即 $P(T \geqslant s+t | T \geqslant t) = P(T \geqslant s)$. 上式可以解释为: 若通话时间已经持续 t, 则通话时间再延续 s 的概率为 $P(T \geqslant s)$, 因此有人风趣地称指数分布是永远年轻的. 接下来, 我们分两种情况, 在上述假定下, 对电话系统排队问题进行分析.

2. Erlang 等待制系统

在下面, 我们假设 s 条线路均被占用时, 再发生的呼叫依次排队, 等待服务, 队列长度没有限制, 其他假设不变, 这种系统叫做 Erlang 等待制系统, 以后 E_j 表示系统中有 j 个顾客时的状态, 此时 $0 \leqslant j < \infty$, 当 $j \leqslant s$ 时, 所有顾客各自占用一条线路进行通话; 当 $j > s$ 时, 则有 $j-s$ 个顾客在队列中等待, 仍以 $P_j(t)$ 表示 t 时刻系统处于状态 E_j 的概率.

将系统在时间间隔 $(t, t+h)$ 内由状态 E_j 变成状态 E_{j+1} 及 E_{j-1} 的概率依次记为 $\lambda_j h + o(h)$ 与 $\mu_j h + o(h)$. 系统的输入过程由参数为 λ 的泊松过程描述, 不受系统状态影响, 因此 $\lambda_j = \lambda (j = 0, 1, \cdots)$. 然而

$$
\mu_j = \begin{cases} j\mu, & j \leqslant s, \\ s\mu, & j > s. \end{cases}
$$

利用与上一小节完全相同的方法, 可以得到 $P_j(t)(j=0,1,\cdots)$ 满足微分方程组

$$
\begin{aligned}
&\frac{dP_j(t)}{dt} = \lambda P_{j-1}(t) - (\lambda + \mu_j) P_j(t) + \mu_{j+1} P_{j+1}(t), \quad j = 1, 2, \cdots, \\
&\frac{dP_0(t)}{dt} = \mu P_1(t) - \lambda P_0(t).
\end{aligned}
$$

令 $P_j = \lim\limits_{t\to\infty} P_j(t)$(该极限的存在性可以由马氏链的理论加以说明). 不难得到极限概率分布

$$P_j = \frac{a^j}{j!}P_0, \quad j = 1, 2, \cdots, s-1,$$

$$P_j = \frac{a^j}{s!s^{j-s}}P_0, \quad j = s, s+1, s+2, \cdots,$$

$$P_0 = \left(\sum_{k=0}^{s-1}\frac{a^k}{k!} + \sum_{k=s}^{\infty}\frac{a^k}{s!s^{k-s}}\right)^{-1},$$

式中 $a = \dfrac{\lambda}{\mu}$. 需要指出的是, P_0 的值由一个无穷级数所表示.

当 $a < s$ 时, 该级数收敛, 有 $P_0 = \left(\sum\limits_{k=0}^{s-1}\dfrac{a^k}{k!} + \dfrac{a^s}{s!(1-a/s)}\right)^{-1}$, 但当 $a \geqslant s$ 时, 级数发散, $P_0 = 0$.

因此, 对于任何一个有限指标 j, $P_j = 0$. 也就是说, 不存在平稳分布, 等待服务的队列持续不断地加长, 队列趋于无穷长的概率为 1, 令

$$\begin{aligned} C(s,a) &= \sum_{j=s}^{\infty} P_j = \frac{a^s}{s!(1-a/s)}P_0 \\ &= \frac{a^s}{s!(1-a/s)}\Bigg/\left(\sum_{k=0}^{s-1}\frac{a^k}{k!} + \frac{a^s}{s!(1-a/s)}\right) \quad (0 \leqslant a < s), \end{aligned}$$

上式称为等待制下的 Erlang 公式, 对所考虑的模型, 它表示所有线路被占用, 因而一个新到来的呼叫不能被立即服务的概率, 显然这一概率具有很重要的实际意义, 以 $\overline{a}$ 表示电话系统平衡时平均占用的线路数, 直接计算可得

$$\overline{a} = \sum_{j=1}^{s-1} jP_j + s\sum_{j=s}^{\infty} P_j = a.$$

上式的直观意义是: 在 Erlang 等待制系统中, 每个来到的顾客最终均被服务, 因而系统平衡时必有顾客要求的服务强度等于实际提供的服务强度. 此式也对平衡条件 $a < s$ 提供了解释: 当 $a < s$ 时, 若能达到平衡, 应有 $\overline{a} > s$, 这意味着要求提供的线路数超过实际可能的线路数, 这当然是做不到的; 当 $a = s$ 时是临界情况, 只有线路毫不间断地充分利用, 才可能平衡, 但顾客来到是随机的, 必然有线路闲置的时刻, 这些“浪费”的时间不断累积, 因而达不到平衡.

上述模型, 排队论中以标准形式: $\mathrm{M/M}/s/\infty$ 表示, 第一个 M 表示到达规律服从泊松分布, 第二个 M 表示服务时间为指数分布, 第三个 s 表示系统中有 s 个服为员, 第四个 ∞ 表示队列长度无限.

3. Erlang 消失制系统

下面讨论当全部线路均已占用, 再来的通话要求自动放弃的情况, 这种规则称为消失制. 采用这一规则的系统称为 Erlang 消失制系统.

假设系统只有 s 条线路; 当有 j 条被占用时, 系统处于状态 $E_j(j=0,1,\cdots,s)$.

以 $P_j(t)$ 表示时刻 t 时系统处于状态 E_j 的概率, 以下考虑 $P_j(t)$ 所应满足的关系, 先假设 $0<j<s$, 记 t 时刻被占用的线路数为 $N(t)$, 则 $P_j(t)=P(N(t)=j)$, 由全概率公式有

$$P(N(t+h)=j)=\sum_{i=0}^{s}P(N(t)=i)P(N(t+h)=j\,|N(t)=i\,),$$

由前面的假设可知

$$P(N(t+h)=j\,|N(t)=i\,)=\begin{cases}\lambda h+o(h), & i=j-1,\\ (j+1)\mu\cdot h+o(h), & i=j+1,\\ o(h), & |i-j|\geqslant 2,\end{cases}$$

又由

$$\sum_{k}P(N(t+h)=k\,|N(t)=j\,)=1,$$

所以

$$P(N(t+h)=j\,|N(t)=j\,)=1-\lambda h-j\mu h+o(h),$$

$$P_j(t+h)=\lambda hP_{j-1}(t)+(1-\lambda h-j\mu h)P_j(t)+(j+1)\mu hP_{j+1}(t)+o(h),$$

$$\frac{P_j(t+h)-P_j(t)}{h}=\lambda P_{j-1}(t)-(\lambda+j\mu)P_j(t)+(j+1)\mu P_{j+1}(t)+\frac{o(h)}{h},$$

令 $h\to 0$ 有

$$\frac{dP_j(t)}{dt}=\lambda P_{j-1}(t)-(\lambda+j\mu)P_j(t)+(j+1)\mu P_{j+1}(t),\quad j=1,2,\cdots,s-1,$$

类似地可以证明

$$\frac{dP_0(t)}{dt}=\mu P_1(t)-\lambda P_0(t),\quad \frac{dP_s(t)}{dt}=\lambda P_{s-1}(t)-s\mu P_s(t).$$

若 $t=0$ 时, 系统处于状态 E_i, 则上述微分方程组的初始条件为

$$P_j(0)=\begin{cases}1, & j=i,\\ 0, & j\neq i.\end{cases}$$

利用如上的微分方程组与相应初值, 可以得到任何时刻系统处于任何状态的概率, 但我们在实际中, 更感兴趣的问题是: 当运行时刻足够长时, 系统的分布是否会稳

定下来, 即趋于一个平衡分布, 如果确实如此, 那么, 平衡分布形式如何, 也就是问: 当 t 趋于无穷时, $P_j(t)(j=0,1,\cdots,s)$ 是否存在极限, 如果极限存在, 极限等于多少, 这一平衡极限分布是话务工程最为关心的, 由马氏链理论可以证明: 此处所讨论问题的平衡分布是存在并且唯一的, 下面我们直接求出平衡分布, 从而说明了平衡分布的存在性. 唯一性可利用线性代数方程组解的唯一性理论加以说明, 令 P_j 表示平衡分布达到时系统处于状态 E_j 概率, 显然 P_j 与 t 无关, 在 (2) 与 (3) 中令 $t\to\infty$, 我们得到平衡概率分布满足方程组

$$\lambda P_{j-1}-(\lambda+j\mu)P_j+(j+1)\mu P_{j+1}=0,\quad j=1,2,\cdots,s-1,$$

$$\mu P_1-\lambda P_0=0,\quad \lambda P_{s-1}-s\mu Ps=0,$$

此外, 显然有 $\sum\limits_j P_j=1$. 化简上面方程, 可知它的解满足关系

$$j\mu P_j-\lambda P_{j-1}=0,\quad j=1,2,\cdots,s.$$

上式表明: 当系统处于平衡时, 在任意一段时间中, 从任何一状态转化为另一状态的概率, 与同一时间内反向变化的概率相等; 故而这种平衡又称作细致平衡, 由 $\sum\limits_j P_j=1$, 不难得出平衡概率分布为

$$P_j=\frac{(\lambda/\mu)^j}{j!}P_0,\quad j=1,2,\cdots,s,$$

$$P_0=\left(\sum_{j=0}^{s}(\lambda/\mu)^j/j!\right)^{-1},$$

这一分布称为截断的泊松分布.

接下来, 我们对上述结果进行分析和解释, 首先, 平衡分布只依赖于 λ/μ, 注意到 λ 表示单位时间内发生的呼叫次数, μ^{-1} 表示一次通话的平均时间, 则 $a=\lambda/\mu$ 表示顾客所要求的电话总机服务强度, 令

$$\breve{a}=\sum_{j=1}^{s}jP_j,$$

当系统平衡时, 它表示实际提供服务的平均线路数, 另一方面, 它也是被占用线路数的时间平均值, 再令 $\rho=\breve{a}/s$, 这个数表示了每条线路的实际平均负载, 或者说系统的效率, 显然有 $\rho\leqslant 1$, 其次, 当系统平衡时处于状态 E_s 的概率是

$$P(s,a)=\frac{a^s}{s!}\Bigg/\sum_{k=0}^{s}\frac{a^k}{k!},\tag{4.5}$$

当系统处于状态 E_s 时, 所有的线路被占用, 再来的呼叫不能被服务, 因此 $P(s,a)$ 也表示不能立即接通的通话要求所占的比例; 这个量对话务工程显然很重要, 因此式 (4.5) 被称作 Erlang 消失公式, 它告诉我们, 当 a 给定即顾客的服务强度已知时, s 应如何选择, 即设置多少条线路, 才能保证一定的通话率. 这一公式也可回答相反的问题, 即当 s 一定时, 为保证一定的通话率, a 应限定在什么范围. 再有, 通过直接计算, 消失制系统还可得到

$$\breve{a} = a\,[1 - P(s,a)] = \lambda\,[1 - P(s,a)]\,\mu^{-1},$$

它表示实际的服务强度是顾客要求服务强度的未消失部分, 这一结果还可以从另外的角度加以解释. $\breve{a}$ 也可被解释为任何时刻被服务顾客的平均数, 它等于实际进入系统的顾客平均到来速率 $\lambda\,[1 - P(s,a)]$ 乘以每个顾客在系统内的平均停留时间 μ^{-1}, 这一关系是有一般意义的, 它实际上是排队论中著名的 Little 定理的特殊情况, 对不同的参数值, 数值计算 $P(s,a)$ 及 $\breve{a}$ 的值, 绘制成图表, 从这些图表的分析可得以下结论:

(1) 若使 s,a 均增加, 但 $P(s,a)$ 保持不变, 则 $\rho = \dfrac{\breve{a}}{s}$ 增加, 即当通话率保持不变时, 可供使用的线路越多越有效;

(2) 当 s 固定, 随着 a 增加 ρ 也增多, 即效率提高, 但此时 $P(s,a)$ 也随之增加, 因此一味增加效率是不可取的.

以上排队模型, 排队论中用标准形式 M/M/s 表示.

第三节　随机性存贮策略

随机性存储模型的重要特点是需求为随机的, 其概率分布为已知. 存储策略的优劣, 通常以赢利的期望值的大小作为衡量的标准.

一、 需求是离散型随机变量

报童问题　报童每天清晨从报社购进报纸零售, 晚上将没有卖掉的报纸退回给报社, 报童每天售报的数量是一个随机变量, 报童每售出一份报纸赚 a 元, 如报纸未能售出, 每份赔 b 元, 每天报童售出报纸份数 r 的概率 $p(r)$ 根据以往的经验是已知的, 问报童每天最好购进多少份报纸, 才能使获取的收入最大?

该问题是报童每天报纸的订货量 Q 为何值时, 收入的期望值达到最大? 换句话说, 如何适当地选择 Q 值, 使因不能售出报纸的损失及因缺货失去销售机会的损失, 两者期望值之和最小, 下面, 我们用计算损失期望值最小的办法求解.

假设售出报纸数量为 r, 其概率 $P(r)$ 已知, 设报童订购报纸数量为 Q.

当 $r \leqslant Q$ 时, 此时因报纸不能售出而承担损失, 其期望值为

$$\sum_{r=0}^{Q} b(Q-r)P(r),$$

当 $r > Q$ 时, 此时因缺货而少赚钱, 损失的期望值为

$$\sum_{r=Q+1}^{\infty} a(r-Q)P(r),$$

综合上述两种情形, 当订报数量为 Q 时, 损失的期望值为

$$C(Q) = b\sum_{r=0}^{Q}(Q-r)P(r)+a\sum_{r=Q+1}^{\infty}(r-Q)P(r).$$

由此可见, 报童的最佳订报数量 Q, 应使 $C(Q)$ 达到最小.

由于报童订购报纸的份数只能取整数, r 是离散型变量, 所以不能用求导方法来求极值, 若设报童每日订购报纸份数的最佳值为 Q, 则应有下面两个条件同时成立:

(1) $C(Q) \leqslant C(Q+1)$;

(2) $C(Q) \leqslant C(Q-1)$.

由 (1) 有

$$\begin{aligned}
&b\sum_{r=0}^{Q}(Q-r)P(r)+a\sum_{r=Q+1}^{\infty}(r-Q)P(r)\\
\leqslant &b\sum_{r=0}^{Q+1}(Q+1-r)P(r)+a\sum_{r=Q+2}^{\infty}(r-Q-1)P(r),
\end{aligned}$$

化简得

$$b\sum_{r=0}^{Q}P(r)-a\sum_{r=Q+1}^{\infty}P(r) \geqslant 0.$$

又因 $\sum\limits_{r=0}^{\infty}p(r)=1$, 故

$$(a+b)\sum_{r=0}^{Q}P(r)-a \geqslant 0,$$

即

$$\sum_{r=0}^{Q}P(r) \geqslant \frac{a}{a+b}. \tag{4.6}$$

由 (2) 有

$$
\begin{aligned}
&b\sum_{r=0}^{Q}(Q-r)P(r)+a\sum_{r=Q+1}^{\infty}(r-Q)P(r)\\
\leqslant &b\sum_{r=0}^{Q-1}(Q+1-r)P(r)+a\sum_{r=Q}^{\infty}(r-Q+1)P(r),
\end{aligned}
$$

经整理后得到

$$b\sum_{r=0}^{Q-1}P(r)-a\sum_{r=Q}^{\infty}P(r)\leqslant 0,$$

即

$$(a+b)\sum_{r=0}^{Q-1}P(r)-a\leqslant 0,$$

从而

$$\sum_{r=0}^{Q-1}P(r)\leqslant\frac{a}{a+b}, \tag{4.7}$$

综合 (1), (2), 得到报童最佳订报数量 Q 应通过不等式

$$\sum_{r=0}^{Q-1}P(r)<\frac{a}{a+b}\leqslant\sum_{r=0}^{Q}P(r) \tag{4.8}$$

确定. 接下来, 我们从赢利最大的角度出发, 来确定报童的最佳订报数量.

设报童订报数量为 Q, 获利期望值为 $C(Q)$.

当需求 $r\leqslant Q$ 时, 报童只售出了 r 份报纸, 共赚 $a\cdot r$(元), 未售出的报纸, 退还给报社, 每份赔 b(元), 共赔 $b(Q-r)$(元). 此时赢利的期望值为

$$\sum_{r=0}^{Q}[ar-b(Q-r)]P(r),$$

当需求 $r>Q$ 时, 赢利的期望值为

$$\sum_{r=Q+1}^{\infty}a\cdot QP(r),$$

故 $C(Q)=\sum\limits_{r=0}^{Q}[ar-b(Q-r)]P(r)+\sum\limits_{r=Q+1}^{\infty}a\cdot QP(r)$.

为使订购 Q 份报的赢利达到最大, 则应有

(3) $C(Q+1) \leqslant C(Q)$;

(4) $C(Q-1) \leqslant C(Q)$.

由 (3) 有

$$\sum_{r=0}^{Q+1}[ar-b(Q+1-r)]P(r)+\sum_{r=Q+2}^{\infty}a\cdot(Q+1)P(r)$$

$$\leqslant\sum_{r=0}^{Q}[ar-b(Q-r)]P(r)+\sum_{r=Q+1}^{\infty}a\cdot Q\cdot P(r),$$

经整理得到

$$a\sum_{r=Q+1}^{\infty}P(r)-b\sum_{r=0}^{Q}P(r)\leqslant 0,$$

$$a-(a+b)\sum_{r=0}^{Q}P(r)\leqslant 0,$$

即

$$\sum_{r=0}^{Q}P(r)\geqslant\frac{a}{a+b}. \tag{4.9}$$

由 (4) 有

$$\sum_{r=0}^{Q-1}[ar-b(Q-1-r)]P(r)+\sum_{r=Q}^{\infty}a\cdot(Q-1)P(r)$$

$$\leqslant\sum_{r=0}^{Q}[ar-b(Q-r)]P(r)+\sum_{r=Q+1}^{\infty}a\cdot QP(r),$$

化简后得到

$$\sum_{r=0}^{Q-1}P(r)\leqslant\frac{a}{a+b}, \tag{4.10}$$

综上讨论, 得到最佳订报份数 Q 应满足下面不等式

$$\sum_{r=0}^{Q-1}P(r)<\frac{a}{a+b}\leqslant\sum_{r=0}^{Q}P(r),$$

显然上式与 (4. 8) 完全相同.

例 6　某商店打算出售甲商品, 每单位甲商品进价 50 元, 售价 70 元, 若不能售出, 则必须减价为 40 元, 减价后一定可以售出, 已知销售量 r 服从参数为 λ 的泊松分布

$$P(r)=\mathrm{e}^{-\lambda}\cdot\frac{\lambda^r}{r!}\quad(\lambda\text{ 为平均售出数}),\quad r=0,1,\cdots,$$

根据以往的统计, 平均售出数 $\lambda=6$, 问该店应订购多少甲种商品?

解　$a=70-50=20$, $b=50-40=10$,

$$\frac{a}{a+b}=\frac{20}{20+10}=0.667,$$

$$P(r)=\mathrm{e}^{-6}\cdot\frac{6^r}{r!},\quad r=0,1,\cdots,$$

记 $F(Q)=\sum\limits_{r=0}^{Q}P(r)$, $F(Q)$ 可查统计表.

$$F(6)=0.6063,\quad F(7)=0.7440,$$

因 $F(6)<\dfrac{a}{a+b}<F(7)$, 故订货量应为 7 单位, 此时获利的期望值最大.

二、需求是连续型随机变量

问题　设货物单位成本为 K, 货物单位售价为 P, 单位存贮量为 C_1, 需求量 r 是连续型随机变量, 概率密度函数为 $f(r)$, 其分布函数

$$F(a)=\int_0^a f(r)dr,\quad a>0,$$

生产或订购的数量为 Q, 问如何确定 Q 的值, 使赢利的期望值最大?

当订购数量为 Q 时, 实际销售量为 $\min\{r,Q\}$, 需支付的存贮费用

$$C_2(Q)=\begin{cases}C_1(Q-r), & r\leqslant Q,\\ 0, & r>Q,\end{cases}$$

货物的总成本为 KQ.

本阶段订购量为 Q 时, 赢利为 $W(Q)$, 赢利的期望值记为 $E[W(Q)]$, 则

$$W(Q)=P\cdot\min\{r,Q\}-KQ-C_2(Q),$$

$$E[W(Q)]=\int_0^Q Prf(r)dr+\int_Q^{\infty}PQf(r)dr-KQ-\int_0^Q C_1(Q-r)f(r)dr,$$

$$E[W(Q)]=P\int_0^{+\infty}rf(r)dr-\left\{\int_Q^{\infty}(r-Q)f(r)dr+\int_0^Q C_1(Q-r)f(r)dr+KQ\right\},$$

在上式中

$P\displaystyle\int_0^{+\infty}rf(r)dr$: 平均盈利;

$P\displaystyle\int_Q^{+\infty}(r-Q)f(r)dr$: 因缺货失去销售机会损失的期望值;

$\int_0^Q C_1(Q-r)f(r)dr$：只考虑存贮费的条件下，因滞销受到损失的期望值.

记

$$E[C(Q)] = P\int_Q^{\infty}(r-Q)f(r)dr + C_1\int_0^Q (Q-r)f(r)dr + KQ,$$

显然

$$\max E[W(Q)] = P\int_0^{\infty} rf(r)dr - \min E[C(Q)].$$

上式表明：赢利最大与损失最小所得出的 Q 值相同，从而求赢利最大可以转化为求 $E[C(Q)]$ 极小，当 Q 可以连续取值时，$E[C(Q)]$ 是 Q 的连续函数.

$$\frac{dE[C(Q)]}{dQ} = C_1\int_0^Q f(r)dr - P\int_Q^{\infty} f(r)dr + K,$$

令 $\frac{dE[C(Q)]}{dQ} = 0$，记 $F(Q) = \int_0^Q f(r)dr$，则

$$C_1F(Q) - P[1-F(Q)] + K = 0,$$

$$F(Q) = \frac{P-K}{C_1+P}, \tag{4.11}$$

从 (4.11) 中解出 Q，记为 Q^*，Q^* 为 $E[C(Q)]$ 的驻点. 又因

$$\frac{d^2E[C(Q)]}{dQ^2} = C_1f(Q) + Pf(Q) > 0,$$

所以 Q^* 为 $E[C(Q)]$ 的极小值点，同时也是最小值点.

若 $P-K \leqslant 0$，显然由于 $F(Q) \geqslant 0$，等式不成立，此时 Q^* 取零值，即售价低于进价时，不需要订货.

前面只考虑了失去销售机会的损失，若缺货时要付出的费用 $C_2 > P$ 时，应有

$$E[C(Q)] = C_2\int_Q^{\infty}(r-Q)f(r)dr + C_1\int_0^Q (Q-r)f(r)dr + KQ,$$

仿照前面的办法，可得

$$F(Q) = \int_0^Q f(r)dr = \frac{C_2-K}{C_1+C_2}. \tag{4.12}$$

注 在前面的讨论中，模型只解决一个阶段的问题，但在许多实际问题中，上一个阶段未售出的货物，可以在第二阶段继续出售，这时应如何制订存贮策略呢？

假设上一阶段未能售出的货物数量为 I，作为本阶段初的存贮，有

$$\min E[C(Q)] = K(Q-I) + C_2\int_Q^{\infty}(r-Q)f(r)dr + C_1\int_0^Q (Q-r)f(r)dr,$$

利用$F(Q)=\int_0^Q f(r)dr=\dfrac{C_2-K}{C_1+C_2}$ 求出 Q^* 值, 相应的存贮策略为: 当 $I \geqslant Q^*$ 时, 本阶段不订货; 当 $I < Q^*$ 时, 本阶段的订货量 $Q=Q^*-I$, 使体阶段的存贮达到 Q^*, 这时赢利期望值最大.

这种策略叫做定期订货、订货量不定的存贮策略.

三、 (s,S) 型随机存贮策略

问题: 商店在一个月中的销售量是随机的, 每到月底, 商店的经理要根据仓库存货的多少来决定是否订购货物, 以供下个月的销售. 经理采用的一种简单的策略是制订一个下界 s 和一个上界 S, 当月底存货不少于 s 时就不订货; 当存货少于 s 时则订货, 且订货的数量使得下月初的存货量达到 S, 这种策略称为 (s,S) 型随机存贮策略. 在考虑 (s,S) 型随机存贮策略时, 我们只考虑订购货物费、存贮费、缺货损失费及货物的进价, 存贮策略的优劣以平均意义下的总费用为标准, 根据需求是连续的还是离散的, 下面我们分两种情形来讨论 (s,S) 型随机存贮策略.

1. 需求为连续型随机变量

为叙述方便, 时间以月为单位, 商品数量以件为单位.

模型假设:

(1) 商品在一月中的销售量 r 是连续型随机变量, 其概率密度函数为 $f(r)$;

(2) 每件商品的进价为 K, 每件商品一月的存贮费为 C_1, 每件商品的缺货损失费为 C_2, 每次订购货物的费用为 C_3(与订货数量无关);

(3) 记月底的存货量为 I, 订货量为 Q, 并且订货以后, 立即到货, 于是下月初货物存贮达到 $S=I+Q$.

模型的求解 按照制订 (s,S) 型策略的要求, 当月底存货量 $I \geqslant s$ 时, 订货量 $Q=0$, 当月底存货量 $I<s$ 时, 订货量 $Q=S-I$. 确定 s,S 应该根据总费用最小的原则, 又因为销售量是随机的, 存贮量和缺货量也是随机的, 从而一月的存贮费和缺货费也是随机的, 因此目标函数应该取一个月总费用的期望值.

由模型假设条件知:

本月所需订货费为 C_3+KQ;

需支付的存贮费用的期望值为

$$\int_0^{I+Q=S} C_1(S-r)f(r)dr;$$

需付缺货损失费用的期望值为

$$\int_{I+Q=S}^{\infty} C_2(r-S)f(r)dr,$$

故本月所需订货费、存贮费及缺货费期望值之和为

$$
\begin{aligned}
C(S) =& C_3 + KQ + \int_0^S C_1(S-r)f(r)dr + \int_S^\infty C_2(r-S)f(r)dr \\
=& C_3 + K(S-I) + \int_0^S (S-r)f(r)dr + \int_s^\infty C_2(r-S)f(r)dr.
\end{aligned}
$$

因为 Q 可以连续取值, 所以 $C(S)$ 是 S 的连续函数.

$$
C'(S) = K + C_1\int_0^S f(r)dr - C_2\int_S^\infty f(r)dr,
$$

令 $C'(S)=0$ 有

$$
K + C_1\int_0^S f(r)dr - C_2\int_S^\infty f(r)dr = 0,
$$

又因为 $\int_0^\infty f(r)dr = 1$ 所以

$$
K + C_1\int_0^S f(r)dr - C_2\left(1 - \int_0^S f(r)dr\right) = 0,
$$

$$
\int_0^S f(r)dr = \frac{C_2 - K}{C_1 + C_2}, \tag{4.13}
$$

于是, 我们得出本月的存贮策略, 通过 $\int_0^S f(r)dr = \dfrac{C_2 - K}{C_1 + C_2}$, 确定 S 的值, 订货量 $Q = S - I$.

下面, 我们讨论确定 s 的方法.

若本月不订货, 则可以节约订购费 C_3. 因些我们设想是否存在一个数值 $s(s \leqslant S)$, 使不等式

$$
\begin{aligned}
& Ks + c_1\int_0^s (s-r)f(r)dr + c_2\int_s^\infty (r-s)f(r)dr \\
\leqslant & c_3 + KS + c_1\int_0^S (S-r)f(r)dr + c_2\int_S^\infty (r-S)f(r)dr
\end{aligned} \tag{4.14}
$$

成立. 当 $s=S$ 时, 不等式显然成立. 当 $s<S$ 时, 上面不等式右端存贮费用期望值大于左端存储费用期望值, 右端缺货费用期望值小于左端缺货费用期望值, 一减一增后, 使不等式成立的可能性是存在的, 若满足上述不等式的 s 不止一个, 则选取其中最小的作为 (s,S) 型存贮策略的 s.

综上所述, 我们得到的存贮策略是: 每个月底检查库存, 若库存 $I<s$ 时, 需订货, 订货的数量为 $Q=S-I$, 当库存 $I \geqslant s$ 时, 本月不订货, 这种存贮策略是: 定

期订货但订货数量不确定, 订货数量的多少, 取决于库存 I, 对于不易清点数量的存贮, 人们常把存贮分两堆存放, 一堆的数量为 s, 其余的放另一堆, 平常从另放的一堆中取用, 当动用了数量为 s 的一堆时, 月底即订货, 若没有动用数量为 s 的一堆时, 月底可以不订货, 因此这种方法, 俗称二堆方法.

2. 需求为离散型随机变量

模型假设

(1) 商品在一个月中需求取值为 $r_0, r_1, \cdots, r_m$ 其中 $r_i < r_{i+1}$, 对应的概率为 $p_0, p_1, \cdots, p_m$, 满足 $\sum_{i=0}^{m} p_i = 1$.

(2) 每件商品的进价为 K, 每件商品一个月的存贮费为 C_1, 每件商品的缺货损失费为 C_2, 每次订购费用为 C_3(与订购数量无关).

(3) 记月底的存货量为 I, 订货量为 Q(每月最多订一次货), 并且订货以后, 立即到货, 于是下个月初货物存贮达到 $I+Q$.

模型分析及求解: 根据上述假设, 本月所需的各种费用如下:

订货费: $C_3 + KQ$.

存贮费: 当需求 $r < I+Q$ 时, 没有售出的货物需支付存贮费, 所需存贮费的期望值为

$$\sum_{r \leqslant I+Q} C_1(I+Q-r)p_r.$$

缺货损失费: 当需求量 $r > I+Q$ 时, $(r-I-Q)$ 件货物需付缺货费. 缺货损失费用的期望值

$$\sum_{r > I+Q} C_2(r-I-Q)p_r.$$

本月总费用的期望值为

$$C(I+Q) = C_3 + KQ + \sum_{r \leqslant Q+I} C_1(I+Q-r)p_r + \sum_{r > I+Q} C_2(r-I-Q)p_r.$$

记 $S = I+Q$, 则有

$$C(S) = C_3 + KQ + \sum_{r \leqslant S} C_1(S-r)p_r + \sum_{r > S} C_2(r-S)p_r,$$

求出 S 值, 使 $C(S)$ 最小.

S 值解法如下:

第一步, 将需求量 r 的取值按大小顺序排列为 $r_0, r_1, \cdots, r_m$, 其中 $r_i < r_{i+1}$. 记 $\Delta r_i = r_{i+1} - r_i$.

第二步, S 只从 $r_0, r_1, \cdots, r_m$ 中取值, 当 S 取值 r_i 时, 记为 S_i.

$$\Delta S_i = S_{i+1} - S_i = r_{i+1} - r_i = \Delta r_i \neq 0.$$

第三步, 求 S 的值, 使 $C(S)$ 最小. 因

$$C(S_{i+1}) = C_3 + K(S_{i+1} - I) + \sum_{r \leqslant S_{i+1}} C_1(S_{i+1} - r)p_r + \sum_{r > S_{i+1}} C_2(r - S_{i+1})p_r,$$

$$C(S_i) = C_3 + K(S_i - I) + \sum_{r \leqslant S_i} C_1(S_i - r)p_r + \sum_{r > S_i} C_2(r - S_i)p_r,$$

$$C(S_{i-1}) = C_3 + K(S_{i-1} - I) + \sum_{r \leqslant S_{i-1}} C_1(S_{i-1} - I)p_r + \sum_{r > S_{i-1}} C_2(r - S_{i-1}) \cdot p_r,$$

若 $C(S_i) = \min\limits_{0 \leqslant j \leqslant m} C(S_j)$, 则

$$\begin{cases} C(S_{i+1}) - C(S_i) \geqslant 0, \\ C(S_i) - C(S_{i-1}) \leqslant 0, \end{cases}$$

令 $\Delta C(S_i) = C(S_{i+1}) - C(S_i)$, 则通过化简有

$$\Delta C(S_i) = K\Delta S_i + (C_1 + C_2)\Delta S_i \sum_{r \leqslant S_i} p_r - C_2 \Delta S_i \geqslant 0,$$

固定 $\Delta S_i > 0$, 所以

$$\sum_{r \leqslant S_i} p_r \geqslant \frac{C_2 - K}{C_1 + C_2}.$$

仿照上面的做法, 我们可得类似的不等式

$$\sum_{r \leqslant S_{i-1}} p_r \geqslant \frac{C_2 - K}{C_1 + C_2},$$

记 $N = \dfrac{C_2 - K}{C_1 + C_2}$, 我们得到确定 S_i 的不等式

$$\sum_{r \leqslant S_{i-1}} p_r < \frac{C_2 - K}{C_1 + C_2} = N = \sum_{r \leqslant S_i} p_r, \tag{4.15}$$

取满足 (4.15) 的 S_i 为 S, 本月的订货量 $Q = S - I$.

下面, 我们介绍计算 s 的方法. 考察不等式

$$Ks + \sum_{r \leqslant s} C_1(s - r)p_r + \sum_{r > s} C_2(r - s)p_r$$

$$\leqslant C_3 + KS + \sum_{r \leqslant S} C_1(S-r)p_r + \sum_{r>S} C_2(r-S)p_r, \tag{4.16}$$

因 s 只从 $r_0, r_1, \cdots, r_m$ 中取值, 使 (4.16) 成立的 $r_i(r_i \leqslant S)$ 的值中最小者定为 s. 事实上, 满足 (4.16) 的 s 一定存在, 因为当 $s < S$ 时, (4.16) 左端缺货费用的期望值虽然会增加, 但订货费及存贮费用期望值都减少, 一增一减使不等式可能成立, 在最坏的情形下 $s = S$ 时不等式是成立的, 一般说来, 计算 s 比计算 S 要复杂一些.

例 7　某市石油公司, 下有几个售油站, 石油存放在郊区大型油库里, 需要时用汽车将油送到各售油站, 该公司希望确定一种补充存贮的策略, 以确定应贮存的油量, 该公司经营石油品种较多, 其中销量较多的是柴油, 因此希望先确定柴油的存贮策略, 经调查后知每月柴油出售量服从指数分布, 平均销售量每月为 100 万斤, 其概率密度函数为

$$f(r) = \begin{cases} 0.000001\mathrm{e}^{-0.000001\,r}, & r \geqslant 0, \\ 0, & r < 0, \end{cases}$$

柴油每斤 0.20 元, 不需订购费, 由于油库归该公司管辖, 油池灌满与未灌满时的管理费用实际上没有多少差别, 故可认为存贮费用为零, 如缺货就从邻市调用, 缺货费 0.30 元/斤. 求柴油的存贮策略.

解　由已知条件有: $C_1 = 0, K = 0.20, C_3 = 0, C_2 = 0.30$. 临界值

$$N = \frac{C_2 - K}{C_1 + C_2} = \frac{0.3 - 0.2}{0 + 0.3} = 0.333,$$

由

$$\int_0^S f(r)dr = \int_0^S 0.000001\mathrm{e}^{-0.00000r}dr = 0.333,$$

所以 $\mathrm{e}^{-0.000001S} = 0.667$, 故 $S = 405000$ 斤.

下面来计算 s.

$$\begin{aligned} &0.2s + \int_0^s 0 \times (s-r)f(r)dr + 0.3\int_s^\infty (r-s)f(r)dr \\ \leqslant &0.2S + \int_0^S 0 \times (S-r)f(r)dr + 0.3\int_S^\infty (r-S)f(r)dr, \end{aligned}$$

即

$$0.2 \times s + \int_s^\infty 0.3(r-s)f(r)dr \leqslant 0.2S + \int_S^\infty 0.3(r-S)f(r)dr,$$

上面的不等式有唯一解 $s = S = 405000$ 斤. 这说明当库存下降到 405000 斤以下时就应订购, 使库存达到 405000 斤.

注　在上例中, $s = S$ 的原因在于定购费 $C_3 = 0$, 可以频繁订货, 又存贮费 $C_1 = 0$, 所以存贮量多一些也不会增加费用.

例 8　某厂对原材料 r 的需求量的概率分布为

r	80	90	100	110	120
概率	0.1	0.2	0.3	0.3	0.1

订购费: C_3 =2825 元, 进价 K=850 元/件;

存贮费: C_1=45 元/件 (在本阶段的费用);

缺货费: C_2=1250 元/件 (在本阶段的费用),

求该厂的存贮策略.

解　临界值

$$N = \frac{C_2 - K}{C_1 + C_2} = \frac{1250 - 850}{45 + 1250} = 0.309,$$

$$P(r = 80) + P(r = 90) = 0.3 < 0.309,$$

$$P(r = 80) + P(r = 90) + P(r = 100) = 0.6 > 0.309,$$

可知 $S = 100$.

下面, 利用 (4.16) 来计算 s.

当 s=80 时, (4.16) 式左端为

$850 \times 80 + 45 \times (80 - 80) \times 0.1 + 1250 \times [(90 - 80) \times 0.2 + (100 - 80) \times 0.3$
$+(120 - 80) \times 0.1] = 94250.$

当 $S = 100$ 时,(4.16) 右端为

$2825 + 850 \times 100 + 45 \times [(100 - 80) \times 0.1 + (100 - 90) \times 0.2 + (100 - 100) \times 0.3]$
$+1250 \times [(110 - 100) \times 0.3 + (120 - 100) \times 0.1] = 94255.$

综上所述有: s=80, S=100. 即该厂的存贮策略为当存贮 $I < 80$ 时, 补充存贮, 使存贮量达到 100, 每当存贮 $I > 80$ 时不补充.

真题练习　2009 年全国大学生数学建模竞赛 B 题

眼科病床的合理安排

医院就医排队是大家都非常熟悉的现象, 它以这样或那样的形式出现在我们面前, 例如, 患者到门诊就诊、到收费处划价、到药房取药、到注射室打针、等待住院等, 往往需要排队等待接受某种服务.

我们考虑某医院眼科病床的合理安排的数学建模问题.

该医院眼科门诊每天开放, 住院部共有病床 79 张. 该医院眼科手术主要分四大类: 白内障、视网膜疾病、青光眼和外伤. 附录中给出了 2008 年 7 月 13 日至 2008 年 9 月 11 日这段时间里各类病人的情况.

白内障手术较简单, 而且没有急症. 目前该院是每周一、三做白内障手术, 此类病人的术前准备时间只需 1—2 天. 做两只眼的病人比做一只眼的要多一些, 大约占到 60%. 如果要做双眼是周一先做一只, 周三再做另一只.

外伤疾病通常属于急症, 病床有空时立即安排住院, 住院后第二天便会安排手术.

其他眼科疾病比较复杂, 有各种不同情况, 但大致住院以后 2—3 天内就可以接受手术, 主要是术后的观察时间较长. 这类疾病手术时间可根据需要安排, 一般不安排在周一、周三. 由于急症数量较少, 建模时这些眼科疾病可不考虑急症.

该医院眼科手术条件比较充分, 在考虑病床安排时可不考虑手术条件的限制, 但考虑到手术医生的安排问题, 通常情况下白内障手术与其他眼科手术 (急症除外) 不安排在同一天做. 当前该住院部对全体非急症病人是按照 FCFS(First Come, First Serve) 规则安排住院, 但等待住院病人队列却越来越长, 医院方面希望你们能通过数学建模来帮助解决该住院部的病床合理安排问题, 以提高对医院资源的有效利用.

问题一: 试分析确定合理的评价指标体系, 用以评价该问题的病床安排模型的优劣.

问题二: 试就该住院部当前的情况, 建立合理的病床安排模型, 以根据已知的第二天拟出院病人数来确定第二天应该安排哪些病人住院. 并对你们的模型利用问题一中的指标体系作出评价.

问题三: 作为病人, 自然希望尽早知道自己大约何时能住院. 能否根据当时住院病人及等待住院病人的统计情况, 在病人门诊时即告知其大致入住时间区间.

问题四: 若该住院部周六、周日不安排手术, 请你们重新回答问题二, 医院的手术时间安排是否应作出相应调整?

问题五: 有人从便于管理的角度提出建议, 在一般情形下, 医院病床安排可采取使各类病人占用病床的比例大致固定的方案, 试就此方案, 建立使得所有病人在系统内的平均逗留时间 (含等待入院及住院时间) 最短的病床比例分配模型.

附录的数据详见网址 http://www.shumo.com/wiki 栏目中的数模题库.

第五章　时间序列分析

时间序列是按时间顺序排列的、随时间变化且相互关联的数据序列. 分析时间序列的方法构成数据分析的一个重要领域, 即时间序列分析. 任何时间序列经过合理的函数变换后都可以被认为是由三个部分叠加而成, 分别是趋势项部分、周期项部分和随机噪声项部分. 从时间序列中把这三个部分分解出来是时间序列分析的首要任务. 时间序列根据所研究的依据不同, 可有不同的分类.

根据所研究的对象的数量可, 分为一元时间序列和多元时间序列.

根据时间的连续性, 可分为离散时间序列和连续时间序列.

根据序列的统计特性, 可分为平稳时间序列和非平稳时间序列.

第一节　平稳时间序列分析

一、 平稳时间序列定义

(1) 随机过程的均值函数的定义: 对于随机过程 $\{X_t, t\in T\}$,t 固定时, X_t 是一个随机变量, 设其均值为 μ_t, 当 t 变动时, μ_t 是 t 的函数, 即随机过程的均值函数, 记为

$$\mu_t = E\left(X_t\right). \tag{5.1}$$

(2) 随机过程的方差函数的定义: 对于随机过程 $\{X_t, t\in T\}$,t 固定时, X_t 的方差为 σ_t^2, 当 t 变动时, σ_t^2 称为随机过程的方差函数, 记为

$$\sigma_t^2 = \mathrm{Var}(X_t) = E\left[\left(X_t-\mu_t\right)^2\right]. \tag{5.2}$$

方差函数的平方根 σ_t 称为随机过程的标准差函数, 它表示随机过程 X_t 对于均值函数 μ_t 的偏离程度.

(3) 自协方差函数的定义: 对随机过程 $\{X_t, t\in T\}$ 取定 $t, s\in T$, 定义其自协方差函数为

$$\gamma_{t,s} = \mathrm{Cov}\left(X_t, X_s\right) = E\left[\left(X_t-\mu_t\right)\left(X_s-\mu_s\right)\right]. \tag{5.3}$$

(4) 自相关函数的定义: 为刻画 $\{X_t, t\in T\}$ 在时刻 t 与 s 之间的相关性, 将 $\gamma_{t,s}$ 标准化后定义自相关函数为

$$\rho_{t,s} = \frac{\gamma_{t,s}}{\sqrt{\gamma_{t,t}}\sqrt{\gamma_{s,s}}} = \frac{\gamma_{t,s}}{\sigma_t\sigma_s}. \tag{5.4}$$

(5) 平稳时间序列的定义：若随机序列 $\{X_t, t=0,\pm1,\pm2,\cdots\}$ 满足条件：$E(X_t)=\mu$ 为常数，$\gamma_{t+k,t}=\gamma_k(k=0,\pm1,\pm2,\cdots)$ 与 t 无关，则称 X_t 为平稳时间序列，简称平稳序列.

(6) 白噪声序列的定义：若随机序列 $\{X_t, t=0,\pm1,\pm2,\cdots\}$ 是由一个不相关的随机变量序列构成的，且其期望和方差都是常数，即

$$E(X_t)=\mu,$$

$$\gamma_{t,s}=\begin{cases}0, & t\neq s,\\ \sigma^2, & t=s,\end{cases}$$

则称该序列为平稳白噪声序列. 平稳白噪声序列是一种最基本的平稳序列.

二、ARMA 模型的基本形式

ARMA 模型主要包括三种基本模型：AR 模型 (Auto Regression Model)、MA 模型 (Moving Average Model)、ARMA 模型 (Auto Regression Moving Average Model).

1. AR 模型

具有如下结构的模型称为 p 阶自回归模型，简记为 AR(p)

$$X_t=\varphi_0+\varphi_1X_{t-1}+\varphi_2X_{t-2}+\cdots+\varphi_pX_{t-p}+\varepsilon_t, \tag{5.5}$$

满足的条件

$$\begin{cases}\varphi_p\neq 0,\\ E(\varepsilon_t)=0,\mathrm{Var}(\varepsilon_t)=\sigma_\varepsilon^2,\ E(\varepsilon_t\varepsilon_s)=0,\ s\neq t,\\ E(X_s\varepsilon_t)=0,\ \forall s<t,\end{cases}.$$

其中，条件一保证模型的阶是 p; 条件二和三说明当期的随机干扰与过去的序列值无关. ε_t 是零均值、方差是 σ_ε^2 的平稳白噪声，则称 X_t 是结束为 p 的自回归序列，而

$$\varphi=(\varphi_0,\varphi_1,\cdots,\varphi_p)^{\mathrm{T}}$$

称为自回归参数向量，其分量 $\varphi_j(j=0,1,\cdots,p)$ 称为回归系数.

当 $\varphi_0=0$ 为 AR(p) 中心化序列，当 $\varphi_p\neq 0$ 为可通过平移变为中心化序列，平移变换如下

$$\mu=\frac{\varphi_0}{1-\varphi_1-\cdots-\varphi_p},$$
$$Y_t=X_t-\mu,$$

则原序列即化为中心化序列

$$Y_t=\varphi_1Y_{t-1}+\varphi_2Y_{t-2}+\cdots+\varphi_pY_{t-p}+\varepsilon_t. \tag{5.6}$$

所以, 以后我们重点讨论中心化时间序列. 引进后移算子对描述方程 (5.6) 比较方便. 算子 B 定义为

$$BX_t = X_{t-1}, \quad B^k X_t = X_{t-k},$$

记算子多项式

$$\varphi(B) = 1 - \varphi_1 B - \varphi_2 B^2 - \cdots - \varphi_p B^p,$$

则方程 (5.6) 可变为

$$\varphi(B) X_t = \varepsilon_t.$$

2. MA 模型

设零均值平稳序列 $\{X_t, t = 0, \pm 1, \pm 2, \cdots\}$ 满足下列模型

$$X_t = \mu + \varepsilon_t - \theta_1 \varepsilon_{t-1} - \theta_2 \varepsilon_{t-2} - \cdots - \theta_q \varepsilon_{t-q}, \tag{5.7}$$

当 ε_t 是均值为 0、方差为 σ_ε^2 的平稳白噪声时, X_t 是阶为 q 的滑动平均序列, 简记为 MA(q), 即满足

$$\begin{cases} X_t = \mu + \varepsilon_t - \theta_1 \varepsilon_{t-1} - \theta_2 \varepsilon_{t-2} - \cdots - \theta_q \varepsilon_{t-q}, \\ \theta_q \neq 0, \\ E(\varepsilon_t) = 0, \mathrm{Var}(\varepsilon_t) = \sigma_\varepsilon^2, E(\varepsilon_t \varepsilon_s) = 0, s \neq t, \end{cases}$$

当 $\mu = 0$ 时, 称为中心化 MA(q) 模型, 而

$$\theta = (\theta_1, \theta_2, \cdots, \theta_q)^{\mathrm{T}}$$

称为滑动平均参数向量, 各个分量 $\theta_j (j = 1, 2, \cdots, q)$ 称为滑动平均系数. 定义线性后移算子 B 为

$$B\varepsilon_t = \varepsilon_{t-1}, \quad B^k \varepsilon_t = \varepsilon_{t-k},$$

算子多项式为

$$\theta(B) = 1 - \theta_1 B - \theta_2 B^2 - \cdots - \theta_p B^q,$$

则方程 (5.7) 可变为

$$X_t = \theta(B) \varepsilon_t.$$

3. ARMA 模型

设零均值平稳序列 $\{X_t, t = 0, \pm 1, \pm 2, \cdots\}$ 满足下列模型

$$X_t - \varphi_1 X_{t-1} - \cdots - \varphi_p X_{t-p} = \varepsilon_t - \theta_1 \varepsilon_{t-1} - \theta_2 \varepsilon_{t-2} - \cdots - \theta_q \varepsilon_{t-q}, \tag{5.8}$$

当 ε_t 是均值为 0、方差为 σ_ε^2 的平稳白噪声时, X_t 是阶为 p, q 的滑动平均序列, 简记为 ARMA(p, q) 序列, 即满足

$$\begin{cases} X_t = \varphi_0 + \varphi_1 X_{t-1} + \cdots + \varphi_p X_{t-p} + \varepsilon_t - \theta_1 \varepsilon_{t-1} - \cdots - \theta_q \varepsilon_{t-q}, \\ \theta_q \neq 0, \varphi_p \neq 0, \\ E(\varepsilon_t) = 0, \mathrm{Var}(\varepsilon_t) = \sigma_\varepsilon^2, E(\varepsilon_t \varepsilon_s) = 0, s \neq t, \\ E(\varepsilon_t X_s) = 0, \forall s < t, \end{cases}$$

当 $\varphi_0 = 0$ 时, 称为中心化 ARMA(p,q) 模型. 当 $q = 0$ 时, 它是 AR(p) 序列; 当 $p = 0$ 时, 它为 MA(q) 序列. 引进算子多项式 $\varphi(B), \theta(B)$ 则方程 (5.8) 可变为

$$\varphi(B) X_t = \theta(B) \varepsilon_t.$$

三、 ARMA 模型的平稳性与可逆性

对于一般的平稳序列 $\{X_t, t = 0, \pm 1, \pm 2, \cdots\}$, 设均值 $E(X_t) = \mu$, 满足如下模型

$$(X_t - \mu) - \varphi_1 (X_{t-1} - \mu) - \cdots - \varphi_p (X_{t-p} - \mu) = \varepsilon_t - \theta_1 \varepsilon_{t-1} - \cdots - \theta_q \varepsilon_{t-q}, \quad (5.9)$$

其中 ε_t 是均值为 0、方差为 σ_ε^2 的平稳白噪声, 利用后移算子 $\varphi(B), \theta(B)$, 式 (5.9) 可变为

$$\varphi(B)(X_t - \mu) = \theta(B) \varepsilon_t.$$

对于算子多项式 $\varphi(B), \theta(B)$, 假定 $\varphi(B)$ 和 $\theta(B)$ 无公共因子, 且 $\varphi(B) \neq 0, \theta(B) \neq 0$, 则有下面结论:

(1) 利用线性差分方程的稳定性理论可知, ARMA(p,q) 过程的平稳性完全取决于回归参数, 而与移动平均参数无关, 即对应的 AR(p) 的特征方程

$$\lambda^p - \varphi_1 \lambda^{p-1} - \cdots - \varphi_p = 0$$

的根在单位圆内, 该条件等价于系数方程 $\varphi(B) = 0$ 的根全在单位圆外, 该条件称为模型的平稳性条件.

(2) $\theta(B) = 0$ 的根全在单位圆外, 该条件称为模型的可逆性条件.

四、 ARMA 模型识别与定阶方法

1) 自相关系数的定义: 构成时间序列的每个序列值之间的简单相关关系称为自相关. 具体的计算公式为

$$\rho_k = \frac{\gamma_k}{\gamma_0},$$

自相关程度是由自相关系数来度量的, 表示时间序列中间隔 k 的观测值之间的相关程度.

2) 偏自相关系数的定义：所谓滞后 k 偏自相关系数就是指在给定中间 $k-1$ 个随机变量 $x_{t-1},x_{t-2},\cdots,x_{t-k+1}$ 的条件下, 或者说, 在剔除了中间 $k-1$ 个随机变量的干扰之后, x_{t-k} 对 x_t 影响的相关度量. 即

$$\varphi_{kk}=\frac{E\left[\left(X_t-\hat{E}X_t\right)\left(X_{t-k}-\hat{E}X_{t-k}\right)\right]}{E\left[\left(X_t-\hat{E}X_t\right)^2\right]}=\frac{D_k}{D},$$

式中

$$\hat{E}X_t=E[X_t|X_{t-1},\cdots,X_{t-k+1}],\quad \hat{E}X_{t-k}=E[X_{t-k}|X_{t-1},\cdots,X_{t-k+1}],$$

$$D=\begin{vmatrix}1&\rho_1&\cdots&\rho_{k-1}\\ \rho_1&1&\cdots&\rho_{k-2}\\ \vdots&\vdots&&\vdots\\ \rho_{k-1}&\rho_{k-2}&\cdots&1\end{vmatrix},\quad D_k=\begin{vmatrix}1&\rho_1&\cdots&\rho_1\\ \rho_1&1&\cdots&\rho_2\\ \vdots&\vdots&&\vdots\\ \rho_{k-1}&\rho_{k-2}&\cdots&\rho_k\end{vmatrix}.$$

自相关系数与偏自相关系数反映 AR(p), MA(q) 和 ARMA(p,q) 模型的固有特征, 且有如下结论.

对应于零均值序列 $\{X_t,t=0,\pm1,\pm2,\cdots\}$, 若其为 AR($p$) 序列, 则有自相关系数拖尾, 偏自相关系数 p 步截尾; 若其为 MA(q) 序列, 则有自相关系数 q 步截尾, 偏自相关系数拖尾; 若其为 ARMA(p,q) 序列, 则有自相关系数拖尾, 偏自相关系数也拖尾.

3) 相应观察值序列的样本自相关系数 (ACF) $\hat{\rho}_k$ 和样本偏自相关系数 (PACF) $\hat{\varphi}_{kk}$ 的计算公式分别如下

$$\hat{\rho}_k=\frac{\sum\limits_{t=1}^{n-k}(X_t-\bar{X})(X_{t+k}-\bar{X})}{\sum\limits_{t=1}^{n}(X_t-\bar{X})^2},$$

其中 $\bar{X}=\dfrac{1}{n}\sum\limits_{t=1}^{n}X_t$.

$$\hat{\varphi}_{kk}=\frac{\hat{D}_k}{\hat{D}},$$

其中

$$\hat{D}=\begin{vmatrix}1&\hat{\rho}_1&\cdots&\hat{\rho}_{k-1}\\ \hat{\rho}_1&1&\cdots&\hat{\rho}_{k-2}\\ \vdots&\vdots&\ddots&\vdots\\ \hat{\rho}_{k-1}&\hat{\rho}_{k-2}&\cdots&1\end{vmatrix},\quad \hat{D}_k=\begin{vmatrix}1&\hat{\rho}_1&\cdots&\hat{\rho}_1\\ \hat{\rho}_1&1&\cdots&\hat{\rho}_2\\ \vdots&\vdots&\ddots&\vdots\\ \hat{\rho}_{k-1}&\hat{\rho}_{k-2}&\cdots&\hat{\rho}_k\end{vmatrix}.$$

根据样本自相关系和偏自相关系数的性质，选择适当的 ARMA(p,q) 模型进行拟合. 具体判断标准为:

(1) 若 $\hat{\rho}_k$ 为 q 阶截尾, 则判断 X_t 是 MA(q) 序列;

(2) 若 $\hat{\varphi}_{kk}$ 为 p 阶截尾, 则判断 X_t 是 AR(p) 序列;

(3) 若 $\hat{\rho}_k$, $\hat{\varphi}_{kk}$ 都不截尾, 而仅仅是以负指数衰减, 则可初步认为 X_t 是 ARMA 序列. 它的阶数要求由从低阶到高阶逐步增加, 再通过检验来确定.

在实际数据处理中, 要使 $\hat{\rho}_k$, $\hat{\varphi}_{kk}$ 在某一步之后全部为 0 几乎是不可能的, 而只能是在某一步之后围绕零值上下波动, 对于 $\hat{\rho}_k$, $\hat{\varphi}_{kk}$ 的截尾性判断借助于统计手段 (表 5.1).

表 5.1 AR、MA、ARMA 模型性质总结

特征 \ 模型	AR(p)	MA(q)	ARMA(p,q)
模型方程	$\Phi(B)X_t=\varepsilon_t$	$X_t=\Theta(B)\varepsilon_t$	$\Phi(B)X_t=\Theta(B)\varepsilon_t$
平稳性条件	$\Phi(B)\neq 0, \lvert B\rvert\leqslant 1$	无条件	$\Phi(B)\neq 0, \lvert B\rvert\leqslant 1$
可逆性条件	无条件	$\Theta(B)\neq 0, \lvert B\rvert\leqslant 1$	$\Theta(B)\neq 0, \lvert B\rvert\leqslant 1$
因果性	$X_t=\Phi^{-1}(B)\varepsilon_t$	$X_t=\Theta(B)\varepsilon_t$	$X_t=\Phi^{-1}(B)\Theta(B)\varepsilon_t$
逆转形式	$\varepsilon_t=\Phi(B)X_t$	$\varepsilon_t=\Theta^{-1}(B)X_t$	$\varepsilon_t=\Theta^{-1}(B)\Phi(B)X_t$
自相关系数	拖尾	q步截尾	拖尾
偏自相关系数	p步截尾	拖尾	拖尾

4) AIC 定阶准则

不同判断准则下, 初选模型可能有多个, 因此一般才能用由低阶向高阶依次探索的方法来识别模型类型及阶数, 在确定参数估计后, 通过检验判断哪个模型适合预测. 便于为模型寻求开始的各个阶数, 在模式识别时, 为简化定价的过程, 常采用最小信息准则. 目前较为常用的是赤池提出的 AIC, SC 和 HQ 准则. 下面以 AIC 准则为例进行说明.

ARMA(p,q) 序列的 AIC 定阶准则为: 选取 p,q 使得

$$\min \mathrm{AIC}=n\ln\hat{\sigma}_\varepsilon^2+2(p+q+1),$$

其中 n 为样本数目, $\hat{\sigma}_\varepsilon^2$ 为 σ_ε^2 的估计, $\ln\hat{\sigma}_\varepsilon^2$ 为对数似然函数, 使函数达到最小的 p,q 即为模型的阶.

五、 模型的参数确定

ARMA(p,q) 模型的参数估计有矩估计、最大似然估计和最小二乘估计等. 下面以最小二乘估计为例进行说明.

在 ARMA(p,q) 模型场中, 记 $\tilde{\beta}=(\varphi_1,\cdots,\varphi_p,\theta_1,\cdots,\theta_q)^{\mathrm{T}}$,

$$F_t(\tilde{\beta})=\varphi_1X_{t-1}+\cdots+\varphi_pX_{t-p}-\theta_1\varepsilon_{t-1}-\cdots-\theta_q\varepsilon_{t-q},$$

残差项为

$$\varepsilon_t = X_t - F_t(\tilde{\beta}),$$

残差平方和为

$$Q(\tilde{\beta}) = \sum_{i=1}^{n} \varepsilon_t.$$

最常用的方法是条件最小二乘估计方法, 假定过去未观测到的序列值等于零. 即 $X_t = 0, t \leqslant 0$. 根据这个假定可得残差序列的有限表达式

$$\varepsilon_t = \frac{\Phi(B)}{\theta(B)} X_t = X_t - \sum_{i=1}^{t} \pi_i X_{t-i},$$

于是残差平方和为

$$Q(\widetilde{\beta}) = \sum_{i=1}^{n} \left(\frac{\Phi(B)}{\theta(B)} X_t \right)^2.$$

通过运用迭代法, 使 $Q(\tilde{B})$ 达到最小值的估计值, 即为参数 β 的条件最小二乘估计.

六、 模型的检验及优化

在定阶与参数估计后, 需对建立的模型进行检验. 其基本的做法是检验模型误差 ε_t 是否为白噪声. 若检验认为 ε_t 是白噪声, 则建模获得通过, 否则拟合模型通不过检验, 此时需转向步骤四, 重新进行定阶, 再进行参数估计, 更新选择模型拟合在 Eviews 软件中, 利用统计量 p 来检验模型的有效性, 当 $p < \alpha$ 时, 残差序列不为白噪声序列, 反之则为白噪声序列.

下面介绍模型检验的 χ^2 检验. 若拟合模型的残差记为 $\hat{\varepsilon}_t$, 它是 ε_t 的估计. 以 AR(p) 序列为例进行说明. 设未知参数的估计是 $\hat{\varphi}_1, \hat{\varphi}_2, \cdots, \hat{\varphi}_p$, 则残差

$$\hat{\varepsilon}_t = X_t - \hat{\varphi}_1 X_{t-1} - \cdots - \hat{\varphi}_p X_{t-p}, \quad t = 1, 2, \cdots, p,$$

设 $X_0 = X_{-1} = \cdots = X_{1-p} = 0$, 记

$$\eta_k = \frac{\sum\limits_{t=1}^{n-k} \hat{\varepsilon}_t \hat{\varepsilon}_{t+k}}{\sum\limits_{t=1}^{n} \hat{\varepsilon}_t^2}, \quad k = 1, 2, \cdots, m,$$

Ljung-Box 的 χ^2 检验统计量是

$$n(n+2) \sum_{k=1}^{m} \frac{\eta_k^2}{n-k} \sim \chi^2.$$

检验的假设是：$H_0: \rho_k = 0$, 当 $k \leqslant m$; H_1：对某些 $k \leqslant m$, $\rho_k \neq 0$.

在 H_0 成立时, 若 n 充分大, 则 χ^2 近似于 $\chi^2(m-r)$ 分布, 其中 r 是估计的模型参数个数.

χ^2 检验法: 给定显著性水平 α, 查表得 α 分位数 $\chi_\alpha^2(m-r)$, 则当 $\chi^2 > \chi_\alpha^2(m-r)$ 时拒绝 H_0, 即认为 ε_t 是非白噪声, 模型检验未通过; 而当 $\chi^2 \leqslant \chi_\alpha^2(m-r)$ 时, 接受 H_0, 认为 ε_t 是白噪声, 模型检验通过.

若实际序列是 ARMA(p,q) 序列, 应对各种可能的 p,q 值计算其 AIC. 选取 AIC 达到的最小值, 才能求得较优的阶 p 和 q.

例 1　某城市过去 63 年中每年降雪量数据见表 5.2(行数据).

表 5.2　降雪量数据

126.4	110.5	79.6	71.8	89.6	88.7	124.7	98.3
82.4	25	83.6	49.1	85.5	71.4	114.5	55.5
78.1	69.3	80.7	103.9	58	83	115.6	66.1
51.1	53.5	60.3	51.6	120.7	55.9	102.4	78.4
90.9	39.8	79	82.4	110.5	89.9	101.4	120.5
76.2	63.6	74.4	83.6	65.4	84.8	89.8	97
104.5	46.7	49.6	77.8	39.9	105.2	71.5	110
87.4	72.9	54.7	79.3	40.1	113.7	70.9	

首先作出该序列时序图如图 5.1 所示. 同时, 作出这一平稳序列滞后 10 阶的自相关系数图, 如图 5.2 所示.

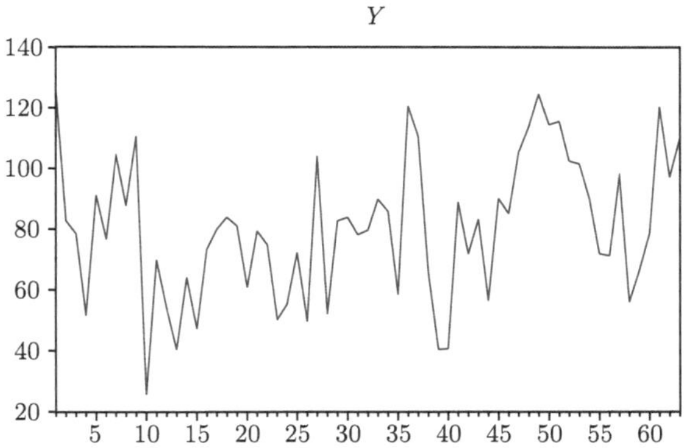

图 5.1　序列时序图

根据时序图 5.1, 可以判断出该序列平稳. 再根据图 5.2, 可以分别尝试用 ARMA(1,1), ARMA(1,2), ARMA(1,3) 等模型, 并通过误差分析来选取最优模型.

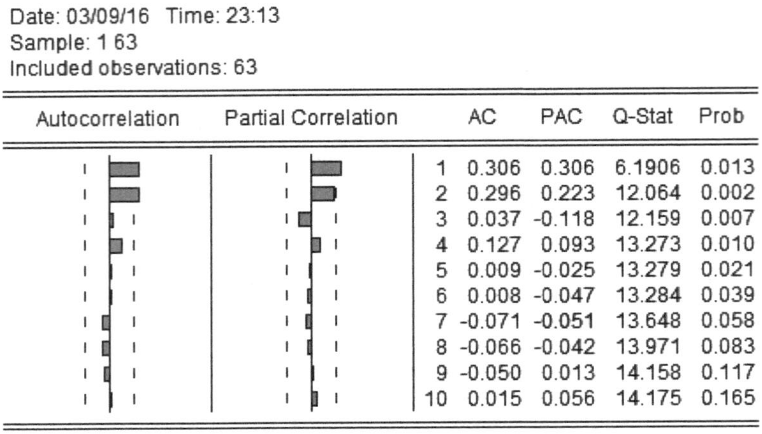

Date: 03/09/16 Time: 23:13
Sample: 1 63
Included observations: 63

Autocorrelation	Partial Correlation		AC	PAC	Q-Stat	Prob
		1	0.306	0.306	6.1906	0.013
		2	0.296	0.223	12.064	0.002
		3	0.037	-0.118	12.159	0.007
		4	0.127	0.093	13.273	0.010
		5	0.009	-0.025	13.279	0.021
		6	0.008	-0.047	13.284	0.039
		7	-0.071	-0.051	13.648	0.058
		8	-0.066	-0.042	13.971	0.083
		9	-0.050	0.013	14.158	0.117
		10	0.015	0.056	14.175	0.165

图 5.2　自相关系数及偏自相关系数图

ARMA 模型的拟合及参数分析

在 Eviews 菜单中点击 Quick 键, 并选择 Equation Estimation 选项, 在弹出的对话框空白处, 输入我们选择模型的形式 "y c ar(1) ma(2)", 也就是 ARMA(1,2) 模型, 如图 5.3 所示.

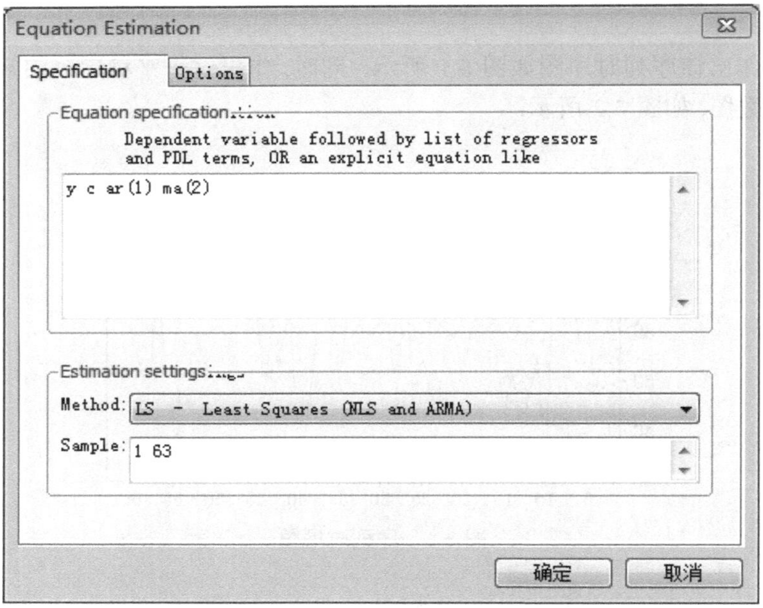

图 5.3　ARMA 模型的拟合及参数分析

根据序列数据得到 ARMA(1, 2) 模型的估计结果如图 5.4 所示. 在图 5.4 中可以看到这一模型的系数参数估计及相应的检验指标结果.

Dependent Variable: Y
Method: Least Squares
Date: 03/09/16 Time: 23:30
Sample (adjusted): 2 63
Included observations: 62 after adjustments
Convergence achieved after 8 iterations
MA Backcast: 0 1

Variable	Coefficient	Std. Error	t-Statistic	Prob.
C	79.52102	4.621801	17.20564	0.0000
AR(1)	0.270494	0.125606	2.153521	0.0354
MA(2)	0.233949	0.130783	1.788837	0.0788

R-squared	0.157273	Mean dependent var	79.55161
Adjusted R-squared	0.128706	S.D. dependent var	23.16126
S.E. of regression	21.61946	Akaike info criterion	9.032242
Sum squared resid	27576.65	Schwarz criterion	9.135167
Log likelihood	-276.9995	Hannan-Quinn criter.	9.072653
F-statistic	5.505386	Durbin-Watson stat	1.981864
Prob(F-statistic)	0.006423		

Inverted AR Roots	.27

图 5.4 ARMA(1,2) 模型估计结果图

根据以上分析, 我们得出这一模型形式如下

$$X_t = 79.52 + 0.27X_{t-1} + \varepsilon_t - 0.23\varepsilon_{t-2}.$$

第二节 非平稳序列建模

一、 ARIMA 模型的结构

1. d 阶差分的表示

d 阶差分后序列可以表示为

$$\nabla^d X_t = \sum_{i=1}^{d} (-1)^d \mathrm{C}_d^i X_{t-1},$$

式中, $\mathrm{C}_d^i = \dfrac{d!}{i!(d-i)!}$, 即差分后序列等于原序列的若干序列值的加权和, 而对它又可以拟合自动回归移动平均 (ARMA) 模型, 所以称它为求和自回归移动平均模型.

2. ARIMA(p, d, q) 模型

具有如下结构的模型称为求和自回归移动平均 (Autoregressive Integrated Moving Average), 简记为 ARIMA(p, d, q) 模型.

$$\begin{cases} \Phi(B)\nabla^d X_t = \Theta(B)\varepsilon_t, \\ E(\varepsilon_t) = 0, \quad \mathrm{Var}(\varepsilon_t) = \sigma^2, \quad E(\varepsilon_t\varepsilon_s) = 0, \quad s \neq t, \\ E(X_s X_t) = 0, \quad \forall s < t, \end{cases} \tag{5.10}$$

式中

$$\nabla^d = (1-B)^d.$$

$\Phi(B) = 1 - \phi_1 B - \cdots - \phi_p B^p$, 为平稳可逆 ARMA$(p,q)$ 模型的自回归系数多项式.

$\Theta(B) = 1 - \theta_1 B - \cdots - \theta_q B^q$, 为平稳可逆 ARMA$(p,q)$ 模型的移动平滑系数多项式. 式 (5.10) 可以简记为

$$\nabla^d X_t = \frac{\Theta(B)}{\Phi(B)}\varepsilon_t, \tag{5.11}$$

式中 $\{\varepsilon_t\}$ 为零均值白噪声序列.

由式 (5.11) 显而易见, ARIMA 模型的实质就是差分运算与 ARMA 模型的组合. 这一关系意义重大, 这说明非平稳序列只要通过适当阶数的差分运算实现差分后平稳, 就可以对差分后序列进行 ARMA 模型拟合了. 而 ARMA 模型的分析方法非常成熟, 这意味着对差分平稳序列的分析非常简单可靠.

对于模型中的 d, 特别地

当 $d=0$ 时, ARIMA(p,d,q) 模型实际上就是 ARMA(p,q) 模型;

当 $p=0$ 时, ARIMA$(0,p,q)$ 模型可以简记为 IAM(d,q);

当 $q=0$ 时, ARIMA$(p,q,0)$ 模型可以简记为 ARI(p,d).

特别地, 当 $d=1, p=q=0$ 时, ARIMA$(0,1,0)$ 模型为

$$\begin{cases} X_t = X_{t-1} + \varepsilon_t, \\ E(\varepsilon_t) = 0, \quad \mathrm{Var}(\varepsilon_t) = \sigma^2, \quad E(\varepsilon_t\varepsilon_s) = 0, \quad s \neq t, \\ E(X_s\varepsilon_t) = 0, \quad \forall s < t, \end{cases}$$

该模型被称为随机游走 (Random Walk) 模型.

二、 ARIMA 建模

1. ARIMA 模型预测

ARIMA(p,d,q) 模型的一般表示方法为

$$\Phi(B)(1-B)^d X_t = \Theta(B)\varepsilon_t,$$

和 ARMA 模型一样, 也可以用历史观测值的线性函数表示, 记

$$X_t = \varepsilon_t + \Psi_1\varepsilon_{t-1} + \Psi_2\varepsilon_{t-2} + \cdots = \Psi(B)\varepsilon_t,$$

式中, $\Psi_1, \Psi_2, \cdots$ 的值由如下等式

$$\Phi(B)(1-B)^d\Psi(B) = \Theta(B)$$

确定, 记

$$\Phi^*(B)=\Phi(B)(1-B)^d=1-\phi_1B-\phi_2B^2+\cdots,$$

容易验证 $\Psi_1,\Psi_2,\cdots$ 的值满足如下递推公式

$$\begin{cases}\Psi_1=\phi_1-\theta_1,\\ \Psi_2=\phi_1\Psi_1+\phi_2-\theta_2,\\ \qquad\qquad\cdots\cdots\\ \Psi_j=\phi_1\Psi_{j-1}+\cdots+\phi_{p+q}\Psi_{j-p-d}-\theta_j,\end{cases}$$

式中

$$\theta_j=0,\quad j>q;\quad \Psi_j=\begin{cases}0, & j<1,\\ 1, & j=0,\end{cases}$$

那么, X_{t+l} 的真实值为

$$X_{t+l}=(\varepsilon_{t+l}+\Psi_1\varepsilon_{t+l+1}+\cdots+\Psi_{l-1}\varepsilon_{t+1})+(\Psi_l\varepsilon_t+\Psi_{l+1}\varepsilon_{t-1}+\cdots),$$

由于 $\varepsilon_{t+l},\varepsilon_{t+l-1},\cdots,\varepsilon_{t-1}$ 的不可获得性, 因此 X_{t+l} 的估计值只能为

$$\hat{x}(l)=\Psi_0^*\varepsilon_t+\Psi_1^*\varepsilon_{t-1}+\Psi_2^*\varepsilon_{t-2}+\cdots,$$

真实值和预报值之间的均方误差为

$$E[x_{t+l}-\hat{x}_t(l)]^2=(1+\Psi_1^2+\cdots+\Psi_{t-1}^2)\sigma^2+\sum_{j=0}^{\infty}(\Psi_{l+j}-\Psi_j^*)^2\sigma^2,$$

要使均方误差最小, 当且仅当

$$\Psi_j^*=\Psi_{l+j},$$

所以, 在均方误差最小的原则下, l 期的预报值为

$$\hat{x}_t(l)=\Psi_l\varepsilon_t+\Psi_{l+1}\varepsilon_{t-1}+\Psi_{l+2}\varepsilon_{t-2}+\cdots,$$

l 期的预报误差为

$$e_t(l)=\varepsilon_{t+1}+\Psi_1\varepsilon_{t+l-1}+\cdots+\Psi_{l-1}\varepsilon_{t+1},$$

真实值等于预报值加上预报误差

$$\begin{aligned}X_{t+l}=&(\Psi_l\varepsilon_t+\Psi_l\varepsilon_t+\Psi_l\varepsilon_t+\cdots)+(\varepsilon_{t+1}+\Psi_1\varepsilon_{t+l-1}+\cdots+\Psi_{l-1}\varepsilon_{l+1})\\ =&\hat{x}_t(l)+e_t(l).\end{aligned}$$

l 期预报的方差为

$$\mathrm{Var}[e_t(l)] = (1 + \Psi_1^2 + \cdots + \Psi_{t-1}^2)\sigma^2.$$

例 2　1949－2001 年中国人口时间序列数据见表 5.3.

表 5.3　中国人口时间序列数据　(单位：亿人)

年份	人口 y_t	年份	人口 y_t	年份	人口 y_t	年份	人口 y_t	年份	人口 y_t
1949	5.4167	1960	6.6207	1971	8.5229	1982	10.159	1993	11.8517
1950	5.5196	1961	6.5859	1972	8.7177	1983	10.2764	1994	11.985
1951	5.63	1962	6.7295	1973	8.9211	1984	10.3876	1995	12.1121
1952	5.7482	1963	6.9172	1974	9.0859	1985	10.5851	1996	12.2389
1953	5.8796	1964	7.0499	1975	9.242	1986	10.7507	1997	12.3626
1954	6.0266	1965	7.2538	1976	9.3717	1987	10.93	1998	12.4761
1955	6.1465	1966	7.4542	1977	9.4974	1988	11.1026	1999	12.5786
1956	6.2828	1967	7.6368	1978	9.6259	1989	11.2704	2000	12.6743
1957	6.4653	1968	7.8534	1979	9.7542	1990	11.4333	2001	12.7627
1958	6.5994	1969	8.0671	1980	9.8705	1991	11.5823		
1959	6.7207	1970	8.2992	1981	10.0072	1992	11.7171		

我们先作出中国人口增长图，可以明显看出这一序列非平稳. 我们通过对其序列进行差分的方式，将这一序列处理成平稳时间序列，该序列时序图如图 5.5 所示. 同时，我们可以作出这一平稳序列滞后 10 阶的自相关系数图，如图 5.6 所示.

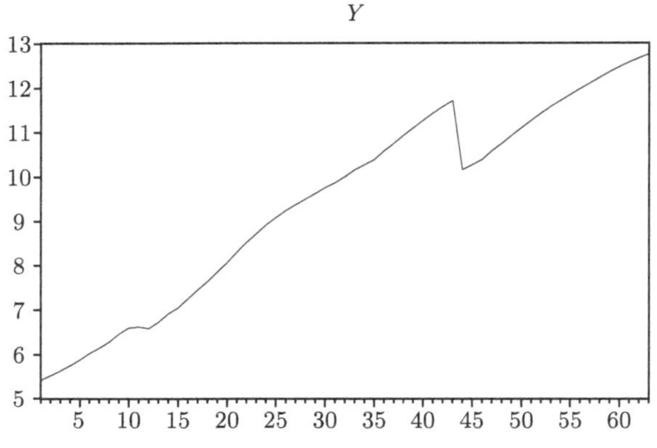

图 5.5　中国人口增长图

根据图 5.7 中 Prob 的系数都小于 0.05，可以判断差分后的序列平稳，可以分别尝试用 AR(1), MA(1), ARMA(1,1), ARMA(1,2), ARMA(1,3) 等模型进行不断拟合比较.

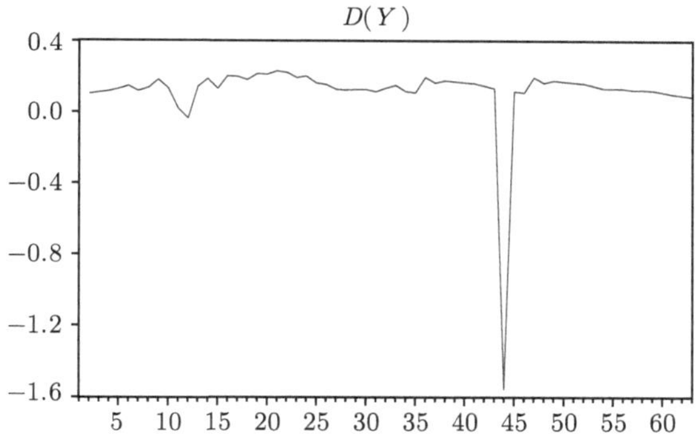

图 5.6 中国人口差分图

Date: 07/01/08 Time: 15:37
Sample: 1949 2001
Included observations: 52

Autocorrelation	Partial Correlation		AC	PAC	Q-Stat	Prob
		1	0.614	0.614	20.738	0.000
		2	0.257	-0.192	24.452	0.000
		3	0.139	0.114	25.561	0.000
		4	0.081	-0.040	25.942	0.000
		5	0.006	-0.048	25.944	0.000
		6	-0.054	-0.039	26.120	0.000
		7	-0.132	-0.119	27.206	0.000
		8	-0.146	0.007	28.567	0.000
		9	-0.178	-0.126	30.626	0.000
		10	-0.216	-0.069	33.738	0.000

图 5.7 自相关系数图

2. 自回归模型的拟合及参数分析

在 Eviews 菜单中点击 Quick 键, 并选择 Equation Estimation 选项, 在弹出的对话框空白处, 输入我们选择模型的形式 “d(y) c ar(1)”, 也就是是 AR(1) 模型, 我们取 1945~2000 年这段时间的数据进行分析, 留下 2001 年的与预测的对比, 如图 5.8 所示.

接下来, 我们点击 Method 选项的下拉框, 在下拉菜单中有各种模型参数的估计方法, 如图 5.9 所示. 在备选项中有最小二乘估计 (LS)、两阶段最小二乘估计 (TSLS)、普通矩估计 (GMM) 等. 在这里我们选择 LS 方法, 并点击确认.

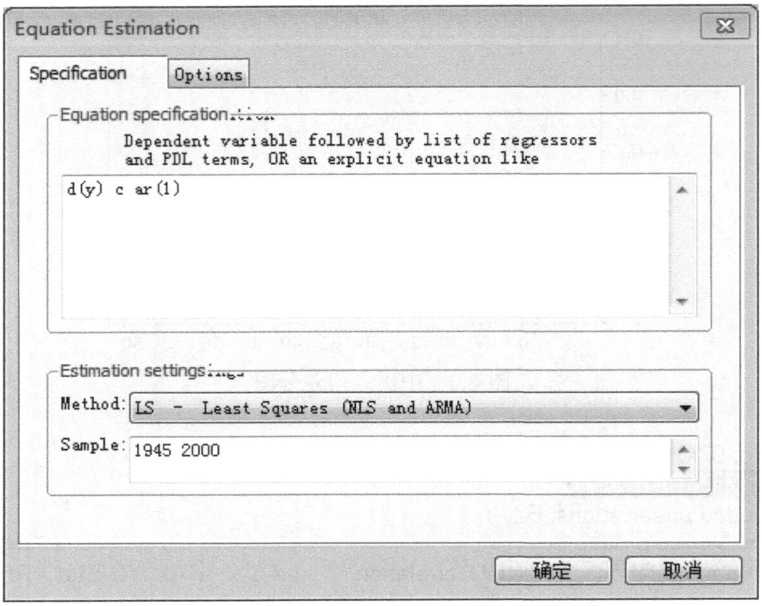

图 5.8　自回归模型的拟合及参数分析

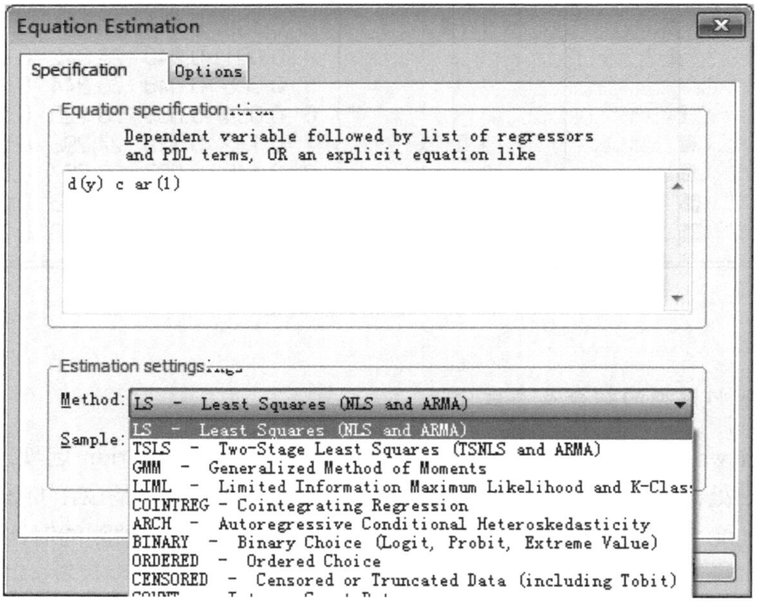

图 5.9　选取拟合方法图

根据差分序列后的序列数据, 我们便得到 AR(1) 模型的估计结果, 如图 5.10 所示. 在图 5.10 中我们可以看到这一模型的自回归系数参数估计和检验的结果.

Dependent Variable: D(Y)
Method: Least Squares
Date: 07/01/08 Time: 15:50
Sample (adjusted): 1951 2000
Included observations: 50 after adjustments
Convergence achieved after 3 iterations

Variable	Coefficient	Std. Error	t-Statistic	Prob.
C	0.142862	0.016467	8.675736	0.0000
AR(1)	0.617116	0.113953	5.415526	0.0000

R-squared	0.379267	Mean dependent var	0.143094
Adjusted R-squared	0.366335	S.D. dependent var	0.056004
S.E. of regression	0.044581	Akaike info criterion	-3.343828
Sum squared resid	0.095399	Schwarz criterion	-3.267348
Log likelihood	85.59571	F-statistic	29.32792
Durbin-Watson stat	1.757605	Prob(F-statistic)	0.000002

Inverted AR Roots	.62

图 5.10　AR(1) 模型估计结果图

根据以上分析, 我们得出这一模型形式如下

$$Dy_t = 0.1429 + 0.6171Dy_{t-1} + v_t.$$

3. 样本外预测

点击上个图片界面中的 Forecast 选项, 如图 5.11 所示.

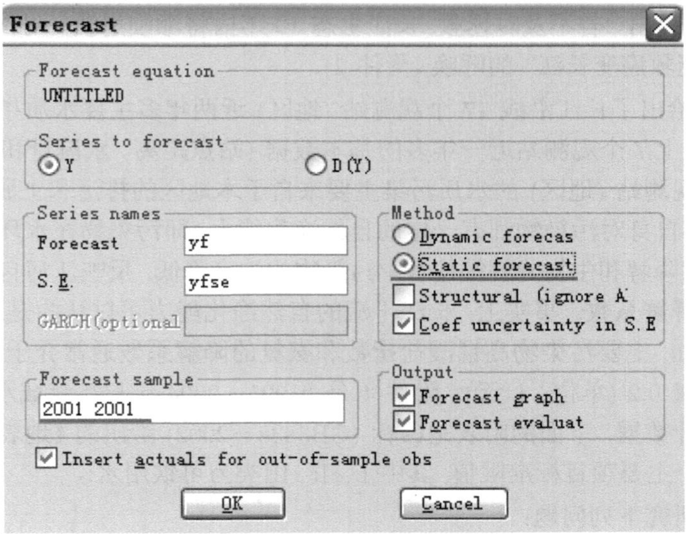

图 5.11　预测参数界面设置图

我们选择静态预测, 由于只预测一年, 且预测时间需为区间, 所以设为 2001. 得结果如图 5.12 所示.

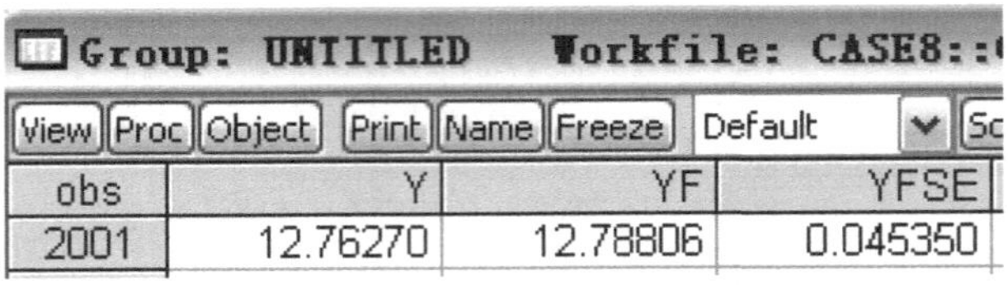
Group: UNTITLED　Workfile: CASE8::

View Proc Object Print Name Freeze Default Sc

obs	Y	YF	YFSE
2001	12.76270	12.78806	0.045350

图 5.12　预测结果图

已知 2001 年中国人口实际数是 12.76270 亿人, 预测值为 12.78806 亿人, 相对误差为 0.2%.

真题练习　2005 年全国大学生数学建模竞赛 A 题

长江水质的评价和预测

水是人类赖以生存的资源, 保护水资源就是保护我们自己, 对于我国大江大河水资源的保护和治理应是重中之重. 专家们呼吁: "以人为本, 建设文明和谐社会, 改善人与自然的环境, 减少污染. "

长江是我国第一、世界第三大河流, 长江水质的污染程度日趋严重, 已引起了相关政府部门和专家们的高度重视. 2004 年 10 月, 由全国政协与中国发展研究院联合组成 "保护长江万里行" 考察团, 从长江上游宜宾到下游上海, 对沿线 21 个重点城市做了实地考察, 揭示了一幅长江污染的真实画面, 其污染程度让人触目惊心. 为此, 专家们提出 "若不及时拯救, 长江生态 10 年内将濒临崩溃"(附件 1), 并发出了 "拿什么拯救癌变长江" 的呼唤 (附件 2).

附件 3 给出了长江沿线 17 个观测站 (地区) 近两年多主要水质指标的检测数据, 以及干流上 7 个观测站近一年多的基本数据 (站点距离、水流量和水流速). 通常认为一个观测站 (地区) 的水质污染主要来自于本地区的排污和上游的污水. 一般说来, 江河自身对污染物都有一定的自然净化能力, 即污染物在水环境中通过物理降解、化学降解和生物降解等使水中污染物的浓度降低. 反映江河自然净化能力的指标称为降解系数. 事实上, 长江干流的自然净化能力可以认为是近似均匀的, 根据检测可知, 主要污染物高锰酸盐指数和氨氮的降解系数通常介于 0.1－0.5, 比如可以考虑取 0.2 (单位: 1/天). 附件 4 是 "1995－2004 年长江流域水质报告" 给出的主要统计数据. 下面的附表是国标 (GB3838－2002) 给出的《地表水环境质量标准》中 4 个主要项目标准限值, 其中 I , II , III类为可饮用水.

请你们研究下列问题:

(1) 对长江近两年多的水质情况作出定量的综合评价, 并分析各地区水质的污染状况.

(2) 研究、分析长江干流近一年多主要污染物高锰酸盐指数和氨氮的污染源主要在哪些地区?

(3) 假如不采取更有效的治理措施, 依照过去 10 年的主要统计数据, 对长江未来水质污染的发展趋势作出预测分析, 比如研究未来 10 年的情况.

(4) 根据你的预测分析, 如果未来 10 年内每年都要求长江干流的Ⅳ类和Ⅴ类水的比例控制在 20% 以内, 且没有劣Ⅴ类水, 那么每年需要处理多少污水?

(5) 你对解决长江水质污染问题有什么切实可行的建议和意见.

附件 1—4 的数据详见网址 http://www.shumo.com/wiki 栏目中的数模题库.

第六章　多元统计分析

多元统计分析 (Multivariate Statistical Analysis) 是一种综合分析方法, 它运用数理统计来研究多变量问题. 近年来, 随着信息技术的发展和成熟, 涉及多元统计分析的赛题在各类数学建模比赛中出现的频率越来越高. 本章分主成分分析、因子分析、聚类分析、相关性分析、回归分析五节, 介绍各多元统计方法, 并结合具体例子, 详述各方法在数学建模中的运用.

第一节　主成分分析

一、 主成分分析的原理及用途

主成分分析 (Principal Component Analysis, PCA) 是一种数学降维的方法. 该方法通过构造原变量的一系列线性组合形成一组新的互不相关的变量, 使这些新变量尽可能多地反映原变量的信息. 这里的"信息"主要由数据变量的方差反映, 即方差越大, 包含的信息越多. 主成分分析通常运用累计方差贡献率来分析方差, 简要步骤是利用输入变量构造数据矩阵, 并求相关矩阵; 由相关矩阵的特征值求得累计方差贡献率; 再依据累计方差贡献率及相关矩阵的特征向量, 选择主成分并得出表达式.

在数学建模中, 经常会遇到涉及多个变量的问题, 而且多个变量通常存在着一定的相关性. 这时, 可利用主成分分析的方法将多个变量综合为少数几个有代表的变量, 使之能表达原变量的大多数信息, 从而简化分析和建模. 如美国大学生数学建模竞赛 2014 年 B 题要求寻找最佳大学教练, 在数据搜集过程中可能会涉及大量的评价指标, 这时利用主成分分析, 构建少数综合指标来代替原指标就可以在不加重计算难度的前提下综合考虑更多因素, 取得更好的评估效果.

二、 主成分分析法的基本步骤

运用主成分分析解决问题, 大体可分为五个基本步骤: 原始数据标准化; 计算相关系数矩阵; 计算特征值和特征向量; 选取主成分; 计算综合得分.

1. *原始数据标准化*

利用各指标数据构造数据矩阵. 设在 m 个指标变量所描述的事物总体中抽取 n 个样本单位, 构成原始数据, 则第 i 个评价对象的第 j 个指标的取值为 x_{ij}, 构造

的数据矩阵如下

$$X=\begin{pmatrix} x_{11} & x_{12} & \cdots & x_{1m} \\ x_{21} & x_{22} & \cdots & x_{2m} \\ \vdots & \vdots & & \vdots \\ x_{n1} & x_{n2} & \cdots & x_{nm} \end{pmatrix}, \tag{6.1}$$

运用以下公式对数据进行标准化处理

$$x'_{ij}=\frac{x_{ij}-\overline{x_j}}{\sqrt{\mathrm{Var}(x_j)}} \quad (i=1,2,\cdots,n;j=1,2,\cdots,m), \tag{6.2}$$

其中, $\overline{x}_j=\dfrac{1}{n}\sum_{i=1}^{n}x_{ij};\mathrm{Var}(x_j)=\dfrac{1}{n-1}\sum_{i=1}^{n}(x_{ij}-\overline{x}_j)^2 \quad (j=1,2,\cdots,m).$

2. 计算相关系数矩阵

计算标准化后数据的相关系数矩阵 R

$$R=\begin{pmatrix} r_{11} & r_{12} & \cdots & r_{1m} \\ r_{21} & r_{22} & \cdots & r_{2m} \\ \vdots & \vdots & & \vdots \\ r_{m1} & r_{m2} & \cdots & r_{mm} \end{pmatrix}, \tag{6.3}$$

其中, r_{ij} 为数据标准化后指标 i 与指标 j 之间的相关系数, 计算公式如下

$$r_{ij}=\frac{\sum\limits_{k=1}^{n}x'_{ki}x'_{kj}}{n-1}, \quad n>1,i,j=1,2,\cdots,m,$$

3. 计算特征值和特征向量

解特征方程 $|\lambda I-R|=0$ 求出特征值 $\lambda_1\geqslant\lambda_2\geqslant\cdots\geqslant\lambda_m\geqslant 0$ 及对应的特征向量 $u_1,u_2,\cdots,u_m$, 其中 $u_j=(u_{1j},u_{2j},\cdots,u_{mj})^{\mathrm{T}}$, 且$\|u_j\|=1,j=1,2,\cdots,m$, 则第 j 个主成分为

$$y_j=u_{1j}x_1+u_{2j}x_2+\cdots+u_{mj}x_m,$$

其中, $x_j=(x_{1j},x_{2j},\cdots,x_{mj})^{\mathrm{T}},j=1,2,\cdots,m.$

4. 选取主成分

第 j 个成分的贡献率为

$$\beta_j=\frac{\lambda_j}{\sum\limits_{k=1}^{m}\lambda_k} \quad (j=1,2,\cdots,m), \tag{6.4}$$

前 p 个成分的累计贡献率为

$$\alpha_p = \frac{\sum\limits_{k=1}^{p} \lambda_k}{\sum\limits_{k=1}^{m} \lambda_k}. \tag{6.5}$$

各主成分的方差是递减的, 包含的信息也是递减的. 当接近于 1 时, 则选择前 p 个综合指标作为 p 个主成分, 代替原来的 m 个指标变量. 在实践中, 一般要求选取主成分的累计贡献率 α_p 达到 85% 以上.

5. 计算综合得分 Z

$$Z = \sum_{j=1}^{p} \beta_j y_j, \tag{6.6}$$

其中 β_j 为第 j 个主成分的贡献率.

三、 主成分分析的优点和缺点

主成分分析优点如下:

(1) 可消除评价指标之间的相关影响;

(2) 可以减少指标选择时的工作量, 由于各主成分是按照方差大小依次排序的, 在分析指标较多的问题中, 可去除部分贡献率小的主成分, 简化分析;

(3) 每个主成分的权重是与之相对的主成分的贡献率, 这能够改善某些方法中人为计算权重的缺陷;

(4) 主成分分析的计算过程规范, 易于在电脑上编程实现.

同样, 主成分分析也存在着缺陷. 主成分析中得到的主成分通常含义模糊, 不像原变量那样清晰、明确. 因此, 在确定主成分后要对每个主成分进行符合实际的解释.

例 1　某河流 2001~2007 年的污染物浓度见表 6.1. 要求运用主成分分析, 将各年份监测值与五个类别的水质标准值进行比较以确定水质级别.

解　把原指标指标化为几个综合指标, 即 $P = \sum\limits_i P_i = \sum\limits_i \frac{C_i}{S_i}$, 其中 C_i 为实测得到的指标数值, S_i 为环境监测中的标准值.

首先将 DO(溶解氧) 取倒数, 使其与其他指标成为同向指标, 即数值越大, 表示污染越严重. 然后执行如下步骤:

先将数据标准化, 并计算各数值间的相关系数, 计算方法见公式 (6.3), 得到相关系数矩阵 R.

表 6.1 该河流各指标监测值与水质级别以及综合污染指数

年份	高锰酸盐指数	BOD	石油类	挥发酚	砷	六价铬	氨氮	DO
2001	5.1	3.9	0.03	0.002	0.004	0.002	1	6.6
2002	5.3	5.6	0.04	0.003	0.004	0.005	1.3	5.8
2003	5.5	5.9	0.34	0.004	0.004	0.007	1.4	5.4
2004	5.9	8.7	0.46	0.006	0.006	0.009	1.6	3
2005	7.1	12.6	0.68	0.02	0.005	0.008	1.7	3.7
2006	8.6	11.1	0.75	0.03	0.005	0.008	1.9	4.6
2007	7.3	9.7	0.05	0.008	0.006	0.006	1.8	3.6

$$R=\begin{pmatrix} 1.00 & 0.85 & 0.65 & 0.91 & 0.53 & 0.53 & 0.90 & -0.52 \\ 0.85 & 1.00 & 0.75 & 0.81 & 0.65 & 0.74 & 0.90 & -0.79 \\ 0.65 & 0.75 & 1.00 & 0.84 & 0.26 & 0.78 & 0.64 & -0.49 \\ 0.91 & 0.81 & 0.84 & 1.00 & 0.27 & 0.53 & 0.75 & -0.36 \\ 0.53 & 0.65 & 0.26 & 0.27 & 1.00 & 0.58 & 0.72 & -0.92 \\ 0.53 & 0.74 & 0.78 & 0.53 & 0.58 & 1.00 & 0.79 & -0.81 \\ 0.90 & 0.90 & 0.64 & 0.75 & 0.72 & 0.79 & 1.00 & -0.79 \\ -0.52 & -0.79 & -0.49 & -0.36 & -0.92 & -0.81 & -0.79 & 1.00 \end{pmatrix}.$$

接下来计算相关系数矩阵的特征值、特征向量及主成分累积贡献率. 得到 8 个特征值依次为 5.81, 1.28, 0.64, 0.16, 0.10, 7.50×10^{-3}, -1.86×10^{-16}, 1.53×10^{-17}.

提取主成分对应的特征值大于 0.5 的前 3 个主成分.

由此, 依据公式 (6.6) 计算主成分综合得分, 结果如表 6.2 所示.

表 6.2 主成分分析评价结果

年份	2001	2002	2003	2004	2005	2006	2007
主成分得分	−2.8883	−1.8464	−1.1307	1.37832	1.60604	1.87027	1.01081

例 2 试运用主成分分析法评价下列三种输电方案, 具体数值如表 6.3 所示.

解 对于定性指标, 采用评价集 $V=\{v_1,v_2,\cdots,v_6\}=\{1,\ 2,\ 3,\ 4,\ 5,\ 6\}$ 分别对应 {很差, 较差, 稍差, 稍好, 较好, 很好}. 对于大型指标进行取倒数处理, 由此, 使各指标同向. 完成指标数据处理后, 构建数据矩阵 $Z=(z_{ij})_{3\times9}=(Z_1,Z_2,\cdots,Z_9)$, 并得到相关矩阵 R.

表 6.3 输电指标数据表

评价指标	方案 1	方案 2	方案 3
线路走廊占地	较好	稍好	较好
变电站占地	稍好	较差	较差
建设费用/万元	5000	7450	7500
运行费用/万元	885.3	573	526.7
电量不足期望值	8.8457	0	0
线路最大负载率/%	94	86	70
线路最小负载率/%	3.6	6.1	3.37
线路平均负载率/%	72.4	60.3	55.4
剩余输电容量/MW	346	700	748

$$R=\begin{pmatrix} 1 & 0.5 & 0.485 & -0.394 & -0.5 & 0.189 & -0.997 & -0.238 & -0.451 \\ 0.5 & 1 & 1 & -0.993 & -1 & -0.756 & -0.433 & -0.96 & -0.998 \\ 0.485 & 1 & 1 & -0.995 & -1 & -0.767 & -0.417 & -0.965 & -0.999 \\ -0.394 & -0.993 & -0.995 & 1 & 0.993 & 0.828 & 0.323 & 0.986 & 0.998 \\ -0.5 & -1 & -1 & 0.993 & 1 & 0.756 & 0.433 & 0.96 & 0.998 \\ 0.189 & -0.756 & -0.767 & 0.828 & 0.756 & 1 & -0.263 & 0.909 & 0.791 \\ -0.997 & -0.433 & -0.417 & 0.323 & 0.433 & -0.263 & 1 & 0.163 & 0.382 \\ -0.238 & -0.96 & -0.965 & 0.986 & 0.96 & 0.909 & 0.163 & 1 & 0.974 \\ -0.451 & -0.998 & -0.999 & 0.998 & 0.998 & 0.791 & 0.382 & 0.974 & 1 \end{pmatrix},$$

求解相关系数矩阵的特征值及其规范正交特征向量, 得到 2 个非零特征值, 分别为 $\lambda_1 = 6.916$, $\lambda_2 = 2.084$, λ_1 和 λ_2 的特征向量分别为

$$l_1 = \begin{pmatrix} 0.181 \\ 0.38 \\ 0.38 \\ 0.379 \\ 0.38 \\ 0.294 \\ 0.155 \\ 0.368 \\ 0.38 \end{pmatrix}, \quad l_2 = \begin{pmatrix} 0.609 \\ 0.019 \\ 0.007 \\ 0.064 \\ 0.019 \\ 0.439 \\ 0.633 \\ 0.176 \\ 0.02 \end{pmatrix}.$$

最大特征值 λ_1 的方差贡献率为 76.8%, 因此, 只考虑第一个主成分, 并到综合评价函数

$$f = 0.768y_1.$$

可得 3 个待选方案的综合评价函数值分别为 2.3314, −1.1107, 1.2207, 因此最优方案为方案 1、方案 3 次之.

第二节 因 子 分 析

一、 因子分析的原理及用途

因子分析 (Factor Analysis) 是指从变量群中提取公共因子的统计技术. 一般认为, 公共因子是不能直接观测的, 但它们可与观测变量有着密切的关系. 在因子分析过程中, 将变量的方差分为个别变量方差和公共方差两部分. 依据公共方差的大小可评估各变量对公共因子的依赖程度. 从而通过分析各公共因子对变量的贡献选取合适的公共因子替代原变量, 并解释公共因子的含义.

与主成分分析类似, 因子分析将相同本质的变量归入一个因子, 可减少变量的数目, 达到降维的目的. 在数学建模中, 因子分析用于分析多指标的问题, 通过因子得分还可以得出不同公共因子的重要性指标.

二、 因子分析的模型及基本步骤

因子分析的一般模型可用矩阵形式表示为

$$X = AF + \varepsilon, \tag{6.7}$$

其中, $X = (x_1, x_2, \cdots, x_p)$ 为各指标, 共 p 个, $F = (F_1, F_2, \cdots, F_n)$ 为提取的公共因子, 共 n 个, $A = (a_{ij})_{p\times n}$ 为因子载荷矩阵, $\varepsilon = (\varepsilon_1, \varepsilon_2, \cdots, \varepsilon_p)$ 为特殊因子.

因子分析的主要包括计算相关系数矩阵、计算载荷矩阵、提取公共因子、因子旋转、计算因子得分五个步骤. 以下介绍因子分析的具体步骤.

1. 计算相关系数矩阵

设在 p 个指标变量所描述的事物总体中抽取 n 个样本单位, 首先对数据的标准化处理

$$\tilde{x}_{ij} = \frac{x_{ij} - \overline{x}_j}{\sqrt{\mathrm{Var}(x_j)}} \quad (i = 1, 2, \cdots, n; j = 1, 2, \cdots, p), \tag{6.8}$$

其中, $\bar{x}_j = \dfrac{1}{n}\sum_{i=1}^{n} x_{ij}; \mathrm{Var}(x_j) = \dfrac{1}{n-1}\sum_{j=1}^{n}(x_{ij} - \bar{x}_j)^2.$

依据下式得到相关系数矩阵 $R = (r_{ij})_{p\times p}$,

$$r_{ij} = \frac{\sum_{k=1}^{n} \widetilde{x}_{ki}\widetilde{x}_{kj}}{n-1} \quad (i, j = 1, 2, \cdots, p), \tag{6.9}$$

其中 $r_{ii} = 1$, $r_{ij} = r_{ji}$, r_{ij} 表示的是第 i 个指标对第 j 个指标的相关系数.

2. 计算载荷矩阵

载荷矩阵描述了变量与公共因子间的相关关系, 计算方法如下.

计算得到相关系数矩阵 R 的特征值

$$\lambda_1 \geqslant \lambda_2 \geqslant \cdots \geqslant \lambda_p \geqslant 0$$

及对应的特征向量 $u_1, u_2, \cdots, u_p$, 其中, $u_j = (u_{1j}, u_{2j}, \cdots, u_{pj})^{\mathrm{T}}$.

计算初等载荷矩阵

$$A = \left[\sqrt{\lambda_1}u_1, \sqrt{\lambda_2}u_2, \cdots, \sqrt{\lambda_p}u_p\right].$$

3. 提取公共因子

因子个数的确定可以根据因子方差的大小：只取方差大于 1(或特征值大于 1) 的那些因子; 或者按照因子的累计方差贡献率来确定, 一般认为要达到 60%才能符合要求. 根据初等载荷矩阵, 计算各个公共因子的贡献率, 并选择 m 个主因子, 令矩阵 $A_1 = \left[\sqrt{\lambda_1}u_1, \sqrt{\lambda_2}u_2, \cdots, \sqrt{\lambda_m}u_m\right]$.

4. 因子旋转

为了解释公共因子的含义需要对载荷矩阵进行正交旋转处理, 简要步骤为根据初等载荷矩阵, 计算各个公共因子的贡献率, 并选择 m 个主因子. 用一个标准正交矩阵 T 右乘因子载荷矩阵 A_1, 得到矩阵旋转后载荷矩阵 B, 正交旋转的方法主要有下列三种：

(1) 方差最大旋转法 (Varimax)：它使每个因子具有的最高载荷变量数最小, 因此可以简化对因子的解释.

(2) 四次最大正交旋转 (Quarmax)：该旋转方法使每个变量中需要解释的因子数最少, 可简化对变量的解释.

(3) 平均正交旋转 (Equamax)：是上述两种方法的综合. 设正交旋转矩阵为 T, 得到 $B = A_1T = (b_{ij})_{p\times m}$, 构造因子模型

$$\begin{cases} \overline{x}_1 = b_{11}F_1 + b_{12}F_2 + \cdots + b_{1m}F_m, \\ \overline{x}_2 = b_{21}F_1 + b_{22}F_2 + \cdots + b_{2m}F_m, \\ \qquad \cdots\cdots \\ \overline{x}_p = b_{p1}F_1 + b_{p2}F_2 + \cdots + b_{pm}F_m. \end{cases} \tag{6.10}$$

根据所求问题的实际情况, 可以对各指标归属的主因子命名.

5. **计算因子得分**

利用回归方法求单个因子得分函数

$$\widehat{F}_j = \beta_{j1}\widetilde{x}_1 + \beta_{j2}\widetilde{x}_2 + \cdots + \beta_{jp}\widetilde{x}_p \quad (j = 1, 2, \cdots, m), \tag{6.11}$$

记第 i 个样本点对第 j 个因子得分的估计值为

$$\widehat{F}_{ij} = \beta_{j1}\widetilde{x}_{i1} + \beta_{j2}\widetilde{x}_{i2} + \cdots + \beta_{jp}\widetilde{x}_{ip} \quad (i = 1, 2, \cdots, n; j = 1, 2, \cdots, m); \tag{6.12}$$

$X_0 = (\widetilde{x}_{ij})_{n\times p}$ 为原始数据经过标准化, 具体由 (6.8) 确定, 且有

$$\begin{pmatrix} \beta_{11} & \cdots & \beta_{m1} \\ \vdots & & \vdots \\ \beta_{1p} & \cdots & \beta_{mp} \end{pmatrix} = R^{-1}B,$$

因此有

$$\widehat{F} = (\widehat{F_{ij}})_{n\times m} = X_0 R^{-1} B. \tag{6.13}$$

根据各主因子的贡献率, 可算出各样本的综合因子得分.

例 3 依据学员业务指标数据, 利用因子分析, 提取公共因子.

解 设应检验观测矩阵 X 的四个变量为: $x_1 =$ 业务理论知识, $x_2 =$ 实际业务技能, $x_3 =$ 思想集中能力, $x_4 =$ 逻辑思维能力. 若已知六位学员的四个变量观测数据, 并计算相关矩阵为

$$R = \begin{pmatrix} 1.00000 & 0.90694 & 0.87226 & 0.87031 \\ 0.90694 & 1.00000 & 0.95813 & 0.82003 \\ 0.87226 & 0.95813 & 1.00000 & 0.89368 \\ 0.87031 & 0.82003 & 0.89368 & 1.00000 \end{pmatrix},$$

上述矩阵的两个最大特征值为

$$\lambda_1 = 3.66143, \quad \lambda_2 = 0.18864,$$

因

$$\frac{\lambda_1 + \lambda_2}{4} = \frac{3.66143 + 0.18864}{4} = 0.963,$$

即它们说明了总方差的 96.3%, 两个相应的特征向量构成的矩阵为

$$E = \begin{pmatrix} 0.49830 & 0.00053 \\ 0.50336 & -0.58221 \\ 0.50883 & -0.18504 \\ 0.48899 & 0.79168 \end{pmatrix},$$

用两个特征向量的平方根为元素构建对角矩阵

$$D^{1/2}=\begin{pmatrix} 1.91349 & 0 \\ 0 & 0.43433 \end{pmatrix},$$

计算载荷矩阵

$$L=E\times D^{1/2}=\begin{matrix} f_1\text{的载荷} & f_2\text{的载荷} \\ \end{matrix}\begin{pmatrix} 0.95349 & 0.00023 \\ 0.96374 & -0.25287 \\ 0.97364 & -0.08037 \\ 0.93568 & 0.34385 \end{pmatrix}.$$

接下来, 正交旋转载荷矩阵, 以下采用方差最大旋转法.

方差最大的正交旋转矩阵为

$$M=\begin{pmatrix} 0.75288 & 0.65816 \\ -0.65816 & 0.75288 \end{pmatrix},$$

旋转了的载荷矩阵为

$$L^*=LM=\begin{pmatrix} 0.71771 & 0.62772 \\ 0.98201 & 0.44392 \\ 0.78593 & 0.58031 \\ 0.47815 & 0.87471 \end{pmatrix},$$

由 $l_{11}^*=0.71771>0.7, l_{21}^*=0.98201>0.7, l_{31}^*=0.78593>0.7$ 说明原变量 x_1, x_2 和 x_3 与公共因子 f_1^* 密切相关且各占据了公共方差的一半以上, 而 $l_{42}^*=0.87471>0.7$, 说明原变量 x_4 与公共因子 f_2^* 密切相关且各占据了公共方差的一半以上. 因此, 用变量 "业务理论知识""实际业务技能""思想集中力" 最高地装载第 1 公共因子, 作为知识指标因子. 而用 "逻辑思维能力" 装载第 2 公共因子, 作为天赋指标因子.

并得到因子分析模型为

$$\begin{aligned} x_1&=0.71771f_1^*+0.62772f_2^*,\\ x_2&=0.98201f_1^*+0.44392f_2^*,\\ x_3&=0.78593f_1^*+0.58031f_2^*,\\ x_4&=0.47815f_1^*+0.87471f_2^*. \end{aligned}$$

三、因子分析与主成分分析的异同

因子分析与主成分分析均消除了原始指标的相关性对综合评价所造成的信息重复影响; 构造综合评价时所涉及的权重均具有客观性; 在信息损失不大的前提下, 均减少了评价工作量.

两者的区别在于公共因子比主成分更容易被解释, 而因子分析的评价结果没有主成分分析准确, 且因子分析比主成分分析的计算工作量大. 同时, 主成分分析仅仅是变量变换, 而因子分析需要构造因子模型. 具体而言, 主成分分析中将原始变量的线性组合表示新的综合变量, 即主成分, 而因子分析则是将潜在的假想变量和随机影响变量的线性组合表示为原始变量.

四、运用 SPSS 实现因子分析

运用 SPSS 软件可以实现因子分析, 以下简述操作步骤.

(1) 选择 Analyze, Data Reduction-Factor, 主对话框. 将所有原始变量选入 Variables.

(2) 点击 Descriptives, correlation Matrix, KMO and Bartlett's test of sphericity(其他选项根据需要), Continue.

(3) 点击 Extraction, 在 Method 框中选择因子的提取方法 (如 Principal components); 在 Extract 中输入选择因子的最小特征根 (隐含的是特征根大于 1); 在 Display 下选择 Scree Plot, Continue.

(4) 点击 Rotation, 在 Method 框中选择因子旋转方法 (隐含的不旋转, 如选择 Varimax); 在 Display 下选择 Loading Plot, Continue.

(5) 点击 Scores, 并选中 Display factor Score coefficient matrix(SPSS 隐含的估计因子得分系数的方法是 Regression), Continue, OK.

例 4 以 2011 年全国大学生数学建模竞赛 A 题 (节选) 为例, 请分析土壤重金属污染源.

将城区划分为生活区、工业区、山区、主干道路区和公园绿地区, 再对各城区土壤地质环境进行调查. 对所考察的城区按照每平方公里 1 个采样点对土壤的表层土进行取样、编号, 并用记录采样点的位置. 应用专门的仪器测试分析, 获得每个样本所含的多种化学元素的浓度数据. 另一方面, 按 2 km 的间距在远离人类活动的自然区取样, 将其作为该城区表层土壤中元素的背景值, 请分析重金属污染物的传播特征, 并由此建立模型, 确定污染源的位置并分析所建模型的优缺点.

(1) 模型假设.

(i) 假设对各类区的采样点进行采样的时间以及气象因素相同;

(ii) 假设每一个采样点之间的相对误差忽略不计;

(iii) 假设每一个采样点在城区划分的网格子区域中具有代表性.

(2) 问题分析.

本问题主要是通过分析 8 种重金属污染物的传播特征, 建立模型来确定污染源, 也就是污染物的源解析问题. 对于重金属污染物的传播特征, 考虑可以通过分析污染物质间的相关性分析确定. 在模型的选择方面, 目前源解析的研究方法主要有化学质量平衡法 (CMB)、因子分析法 (FA) 等, 源解析所用的数学模型可以分为 2 种, 一种是以污染源为研究对象的扩散模型, 这种模型根据各个污染源的排放量、研究区域与排放源的水平和垂直距离、污染源的理化性质以及风速、风向等环境因素来计算各个源对研究区域的影响程度, 由于模型的输入数据是源排放的清单, 我们无法得到数据, 故放弃此种模型. 另一种是以污染区域为研究对象的受体模型, 大致包含两种, 化学平衡质量法模型和多元统计模型, 考虑到化学质量法模型要事先假设排放源的数目与类型, 故在模型的选择方面我们选择使用多元统计模型, 方法则采用因子分析法和聚类分析法.

(3) 模型的建立.

假如有 n 个污染物样本, 每个样本共有 p 个重金属含量变 $(X_1, X_2, \cdots, X_p)$, 这样就构成了一个 n 维 p 阶的重金属含量矩阵

$$X = \begin{pmatrix} x_{11} & x_{12} & \cdots & x_{1p} \\ x_{21} & x_{22} & \cdots & x_{2p} \\ \vdots & \vdots & & \vdots \\ x_{n1} & x_{n2} & \cdots & x_{np} \end{pmatrix},$$

对城区 319 个采样点中的 8 种重金属元素的含量进行因子分析. 首先给出该城区 As, Cd, Cr, Cu, Hg, Ni, Pb 和 Zn 八种重金属的相关系数矩阵, 见表 6.4.

表 6.4　八种重金属元素的相关系数

	As	Cd	Cr	Cu	Hg	Ni	Pb	Zn
As	1	0.2547	0.1889	0.1597	0.06440	0.31650	0.28996	0.2469
Cd		1	0.3524	0.3967	0.26468	0.32935	0.66033	0.4311
Cr			1	0.5316	0.1032	0.7157	0.38283	0.4242
Cu				1	0.41668	0.4946	0.52002	0.3873
Hg					1	0.10294	0.29812	0.1958
Ni						1	0.30679	0.4363
Pb							1	0.4936
Zn								1

利用相关系数矩阵, 计算出相应的因子特征值和累计贡献率, 通过编写程序, 提取公共因子, 并得到因子负荷数据见表 6.5.

表 6.5 因子负荷

元素	因子 1	因子 2
As	0.42573	−0.19962
Cd	0.71074	0.28141
Cr	0.73496	−0.44405
Cu	0.75637	0.12465
Hg	0.40843	0.67340
Ni	0.72281	−0.51460
Pb	0.76403	0.31426

提取的两个因子解释了总方差的 58.88%, 因子 1 包括 As, Cd, Cu, Pb, Zn. 由于 Pb 常常被作为机动车污染源的标识元素, 所以这组元素被认为主要来自交通运输过程, Zn, Cu 等也可以作为交通污染源的标识因素, 并且 Pb, Zn, Cu 三种元素相互之间具有一定的相关性, 因此, 将因子 1 确定为 "交通因子". 因子 2 为 Hg, 在研究背景土壤 Hg 污染状况时认为表层土壤 Hg 主要来自于燃煤, 因此这组元素可以粗略地认为主要来自燃煤过程的贡献, 即将因子二看作 "燃煤因子". Ni, Cr 可以看作混合来源的元素, 这些元素在因子 1 和因子 2 中都有较高的载荷, 表明这些元素来自交通污染和燃煤污染的水平相当. 综上所述, 使用因子分析法解决模型 I, 得到的结果是因子 1 是 "交通因子", 污染源头位于主干道区, 因子 2 是 "燃煤因子", 污染源头位于工业区.

第三节 聚类分析

一、聚类分析的原理及用途

所谓 "聚类", 就是将一群物理的或抽象的对象, 根据它们之间的相似程度, 分为若干组. 而聚类分析 (Cluster Analysis) 则是一种在数据集中寻找相似元素的无监督学习方法. 来自不同应用领域的数据集具有不同特点, 人们对数据进行聚类分析的目的也各不相同, 因而聚类分析的方法也各异. 主要的聚类分析方法有划分的方法、层次的方法、基于密度的方法、基于网格的方法、神经网络方法以及统计学的方法等.

在数学建模中, 聚类分析用于处理数据及图形的分类问题, 从而达到发现数据特征, 简化分析过程的目的. 如全国大学生数学建模竞赛 2013 年 B 题要求拼接多块碎纸片, 如果利用聚类分析将相似的纸片分为一类就可以大大降低拼接难度. 有的聚类方法经过改进还可以用于解决图论问题.

二、常见的聚类分析法

由于聚类分析方法众多, 以下介绍几种常用聚类方法及基本步骤.

1. **最短距离法**

(1) 计算距离矩阵.

计算 n 个样品之间的欧氏距离, $d_{ij}=\left[\sum_{k=1}^{n}\left|x_{ik}-x_{jk}\right|^{2}\right]^{\frac{1}{2}}$, 得到 n 个样品的距离矩阵 $D_{(0)}$, 它是一个对称矩阵

$$D_{(0)}=\{d_{ij}\}_{n\times n}=\begin{pmatrix} 0 & \cdots & d_{1n} \\ d_{21} & \cdots & d_{2n} \\ \vdots & & \vdots \\ d_{n1} & \cdots & 0 \end{pmatrix}.$$

(2) 首先将 n 个样品各看成一类, 即

$$G_i=\{i\}\quad(i=1,2,\cdots,n);\quad d_{ij}=D(G_i,G_j)\quad(i,j=1,2,\cdots,n).$$

选择 $D_{(0)}$ 中的最小元素, 设为 D_{KL}, 则将 G_{K} 与 G_{L} 在 D_{KL} 水平上合并成一个新类, 记为 G_{M}, 即 $G_{\mathrm{M}}=\{G_{\mathrm{K}},G_{\mathrm{L}}\}$; 在 $D_{(0)}$ 中划去 G_{K} 与 G_{L} 所对应的两行与两列.

(3) 加入由新类 G_{M} 与剩下的未聚合的各类之间的距离所组成的一行和一列, 计算新类 G_{M} 与任一类 G_{J} 之间距离的递推公式为

$$D_{\mathrm{MJ}}=\min\{d_{ij}\,|i\in G_{\mathrm{M}}\,,j\in G_{\mathrm{J}}\}=\min\{D_{\mathrm{KJ}},D_{\mathrm{LJ}}\},\tag{6.14}$$

其余行列上的距离值不变, 这样就得到了新的距离矩阵, 记作 $D_{(1)}$.

(4) 对 $D_{(1)}$ 重复上述对 $D_{(0)}$ 的两步得 $D_{(2)}$, 如此下去直至所有元素合并成一类为止 (若某一步中 $D_{(m)}$ 的最小元素不止一个, 则称此现象为结, 对应这些最小元素的类可以任选一对合并或同时合并).

2. **类平均法**

(1) 计算距离矩阵.

计算样品之间的欧氏距离, $d_{ij}=\left[\sum_{k=1}^{n}\left|x_{ik}-x_{jk}\right|^{2}\right]^{\frac{1}{2}}$, 得到 n 个样品的距离矩阵 $D_{(0)}$, 它是一个对称矩阵

$$D_{(0)}=\{d_{ij}\}_{n\times n}=\begin{pmatrix} 0 & \cdots & d_{1n} \\ d_{21} & \cdots & d_{2n} \\ \vdots & & \vdots \\ d_{n1} & \cdots & 0 \end{pmatrix}.$$

(2) 首先将 n 个样品各看成一类, 即

$$G_i=\{i\}\quad(i=1,2,\cdots,n);\quad d_{ij}=D(G_i,G_j)\quad(i,j=1,2,\cdots,n),$$

选择 $D_{(0)}$ 中的最小元素, 设为 D_{KL}, 则将 G_{K} 与 G_{L} 在 D_{KL} 水平上合并成一个新类, 记为 G_{M}, 即 $G_{\mathrm{M}}=\{G_{\mathrm{K}},G_{\mathrm{L}}\}$; 在 $D_{(0)}$ 中划去 G_{K} 与 G_{L} 所对应的两行与两列.

(3) 加入由新类 G_{M} 与剩下的未聚合的各类之间的距离所组成的一行和一列, 计算新类 G_{M} 与任一类 G_{J} 之间类平均距离的递推公式为

$$\begin{aligned}D_{\mathrm{MJ}}&=\frac{1}{n_{\mathrm{M}}n_{\mathrm{J}}}\sum_{i\in G_{\mathrm{M}},j\in G_{\mathrm{J}}}d_{ij}\\&=\frac{1}{n_{\mathrm{M}}n_{\mathrm{J}}}\left(\sum_{i\in G_{\mathrm{K}},j\in G_{\mathrm{J}}}d_{ij}+\sum_{i\in G_{\mathrm{L}},j\in G_{\mathrm{J}}}d_{ij}\right)\\&=\frac{n_{\mathrm{K}}}{n_{\mathrm{M}}}D_{\mathrm{KJ}}+\frac{n_{\mathrm{L}}}{n_{\mathrm{M}}}D_{\mathrm{LJ}}.\end{aligned}\tag{6.15}$$

这样就得到了新的距离矩阵, 记作 $D_{(1)}$, 其中 n_i 表示类 G_i 中的元素个数.

(4) 对 $D_{(1)}$ 重复上述对 $D_{(0)}$ 的两步得 $D_{(2)}$, 如此下去直至所有元素合并成一类为止.

3. **重心法**

(1) 计算距离矩阵.

计算样品之间的欧氏距离, $d_{ij}=\left[\sum_{k=1}^{n}\left|x_{ik}-x_{jk}\right|^2\right]^{\frac{1}{2}}$, 得到 n 个样品的距离矩阵 $D_{(0)}$, 它是一个对称矩阵

$$D_{(0)}=\{d_{ij}\}_{n\times n}=\begin{pmatrix}0&\cdots&d_{1n}\\d_{21}&\cdots&d_{2n}\\\vdots&&\vdots\\d_{n1}&\cdots&0\end{pmatrix}.$$

(2) 首先将 n 个样品各看成一类, 即

$$G_i=\{i\}\quad(i=1,2,\cdots,n);\quad d_{ij}=D(G_i,G_j)\quad(i,j=1,2,\cdots,n).\tag{6.16}$$

选择 $D_{(0)}$ 中的最小元素, 设为 D_{KL}, 则将 G_{K} 与 G_{L} 在 D_{KL} 水平上合并成一个新类, 记为 G_{M}, 即 $G_{\mathrm{M}}=\{G_{\mathrm{K}},G_{\mathrm{L}}\}$; 在 $D_{(0)}$ 中划去 G_{K} 与 G_{L} 所对应的两行与两列.

(3) 加入由新类 G_{M} 与剩下的未聚合的各类之间的距离所组成的一行和一列.

重新定义类与类之间的距离为重心间的欧氏距离：设 G_{K} 和 G_{L} 的重心分别为 $\overline{x}_{\mathrm{K}}$ 和 $\overline{x}_{\mathrm{L}}$, 则 G_{K} 与 G_{L} 之间的平方距离为

$$D_{\mathrm{KL}}^2 = d_{\overline{x}_{\mathrm{K}}\overline{x}_{\mathrm{L}}}^2 = (\overline{x}_{\mathrm{K}} - \overline{x}_{\mathrm{L}})'(\overline{x}_{\mathrm{K}} - \overline{x}_{\mathrm{L}}). \tag{6.17}$$

计算新类 G_{M} 与任一类 G_{J} 之间距离的递推公式为

$$D_{\mathrm{MJ}}^2 = \frac{n_{\mathrm{K}}}{n_{\mathrm{M}}} D_{\mathrm{KJ}}^2 + \frac{n_{\mathrm{L}}}{n_{\mathrm{M}}} D_{\mathrm{LJ}}^2 - \frac{n_{\mathrm{K}} n_{\mathrm{L}}}{n_{\mathrm{M}}^2} D_{\mathrm{KL}}^2. \tag{6.18}$$

这样就得到了新的距离矩阵, 记作 $D_{(1)}$.

(4) 对 $D_{(1)}$ 重复上述对 $D_{(0)}$ 的两步得 $D_{(2)}$, 如此下去直至所有元素合并成一类为止.

4. *动态聚类方法*

(1) 随意将 n 个样品分为 a 个初始类, 计算初始类的均值.

(2) 计算某样品到初始类 (均值) 的欧氏距离.

若某样品在距离最小的初始类中, 则不用重新分配, 继续计算其他样品的欧氏距离; 若某样品不在距离最小的初始类中, 则需要重新分配, 此时更新分类, 继续计算其他样品的欧氏距离. 直至所有样品都归类为止.

(3) 更新均值, 重复 (2), 直至所有样品均不用分配为止.

5. *K-均值聚类*

K-均值算法的问题可以描述为：假设给定一个整数 k, 以及一个具有 n 个数据对象的样本集合 $S \subset \mathbf{R}^d$, 该问题的目标是选择 k 个初始的聚类中心 C 使目标函数 F 达到最小, 其中目标函数 F 的计算公式为

$$F = \sum_{s=S}^{k} \min ||s - C_i||^2. \tag{6.19}$$

下面介绍 K-均值算法的具体步骤

(1) 随机选择 k 个初始聚类中心 $C = \{c_1, c_2, \cdots, c_k\}$.

(2) $\forall i, j \in \{1, 2, \cdots, k\}, i \neq j, \forall s \in S$, 如果 s 与聚类中心 c_i 之间的距离小于该对象到 c_j 的距离, 则将 s 划分到聚类簇 C_i 的中心.

(3) $\forall i \in \{1, 2, \cdots, k\}$, 重新计算聚类中心 C_i 的中心：$c_i = \sum\limits_{s \in C_i} \dfrac{s}{||C_i||}$.

(4) 重复步骤 (2) 和步骤 (3), 直到聚类中心 C 不再变化.

K-均值算法的算法流程图如图 6.1 所示.

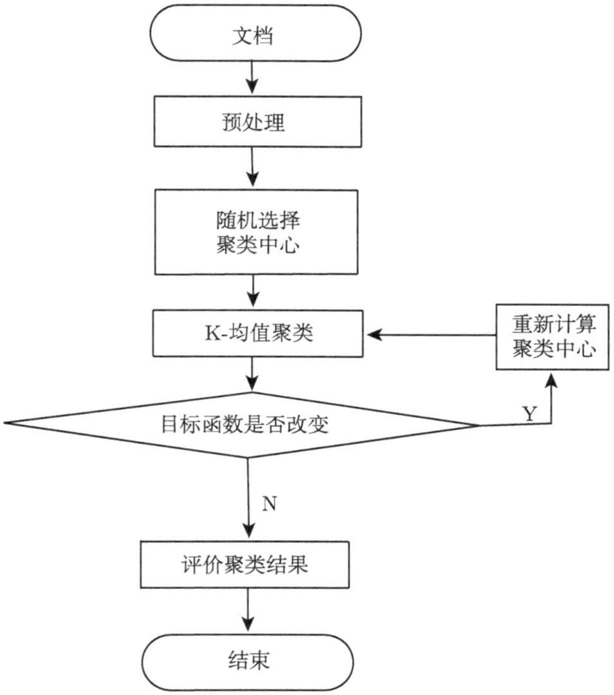

图 6.1　聚类分析流程图

6. K-中心点聚类

K-均值算法对于离群点是敏感的, 因为一个具有很大的极端值的对象可能显著地扭曲数据的分布. 平方误差函数的使用更是严重恶化了这一影响. 为了降低这种敏感性, 可以不采用簇中对象的均值作为参照点, 而是在每个簇中选出一个实际的对象来代表该簇. 这就是 K-中心点聚类算法. 该算法的具体步骤如下

(1) 任意选取 K 个代表对象 (即中心点);

(2) 将其余 $n-K$ 个对象根据与代表对象的距离加入最近的类;

(3) 用任意非代表对象 O_j 替换代表对象 O_i, 计算替换代价 $\varepsilon=\sum\limits_{i=1}^{K}[L_i-L_j]$. 当 $\varepsilon>0$ 时, 执行替换. 其中, ε 代表类中心点到类中对象相减之和;

(4) 重复执行步骤 (2) 和 (3), 直至聚类结果不再变化.

三、 K-means 工具箱

在 MATLAB 中可以直接调用 K-均值聚类方法函数 K-means 解决聚类问题, 其调用格式如下

`[Idx,C,sumD,D]=kmeans(data,K,'dist','Distance','Start','Replicates').`
其中 data 为 $N\times P$ 的数据矩阵; K 为将 x 划分为的类数; Idx 为 $N\times 1$ 的向量, 存储的是每个点的聚类标号; C 为 $K\times P$ 的矩阵, 存储的是 K 个聚类质心位置; sumD 为 $1\times K$ 的和向量, 存储的是类间所有点与该类质心点距离之和; D 为 $N\times K$ 的矩阵, 存储的是每个点与所有质心的距离; Distance 为具体测度; Start 为初始质心位置选择方法; Replicates 为聚类重复次数.

例 5　将下列五组数据进行分类: $G_1(1,1)$, $G_2(1,2)$, $G_3(2,3)$, $G_4(4,5)$, $G_5(7,10)$.

解

1. **最短距离法**

(1) 用两点之间的距离公式 $d_{ij}=\sqrt{(x_i-x_j)^2+(y_i-y_j)^2}$($d_{ij}$ 表示第 i 个样本到第 j 个样本之间的距离) 计算各个点之间的距离. 得到距离矩阵 $D_{(0)}$ 如下:

$D_{(0)}$	G_1	G_2	G_3	G_4	G_5
G_1	0	1	2.236	5	10.817
G_2		0	1.414	4.242	10
G_3			0	2.828	8.602
G_4				0	5.831
G_5					0

(2) 选择 $D_{(0)}$ 中的最小元素 $D_{12}=1$, 则第一个分类 $G_6=\{G_1,G_2\}$.

(3) 根据公式 (6.14) 计算新的距离矩阵, 得到 $D_{(1)}$ 如下:

$D_{(1)}$	G_3	G_4	G_5	G_6
G_3	0	2.828	8.602	1.414
G_4		0	5.831	4.242
G_5			0	10
G_6				0

(4) 对 $D_{(1)}$ 重复上述对 $D_{(0)}$ 的两步得 $D_{(2)}$, 如此下去直至所有元素合并成一类为止 (由于是重复过程, 所以以下省略计算过程, 只给出结果). $G_7=\{G_3,G_6\}$.

$D_{(2)}$	G_4	G_5	G_7
G_4	0	5.831	2.828
G_5		0	8.602
G_7			0

因此 $G_8=\{G_4,G_7\}$. 最终得到 $G_9=\{G_5,G_8\}$.

上述过程的可视化过程如图 6.2 所示.

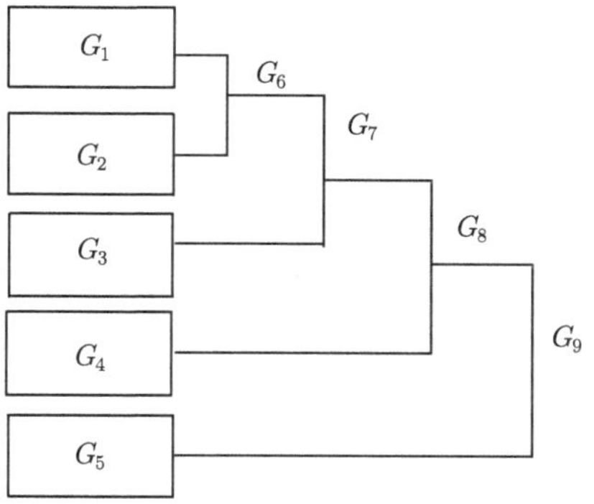

图 6.2 聚类图

2. **类平均法**

(1) 和 (2) 步的计算过程与最短距离法一样.

(3) 根据公式 (6.17) 计算得到新的距离矩阵 $D_{(1)}$.

$D_{(1)}$	G_3	G_4	G_5	G_6
G_3	0	2.828	8.602	1.825
G_4		0	5.831	4.621
G_5			0	10.4085
G_6				0

(4) 对 $D_{(1)}$ 重复上述对 $D_{(0)}$ 的两步得 $D_{(2)}$, 如此下去直至所有元素合并成一类为止. $G_7 = \{G_3, G_6\}$.

$D_{(2)}$	G_4	G_5	G_7
G_4	0	5.831	3.357
G_5		0	9.806
G_7			0

因此 $G_8 = \{G_4, G_7\}$. 最终得到 $G_9 = \{G_5, G_8\}$.

3. **重心法**

(1) 和 (2) 步的计算过程与最短距离法一样.

(3) 根据公式 (6.19) 与公式 (6.20) 计算得到新的距离矩阵 $D_{(1)}$

$D_{(1)}$	G_3	G_4	G_5	G_6
G_3	0	2.828	8.602	1.803
G_4		0	5.831	4.610
G_5			0	10.404
G_6				0

(4) 对 $D_{(1)}$ 重复上述对 $D_{(0)}$ 的两步得 $D_{(2)}$, 如此下去直至所有元素合并成一类为止.

最终得到 $G_9=\{G_5,G_8\}$.

4. 动态聚类法

(1) 选择 G_1 与 G_2 作为样本的初始类. 由于在这两个初始类中均只有一个样本, 故不用计算其均值.

(2) 分别计算 G_3, G_4, G_5 到 G_1 与 G_2 间的距离, 得到

$$d_{13}=2.236, \quad d_{14}=5, \quad d_{15}=10.817;$$

$$d_{23}=1.414, \quad d_{24}=4.242, \quad d_{25}=10;$$

因为 $d_{23}<d_{13}, d_{24}<d_{14}, d_{25}<d_{15}$, 所以将 G_1 单独作为一类, G_2, G_3, G_4, G_5 分为一类.

(3) 更新均值: 由于第一类中只有一个样本, 故无须计算. 第二类中均值为: $(3.5,5)$. 分别计算 G_1, G_2, G_3, G_4, G_5 到 G_1 与 $(3.5,5)$ 的距离, 得到

$$\begin{aligned}&d_{11}=0, \quad d_{12}=1, \quad d_{13}=2.236, \quad d_{14}=5, \quad d_{15}=10.817;\\&d'_{21}=4.717, \quad d'_{22}=3.905, \quad d'_{23}=2.5, \quad d'_{24}=0.5, \quad d'_{25}=6.103;\end{aligned}$$

因为 $d_{11}<d'_{21}, d_{12}<d'_{22}, d_{13}<d'_{23}, d_{14}>d'_{24}, d_{15}>d'_{25}$, 所以将 G_1, G_2, G_3 分到第一类, G_4 与 G_5 分到第二类.

更新均值, 计算得到第一类的均值为: $\left(\frac{4}{3},2\right)$, 第二类的均值为: $\left(\frac{11}{2},\frac{15}{2}\right)$. 重复第二步, 最终 G_1, G_2, G_3 分为第一类, G_4 与 G_5 分为第二类.

分析 通过对上述几种方法的分析可知, 当需要进行分类的数据量不是特别大时, 使用最短距离法、类平均法与重心法三者所得到的结果差异不是很大, 这三种方法不同的地方就在于距离矩阵的计算公式不同, 当遇见实际问题时, 我们可以根据计算量的大小以及可行性选取适当的方法进行计算. 而动态聚类法则需要事先给出所要分成几种类型才能使用.

例 6 以 2015 年美国大学生数学建模竞赛 A 题为例, 要求设计药物运输方案.

1. 问题提出

世界医学协会已经宣布他们的新药物可以阻止埃博拉和治愈病人的疾病并不先进. 构建一个现实的、合理的和有用的模型, 考虑疾病的传播, 需要药物的数量, 可能可行的交付系统、交货地点、制造疫苗或药物的速度, 而且其他关键因素你的团队认为是否有必要优化根除埃博拉病毒, 或者减少目前的压力. 除了比赛的建模方法, 准备 1~2 页非技术信为世界医学协会使用的声明.

2. 模型求解

这里我们只考虑与聚类分析相关的部分, 即药物运输问题的求解, 并适当简化模型以便引入合适的聚类算法.

设疾病传染区域可建设数个机场用于药物运输, 由此, 我们把西非分为数个六边形区域, 为了运输便利在每个区域的中心设置一个机场. 接下来, 选取几个中心机场用于向邻近的分机场运输药物. 我们只考虑由中心机场向分机场运输药物的过程.

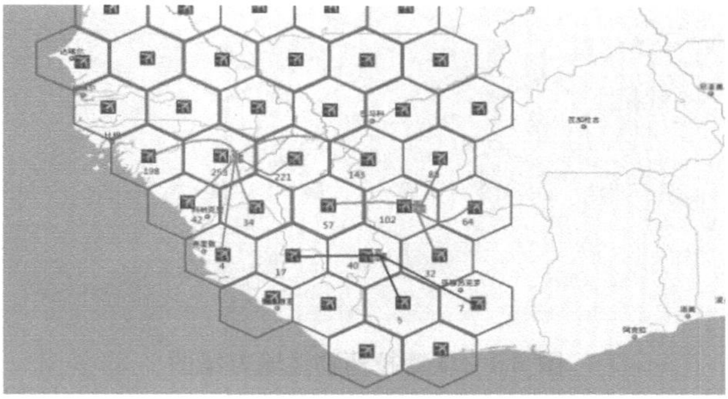

图 6.3　埃博拉药物运输图

显然, 最佳的运输方式要求运输的距离之和最小. 这样, 我们引入 K-中心点聚类方法得到最佳的中心机场及运输方案.

其中, 我们定义距离如下

$$L = \sum_{i,j} w_j d_{ij},$$

其中 w_j 为区域内药品需求量, d_{ij} 为机场之间的飞行距离.

求解步骤为:

输入: 药物需求量 w_j, 机场坐标 (x_j, y_j), $j = 1, 2, \cdots, n$.

输出: 各中心机场 (x_{qi}, y_{qi}), $i = 1, 2, \cdots, n$ 和聚类结果 c_{ij}.

执行步骤为:

(1) 随机选取机场 k 个机场作为中心机场 (x_{qi}, y_{qi}).

(2) 依距离最小原则, 将其他机场分配到对应的中心机场.

(3) 用一个机场代替中心机场作为新的中心机场, 计算替代的代价. 通过以上步骤, 我们可以完成机场分类, 从而分配合理的药物运输方案.

$$\varepsilon = \sum_{i=1}^{k} L_i - L_i', \quad \varepsilon > 0\text{执行替换}.$$

(4) 重复步骤 (2) 和步骤 (3), 直到中心机场不再改变.

运用 MATLAB 编写 K-中心点程序, 运行程序得到如图 6.4 所示的机场分类结果及运输方案.

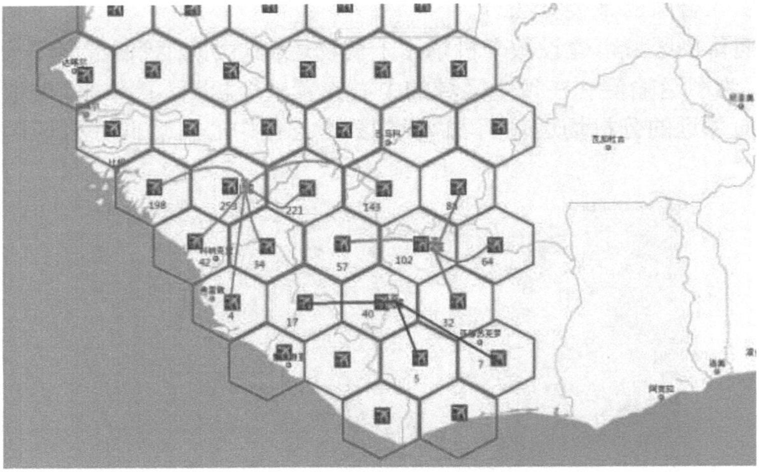

图 6.4　埃博拉药物运输方案图

其中, 最短运输距离 $L_{\min} = 1059\text{km}$.

因此在聚类分析中不仅只是能够进行数据分类, 也可以巧妙地运用一些数据分类方法中的原理来进行中心点的选取.

第四节　相关性分析

一、 相关性分析的原理及用途

客观现象总是普遍联系、相互依存、相互制约的, 当我们用变量来反映这些现象的特征时, 便表现为变量之间的依存关系. 变量之间就其关系的变化可分为函数关系和相关关系. 其中, 相关关系指变量之间存在一定的相依关系, 但又不是确定的和严格依存的, 如家庭支出与消费支出的关系. 工业劳动生产率与产品成本的关系都属于相关关系. 相关性分析 (Correlation Analysis) 就是用来研究现象之间是否存在相关关系, 并评估相关关系的相关方向以及相关程度的一种统计方法. 具体实践中, 利用相关系数来反映变量之间相关关系密切程度, 该系数由具体的计算公式决定.

在数学建模中, 相关性分析用来评估变量的相关程度. 如全国大学生数学建模竞赛 2011 年 A 题要求说明重金属污染的主要原因, 就需要金属物浓度与潜在原因之间的相关关系, 从而找出污染的主要原因. 在有专家数据及可靠结果时, 相关分析还可以用来评估指标选取和模型结果的合理性.

二、 主要相关性分析方法的介绍

相关性分析的种类繁多, 以下仅介绍在数学建模过程中较常用的灰色关联度、斯皮尔曼等级相关及皮尔逊相关系数.

1. 灰色关联度

对于两个系统之间的因素, 其随时间或不同对象而变化的关联性大小的量度, 称为关联度. 在系统发展过程中, 若两个因素变化的趋势具有一致性, 即同步变化程度较高, 即可谓二者关联程度较高; 反之, 则较低. 因此, 灰色关联分析方法, 是根据因素之间发展趋势的相似或相异程度, 亦即 "灰色关联度", 作为衡量因素间关联程度的一种方法.

"灰" 是介于 "白" 和 "黑" 之间的概念, 白指信息确定、数据完整. 黑指信息很不确定, 数据很少; 灰指信息部分不确定.

在实际获取数据过程中, 常常受到客观因素和人为因素的影响, 使获得的数据部分准确, 部分不准确. 具有一定灰度. 因此, 统计过程中, 运用灰色理论更加合理.

假设需要比较一下两组数列的相关度:

$$x_i=(x_i(1),x_i(2),x_i(3),\cdots,x_i(k),\cdots,x_i(n)),\quad i=1,2,\cdots,s,$$

$$x_j=(x_j(1),x_j(2),x_j(3),\cdots,x_j(k),\cdots,x_j(n)),\quad j=1,2,\cdots,t,$$

则计算公式为

$$\xi_{ij}(k)=\frac{\min\limits_i\min\limits_k|x_i(k)-x_j(k)|+\rho\max\limits_i\max\limits_k|x_i(k)-x_j(k)|}{|x_i(k)-x_j(k)|+\rho\max\limits_i\max\limits_k|x_i(k)-x_j(k)|},\tag{6.20}$$

$$r_{ij}=\frac{\sum\limits_{k=1}^{n}\xi_{ij}(k)}{n},\tag{6.21}$$

式中 $\xi_{ij}(k)$ 表示的是第 i 个比较数列与第 j 个比较数列第 k 个样本之间的关联系数. $\min\limits_i\min\limits_k|x_i(k)-x_j(k)|$ 和 $\max\limits_i\max\limits_k|x_i(k)-x_j(k)|$ 分别为两级最小差和两级最大差 (极差就是一组数据中的最大数据与最小数据的差. 两级最小差, 就是先求极

差的极差, 然后再从中找出最小值; 相似地, 两级最大差, 就是先求极差的极差, 然后再从中找出最大值). r_{ij} 称为关联度. ρ 称为分辨率, 通常取值 [0,1]. $|x_i(k)-x_j(k)|$ 称为 "Hamming 距离", Hamming 距离的倒数称为反倒数距离, 灰色关联度的本质就是通过反倒数大小来判定关联程度. 现对两级最小差和两级最大差通过例子说明.

例 7 假设有两组数列 $x_1=(20,22,40)$, $x_2=(30,35,55)$, 试求两级最小差与两级最大差.

解 当 $k=1$ 时, $|x_1(1)-x_2(1)|=|20-30|=10$;

当 $k=2$ 时, $|x_1(2)-x_2(2)|=|22-35|=13$;

当 $k=3$ 时, $|x_1(3)-x_2(3)|=|40-55|=15$, 则两级最小差为 $\min\{10,13,15\}=10$, 两级最大差为 $\max\{10,13,15\}=15$.

2. 斯皮尔曼等级相关

斯皮尔曼等级相关 (Spearman's Correlation Coefficient for Ranked Data) 主要用于解决称名数据和顺序数据相关的问题. 适用于两列变量, 而且具有等级变量性质具有线性关系的资料. 由英国心理学家、统计学家斯皮尔曼根据积差相关的概念推导而来, 一些人把斯皮尔曼等级相关看作积差相关的特殊形式.

斯皮尔曼等级相关是根据等级资料研究两个变量间相关关系的方法. 它是依据两列成对等级的各对等级数之差来进行计算的, 所以又称为 "等级差数法". 斯皮尔曼等级相关对数据条件的要求没有积差相关系数严格, 只要两个变量的观测值是成对的等级评定资料, 或者是由连续变量观测资料转化得到的等级资料, 不论两个变量的总体分布形态、样本容量的大小如何, 都可以用斯皮尔曼等级相关来进行研究.

计算步骤:

(1) 将数量标志和品质标志的具体表现按等级次序编号;

(2) 得出两个标志对应等级编号的差 d_i;

(3) 计算斯皮尔曼等级相关系数 ρ, 以评价变量之间的相关性, 计算公式为

$$\rho = 1-\frac{6\sum_i d_i^2}{n^3-n}. \tag{6.22}$$

3. 皮尔逊相关系数

在统计学中, 皮尔逊积矩相关系数 (Pearson Product-Moment Correlation Coefficient, PPMCC 或 PCCs, 文章中常用 r 或 Pearson's r 表示) 用于度量两个变量 X 和 Y 之间的相关 (线性相关), 其值介于 -1 与 1 之间. 在自然科学领域中, 该系数广泛用于度量两个变量之间的相关程度. 它是由卡尔 · 皮尔逊从弗朗西

斯 · 高尔顿在 19 世纪 80 年代提出的一个相似却又稍有不同的想法演变而来的. 这个相关系数也称作 "皮尔逊相关系数".

皮尔逊相关系数可用来衡量国民收入和居民储蓄存款、身高和体重、高中成绩和高考成绩等变量间的线性相关关系. 皮尔逊相关系数的计算公式为

$$r = \frac{N\sum_i x_i y_i - \sum_i x_i \sum_i y_i}{\sqrt{N\sum_i x_i^2 - \left(\sum_i x_i\right)^2}\sqrt{N\sum_i y_i^2 - \left(\sum_i y_i\right)^2}}. \tag{6.23}$$

三、 相关系数数值的解释

相关系数越接近于 1 或 −1, 相关系数的绝对值越大, 相关度越强; 相关系数越接近于 0, 相关度越弱. 通常情况下通过表 6.6 取值范围判断变量的相关强度.

表 6.6 相关强度等级表

数值范围	相关程度
0.8−1.0	极强相关
0.6−0.8	强相关
0.4−0.6	中等程度相关
0.2−0.4	弱相关
0.0−0.2	极弱相关或无相关

例 8 例如, 假设五个国家的国民生产总值分别是 1, 2, 3, 5, 8(单位 10 亿美元), 又假设这五个国家的贫困比例分别是 11%, 12%, 13%, 15%, 18%. 试分析国民生产总值与国家贫困比例之间的关系.

解 根据公式 (6.23) 得到 $r = 1$. 因此国民生产总值与国家贫困比例两组数据在一条线上面, 具有强相关.

例 9 现在有 5 个人的视觉、听觉反应时 (单位: 毫秒) 数据见表 6.7. 请问视觉、听觉反应时是否具有一致性?

表 6.7 反应数据

被试人	1	2	3	4	5
听觉反应时	170	150	210	180	160
视觉反应时	180	165	190	168	172

解 (1) 灰色关联度.

$$|x_1(1) - x_2(1)| = |170 - 180| = 10,$$

$$|x_1(2) - x_2(2)| = |150 - 165| = 15,$$

$$|x_1(3) - x_2(3)| = |210 - 190| = 20,$$

$$|x_1(4) - x_2(4)| = |180 - 168| = 12,$$

$$|x_1(5) - x_2(5)| = |160 - 172| = 12,$$

所以, 两级最小差为$\min\{10, 15, 20, 12, 12\}$=12, 两级最大差为$\max\{10, 15, 20, 12, 12\}$=20, 根据公式 (6.20) 计算关联系数

$$\xi(1) = \frac{12 + 0.3 \times 20}{10 + 0.3 \times 20} = 1.125,$$

$$\xi(2) = \frac{12 + 0.3 \times 20}{15 + 0.3 \times 20} = 0.857,$$

$$\xi(3) = \frac{12 + 0.3 \times 20}{20 + 0.3 \times 20} = 0.692,$$

$$\xi(4) = \frac{12 + 0.3 \times 20}{12 + 0.3 \times 20} = 1,$$

$$\xi(5) = \frac{12 + 0.3 \times 20}{12 + 0.3 \times 20} = 1,$$

在此, 我们取 $\rho = 0.3$. 则根据公式 (6.23) 计算关联度得到: $r = \dfrac{\sum\limits_{k=1}^{5} \xi(k)}{5} = 0.9348$.

(2) 斯皮尔曼等级相关.

将听觉与视觉按大小顺序排序, 则得到表 6.8.

表 6.8　反应数据排序表

被试人	1	2	3	4	5
听觉反应时	3	1	5	4	2
视觉反应时	4	1	5	2	3

所以

$$d_1 = 3-4 = -1, \quad d_2 = 1-1 = 0, \quad d_3 = 5-5 = 0, \quad d_4 = 4-2 = 2, \quad d_5 = 2-3 = -1,$$

所以 $\rho = 1 - \dfrac{6\sum d_i^2}{n^3 - n} = 0.7$.

(3) 皮尔逊相关系数.

$$r = \frac{N\sum x_i y_i - \sum x_i \sum y_i}{\sqrt{N\sum x_i^2 - \left(\sum x_i\right)^2}\sqrt{N\sum y_i^2 - \left(\sum y_i\right)^2}} = 0.006,$$

通过分析以上三种算法所求得的结果, 可得到以下信息: 灰色关联度虽然计算出来的关联度很大, 但是其值很大程度上取决于分辨率. 不过, 不管分辨率如何取值, 其只改变关联系数的绝对大小, 并不改变关联性的相对强弱. 通过上述分析可发现, 在确定两组数据是否在一条线上时, 比较适合使用皮尔逊相关系数; 在确定两组数据间的相关度时, 使用斯皮尔曼等级相关较好; 在对多组待测数列与一个参考数列之间相关度大小的排序时, 可以选择使用灰色关联度.

例 10　梭梭生长量与气候因子的关联分析表 6.9 为 1995 年梭梭逐月生长量 (X_0)、月平均气温 (X_1)、月降水量 (X_2)、月日照时数 (X_3) 和月平均相对湿度 (X_4) 的原始数据, 试排出影响梭梭生长的关联序, 并找出主要的影响因子.

表 6.9　梭梭生长与气候数据

	1	2	3	4	5	6	7	8	9	10	11	12
X_0/cm	0.01	0.5	1.5	10.8	13	16.3	18	19.3	14.8	10.3	8	1
X_1/℃	4.2	7.4	10	16.1	21.1	23.9	24.7	24.5	22	18	13.1	6.8
X_2/mm	17	10	17	19	248	72.	96.9	269	194	58	4.9	12
X_3/h	54	73	84	137	149	109	101	164	81	84	79	66
X_4/%	81	79	75	75	77	79	83	86	83	82	81	82

解　(1) 灰色关联度.

数据处理:

X_0-X_1	X_0-X_2	X_0-X_3	X_0-X_4
−4.19	−16.99	−54.49	−80.99
−6.9	−10.3	−73.3	−78.5
−8.5	−15.9	−83.2	−73.5
−5.3	−8.9	−126.2	−64.2
−8.1	−235.7	−136.6	−64
−7.6	−55.9	−93.2	−62.7
−6.7	−78.9	−83.6	−65
−5.2	−250.2	−145.3	−66.7
−7.2	−180	−66.8	−68.2
−7.7	−47.8	−73.7	−71.7
−5.1	3.1	−71.3	−73
−5.8	−11.6	−65.5	−81

则两级最小差与两级最大差分别为

$$\min\min|x_0(k)-x_i(k)|=3.1,$$
$$\max\max|x_0(k)-x_i(k)|=249.7,$$

在此, 我们取 $\rho=0.5$, 根据公式 (6.20) 计算关联系数

$\xi(1)$	0.99	0.97	0.95	0.98	0.96	0.97	0.97	0.98	0.97	0.97	0.97	0.98
$\xi(2)$	0.90	0.95	0.91	0.96	0.36	0.71	0.63	0.34	0.42	0.74	1.00	0.94
$\xi(3)$	0.72	0.65	0.62	0.51	0.49	0.59	0.62	0.47	0.67	0.64	0.65	0.67
$\xi(4)$	0.62	0.63	0.65	0.68	0.68	0.68	0.67	0.67	0.66	0.65	0.65	0.62

则根据公式 (6.23) 分别计算出月平均气温 (X_1)、月降水量 (X_2)、月日照时数 (X_3) 和月平均相对湿度 (X_4) 关于梭梭逐月生长量 (X_0) 的关联度计算关联度 r_1, r_2, r_3, r_4 为

$$(r_1, r_2, r_3, r_4) = (0.97,0.74,0.60,0.65),$$

由 $r_1 > r_2 > r_4 > r_3$ 说明梭梭逐月生长量与月平均气温关系最密切, 而月降水量、月平均相对湿度和月日照的密切程度依次减小. 因此影响梭梭逐月生长量的主要影响因子是月平均气温.

(2) 斯皮尔曼等级相关.

将数据按大小顺序排序, 则得到表 6.10.

表 6.10　梭梭生长与气候数据排序表

	1	2	3	4	5	6	7	8	9	10	11	12
X_0/cm	1	2	4	7	8	10	11	12	9	6	5	3
X_1/℃	1	3	4	6	8	10	12	11	9	7	5	2
X_2/mm	4	2	5	6	11	8	9	12	10	7	1	3
X_3/h	1	3	7	10	11	9	8	12	5	6	4	2
X_4/%	6	5	2	1	3	4	10	12	11	9	7	8

进一步有

d_1	d_2	d_3	d_4	d_5	d_6	d_7	d_8	d_9	d_{10}	d_{11}	d_{12}
0	−1	0	1	0	0	−1	1	0	−1	0	1
−3	0	−1	1	−3	2	2	0	−1	−1	4	0
0	−1	−3	−3	−3	1	3	0	4	0	1	1
−5	−3	2	6	5	6	1	0	− 2	−3	−2	−5

则根据公式 (6.24) 分别计算出月平均气温 (X_1)、月降水量 (X_2)、月日照时数 (X_3) 和月平均相对湿度 (X_4) 关于梭梭逐月生长量 (X_0) 的关联度计算关联度 $\rho_1, \rho_2, \rho_3, \rho_4$ 为

$$(\rho_1, \rho_2, \rho_3, \rho_4) = (0.996503, 1.000, 0.996503, 0.912587).$$

由 $\rho_2 > \rho_1 = \rho_3 > \rho_4$ 说明梭梭逐月生长量与月降水量关系最密切, 其次是月平均气温和月日照, 关系最不密切的是月平均相对湿度. 因此影响梭梭逐月生长量的主要影响因子是月降水量.

通过对该例题的分析可知, 在使用斯皮尔曼等级相关分析时, 可能会出现几种影响因素的相关性相同的想象, 这是由斯皮尔曼中的两个标志对应等级编号的差 d_i 所引起的. 因此斯皮尔曼在比较多种指标与某种待比较因素之间的相关程度大小时适用性不是太好, 使用灰色关联度比较合适.

第五节　回 归 分 析

一、 回归分析的原理及用途

回归分析 (Regression Analysis) 是确定两种或两种以上变量间相互依赖的定量关系的一种统计分析方法. 运用十分广泛, 回归分析按照涉及的变量的多少, 分为一元回归分析和多元回归分析; 在线性回归中, 按照自变量的多少, 可分为简单回归分析和多重回归分析; 按照自变量和因变量之间的关系类型, 可分为线性回归分析和非线性回归分析. 如果在回归分析中, 只包括一个自变量和一个因变量, 且二者的关系可用一条直线近似表示, 这种回归分析称为一元线性回归分析. 如果回归分析中包括两个或两个以上的自变量, 且因变量和自变量之间是线性关系, 则称为多元线性回归分析.

在数学建模中, 回归分析通常用于确定变量之间的定量关系, 从而完成预测, 如 2015 年数学建模电工杯 B 题要求预测航行前各周预订舱位的人数, 可运用回归分析得到预定人数随周数的变化规律, 从而完成预测. 线性回归分析还用于分析变量之间的相互依赖程度, 如 2013 年数学建模电工杯 B 题要求研究锅炉的运行参数对锅炉效率的影响, 可利用多元线性回归分析各参数对锅炉效率的影响, 以找出影响锅炉效率的主要因素.

二、 一元线性回归模型

通常一元线性回归方程可以表示为

$$y_i = a + bx_i + \varepsilon_i. \tag{6.24}$$

1. 用最小二乘法估计参数 a, b

按照回归方程的定义, $a + bx_i$ 应是 X 取值 x_i 时 Y 的数学期望, 所以实际观察到的 y_i 虽然不一定恰恰等于 $a + bx_i$, 也应相去不远. 即 n 个样本点 $(x_i, y_i), i = 1, 2, \cdots, n$ 应散落在回归直线 $y = a + bx$ 的近旁. 这启发我们一个方法: 作一条直线 $y = a + bx$, 尽可能地 "拟合" 这 n 个样本点 $(x_i, y_i), i = 1, 2, \cdots, n$, 然后用 $\hat{a}$ 和 $\hat{b}$ 分别作为 a 和 b 的估计. 对于如何做这么一条直线, 我们通常采用最小二乘法, 这是应用数学中的重要方法, 其思想是:

如果我们任意作一条直线 $y = c + dx$, 则 n 个样本点 $(x_i, y_i), i = 1, 2, \cdots, n$ 与此直线的偏离可用 $\delta_i = y_i - (c + dx_i), i = 1, 2, \cdots, n$ 来衡量. 取其平方和 $\sum_{i=1}^{n} \delta_i^2 = \sum_{i=1}^{n} (y_i - c - dx_i)^2$ 作为度量直线 $y = c + dx$ 与样本 $(x_i, y_i), i = 1, 2, \cdots, n$ 点的偏离的综合指标. 根据上述分析, 我们要决定 c, d 之值, 使 $\sum_{i=1}^{n} (y_i - c - dx_i)^2$ 达到最小, 这就是最小二乘法.

若对任何 c, d 都成立

$$\sum_{i=1}^{n} (y_i - \hat{a} - \hat{b}x_i)^2 \leqslant \sum_{i=1}^{n} (y_i - c - dx_i)^2, \tag{6.25}$$

则称 $\hat{a}, \hat{b}$ 分别为参数 a, b 的最小二乘估计, 记

$$\bar{x} = \frac{1}{n} \sum_{i=1}^{n} x_i, \quad \bar{y} = \frac{1}{n} \sum_{i=1}^{n} y_i,$$

利用极值的求法, 不难得到的最小二乘估计为

$$\hat{a} = \bar{y} - \hat{b}\bar{x}, \tag{6.26}$$

$$\hat{b} = \sum_{i=1}^{n} (x_i - \bar{x})(y_i - \bar{y}) \Big/ \sum_{i=1}^{n} (x_i - \bar{x})^2, \tag{6.27}$$

在实际计算时, 先由 (6.27) 计算出 $\hat{b}$, 再由 $\hat{b}$ 之值, 由 (6.26) 求出 $\hat{a}$.

例 11　用切割机床进行金属性加工, 要测定刀具的磨损速度, 以便适当调整机床, 为此, 测量在一定时间间隔内刀具的厚度, 得数据见表 6.11.

表 6.11　刀具厚道　　(单位: cm)

时间 t/小时	0	1	2	3	4	5	6	7	8
刀具厚度 y	30	29.1	28.4	28.1	28	27.7	27.5	27	27
时间 t/小时	9	10	11	12	13	14	15	16	
刀具厚度 y	26.8	28.5	26.3	26.1	25.7	25.3	24.8	24	

假定刀具厚度 y 和时间 t 适合一元线性回归模型, 试根据这批数据去估计厚度 y 对时间 t 的线性回归方程.

解

$$\sum_{i=0}^{16} (t_i - \bar{t})(y_i - \bar{y}) = \sum_{i=0}^{16} t_i y_i - \frac{1}{17} \sum_{i=0}^{16} t_i \sum_{i=0}^{16} y_i,$$

$$\sum_{i=0}^{16} (t_i - \bar{t})^2 = \sum_{i=0}^{16} t_i^2 - \frac{1}{17} \left(\sum_{i=0}^{16} t_i \right)^2,$$

$$\sum_{i=0}^{16} t_i = 136, \quad \sum_{i=0}^{16} y_i = 458.3, \quad \sum_{i=0}^{16} t_i^2 = 1490,$$

$$\sum_{i=0}^{16} t_i y_i = 3543.7, \quad \sum_{i=0}^{16} y_i^2 = 12393.53,$$

因为 $n = 17$, 所以 $\bar{t} = 8, \bar{y} = 26.959$, 从而

$$\hat{b} = \frac{3543.7 - 136 \times 458.3/17}{1496 - 136^2/17} = -0.301,$$

$$\hat{a} = \bar{y} - \hat{b}\bar{t} = 26.959 + 0.301 \times 8 = 29.365,$$

故可得回归方程 $y = 29.365 - 0.301t$, 根据这个方程, 我们估计第 8 小时的磨损是 0.3cm.

2. 随机误差方差点 σ^2 的估计

回归方程 $y = a + bx$ 的意义在于用一个确定性的关系去代替变量 X 和 Y 之间的相关关系, 这个替代的近似程度如何, 取决于随机误差的大小, 而后者大体上可用其方差 σ^2 来刻画. 方差 σ^2 一般也是未知的.

我们根据下面的想法来寻找 σ^2 的估计. 若随机误差小, 则 X 和 Y 之间的关系, 就更加接近于一条直线. 于是 n 个样本点 $(x_i, y_i), i = 1, 2, \cdots, n$ 就应当越接近于直线 $y = \hat{a} + \hat{b}x$, 从而

$$\eta_i = y_i - (\hat{a} + \hat{b}x_i), \quad i = 1, 2, \cdots, n \tag{6.28}$$

应当有较小的绝对值. n 个值 $\eta_1, \eta_2, \cdots, \eta_n$ 称为残差, 其平方和

$$S_L = \sum_{i=1}^{n} (y_i - \hat{a} - \hat{b}x_i)^2$$

称为残差平方和. 根据以上分析, 当随机误差小时, S_L 应倾向于小. 反之, 若随机误差大, 则残差平方和 S_L 也会增大. 由此可得到 σ^2 的合理估计

$$S_2 = \frac{S_L}{n-2},$$

这里 n 为样本容量, $n - 2$ 为自由度.

注 1 凡是对试验结果有影响而我们并没有把它们作自变量来处理的因素, 都应尽量设法控制这些因素 (即让这些因素在试验中尽量保持不变), 以减少误差.

注 2 以上对方差 σ^2 所作的估计, 是在承认回归方程 $y = a + bx$ 正确的前提下进行的, 否则, 残差平方和 S_L 还包含有模型偏差的影响.

综上, S_L=随机误差的影响+模型偏差的影响+未加控制的其他因素的影响.

由此可见, 回归分析要得到较精确的结果, 必须尽量控制住对因变量有影响的其他 (X 以外) 因素, 所选回归模型应尽量符合实际, 这个原理对多个自变量及任何形式的回归都有效.

3. 回归方程的显著性检验

一元线性回归模型是我们人为假定的模型, 该模型是否比较真实地反映了因变量与自变量之间的相关关系, 还需要经过对回归方程的显著性检验来验证.

对回归方程的显著性检验是指检验假设

$$H_0 : b = 0 \leftrightarrow H_1 : b \neq 0, \tag{6.29}$$

当 H_0 为真时, 则 y 不受 x 的影响, 说明模型不成立; 当 H_1 真时, 则 x 与 y 之间确有一定的关系, 说明模型可以成立. 在实际工作中, 有时我们根据某种考虑认为与有关, 但并无切实的把握, 我们可以通过数据检验一下, 因此可以提出检验问题.

记偏差平方和 $S_{\mathrm{T}} = \sum_{i=1}^{n}(y_i - \bar{y})^2$, 回归平方和 $S_{\mathrm{R}} = \sum_{i=1}^{n}(\hat{y}_i - \bar{y})^2 = \sum_{i=1}^{n}(\hat{a}+\hat{b}x_i - \bar{y})^2$, 残差平方和 $S_{\mathrm{L}} = \sum_{i=1}^{n}(y_i - \hat{y}_i)^2$, 可以证明

(1) $S_{\mathrm{T}} = S_{\mathrm{L}} + S_{\mathrm{R}}$;

(2) $\dfrac{S_{\mathrm{L}}}{\sigma^2} \sim x^2(n-2)$;

(3) S_{R} 与 S_{L} 相互独立;

(4) 若原假设 H_0 是正确的, 则 $\dfrac{S_{\mathrm{R}}}{\sigma^2} \sim x^2(1)$.

根据 F 分布的定义及以上结论知: 当原假设 H_0 为真时, 统计量

$$F = \frac{S_R}{S_L/(n-2)} \sim F(1, n-2), \tag{6.30}$$

若变量 Y 与 X 之间的线性相关关系显著, 则 S_R 的值较大. 因而得到统计量 F 的值也较大; 反之, 若 Y 与 X 之间的线性相关关系不显著, 则 F 的值较小. 因此可见, 我们可以根据 F 值的大小来检验上述假设 H_0. 对于给定的显著性水平, 假设 H_0 的拒绝域为

$$F > F_\alpha(1, n-2). \tag{6.31}$$

例 12　根据例 11 所给的数据, 试检验刀具厚度与切削时间的线相关关系是否显著.

解　由例 11 得线性回归分程为

$$y = 29.365 - 0.301t.$$

下面对上述回归方程进行显著性检验

$$S_T = \sum_i (y_i - y)^2 = 38.36, \quad S_R = 36.96, \quad S_L = 1.4,$$

由此得

$$F = \frac{S_R}{S_L/(n-2)} = \frac{36.96}{1.4/15} = 396,$$

$$F_{0.01}(1,15) = 8.68 < 396.$$

所以, 刀具厚度与切削时间的线性相关关系特别显著. 由此可见, 例 11 中得到的线性回归方程是有意义的, 它大致地描述了刀具厚度随切削时间的变化规律.

4. 相关系数及其显著性检验

从概率论的知识可知, 变量 X 与 Y 之间的相关系数 ρ_{XY} 是表示它们之间的线性相关关系的一个数字特征. 因此, 要检验变量 X 与 Y 之间的线性相关关系是否显著, 很自然的想法就是应当考察相关系数 ρ_{XY} 的大小. 若相关系数的绝对值很小, 甚至等于 0, 则说明 X 与 Y 之间的线性相关关系不显著, 或者根本不存在线性相关关系; 只有在相关系数 ρ_{XY} 的绝对值接近 1 时, 才表明 X 与 Y 之间的线性相关关系显著, 这时求线性回归方程才有实际意义. 在相关系数 ρ_{XY} 未知的情况下, 我们可以根据试验数据计算样本相关关系数 ρ 作为相关系数 ρ_{XY} 的估计值为

$$\rho = \hat{\rho}_{XY} = \frac{\frac{1}{n}\sum_{i=1}^{n}(x_i - \bar{x})(y_i - \bar{y})}{\sqrt{\frac{1}{n}\sum_{i=1}^{n}(x_i - \bar{x})^2}\sqrt{\frac{1}{n}\sum_{i=1}^{n}(y_i - \bar{y})^2}}. \tag{6.32}$$

因为样本相关系数 ρ 是相关系数 ρ_{XY} 的估计值, 所以当 $|\rho|$ 越接近 1 时, X 与 Y 之间的线性相关关系越显著. 当 $\rho > 0$ 时, 称 Y 与 X 为正相关; 当 $\rho < 0$ 时, 称 Y 与 X 为负相关.

当 $|\rho|$ 接近 0 时, 我们可以认为 Y 与 X 之间不存在线性相关关系, 这时有两种可能情形: 或者 Y 与 X 不相关, 或者 Y 与 X 之间存在非线性相关关系.

然而, ρ 的绝对值究竟应当多大, 才能认为 Y 与 X 之间的线性相关关系显著呢?

由

$$F = \frac{S_R}{S_L/(n-2)} = \frac{(n-2)\rho^2}{1-\rho^2}, \tag{6.33}$$

不难得到

$$|\rho| = \sqrt{\frac{F}{F+n-2}}, \tag{6.34}$$

对于给定的显著性水平 α, 不难由 F 的临界值 F_α 计算得到相关系数的临界值 ρ_α. 因为 F 的第一自由度为 1, 第二自由度为 $n-2$, 所以 F 的临界值 F_α 仅与第二自由度 $n-2$ 有关, 所以相关系数的临界值 ρ_α 依赖于自由度 $n-2$. 对于两种显著性水平 α=0.05 及 α=0.01, 由 F_α 的值, 可以计算出相关系数的临界值 ρ_α. 由试验数据计算出样本相关系数 ρ, 我们有:

(1) 当 $|\rho| \leqslant \rho_{0.05}$ 时, 则认为 Y 与 X 之间的线性相关关系不显著, 或者不存在线性相关关系;

(2) 当 $\rho_{0.05} < |\rho| \leqslant \rho_{0.01}$ 时, 则认为 Y 与 X 之间的线性相关关系显著;

(3) 当 $|\rho| > \rho_{0.01}$ 时, 则认为 Y 与 X 之间的线性相关特别显著.

例 13 根据例 1 给的数据, 利用相关系数的显著性检验来检验刀具厚度与切削时间的线性相关关系是否显著.

解 由 (6.32) 可求得

$$\rho = \frac{-122.8}{\sqrt{408 \times 38.36}} = -0.982, \tag{6.35}$$

当 $n=17$ 时

$$\rho_{0.05} = 0.482, \quad \rho_{0.01} = 0.606,$$

因为 $|\rho| > \rho_{0.01}$, 所以刀具厚度与切削时间的线性相关关系是特别显著的. 这与例 8 得到的结论是相同的.

三、多元线性回归模型

1. 多元回归模型的最小二乘估计

记 $Y=(y_1,y_2,\cdots,y_n)^{\mathrm{T}}, \varepsilon=(\varepsilon_1,\varepsilon_2,\cdots,\varepsilon_n)^{\mathrm{T}}, \beta=(\beta_0,\beta_1,\cdots,\beta_p)^{\mathrm{T}}$,

$$X = \begin{pmatrix} 1 & x_{11} & x_{12} & \cdots & x_{1p} \\ 1 & x_{21} & x_{22} & \cdots & x_{2p} \\ \vdots & \vdots & \vdots & & \vdots \\ 1 & x_{n1} & x_{n2} & \cdots & x_{np} \end{pmatrix},$$

多元线性回归方程的矩阵形式为

$$Y = X\beta + \varepsilon. \tag{6.36}$$

记矩阵 $L = X^{\mathrm{T}}X$, 利用多元函数极值的求法, 不难得到模型 (6.36) 参数的最小二乘估计为

$$\hat{\beta} = L^{-1}X^{\mathrm{T}}Y, \tag{6.37}$$

Y 对于 X 的多元线性回归方程为

$$\hat{Y} = X\hat{\beta}. \tag{6.38}$$

2. "最优"回归方程与逐步回归法

在气象预报、地震预报、水文及虫害预报中, 在自动生产过程的数值模拟中, 我们常常从可能影响预报量 y 的许多因子中挑选若干个因子作为自变量, 应用回归分析方法建立回归方程, 以作预报或控制之用. 问题是怎样在众多的因子中挑选那些对预报量 y 有显著影响的自变量来建立回归方程, 使得建立的回归方程中不包含对预报量 y 影响不显著的自变量, 具有这种性质的回归方程, 称为"最优"回归方程.

我们知道, 回归方程中包含的自变量个数越多, 回归平方和 S_{R} 就越大, 残差平方和 S_{L} 就越小. 一般来讲, 残差平方和 S_{L} 越小, 预报的精确性越高. 所以, "最优"回归方程中就希望包含尽可能多的自变量, 特别是对预报量 y 有显著影响的自变量不能遗漏掉. 但是, 方程中所含的自变量的个数太多, 也有不利的一面. 首先, 计算复杂, 使用不方便. 其次, 如果回归方程中包含着对预报量 y 影响不显著的自变量, 那么残差平方和 S_{L} 不会由于这些自变量的加入而减少多少, 相反, 由于 S_{L} 的自由度 $n-p$ 随 p 增加而减少, 反而使 $S_{\mathrm{L}}/n-p$ 增大, 降低预报的精确性.

逐步回归法是求解"最优"回归方程的重要方法. 逐步回归法的思想就是: 将因子逐一引入回归方程. 具体做法是在所考虑的全部因子中, 按其对预报量 y 作用的显著程度的大小, 挑选一个最重要的因子, 建立只包含这个因子的回归方程; 接着对其他因子计算偏回归平方和, 引入一个显著性的因子, 建立具有两个因子的回归方程, 从此之后, 逐步回归的每一步.(引入一个因子或从回归方程中剔除一个因子都算作一步) 前后都作显著性检验, 即反复进行两个步骤: 第一, 对已在回归方程中的因子作显著性检验, 把显著性因子保留下来, 把不显著的那个因子从方程中剔除掉; 第二, 对不在回归方程中的其余因子, 挑选最重要的一个进入回归方程. 直到最后, 回归方程中再也不能剔除任一因子, 同时也不能再引入因子为止, 保证最后所得的回归方程中所有因子都为显著因子.

作为回归分析的内容来说, 逐步回归并不包含多少新内容, 基本过程是对回归系数进行估计、计算偏回归平方和并作显著性检验, 主要技巧在于上述过程可以巧妙地通过一套计算机程序以较少的计算量完成.

四、 非线性回归分析

实际问题中, 将问题假定为线性模型往往存在是不可行的, 这个时候就需要借助非线性模型来解决实际问题. 这种情况下的统计分析要复杂得多, 但是, 有的可以通过适当的变换, 把非线性回归转化为线性回归, 然后再用我们前面已介绍过的方法进行分析, 然后转回到前者. 化非线性回归为线性回归.

为了便于读者选择适当的曲线类型, 我们列举一些常用的曲线方程及图形, 并给出相应的线性回归的变量代换公式. 在化成线性回归方程之后, 就可按最小二乘法估计其参数, 从而给出原曲线方程中参数的估计.

1. **双曲线方程**

$$\frac{1}{y}=a+\frac{b}{x},$$

如图 6.5 所示.

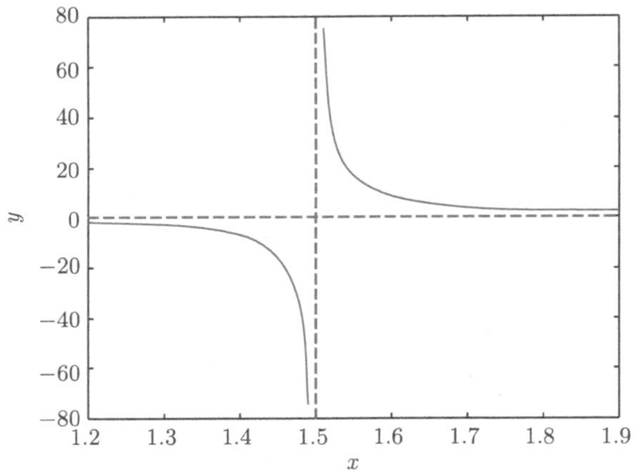

图 6.5 函数图

利用变换

$$\begin{cases} X=\dfrac{1}{x}, \\ Y=\dfrac{1}{y}, \end{cases}$$

变换后的线性方程为 $Y=a+bX$.

2. **幂函数方程**

$$y=ax^b,$$

如图 6.6 所示.

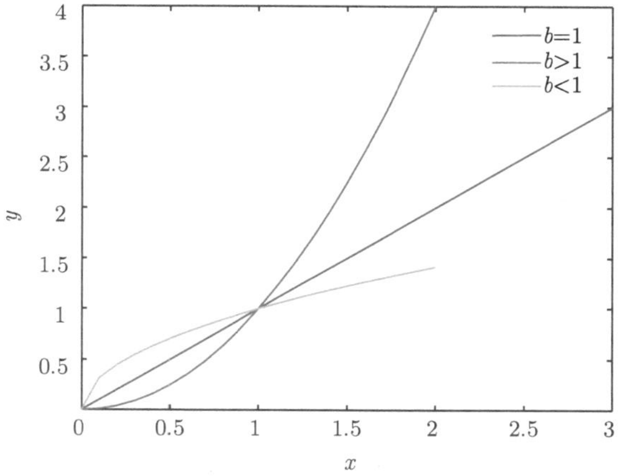

图 6.6 函数图

利用变换

$$\begin{cases} X = \ln x, \\ Y = \ln y, \end{cases}$$

变换后的方程为 $Y = \ln a + bX$.

3. **指数曲线方程**

$$y = a\mathrm{e}^{\frac{b}{x}},$$

如图 6.7 所示.

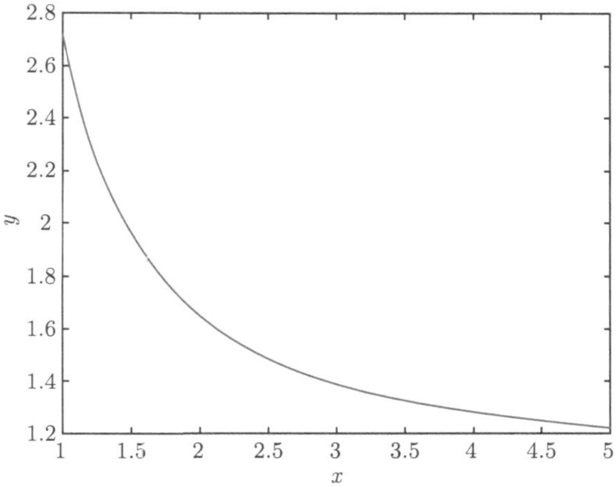

图 6.7 函数图

利用变换

$$\begin{cases} X = \dfrac{1}{x}, \\ Y = \ln y, \end{cases}$$

变换后的线性方程为 $Y = \ln a + bX$.

4. **指数曲线方程**

$$y = a\mathrm{e}^{bx},$$

如图 6.8 所示.

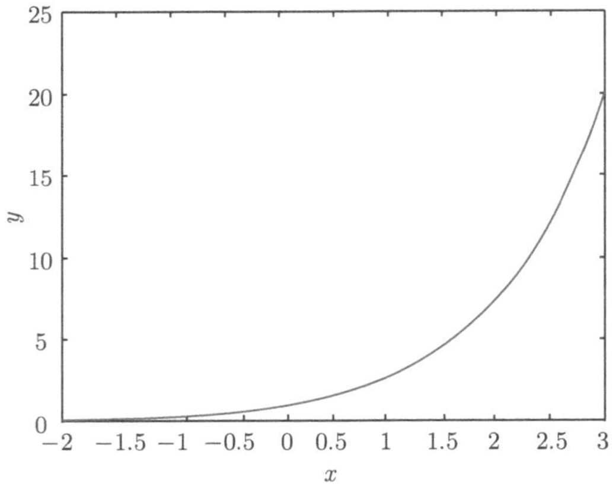

图 6.8 函数图

利用变换

$$\begin{cases} X = x, \\ Y = \ln y, \end{cases}$$

变换后的线性方程为 $Y = \ln a + bX$.

5. **对数曲线方程**

$$y = a + b\ln x,$$

如图 6.9 所示.

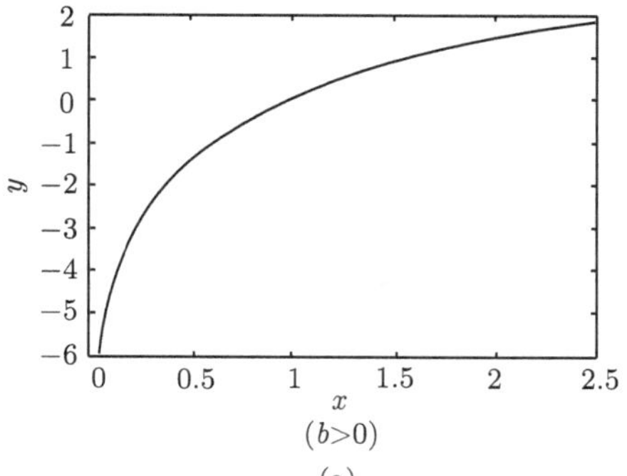

(a)

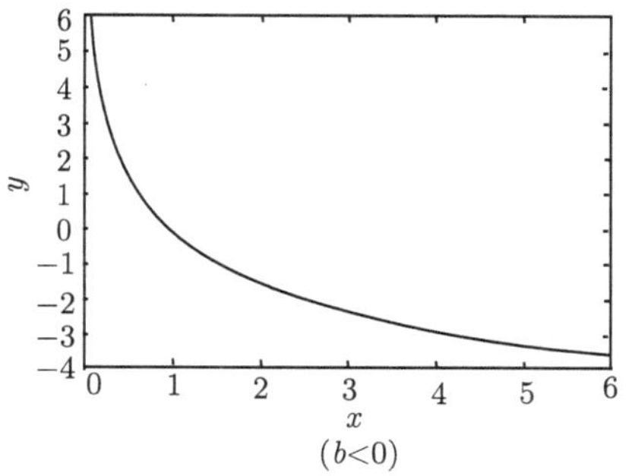

(b)

图 6.9 函数图

利用变换

$$\begin{cases} X = \ln x, \\ Y = y, \end{cases}$$

变换后的线性方程 $Y = a + bX$.

6. S 型曲线方程

$$y = \frac{1}{a + b\mathrm{e}^{-x}},$$

如图 6.10 所示.

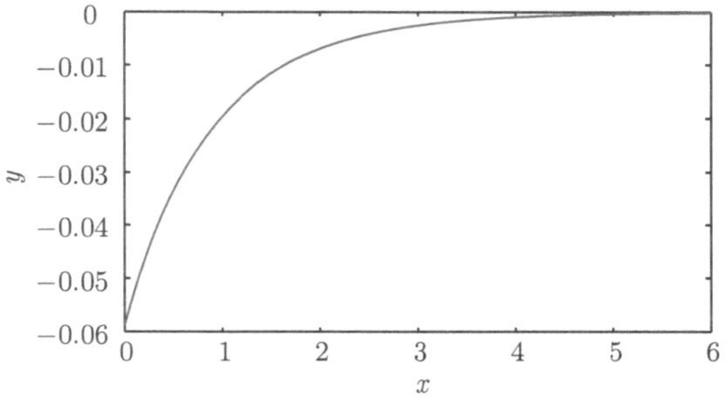

图 6.10 函数图

利用变换

$$\begin{cases} X = \mathrm{e}^{-x}, \\ Y = \dfrac{1}{y}, \end{cases}$$

变换后的线性方程为 $Y = a + bX$.

例 14 下面是某公司在六年里获得的利润 (单位: 万元), 根据这些数据研究利润与年份的回归关系 (表 6.12).

表 6.12　利润数据

年份 x	1	2	3	4	5	6
利润 y	112	149	238	354	580	867

解　将数对 (1,112), (2,149), $\cdots$, (6,867) 标在平面上, 观察这些点的位置, 发现用指数曲线 $y=ab^x$ 来描述 x 与 y 之间的关系是比较合适的.

按上面所述, 作变换

$$\begin{cases} X=x, \\ Y=\ln y, \end{cases}$$

变换后的线性方程为 $Y=\ln a+(\ln b)X$.

记 $\alpha=\ln a, \beta=\ln b$, 则上面方程变为

$$Y=\alpha+\beta X.$$

把 (x,y) 的 6 组观察值转化为 (X,Y) 的 6 组观察值, 见表 6.13.

表 6.13　变换后的利润数据

x_i	y_i	X_i	$Y_i=\ln y_i$	X_iY_i	X_i^2
1	112	1	4.7185	4.7185	1
2	149	2	5.0039	10.0078	4
3	238	3	5.4723	16.4169	9
4	354	4	5.8693	23.4772	16
5	580	5	6.3630	31.8150	25
6	867	6	6.6750	40.0500	36
21	2300	21	34.1020	126.4854	91

矩阵 $X_0=\begin{pmatrix} 1 & 1 & 1 & 1 & 1 & 1 \\ 1 & 2 & 3 & 4 & 5 & 6 \end{pmatrix}^{\mathrm{T}}$, $L=X_1^{\mathrm{T}}X_1=\begin{pmatrix} 6 & 21 \\ 21 & 91 \end{pmatrix}$,

$$Y_1=(4.7185, 5.0039, 5.4723, 5.8693, 6.3630, 6.6750)^{\mathrm{T}}.$$

线性模型 $Y=\alpha+\beta X$ 中参数的最小二乘估计为

$$L^{-1}X_1^{\mathrm{T}}Y_1=(4.258, 0.4073)^{\mathrm{T}},$$

所以 $Y=4.2580+0.4073X$.

再利用 $Y=\ln y, X=x$, 我们得到

$$\ln y=4.2580+0.4073x.$$

于是利润 y 与年份 x 之间的回归方程为

$$y=77.67\times(1.502)^x.$$

五、 回归分析与相关性分析的联系与区别

相关性分析和回归分析是研究现象之间相关关系的两种常用方法, 二者有着密切的联系, 它们不仅有共同的研究对象, 而且在具体运用时, 常常需要互相补充. 在相关分析中, 相关系数能确定两个变量之间的相关方向和相关的密切程度; 而回归分析就是对具有相关关系的两个或两个以上的变量之间数量变化的一般关系进行测定, 选择一个合适的数学模型, 以便对因变量进行估计或预测的一种统计方法. 相关分析需要借助回归分析表明现象数量相关的具体形式; 同时, 回归分析需要依靠相关性分析来表明现象数量变化的相关程度, 只有变量之间高度相关时, 进行回归分析才有意义.

但是, 相关性分析和回归分析在研究目的和具体研究方法上有着明显的区别. 其一, 相关性分析只研究变量间的相关方向和相关密切程度, 无须明确自变量和因变量; 而回归分析必须明确自变量和因变量, 并且只能从自变量推测因变量. 其二, 相关性分析无法指出变量之间相关关系的具体形式; 而回归分析能得到变量之间的定量关系, 从而可以通过已知量预测未知量, 实现从一个变量的变化情况推知另一个变量的变化情况. 其三, 相关性分析一般涉及的变量都是随机的; 而回归分析中的因变量是随机的, 自变量则作为研究对象, 是给定的.

六、 利用 MATLAB 程序实现最小二乘法的应用

在 MATLAB 中可调用 regress 函数使用最小二乘法完成线性回归的参数估计. 具体调用格式为

```
[b, bint, r, rint, stats] = regress(Y,X,alpha),
```

其中, bint 是回归系数的区间估计, r 是残差, rint 是置信区间, stats 是用于检验回归模型的统计量, 包含三个值, 相关系数 r^2, F 值, 与 F 对应的概率 P, alpha 是显著性水平, 缺省时为 0.05, 相关系数 r^2 越大, 说明回归方程越显著.

真题练习

1. 2012 年全国大学生数学建模竞赛 A 题

葡萄酒的评价

确定葡萄酒质量时一般是通过聘请一批有资质的评酒员进行品评. 每个评酒员在对葡萄酒进行品尝后对其分类指标打分, 然后求和得到其总分, 从而确定葡萄酒的质量. 酿酒葡萄的好坏与所酿葡萄酒的质量有直接的关系, 葡萄酒和酿酒葡萄检测的理化指标会在一定程度上反映葡萄酒和葡萄的质量. 附件 1 给出了某一年份一些葡萄酒的评价结果, 附件 2 和附件 3 分别给出了该年份这些葡萄酒的和酿酒葡萄的成分数据. 请尝试建立数学模型讨论下列问题:

(1) 分析附件 1 中两组评酒员的评价结果有无显著性差异, 哪一组结果更可信?

(2) 根据酿酒葡萄的理化指标和葡萄酒的质量对这些酿酒葡萄进行分级.

(3) 分析酿酒葡萄与葡萄酒的理化指标之间的联系.

(4) 分析酿酒葡萄和葡萄酒的理化指标对葡萄酒质量的影响, 并论证能否用葡萄和葡萄酒的理化指标来评价葡萄酒的质量?

附件 1-3 的数据详见网址 http://www.shumo. com/wiki 栏目中的数模题库.

2. 2015 年全国大学生“电工杯”数学建模竞赛 B 题

基于预测的邮轮定价策略研究 (节选)

邮轮采用提前预订的方式进行售票, 邮轮出发前 0 周至 14 周为有效预定周期, 邮轮公司为了获得每次航行的预期售票收益, 希望通过历史数据预测每次航行 0 周至 14 周的预定舱位人数、预订舱位的价格, 为保证价格的平稳性, 需要限定同一航次相邻两周之间价格浮动比, 意愿预定人数 (填写信息表未交款的人数) 转化为实际预定人数 (填写信息表并交款的人数) 与定价方案密切相关.

已知某邮轮公司拥有一艘 1200 个舱位的邮轮, 舱位分为三种, 250 个头等舱位, 450 个二等舱位, 500 个三等舱位. 该邮轮每周往返一次, 同一航次相邻两周之间价格浮动比不超过 20%. 现给出 10 次航行的实际预订总人数以及各航次每周实际预订人数非完全累积表. 要求预测每次航行各周预订舱位的人数, 完善各航次每周实际预订人数非完全累积表.

部分累积表示例见表 6.14.

表 6.14 每周实际预订人数非完全累积表

	9			10		
船舱 / 周数	头等舱预订人数	二等舱预订人数	三等舱预订人数	头等舱预订人数	二等舱预订人数	三等舱预订人数
14	0	0	35	1	1	40
13	0	7	50	4	4	83
12	1	19	50	8	16	137
11	5	36	150	11	30	137
10	9	49	187	13	50	159
9	20	81	203	23	83	183
8	38	138	279	36	126	231
7	63	172	295	52	184	299
6	81	224	345	83	250	325
5	109	275	403			
4						
3						
2						
1						
0						

第七章　灰色预测与数值插值

第一节　灰 色 预 测

对于某些问题, 我们已知其全部信息, 则称其为白色系统; 有些问题的信息是全部未知的, 则称为黑色系统; 实际中, 很多系统的信息为部分已知但并不全知, 则称为灰色系统. 灰色预测理论就是对灰色系统进行预测. 虽然系统所表现的现象是随机的、杂乱无章的, 但是依然具备一定的潜在规律, 灰色预测就是寻找这种规律并加以利用, 从而对系统进行预测.

灰色模型 (Grey Models, GM) 是通过离散随机数经过生成变为较有规律的生成数, 进而直接转化为微分方程的模型, 其主要对事物的发展规律作出模糊性的长期描述. 灰色预测即利用灰色模型 (GM) 对系统行为特征的规律进行估计预测. 常用的预测模型有：GM(1,1) 模型、GM(1,N) 模型、Verhulst 模型、灰色波形.

一、 GM(1,1) 模型

GM(1,1) 模型是基于随机的原始时间序列, 经按时间累加后形成的新的时间序列所呈现的规律用一阶线性微分方程的解来逼近的模型. 当原始时间序列隐含着指数变化规律时, 灰色模型 GM(1,1) 的预测结果是非常成功的.

GM(1,1) 模型适用条件:

(1) 数据量不少于 4 个.

(2) 灰色预测适用于原始数据非负, 符合指数规律变化且变化不是很快.

(3) 对于 GM(1,1) 发展系数 a(详见定义 2) 与级比 $\sigma^{(0)}(k)$(详见式 (7.1)) 有：

a 的可容区间为 $(-2,2)$;

当 $-a \leqslant 0.3$ 时, GM(1,1) 可以用作中长期预测;

当 $0.3 < -a \leqslant 0.5$ 时, GM(1,1) 可用作短期预测中长期慎用;

当 $0.5 < -a \leqslant 0.8$ 时, GM(1,1) 作短期预测慎用;

当 $0.8 < -a \leqslant 1$ 时, 用残差修正 GM(1,1) 模型;

当 $-a > 1$ 时, 不宜采用 GM(1,1) 模型.

设 $X^{(0)}$ 为非负的原始序列, $X^{(1)}$ 为 $X^{(0)}$ 的一次累加生成数据数列, 即

$$X^{(0)} = \left\{x^{(0)}(1), x^{(0)}(2), \cdots, x^{(0)}(n)\right\},$$

$$X^{(1)}=\left\{x^{(1)}(1), x^{(1)}(2), \cdots, x^{(1)}(n)\right\},$$

其中

$$x^{(1)}(k)=\sum_{m=1}^{k} x^{(0)}(m), \quad k=1,2, \cdots, n,$$

定义级比 $\sigma^{(0)}(k)$ 为

$$\sigma^{(0)}(k)=\frac{x^{(0)}(k-1)}{x^{(0)}(k)}, \tag{7.1}$$

当 $\sigma^{(0)}(k) \in (\mathrm{e}^{\frac{-2}{n+1}}, \mathrm{e}^{\frac{2}{n+1}})$ 时, 用 GM(1,1) 建模.

定义 1　称

$$dx^{(1)}(k)=x^{(0)}(k)=x^{(1)}(k)-x^{(1)}(k-1)$$

为 $X^{(1)}$ 的灰导数.

记 $Z^{(1)}$ 为 $X^{(1)}$ 的紧邻均值生成序列,

$$Z^{(1)}=\left\{z^{(1)}(2), z^{(1)}(3), \cdots, z^{(1)}(n)\right\},$$

其中

$$z^{(1)}(k)=0.5 x^{(1)}(k)+0.5 x^{(1)}(k-1), \quad k=2,3, \cdots, n.$$

定义 2　称

$$dx^{(1)}(k)+a z^{(1)}(k)=b \quad \text{或} \quad x^{(0)}(k)+a z^{(1)}(k)=b \tag{7.2}$$

为 GM(1,1) 模型, 也称灰微分方程. 其中 a 称为发展系数, 反映了 $X^{(0)}$ 及 $X^{(1)}$ 的发展态势, b 称为灰作用量, $z^{(1)}(k)$ 称为白化背景值.

令 $k=2,3,\cdots,n$, 式 (7.2) 可以进一步写成

$$\left\{\begin{array}{c}
x^{(0)}(2)+a z^{(1)}(2)=b, \\
x^{(0)}(3)+a z^{(1)}(3)=b, \\
\cdots\cdots \\
x^{(0)}(n)+a z^{(1)}(n)=b,
\end{array}\right.$$

令

$$P=(a, b)^{\mathrm{T}},$$

$$Y=\left(\begin{array}{c}
x^{(0)}(2) \\
x^{(0)}(3) \\
\vdots \\
x^{(0)}(n)
\end{array}\right), \quad B=\left(\begin{array}{cc}
-z^{(1)}(2) & 1 \\
-z^{(1)}(3) & 1 \\
\vdots & \vdots \\
-z^{(1)}(n) & 1
\end{array}\right),$$

则 GM(1,1) 模型的矩阵形式为 $Y=BP$, 利用最小二乘法获得参数为

$$P=(B^{\mathrm{T}}B)^{-1}B^{\mathrm{T}}Y.$$

若将 $x^{(0)}(k)$ 的时刻视为连续, 灰微分方程 (7.2) 相应的白化微分方程为

$$\frac{dx^{(1)}}{dt}+ax^{(1)}=b. \tag{7.3}$$

式 (7.3) 白化方程的解 (离散响应) 为

$$\hat{x}^{(1)}(k+1)=\left(x^{(1)}(1)-\frac{b}{a}\right)\mathrm{e}^{-ak}+\frac{b}{a},\quad k=1,2,\cdots,n.$$

对数据模型作逆生成处理, 还原 $\hat{x}^{(0)}(k)$.

$$\begin{aligned}\hat{x}^{(0)}(1)&=x^{(0)}(1),\\ \hat{x}^{(0)}(k)&=\hat{x}^{(1)}(k)-\hat{x}^{(1)}(k-1)\\ &=(1-\mathrm{e}^{a})\left(x^{(0)}(1)-\frac{b}{a}\right)\mathrm{e}^{-a(k-1)},\quad k=2,3,\cdots.\end{aligned} \tag{7.4}$$

GM(1,1) 模型适用于指数规律变化的系统, 所需原始数据较少, 通过 4 个及以上数据即可建模.

例 1　以我国 1998–2006 年全国人口总量作为预测样本 (表 7.1), 采用 GM(1,1) 模型进行数据预测.

表 7.1　1998–2006 年我国人口总量

年份	1998	1999	2000	2001	2002	2003	2004	2005	2006
人口/万人	124761	125786	126743	127627	128453	129227	129988	130756	131448

模型求解:

1. 模型建立

建立 GM(1,1) 模型, $x^{(0)}(k)+az^{(1)}(k)=b$. 其白化方程为

$$\frac{dx^{(1)}}{dt}+ax^{(1)}=b.$$

对原始数据 $X^{(0)}$ 作一次累加得

$$\begin{aligned}X^{(1)}&=\{x^{(1)}(1),x^{(1)}(2),\cdots,x^{(1)}(9)\}\\ &=\{124761,250547,377290,504917,633370,762597,892585,1023341,1154789\}.\end{aligned}$$

$X^{(1)}$ 的紧邻均值生成序列

$$\begin{aligned} Z^{(1)} &= \left\{ z^{(1)}(2), z^{(1)}(3), \cdots, z^{(1)}(9) \right\} \\ &= \{187654, 313920, 441100, 569140, 697980, 827591, 957963, 1089065\}. \end{aligned}$$

2. 参数估计

$$B = \begin{pmatrix} -z^{(1)}(2) & 1 \\ -z^{(1)}(3) & 1 \\ \vdots & \vdots \\ -z^{(1)}(9) & 1 \end{pmatrix} = \left\{ \begin{array}{cc} -187654 & 1 \\ -313920 & 1 \\ -441100 & 1 \\ -569140 & 1 \\ -697980 & 1 \\ -827591 & 1 \\ -957963 & 1 \\ -1089065 & 1 \end{array} \right\},$$

$$\begin{aligned} Y &= \begin{pmatrix} x^{(0)}(2) \\ x^{(0)}(3) \\ \vdots \\ x^{(0)}(9) \end{pmatrix} \\ &= (125786, 126743, 127627, 128453, 129227, 129988, 130756, 131448)^{\mathrm{T}}, \end{aligned}$$

利用最小二乘法得

$$P = \left(B^{\mathrm{T}}B\right)^{-1} B^{\mathrm{T}}Y = \begin{pmatrix} -0.0062 \\ 124790 \end{pmatrix},$$

于是得到 $a = -0.0062, b = 124790$.

3. 模型求解

灰微分方程为

$$x^{(0)}(k) - 0.0062z^{(1)}(k) = 124790.$$

白化方程为

$$\frac{dx^{(1)}}{dt} - 0.0062x^{(1)} = 124790.$$

把系数 $a = -0.0062, b = 124790$ 代入式 (7.4), 可得

$$\hat{x}^{(0)} = (124761, 125960, 126750, 127540, 128340, 129140, 129950, 130760, 131580)^{\mathrm{T}}.$$

预测结果如图 7.1 所示.

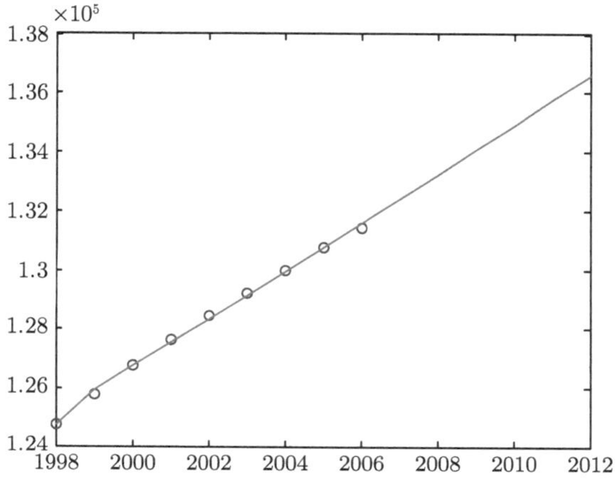

图 7.1 预测结果

从图 7.1 中可以看出, 短期人口预测结果与实际情况十分接近.

二、 GM(1,N) 模型

将 GM(1,1) 可以推广到 GM(1,N) 模型. GM(1, N) 模型为 N 个变量的一阶线性动态模型, 以多个变量的时间序列为基础, 主要用于事物的状态分析和决策.

定义 3 设有时间序列

$$X_i^{(0)}=\left\{x_i^{(0)}(1),x_i^{(0)}(2),\cdots,x_i^{(0)}(n)\right\},\quad i=1,2,\cdots,N,$$

其中 $X_1^{(0)}$ 为系统特征数据序列, $X_i^{(0)}(i=2,3,\cdots,N)$ 为 N 个相关因素序列. $X_i^{(1)}(i=1,2,\cdots,N)$ 为原始数列 $X_i^{(0)}(i=1,2,\cdots,N)$ 的一次累加生成序列, $Z_1^{(1)}$ 为 $X_1^{(1)}$ 的邻均值生成序列, 则 GM(1,N) 模型定义为

$$x_1^{(0)}(k)+az_1^{(1)}(k)=\sum_{i=2}^{N}b_ix_i^{(1)}(k). \tag{7.5}$$

GM(1,N) 模型的一级参数 $P=(a,b_2,b_3,\cdots,b_N)^{\mathrm{T}}$, 记

$$B=\begin{pmatrix}-z_1^{(1)}(2) & x_2^{(1)}(2) & \cdots & x_N^{(1)}(2)\\ -z_1^{(1)}(3) & x_2^{(1)}(3) & \cdots & x_N^{(1)}(3)\\ \vdots & \vdots & & \vdots\\ -z_1^{(1)}(n) & x_2^{(1)}(n) & \cdots & x_N^{(1)}(n)\end{pmatrix},\quad Y=\begin{pmatrix}x_1^{(0)}(2)\\ x_1^{(0)}(3)\\ \vdots\\ x_1^{(0)}(n)\end{pmatrix},$$

当 $n>N+1$ 时, 在最小二乘准则下有 $P=\left(B^{\mathrm{T}}B\right)^{-1}B^{\mathrm{T}}Y$.

方程 (7.5) 的白化模型为

$$\frac{dx_1^{(1)}}{dt}+ax_1^{(1)}=\sum_{i=2}^{N}b_ix_i^{(1)}. \tag{7.6}$$

当 $X_i^{(1)}\,(i=1,2,\cdots,N)$ 变化幅度较小时, 可视 $\sum\limits_{i=2}^{N}b_ix_i^{(1)}(k)$ 为灰变量, 则 GM(1,N) 模型的近似时间响应式为

$$\hat{x}_1^{(1)}(k+1)=\left(x_1^{(1)}(1)-\frac{1}{a}\sum_{i=2}^{N}b_ix_i^{(1)}(k+1)\right)\mathrm{e}^{-ak}+\frac{1}{a}\sum_{i=2}^{N}b_ix_i^{(1)}(k+1),$$

累减还原式为

$$\hat{x}_1^{(0)}(k+1)=\hat{x}_1^{(1)}(k+1)-\hat{x}_1^{(1)}(k). \tag{7.7}$$

三、 灰色 Verhulst 模型

Verhulst 模型的基本思想是将离散的随机数列 $X_i^{(0)}$ 进行一次累加, 生成序列 $X_i^{(1)}$, 然后再对序列 $X_i^{(1)}$ 进行建模计算, 得到预测值. 该模型主要用来描述具有饱和状态的过程, 即 S 型过程, 常用于人口预测、生物生长、繁殖预测及产品经济寿命预测等.

设原有数据序列 $X^{(0)}=\{x^{(0)}(1),x^{(0)}(2),\cdots,x^{(0)}(n)\}$, 它们满足 $x^{(0)}(k)\geqslant 0(k=1,2,\cdots,n)$. 对 $X^{(0)}$ 序列作一次累加生成 $X^{(1)}$ 序列, 对 $X^{(1)}$ 序列作紧邻均值加权生成序列 $Z^{(1)}$, 具体运算与 GM(1,1) 模型的运算一致.

定义 4　称

$$x^{(0)}(k)+az^{(1)}(k)=b(z^{(1)}(k))^2 \tag{7.8}$$

为灰色 Verhulst 模型, 其中 a,b 为参数.

令

$$P=(a,b)^{\mathrm{T}},$$

$$Y=\begin{pmatrix}x^{(0)}(2)\\x^{(0)}(3)\\\vdots\\x^{(0)}(n)\end{pmatrix},\quad B=\begin{pmatrix}-z^{(1)}(2) & z^{(1)}(2)^2\\-z^{(1)}(3) & z^{(1)}(3)^2\\\vdots & \vdots\\-z^{(1)}(n) & z^{(1)}(n)^2\end{pmatrix},$$

与 GM(1,1) 模型类似, 利用最小二乘法, 可估计参数 a,b 的值 $P=(B^{\mathrm{T}}B)^{-1}B^{\mathrm{T}}Y$.

定义 5　称

$$\frac{dx^{(1)}}{dt}+ax^{(1)}=b\left(x^{(1)}\right)^2 \tag{7.9}$$

为灰色 Verhulst 模型的白化方程. 其时间响应式为

$$\hat{x}^{(1)}(k+1)=\frac{ax^{(1)}(0)}{bx^{(1)}(0)+(a-bx^{(1)}(0))\mathrm{e}^{ak}},\quad k=1,2,\cdots. \tag{7.10}$$

对 Verhulst 数据模型作逆生成处理

$$\begin{aligned}&\hat{x}^{(0)}(1)=x^{(0)}(1),\\&\hat{x}^{(0)}(k)=\hat{x}^{(1)}(k)-\hat{x}^{(1)}(k-1).\end{aligned} \tag{7.11}$$

例 2 以湖南省水稻产量为例, 该省 2002—2009 年水稻产量见表 7.2. (数据来源于湖南统计信息网)

表 7.2 湖南省 2002—2009 年水稻产量值

年份	2002	2003	2004	2005	2006	2007	2008	2009
水稻产量/万吨	2.119	2.070	2.442	2.485	2.507	2.496	2.640	2.710

根据上述数据, 请对湖南省水稻产量进行预测.

模型求解

发现表 7.2 中产量数据是呈 "S" 型增长的, 故在不考虑外界环境因素对湖南省今后几年经济作物发展影响的前提下, 我们利用 Verhulst 模型对其进行预测, 具体步骤与例 1 的步骤类似, 记 $\tilde{x}_1(k)$, $\tilde{\varepsilon}(k)$ 和 $\Delta(k)$ 分别表示 Verhulst 模型的预测结果、绝对误差和相对误差, 所获结果见表 7.3.

表 7.3 预测结果及误差

序号 k	1	2	3	4	5	6	7	8
$\tilde{x}_1(k)$	2.119	2.1782	2.2410	2.3078	2.3790	2.455	2.533	2.6235
$\tilde{\varepsilon}(k)$	0	−0.1082	0.201	0.1772	0.128	0.041	0.1037	0.0865
$\Delta(k)$	0	0.0523	0.0823	0.0713	0.0511	0.0164	0.0393	0.0319

四、灰色波形预测

当原始数据频繁波动且摆动幅度较大时, 往往难以找到适当的模拟模型, 这时可以考虑根据原始数据的波形预测未来行为数据发展变化的波形, 这种预测称为波形预测.

设原始序列为 $X=\{x(1),x(2),x(3),\cdots,x(n)\}$, 称

$$\{x_k=x(k)+(t-k)[x(k+1)-x(k)]\}$$

为序列 X 的 k 段折线图形, 仍记为 X. 即

$$X=\{x_k=x(k)+(t-k)[x(k+1)-x(k)]|k=1,2,\cdots,n-1\}.$$

设 $\sigma_{\max}=\max\limits_{1\leqslant k\leqslant n}\{x(k)\}$, $\sigma_{\min}=\min\limits_{1\leqslant k\leqslant n}\{x(k)\}$, 则有 $\forall\xi\in\{\sigma_{\max},\sigma_{\min}\}$, 称 $X=\xi$ 为 ξ 等高线. 联立方程组

$$\begin{cases} X=\{x_k=x(k)+(t-k)[x(k+1)-x(k)]|k=1,2,\cdots,n-1\}, \\ X=\xi, \end{cases}$$

则方程组的解为 ξ 等高点, 即 ξ 等高点是折线 X 与 ξ 等高点的交点.

求解上述方程组可得

$$t_k=k+\frac{\xi-x(k)}{x(k+1)-x(k)},\quad k=1,2,\cdots,m,$$

记

$$q(k)=k+\frac{\xi-x(k)}{x(k+1)-x(k)},\quad k=1,2,\cdots,m,$$

则称 $Q^{(0)}=(q(1),q(2),\cdots,q(m))$ 为 ξ 等高时刻序列.

对于 $\forall\xi\in\{\sigma_{\max},\sigma_{\min}\}$ 建立 ξ 等高时刻序列的 GM(1,1) 模型, 可得 ξ 等高时刻的预测值 $\hat{q}(m+1),\hat{q}(m+2),\cdots,\hat{q}(m+k)$.

1. 不同等高线对应的等高时刻序列及等高时刻序列的预测

现取 $X=\xi_n(n=1,2,\cdots,s)$ 为 s 条不同的等高线, $Q_n^{(0)}=(q_n(1),q_n(2),\cdots,q_n(m_n))$, $n=1,2,\cdots,s$ 为 ξ_n 等高时刻序列, $\hat{q}_n(m_n+1),q_n(m_n+2),\cdots,q_n(m_n+k_n)$, $n=1,2,\cdots,s$ 为 ξ_n 等高时刻的 GM(1,1) 预测值.

2. 无效数据的剔除

若存在 $n\neq j$, 使 $\hat{q}_n(m_n+l_n)=\hat{q}_j(m_j+l_j)$, 则称 $\hat{q}_n(m_n+l_n)$ 和 $\hat{q}_j(m_j+l_j)$ 为一对无效预测时刻. 删去 $Q_n^{(0)}(n=1,2,\cdots,s)$ 序列的 GM(1.1) 预测值中所有的无效时刻.

3. 预测结果的分段函数表达式

将其余的预测值从小到大重新排序, 设为

$$\hat{q}(1)<\hat{q}(2)<\cdots<\hat{q}(n_s),$$

其中 $n_s\leqslant k_1+k_2+\cdots+k_s$. 若 $X=\xi_{\hat{q}(m)}$ 为 $\hat{q}(m)$ 所对应的等高线, 则 $X^{(0)}$ 的预测波形为

$$\hat{X}=\left\{\xi_{\hat{q}(m)}+[t-\hat{q}(m)]\left[\xi_{\hat{q}(m+1)}-\xi_{\hat{q}(m)}\right]|m=1,2,\cdots,n_s\right\}.$$

例 3　以上海证券交易所综合指数 2008 年 3 月—2009 年 3 月数据 (表 7.4) 为例, 来预测上海证券交易所综合指数未来走势.

表 7.4 上海证券交易所综合指数 2008 年 3 月—2009 年 3 月收盘指数摘取

序号	日期	当日收盘指数	序号	日期	当日收盘指数
1	2008-09-03	2276.67	14	2008-12-10	2079.12
2	2008-09-10	2150.76	15	2008-12-17	1976.82
3	2008-09-17	1929.05	16	2008-12-24	1863.80
4	2008-09-24	2216.81	17	2008-12-31	1820.81
5	2008-10-08	2092.22	18	2009-01-07	1924.01
6	2008-10-15	1994.67	19	2009-01-14	1928.87
7	2008-10-22	1895.82	20	2009-01-21	1985.02
8	2008-10-29	1719.81	21	2009-02-04	2107.75
9	2008-11-05	1760.61	22	2009-02-11	2260.82
10	2008-11-12	1859.11	23	2009-02-18	2209.86
11	2008-11-19	2017.47	24	2009-02-25	2206.57
12	2008-11-26	1897.88	25	2009-03-04	2198.11
13	2008-12-03	1965.41	26	2009-03-11	2139.03

根据上海证券交易所综合指数的周收盘指数数据, 从 2008 年 3 月至 2009 年 3 月的收盘指数曲线如图 7.2 所示.

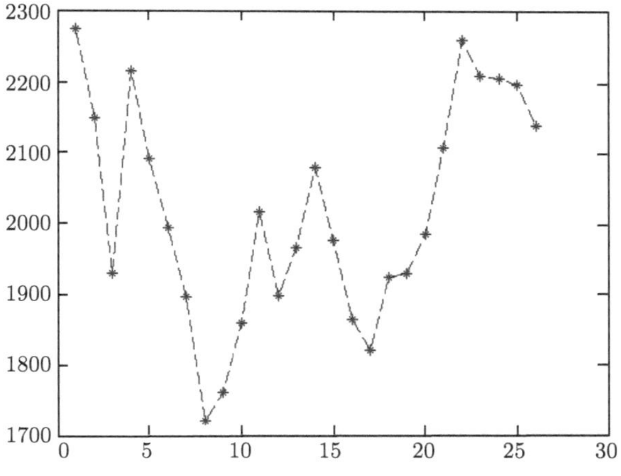

图 7.2 上海证券交易所综合指数 2008 年 3 月—2009 年 3 月周收盘指数

取等高线

$$\xi_1 = 1719.81,\quad \xi_2 = 1789.42,\quad \xi_3 = 1859.03,\quad \xi_4 = 1928.63,\quad \xi_5 = 1998.24,$$

$$\xi_6 = 2067.85,\quad \xi_7 = 2137.45,\quad \xi_8 = 2207.06,\quad \xi_9 = 2276.67,$$

由于 $\xi_1 = 1719.81, \xi_2 = 1789.42, \xi_9 = 2276.67$ 对应的时刻点较少, 因此去掉这 3 个点, 余下等高线 $X = \xi_i$ 对应的等高时刻序列分别为

$$\xi_3=1859.03,\ \ Q_3^{(0)}=\{q_3(k)\}_3^4=(7.20905, 9.99914, 16.1111, 17.3703),$$

$$\xi_4=1928.63,\ \ Q_4^{(0)}=\{q_4(k)\}_4^6=(6.66806, 10.439, 11.7429, 12.4554, 15.4264, 18.9511),$$

$$\xi_5=1998.24,\ \ Q_5^{(0)}=\{q_5(k)\}_5^8=(2.68793, 3.24, 5.96, 10.87, 11.16, 13.28, 14.29, 20.1077),$$

$$\xi_6=2067.85,\ \ Q_6^{(0)}=\{q_6(k)\}_6^6=(2.37397, 3.4823, 5.2498, 13.9009, 14.1102, 20.6749),$$

$$\xi_7=2137.45,\ \ Q_7^{(0)}=\{q_7(k)\}_7^4=(2.06001, 3.72423, 4.63693, 21.1941),$$

$$\xi_8=2207.06,\ \ Q_8^{(0)}=\{q_8(k)\}_8^5=(1.55284, 3.96613, 4.07824, 21.6488, 23.8503).$$

对 $Q_i^{(0)}(i = 3, 4, \cdots, 8)$ 作一次累加生成, 得序列 $Q_i^{(1)}(i = 3, 4, \cdots, 8)$, 其 GM(1,1) 响应式分别为

$$\hat{q}_3^{(1)}(k+1) = 41.2379\mathrm{e}^{0.2395k} - 34.0365,$$

$$\hat{q}_4^{(1)}(k+1) = 63.93936\mathrm{e}^{0.1563k} - 57.2713,$$

$$\hat{q}_5^{(1)}(k+1) = 22.99023\mathrm{e}^{0.2157k} - 20.3023,$$

$$\hat{q}_6^{(1)}(k+1) = 11.67157\mathrm{e}^{0.3619k} - 9.2976,$$

$$\hat{q}_7^{(1)}(k+1) = 3.98141\mathrm{e}^{1.0834k} - 1.9214,$$

$$\hat{q}_8^{(1)}(k+1) = 7063774\mathrm{e}^{0.5407k} - 6.0849,$$

令 $\hat{q}_i(k+1) = \hat{q}_i^{(1)}(k+1) - \hat{q}_i^{(1)}(k)$, 可得 ξ_i-等高预测序列 $(i = 3, 4, \cdots, 8)$

$$\hat{Q}_3^{(0)} = (22.8875, 29.0798, 36.9474, 46.9437),$$

$$\hat{Q}_4^{(0)} = (21.418, 25.042, 29.2793, 34.2335, 40.0259, 46.7985),$$

$$\hat{Q}_5^{(0)} = (25.0452, 31.0735, 38.5528, 47.8324),$$

$$\hat{Q}_6^{(0)} = (31.0831, 44.6371),$$

$$\hat{Q}_7^{(0)} = (6.99641, 20.6731),$$

$$\hat{Q}_8^{(0)} = (47.6322).$$

剔除无效点后, 根据步骤 3 可绘出上海证券交易所综合指数 2008 年 3 月至 2009 年 3 月的预测波形图, 如图 7.3 所示.

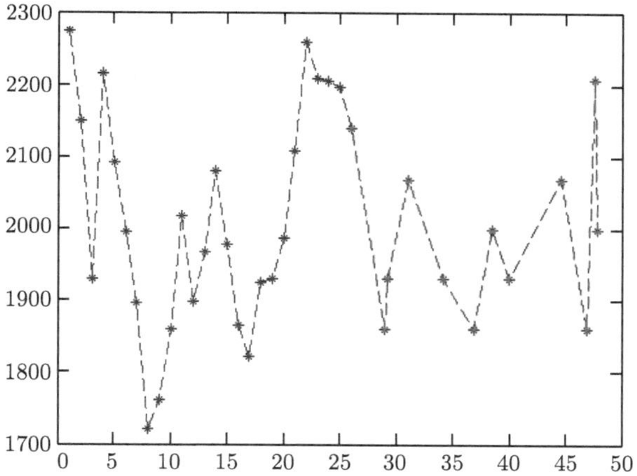

图 7.3 上海证券交易所综合指数 2009 年预测波形

五、 灰色模型的检验

模型选定之后, 需通过检验才能判断选取的模型是否合理. 只有通过检验的模型才可用于预测. 灰色模型的精度检验方法有: 残差检验、后验差检验、关联度检验.

1. *残差检验*

残差检验是一种逐点检验方法, 定义残差 $q(k)$、相对误差 $\varepsilon(k)$、平均相对误差 $\varepsilon(\text{avg})$ 与精度 p 如下.

残差:

$$q(k) = x^{(0)}(k) - \hat{x}^{(0)}(k);$$

相对误差:

$$\varepsilon(k) = \frac{q(k)}{x^{(0)}(k)} \times 100\% = \frac{x^{(0)}(k) - \hat{x}^{(0)}(k)}{x^{(0)}(k)} \times 100\%;$$

平均相对误差:

$$\varepsilon(\text{avg}) = \frac{1}{n-1} \sum_{k=2}^{n} |\varepsilon(k)|;$$

精度:

$$P = (1 - \varepsilon(\text{avg})) \times 100\%.$$

对于 $\varepsilon(k)$, 一般要求 $\varepsilon(k) < 20\%$, 最好 $\varepsilon(k) < 10\%$; 对于 p 一般要求 $p > 80\%$, 最好 $p > 90\%$.

2. 后验差检验

设 $x^{(0)}$ 为原始序列, $\hat{x}^{(0)}$ 为模型序列, $q^{(0)}$ 为残差序列, 则 $x^{(0)}$ 的均值和方差如下.

均值:

$$\bar{x}=\frac{1}{n}\sum_{k=1}^{n}x^{(0)}(k);$$

方差:

$$S_1^2=\frac{1}{n}\sum_{k=1}^{n}(x^{(0)}(k)-\bar{x})^2;$$

q 的均值为

$$\bar{q}=\frac{1}{n}\sum_{k=1}^{n}q(k);$$

q 的方差为

$$S_2^2=\frac{1}{n}\sum_{k=1}^{n}(q(k)-\bar{q})^2;$$

后验差比值 C 为

$$C=\frac{S_2}{S_1};$$

小误差频率 P 为

$$P=\{|q(k)-\bar{q}|<0.6745S_1\}.$$

$|q(k)-\bar{q}|$ 的值表示小于 $0.6745S_1$ 的点数. 指标 C 和 P 可用来检验拟合效果. 指标 C 越小越好, C 越小表明 S_1 越大而 S_2 越小, 即尽管原始数据离散程度大, 但模型所计算的值与实际值之差并不太离散. P 指标越大越好, P 越大表明残差与残差平均值之差小于给定值 $0.6745S_1$ 的点就越多, 说明残差比较接近, 拟合效果较好, 可把两者结合, 综合评定拟合模型的精度. 具体指标见表 7.5.

表 7.5　拟合精度等级表

精度等级	P	C
1 级 (好)	$P\geqslant 0.95$	$C\leqslant 0.35$
2 级 (合格)	$0.80\leqslant P<0.95$	$0.35<C\leqslant 0.5$
3 级 (勉强)	$0.70\leqslant P<0.80$	$0.5<C\leqslant 0.65$
4 级 (不合格)	$P<0.70$	$0.65<C$

3. 关联度检验

关联分析实质上就是比较数据到曲线几何形状的接近程度, 一般来说, 几何形状越接近, 变化趋势也就越接近, 关联度就越大.

以 $\hat{x}^{(1)}(t)$ 的导数作为参考序列, 与 $x^{(0)}$ 进行关联分析.

计算绝对差

$$\Delta(k) = |x^{(0)}(k) - \hat{x}^{(0)}(k)|;$$

关联系数

$$\xi(k) = \frac{\Delta_{\min} + \rho\Delta_{\max}}{\Delta(k) + \rho\Delta_{\max}};$$

关联度

$$r = \sum_{k=1}^{n} \omega_k \xi(k).$$

通常 $\rho = 0.5, \omega_k = \dfrac{1}{n}, k = 1, 2, \cdots, n$, $\Delta_{\max} = \max \Delta(k)$, $\Delta_{\min} = \min \Delta(k)$.

第二节 数值插值

在实际中, 常常要处理由实验或测量所得到的一批离散数据, 插值与拟合法就是要通过这些数据去确定某一类已知函数的参数或寻找某个近似函数, 使所得到的近似函数与已知数据有较高的拟合精度的方法. 如果要求这个近似函数 (曲线或曲面) 经过已知的所有数据点, 则称此类问题为插值问题. 当所给的数据较多时, 用插值方法所得到的插值函数会很复杂, 所以, 通常插值方法一般用于数据较少的情况. 下面主要介绍 Lagrange 插值、Hermite 插值以及三次样条插值.

插值方法的思想 已知某函数 $y = f(x)$(未知) 的一组观测 (或试验) 数据 $(x_i, y_i)(i = 1, 2, \cdots, n)$, 要寻求一个函数 $\phi(x)$, 使 $\phi(x_i) = y_i(i = 1, 2, \cdots, n)$, 则 $\phi(x_i) \approx f(x)$.

实际中, 常常在不知道函数 $y = f(x)$ 的具体表达式的情况下, 对于 $x = x_i$ 有实验测量值 $y = y_i(i = 1, 2, \cdots, n)$, 寻求另一函数 $\phi(x)$ 使其满足

$$\phi(x_i) = y_i = f(x_i), \quad i = 1, 2, \cdots, n, \tag{7.12}$$

称此问题为插值问题, 并称函数 $\phi(x)$ 为 $f(x)$ 的插值函数, $x_0, x_1, \cdots, x_n$ 称为插值节点, $\phi(x_i) = y_i(i = 1, 2, \cdots, n)$ 称为插值条件.

一、Lagrange 插值

设函数 $y=f(x)$ 的 $n+1$ 个相异点 $x_0,x_1,\cdots,x_n$ 上对应的函数值为 $y_0,y_1,\cdots,y_n$, 要求一个次数不超过 n 次的代数多项式

$$p_n(x)=a_0+a_1x+a_2x^2+\cdots+a_nx^n,$$

使在节点 x_i 上满足 $p_n(x_i)=y_i(i=0,1,\cdots,n)$, 称为 n 次代数插值问题, 称 $p_n(x_i)$ 为插值多项式. 可以证明 n 次代数插值问题的解是唯一的.

$p_n(x)$ 可表示为

$$p_n(x)=\sum_{i=0}^{n}y_il_i(x), \tag{7.13}$$

其中

$$l_i(x)=\prod_{\substack{i=0\\j\neq i}}^{n}\left(\frac{x-x_j}{x_i-x_j}\right),$$

称 $p_n(x)$ 为 n 次 Lagrange 插值函数, 称 $l_i(x)$ 为 Lagrange 插值基函数, 并且满足

$$l_i(x_j)=\begin{cases}0, & j\neq i,\\ 1, & j=i.\end{cases}$$

特别地, 当 $n=1$ 时, 有两点一次 (线性) 插值多项式

$$p_1(x)=\frac{x-x_i}{x_0-x_1}y_0+\frac{x-x_0}{x_1-x_0}y_1.$$

当 $n=2$ 时, 有三点二次 (抛物线) 插值多项式

$$p_2(x)=\frac{(x-x_1)(x-x_2)}{(x_0-x_1)(x_0-x_2)}y_0+\frac{(x-x_0)(x-x_2)}{(x_1-x_0)(x_1-x_2)}y_1+\frac{(x-x_0)(x-x_1)}{(x_2-x_0)(x_2-x_1)}y_2.$$

例 4　已知 $f(x)$ 满足 $f(144)=12,f(169)=13,f(225)=15$, 作 $f(x)$ 的二次 Lagrange 插值多项式, 并且求出 $f(175)$ 的近似值.

解　设 $x_0=144,x_1=169,x_2=225,y_0=12,y_1=13,y_2=15$,

$$l_0(x)=\frac{(x-x_1)(x-x_2)}{(x_0-x_1)(x_0-x_2)}=\frac{(x-169)(x-225)}{2025},$$

$$l_1(x)=\frac{(x-x_0)(x-x_2)}{(x_1-x_0)(x_1-x_2)}=\frac{(x-144)(x-225)}{-1400},$$

$$l_2(x)=\frac{(x-x_0)(x-x_1)}{(x_2-x_0)(x_2-x_1)}=\frac{(x-144)(x-169)}{4536},$$

因此 $f(x)$ 的二次 Lagrange 插值多项式为 $P_2(x)=y_0l_0(x)+y_1l_1(x)+y_2l_2(x)$, 且 $f(175)\approx L_2(175)=12l_0(175)+13l_1(175)+15l_2(175)=13.23015873$.

二、 Hermite 插值

在实际问题中, 对所构造的插值多项式, 不仅要求在节点上函数值相等, 而且要求在节点上若干阶导数也相等. 即要求插值函数 $P(x)$ 满足

$$P(x_i)=f(x_i),P'(x_i)=f'(x_i),\cdots,P^{(m)}(x_i)=f^{(m)}(x_i),$$

把此类插值多项式称为 Hermite(埃尔米特) 插值多项式, 记为 $H(x)$.

下面主要讨论两点三次 Hermite 插值, 已知 $f(x_0)=y_0,f(x_1)=y_1$ 及 $f'(x_0)=y_0',f'(x_1)=y_1'$. 构造一个次数 $\leqslant 3$ 的多项式 $H_3(x)$, 满足插值条件

$$H_3(x_i)=y_i,\quad H'(x_i)=y_i',\quad i=0,1. \tag{7.14}$$

直接设 $H_3(x)=ax^3+bx^2+cx+d$, 若用待定系数将使计算复杂, 且不易推广到高次. 回忆 Lagrange 插值基函数的方法, 引入四个基函数

$$\alpha_0(x),\quad \alpha_1(x),\quad \beta_0(x,),\quad \beta_1(x),$$

使之满足

$$\begin{cases}\alpha_0(x_0)=1,\\ \alpha_0(x_1)=0,\\ \alpha_0'(x_0)=0,\\ \alpha_0'(x_1)=0,\end{cases}\quad \begin{cases}\alpha_1(x_0)=0,\\ \alpha_1(x_1)=1,\\ \alpha_1'(x_0)=0,\\ \alpha_1'(x_1)=0,\end{cases}\quad \begin{cases}\beta_0(x_0)=0,\\ \beta_0(x_1)=0,\\ \beta_0'(x_0)=1,\\ \beta_0'(x_1)=0,\end{cases}\quad \begin{cases}\beta_1(x_0)=0,\\ \beta_1(x_1)=0,\\ \beta_1'(x_0)=0,\\ \beta_1'(x_1)=1,\end{cases} \tag{7.15}$$

其中 $\alpha_0(x),\alpha_1(x),\beta_0(x),\beta_1(x)$ 都是次数为 3 的多项式, 令 $H_3(x)=y_0\alpha_0(x)+y_1\alpha_1(x)+y_0'\beta_0(x)+y_1'\beta_1(x)$, 则 $H_3(x)$ 是一个次数不超过 3 的多项式且满足插值条件 (7.14).

基函数求法 先求 $\alpha_0(x)$, 由条件 $\alpha_0(x_1)=0$ 和 $\alpha_0'(x_1)=0$, 有 $\alpha_0(x)=[a+b(x-x_0)](x-x_1)^2$. 由 $\alpha_0(x_0)=1$ 和 $\alpha_0'(x_0)=0$, 解得

$$a=\frac{1}{(x_0-x_1)^2},\quad b=\frac{2}{(x_1-x_0)(x_0-x_1)^2},$$

因此有

$$\alpha_0(x)=\left(1+2\frac{x-x_0}{x_1-x_0}\right)\left(\frac{x_1-x}{x_1-x_0}\right)^2.$$

同理

$$\alpha_1(x)=\left(1+2\frac{x-x_1}{x_0-x_1}\right)\left(\frac{x-x_0}{x_1-x_0}\right)^2,$$

$$\beta_0(x)=(x-x_0)\left(\frac{x-x_1}{x_0-x_1}\right)^2,$$

$$\beta_1(x)=(x-x_1)\left(\frac{x-x_0}{x_1-x_0}\right)^2.$$

定理 1　满足插值条件 (7.15) 的三次 Hermite 插值多项式 $H_3(x)$ 存在且唯一.

例 5　求一个次数为 4 的多项式 $P_4(x)$, 使它满足 $P_4(0)=P_4'(0)=0, P_4(1)=P_4'(1)=1, P_4(2)=1$.

解　先构造满足 $P_2(0)=0, P_2(1)=1, P_2(2)=1$ 的插值多项式 $P_2(x)$, 易得

$$P_2(x)=-\frac{1}{2}x^2+\frac{3}{2}x.$$

设

$$P_4(x)=P_2(x)+(Ax+B)(x-0)(x-1)(x-2),$$

其中 A,B 为待定系数, 利用两个导数条件确定系数 A,B. 由

$$\begin{cases} P_4'(0)=\dfrac{3}{2}+2B=0, \\ P_4'(1)=\dfrac{1}{2}-(A+B)=1, \end{cases}$$

解得 $A=\dfrac{1}{4}, B=-\dfrac{3}{4}$, 故

$$P_4(x)=-\frac{1}{2}x^2+\frac{3}{2}x+\frac{1}{4}x-3x(x-1)(x-2)=\frac{1}{4}x^2(x-3)^2.$$

三、三次样条插值

为了保证插值函数具有较好的光滑性, 我们常采用样条插值法.

记 $S_p(\Delta,3)$ 为插值函数空间, 它表示在每个部分单元为三次多项式且在区间上二阶可微的函数全体, 易知该插值空间的维数为 $4n-3(n-1)=n+3$, 故应需要 $n+3$ 个插值条件, 因此可将三次样条插值问题分为三类.

(1) 已知插值节点 x_j 和相应的函数值 $y_j(j=0,1,\cdots,n)$ 以及两个端点 x_0,x_n 处的导数值 y_0',y_n', 求 $s_3(x)\in S_p(\Delta,3)$ 使之满足条件

$$\begin{cases} S_3(x_j)=y_j \quad (j=0,1,\cdots,n), \\ S_3'(x_j)=y_j' \quad (j=0,1,\cdots,n). \end{cases} \tag{7.16}$$

(2) 已知插值节点 x_j 和相应的函数值 $y_j(j=0,1,\cdots,n)$ 以及两个端点 x_0,x_n 处的二阶导数 y_0'',y_n'', 求 $s_3(x)\in S_p(\Delta,3)$ 使之满足条件

$$\begin{cases} S_3(x_j)=y_j(j=0,1,\cdots,n), \\ S_3''(x_j)=y_j''(j=0,1,\cdots,n). \end{cases} \tag{7.17}$$

(3) 类似地, 求 $s_3(x) \in S_p(\Delta, 3)$ 使之满足条件

$$\begin{cases} S_3(x_j) = y_j \, (j = 0, 1, \cdots, n), \\ S_3^{(k)}(x_n - 0) = S_3^{(k)}(x_0 + 0) \, (k = 0, 1, 2). \end{cases} \tag{7.18}$$

这三类插值问题的条件都是 $n+3$ 个, 可以证明其解都是唯一的.

下面介绍求解第一类问题的三弯矩法.

由于 $s_3(x) \in S_p(\Delta, 3)$ 在区间 $[a, b]$ 上是一个分段光滑, 且具有二阶连续导数的三次多项式, 则在区间 $[x_j, x_{j+1}]$ 上 $s_3'''(x)$ 是线性函数, 记 $d_j = s_3''(x_j)(j = 0, 1, \cdots, n)$ 为待定常数, 由 Lagrange 插值公式可得

$$s_3''(x) = d_j \frac{x_{j+1} - x}{h_j} + d_{j+1} \frac{x - x_j}{h_j}, \quad h_j = x_{j+1} - x_j, \quad j = 0, 1, \cdots, n-1, \tag{7.19}$$

对式 (7.19) 在 $[x_j, x_{j+1}]$ 上积分两次, 于是上 $[x_j, x_{j+1}]$ 有

$$s_3(x) = y_j + s_3'(x_j)(x - x_j) + \frac{d_j}{2}(x - x_j)^2 + \frac{d_{j+1} - d_j}{6h_j}(x - x_j)^3, \tag{7.20}$$

则当 $x = x_{j+1}$ 时, 由于 (7.20) 式和条件 (7.16) 得

$$s_3(x_{j+1}) = y_j + s_3'(x_j) h_j + \frac{d_j}{2} h_j^2 + \frac{d_{j+1} - d_j}{6} h_j^2 = y_{j+1}, \tag{7.21}$$

故可解得

$$s_3'(x_j + 0) = \frac{y_{j+1} - y_j}{h_j} - \frac{h_j}{6}(2d_j + d_{j+1}), \tag{7.22}$$

将式 (7.22) 代入式 (7.21) 得

$$\begin{aligned} s_3(x) = y_j &+ \left[\frac{y_{j+1} - y_j}{h_j} - \frac{h_j}{6}(2d_j + d_{j+1}) \right](x - x_j) \\ &+ \frac{d_j}{2}(x - x_j)^2 + \frac{d_{j+1} - d_j}{6h_j}(x - x_j)^2, \\ &x \in [x_j, x_{j+1}] \quad (j = 0, 1, \cdots, n-1), \end{aligned} \tag{7.23}$$

在 $[x_{j-1}, x_j]$ 上同样有

$$\begin{aligned} s_3(x) = y_{j-1} &+ \left[\frac{y_j - y_{j-1}}{h_{j-1}} - \frac{h_{j-1}}{6}(2d_{j-1} + d_j) \right](x - x_{j-1}) \\ &+ \frac{d_{j-1}}{2}(x - x_{j-1})^2 + \frac{d_j - d_{j-1}}{6h_{j-1}}(x - x_{j-1})^2, x \in [x_{j-1}, x_j] \quad (j = 1, 2, \cdots, n), \end{aligned} \tag{7.24}$$

根据 $s_3(x)$ 的一阶导数的连续性, 由式 (7.24) 得

$$s_3'(x_j - 0) = \frac{y_j - y_{j-1}}{h_{j-1}} + \frac{h_{j-1}}{6}(2d_j + d_{j-1}) = s_3'(x_j + 0),$$

结合 (7.22) 式整理得

$$\frac{h_{j-1}}{h_j+h_{j-1}}d_{j-1}+2d_j+\frac{h_j}{h_j+h_{j-1}}d_{j+1}=\frac{6}{h_j+h_{j-1}}\left(\frac{y_{j+1}-y_j}{h_j}-\frac{y_j-y_{j-1}}{h_{j-1}}\right),$$

引入记号 $a_j=\dfrac{h_j}{h_j+h_{j-1}}, c_j=\dfrac{6}{h_j+h_{j-1}}\left(\dfrac{y_{j+1}-y_j}{h_j}-\dfrac{y_j-y_{j-1}}{h_{j-1}}\right), 1-a_j=\dfrac{h_{j-1}}{h_j+h_{j-1}}$, 则

$$(1-a_j)d_{j-1}+2d_j+a_jd_{j+1}=c_j \quad (j=1,2,\cdots,n-1), \tag{7.25}$$

再由边界条件：$s_3'(x_0)=y_0', s_3'(x_n)=y_n'$, 得

$$\begin{cases} 2d_0+d_1=\dfrac{6}{h_0}\left(\dfrac{y_1-y_0}{h_0}-y_0'\right), \\ d_{n-1}+2d_n=\dfrac{6}{h_{n-1}}\left(y_n'-\dfrac{y_n-y_{n-1}}{h_{n-1}}\right), \end{cases} \tag{7.26}$$

联立式 (7.25) 和式 (7.26) 得到方程

$$AD=C, \tag{7.27}$$

其中

$$A=\begin{bmatrix} 2 & 1 & & & \\ 1-a_1 & 2 & a_1 & & \\ & \ddots & \ddots & \ddots & \\ & & 1-a_{n-1} & 2 & a_{n-1} \\ & & & 1 & 2 \end{bmatrix}, \quad D=\begin{bmatrix} d_0 \\ d_1 \\ \vdots \\ d_{n-1} \\ d_n \end{bmatrix},$$

$$C=\begin{bmatrix} \dfrac{6}{h_0}\left(\dfrac{y_1-y_0}{h_0}-y_0'\right) \\ c_1 \\ \vdots \\ c_{n-1} \\ \dfrac{6}{h_{n-1}}\left(y_n'-\dfrac{y_n-y_{n-1}}{h_{n-1}}\right) \end{bmatrix},$$

由方程 (7.27) 可以唯一解出 $d_j(j=0,1,\cdots,n)$, 代入式 (7.23) 即可得到三次样条函数 $s_3(x)$ 的表达式.

真题练习 2006 年全国大学生数学建模竞赛 B 题

艾滋病疗法的评价及疗效的预测

艾滋病是当前人类社会最严重的瘟疫之一, 从 1981 年发现以来的 20 多年间, 它已经吞噬了近 3000 万人的生命.

艾滋病的医学全名为“获得性免疫缺陷综合症”, 英文简称 AIDS, 它是由艾滋病毒 (医学全名为“人体免疫缺损病毒”, 英文简称 HIV) 引起的. 这种病毒破坏人的免疫系统, 使人体丧失抵抗各种疾病的能力, 从而严重危害人的生命. 人类免疫系统的 CD4 细胞在抵御 HIV 的入侵中起着重要作用, 当 CD4 被 HIV 感染而裂解时, 其数量会急剧减少, HIV 将迅速增加, 导致 AIDS 发作.

艾滋病治疗的目的, 是尽量减少人体内 HIV 的数量, 同时产生更多的 CD4, 至少要有效地降低 CD4 减少的速度, 以提高人体免疫能力.

迄今为止人类还没有找到能根治 AIDS 的疗法, 目前的一些 AIDS 疗法不仅对人体有副作用, 而且成本也很高. 许多国家和医疗组织都在积极试验、寻找更好的 AIDS 疗法.

现在得到了美国艾滋病医疗试验机构 ACTG 公布的两组数据. ACTG320(见附件 1) 是同时服用 zidovudine(齐多夫定), lamivudine(拉美夫定) 和 indinavir(茚地那韦)3 种药物的 300 多名病人每隔几周测试的 CD4 和 HIV 的浓度 (每毫升血液里的数量). 193A(见附件 2) 是将 1300 多名病人随机地分为 4 组, 每组按下述 4 种疗法中的一种服药, 大约每隔 8 周测试的 CD4 浓度 (这组数据缺 HIV 浓度, 它的测试成本很高). 4 种疗法的日用药分别为：600mg zidovudine 或 400mg didanosine(去羟基苷), 这两种药按月轮换使用; 600 mg zidovudine 加 2.25 mg zalcitabine(扎西他滨); 600 mg zidovudine 加 400 mg didanosine; 600 mg zidovudine 加 400 mg didanosine, 再加 400 mg nevirapine(奈韦拉平).

请你完成以下问题:

(1) 利用附件 1 的数据, 预测继续治疗的效果, 或者确定最佳治疗终止时间 (继续治疗指在测试终止后继续服药, 如果认为继续服药效果不好, 则可选择提前终止治疗).

(2) 利用附件 2 的数据, 评价 4 种疗法的优劣 (仅以 CD4 为标准), 并对较优的疗法预测继续治疗的效果, 或者确定最佳治疗终止时间.

(3) 艾滋病药品的主要供给商对不发达国家提供的药品价格如下：600mg zidovudine 1.60 美元, 400mg didanosine 0.85 美元, 2.25 mg zalcitabine 1.85 美元, 400 mg nevirapine 1.20 美元. 如果病人需要考虑 4 种疗法的费用, 对 (2) 中的评价和预测 (或者提前终止) 有什么改变.

附件 1 和附件 2 的数据详见网址 http://www.shumo.com/wiki 栏目中的数模题库.

第八章　微分方程建模

第一节　微分方程简介

在自然科学以及工程等学科中的许多系统, 有时很难找到该系统中一些变量之间的直接关系, 但是我们可以发现这些变量和它们的变化率之间的关系, 这个时候我们往往可以采用微分方程来描述, 即建立微分方程模型来反映变量之间的间接关系, 再通过求解微分方程, 就得到直接关系.

一般地, 有以下三种方法来建立微分方程模型:

(1) 微元法, 即将所讨论的变量的变化过程, 分割成很多小单元, 从而将非理想模型变为理想模型, 便于迅速而又简洁地得到结果. 例如, 对于流体模型 (如水流、气流等) 具有连续性变化的特点, 如果从整体入手, 很难得到其变化过程的关系, 这时利用微元法, 来寻找某一个小区间的动态平衡, 从而得到一个近似关系, 就可以建立该问题的数学模型.

(2) 根据数学物理规律进行建模, 即通过已知的数学、物理等学科中的定理或者实验规律来进行建模. 例如, 在动力学中, 跳伞运动员的安全问题, 我们可以利用牛顿运动定律以及阻力和速度的关系来建模; 又例如, 电路系统中的电压、电流的关系可以通过基尔霍夫定律来建模. 与微元法有所区别的是, 微元法有时会针对某一小区间的数学物理规律来建模, 而不是针对系统整体.

(3) 模拟近似法, 由于在很多实际问题中, 很多现象的规律不很清楚在不同假设情况下去模拟实际的现象, 建立一个能近似反映问题的微分方程, 然后从数学上求得或讨论解的性质, 再同实际情况对比, 检验模型的可靠性以及改进模型. 例如, 研究某种传染病的传播情况, 或者是某区域的人口发展情况.

第二节　物理原理建模

基于物理原理的数学建模方法反映了自然科学和工程技术的各门分支中物理量关于时间的导数和关于空间变量的导数之间的制约关系, 是数学联系实际的一个重要桥梁, 该方法已经成为自然科学、工程技术甚至经济管理科学等领域的研究基础.

基于物理原理的数学建模方法的一般研究程序为:

(1) 将物理问题依有关定律建立相应的数学模型;

(2) 对数学模型应用数学方法求解;

(3) 将解答通过数学论证和实践检验鉴定其正确性.

本节将利用上述方法讨论具体的微分方程建模问题.

一、 红绿灯系统中, 如何合理设置黄灯时间?

随着社会城市化进程的快速发展, 越来越多的汽车涌上原本就拥堵不堪的街头, 如何合理设计红绿灯系统已经成为城市化发展的重要问题. 在发达城市的交通系统中的十字路口都会设置红绿灯. 为了让那些正行驶在交叉路口或离交叉路口太近而无法停下的车辆通过路口, 红绿灯转换中间还要亮起一段时间的黄灯, 黄灯应亮多长时间才最为合理呢?

在本问题中, 我们设法定的行车速度为 v_0, 交叉路口的宽度为 a, 典型的车身长度为 b. 考虑到车通过路口实际上指的是车的尾部必须通过路口, 因此, 通过路口的时间为 $\dfrac{a+b}{v_0}$.

现在计算刹车距离. 设 w 为汽车重量, μ 为摩擦系数, 显然, 地面对汽车的摩擦力为 μw, 其方向与运动方向相反. 利用牛顿第二定律, 汽车在停车过程中, 行驶的距离 x 与时间 t 的关系下面的微分方程

$$\frac{w}{g}\cdot\frac{d^2x}{dt^2}=-\mu w \tag{8.1}$$

确定, 其中 g 表示重力加速度.

给出式 (8.1) 的初始条件

$$x\,|_{t=0}=0,\quad \left.\frac{dx}{dt}\right|_{t=0}=v_0. \tag{8.2}$$

于是, 刹车距离就是直到速度 $v=0$ 时汽车驶过的距离.

首先, 求解二阶微分方程式 (8.1), 对式 (8.2) 从 0 到 t 积分, 再利用初始条件 (8.2), 得

$$\frac{dx}{dt}=-\mu gt+v_0, \tag{8.3}$$

继续对式 (8.3) 从 0 到 t 积分, 利用初始条件 (8.2), 得

$$x=-\frac{1}{2}\mu gt^2+v_0t. \tag{8.4}$$

在式 (8.3) 中令 $\dfrac{dx}{dt}=0$, 即可得到刹车所用的时间为

$$t_0=\frac{v_0}{\mu g},$$

从而可得

$$x(t_0)=\frac{v_0^2}{2\mu g}.$$

计算黄灯状态的时间为

$$y=\frac{x(t_0)+a+b}{v_0}+T,$$

其中, T 是驾驶员的反应时间. 于是

$$y=\frac{v_0}{2\mu g}+\frac{a+b}{v_0}+T.$$

二、 弹簧振动的线性微分方程模型

设质量为 m 的质点固定在弹簧上沿水平轴在有阻力的介质中振动, 平衡位置是 $x=0$, 由胡克定律, 质点受弹力 $-bx$, 又介质阻力与质点运动速度成正比, 阻力为 $-a\dfrac{dx}{dt}$, 由牛顿运动第二定律得

$$m\frac{d^2x}{dt^2}=-bx-a\frac{dx}{dt}+f(t), \tag{8.5}$$

其中 $f(t)$ 是外力, (8.5) 即线性的弹簧振动的数学模型.

1. 简谐振动

若无外力与阻力之作用, 则 (8.5) 代表的振动称为简谐振动, 这时 (8.5) 简化为

$$m\frac{d^2x}{dt^2}=-bx, \tag{8.6}$$

令 $\omega=\sqrt{\dfrac{b}{m}}$, 则 (8.6) 变为

$$\frac{d^2x}{dt^2}+\omega^2x=0,$$

相应的通解为

$$x(t)=c_1\cos\omega t+c_2\sin\omega t=A\cos(\omega t+\phi).$$

周期为 $T=\dfrac{2\pi}{\omega}=2\pi\sqrt{\dfrac{m}{b}}$, 这里 b 是弹簧的胡克系数, 所以, 当弹簧弹力加大或质点质量减小时, 周期 T 会变小, 振动频率会增加, 这与我们的常识性预料是一致的.

注 通解中的常数通常是由质点的初始位置及初始速度确定的, 当初始位置及初始速度的值较大时, 质点运动的平均速度也大, 因为它要在同一时间周期 T 内运行更大的位移.

2. **衰减振动**

无外力策动, 但有阻力时, 振动方程 (8.5) 变成

$$m\frac{d^2x}{dt^2}+bx+a\frac{dx}{dt}=0, \tag{8.7}$$

为计算方便, 记 $2\delta=\frac{a}{m},\omega^2=\frac{b}{m}$, 则 (8.7) 的特征方程为

$$\lambda^2+2\delta\lambda+\omega^2=0,$$

相应的解为

$$\lambda_{1,2}=-\delta\pm\sqrt{\delta^2-\omega^2}.$$

记 $\Delta=\delta^2-\omega^2$, 下面分三种情况讨论:

(1) 当 $\Delta>0$, 则 $\lambda_1,\lambda_2<0$, 这时 (8.7) 通解为

$$x(t)=c_1\mathrm{e}^{\lambda_1 t}+c_2\mathrm{e}^{\lambda_2 t},$$

这种振动称为超衰减振动, 是由于阻力系数 a 太大引起的迅速衰减而使位移迅速趋于零, 振动速度也趋于零而停止, 整个运动过程不振动.

(2) 当 $\Delta=0$, 则 $\lambda_1=\lambda_2=-\delta$, 这时通解为

$$x(t)=(c_1t+c_2)\mathrm{e}^{-\delta t},$$

这时也不振动, 当 $t\to+\infty$ 时, 位移与速度皆趋于零而停止, 下面将会看到, Δ 再小 ($\Delta<0$) 则会发生振动现象, 所以把 $\Delta=0$ 的情形称为临界衰减振动.

(3) 当 $\Delta<0$, 则 $\lambda_{1,2}=a+\mathrm{i}\beta,a=-\delta<0$, 通解为

$$x(t)=\mathrm{e}^{-\delta t}[c_1\cos\beta t+c_2\sin\beta t],$$

这种振动叫做衰减振动, 也称阻尼振动. 取初值 $x(0)=x_0,dx(0)/dt=0$, 则有

$$x(t)=\frac{x_0\sqrt{\delta^2+\beta^2}}{\beta}\mathrm{e}^{-\delta t}\cos(\beta t-\theta),$$

其中 $\theta=\arctan\frac{\delta}{\beta}$, 它的振幅为 $A=\frac{x_0}{\beta}\sqrt{\delta^2+\beta^2}\mathrm{e}^{-\delta t}$.

3. **受迫振动**

设外力为 $f(t)=F_0\cos pt$, 这时方程 (8.5) 变成

$$\frac{d^2x}{dt^2}+2\delta\frac{dx}{dt}+\omega^2x=\frac{F_0}{m}\cos pt, \tag{8.8}$$

其通解是 (8.7) 在相应的通解加上 (8.8) 的一个特解 $x_0(t)$, 由算子解法, 得到

$$\begin{aligned} x_0(t) &= \mathrm{Re}\frac{1}{D^2+2\delta D+\omega^2}\frac{F_0}{m}\mathrm{e}^{\mathrm{i}pt} \quad \left(D=\frac{d}{dt}\right) \\ &= \mathrm{Re}\left\{\frac{F_0}{m[(\mathrm{i}p)^2+2\delta(\mathrm{i}p)+\omega^2]}\mathrm{e}^{\mathrm{i}pt}\right\} \\ &= A\cos(pt+\varphi), \end{aligned}$$

其中

$$A=\frac{F_0}{m\sqrt{(\omega^2-p^2)^2+4\delta^2p^2}}, \quad \varphi=\arctan\frac{2\delta p}{p^2-\omega^2},$$

若外力频率取 $p=\sqrt{\omega^2-2\delta^2}(\omega^2>2\delta^2)$, 则振幅

$$\begin{aligned} A=A_m &= \frac{F_0}{m\sqrt{[p^2-(\omega^2-2\delta^2)]^2+(4\delta^2\omega^2-4\delta^4)}} \\ &= \frac{F_0}{2\delta m\sqrt{\omega^2-\delta^2}} \end{aligned}$$

是最大的, 这时的振动称为共振, $p=\sqrt{\omega^2-2\delta^2}$ 叫做外力的共振频率, 若方程的阻力项系数很小, 即 $0<\delta\ll 1$, 则 A_m 是十分大的, 1940 年 11 月 7 日, 华盛顿市的塔科马大桥在气流作用下发生了共振, 振幅 A_m 竟达到 28 英尺, 而使该桥毁于一旦; 1831 年, 英国曼彻斯特的布劳顿桥上一队士兵齐步通过时突然坍塌, 也是由士兵踏步之外力引起的共振造成的. 另一方面, 由振幅 A 的表达式可知, 当外力的频率 p 足够大时, 即 $p>>1$, 则 $0<A<<1$, 小桥车在并不平坦的路面上高度行驶时, 车轮受凹凸不平的路面之颠簸, p 很大, 车身反而平稳, 就是这个道理, 这种现象称为消振.

第三节　人口模型

人口增长问题是当今世界最受关注的问题之一, 也是制约我国发展的关键因素之一. 所以掌握人口数量的发展规律, 建立合理的数学模型, 对未来人口作清晰准确的预测是非常有意义的. 随着中国计划生育的开展以及人们的文化水平的提高, 人口问题也慢慢得到控制, 但因人口基数太大, 进而导致人口过多的问题始终无法解决. 此外, 人口增长过快, 不但为就学就业增加困难, 还会使能源、水源、森林等自然资源消耗过大, 加重环境污染, 使生产条件和人民生活环境变得很坏, 很难改善. 而当前被人们所熟知的人口预测模型有指数增长模型 (Malthus 模型)、阻滞增长模型 (Logistic 模型)、宋健人口模型.

一、 Malthus 模型

要预测一个国家的人口增长情况, 首先要搞清人口的出生率和死亡率. 假如迁入率和迁出率对一个国家而言相对较小, 以至于可以忽略不计 (像美国那样的移民国家也许是个例外). 17 世纪末, 英国神父 Malthus 发现, 人口出生率与死亡率几乎都可以看成常数, 因而两者之差也几乎是常数. 这就是说, 人口增长率与当时的人口数量成正比, 比例常数 g 被称为人口自然增长率 (它可以通过人口统计数据得到). 这就是著名的 Malthus 模型.

1. 模型假设

(1) 假设在社会稳定的前提下, 生育和死亡率都比较稳定;
(2) 假设只考虑本国内部的迁移, 而忽略国际之间的迁移;
(3) 忽略突发灾难性疾病、战争等对人口的影响;
(4) 假设国家对人口方面的政策基本稳定.

2. 符号定义

$x(t)$ 为时刻 t 的人口数量. 严格来说, 人口总数中个体的数目是时间 t 的不连续函数, 但由于人口数量比较大, 可以近似地认为 $x(t)$ 为时间 t 的一个连续可微函数; g 为人口自然增长率.

3. 模型的建立与求解

根据假设条件知, 人口自然增长率 g 是一个常数, 则在 Δt 时间内, 人口增长的数量为

$$x(t+\Delta t)-x(t)=g\cdot x(t)\cdot \Delta t. \tag{8.9}$$

按照 Malthus 理论, 令 $\Delta t\to 0$, 则可得到 Malthus 模型

$$\begin{cases} \dfrac{dx(t)}{dt}=gx(t), \\ x(0)=x_0, \end{cases} \tag{8.10}$$

其中 x_0 为时刻 $t=t_0$ 的人口数量. 得到通解为

$$x(t)=x_0\mathrm{e}^{gt}.$$

4. 模型结果分析

根据指数增长模型, 可以看出随着时间的增长, 人口按指数规律无限增长. 比较历年的人口统计资料, 可发现人口增长的实际情况与 Malthus 模型的预报结果基本相符. 世界人口数大约每 35 年增长 1 倍. 检查 1700 年至 1961 年的 260 年中

世界人口的实际数量, 发现两者几乎完全一致. 按照该模型计算, 人口数量每 34.6 年增长一倍, 两者几乎也完全相同. 例如, 1961 年世界人口数为 30.6 亿, 人口增长率约为 2%. 此模型用于短期人口估算有较好的近似程度, 但是, 当 $t \to \infty$ 时, 有 $x(t) \to \infty$, 可见它不能用于对人口的长期预报. 导致这个后果的主要原因是在 Malthus 模型中做了如下假设: 人口自然增长率 g 仅与人口出生率和死亡率有关, 且为常数. 这一假设使模型得以简化, 但也隐含了人口无限制增长的缺陷, 显然用该模型来做长期的人口预测会是不合理的, 因此需要对此进行改进.

二、 Logistic 模型

人口增长到一定数量后, 人口增长将受到资源、环境等因素的阻滞作用, 从而导致人口自然增长率下降, 并且这种阻滞作用会随着人口数量的增加而变大, 即人口自然增长率 g 是人口数量 $x(t)$ 的减函数. 从而可建立 Logistic 模型:

1. 模型假设

(1) 假设只考虑本国内部的迁移, 而忽略国际之间的迁移;

(2) 忽略突发灾难性疾病、战争等对人口的影响;

(3) 假设国家对人口方面的政策基本稳定.

2. 符号定义

$x(t)$ 为时刻 t 的人口数量. 严格来说, 人口总数中个体的数目是时间 t 的不连续函数, 但由于人口数量比较大, 可以近似地认为 $x(t)$ 是时间 t 的一个连续可微函数; 人口自然增长率 g 为人口数量 $x(t)$ 的减函数; g_0 为人口的固有增长率, 且 $g_0 > 0; x_m$ 为自然资源和环境条件年容纳的最大容量.

3. 模型建立与求解

根据假设条件, 当 $x(t_m) = x_m$ 时, 人口的增长率为 0, 即 $g(x_m) = 0$, 于是有

$$g(x) = g_0 - \frac{g_0}{x_m}x, \tag{8.11}$$

其中 g_0 为人口的固有增长率, 且 $g_0 > 0$; x_m 为自然资源和环境条件年容纳的最大容量.

$$\frac{dx}{dt} = g(x)x = g_0 x\left(1 - \frac{x}{x_m}\right).$$

则称如下模型

$$\begin{cases} \dfrac{dx}{dt} = g_0 x\left(1 - \dfrac{x}{x_m}\right), \quad g_0 > 0, \\ x(t_0) = x_0 \end{cases} \tag{8.12}$$

为 Logistic 模型, 其解为

$$x(t)=\frac{x_m}{1+\left(\frac{x_m}{x_0}-1\right)\mathrm{e}^{-g_0 t}}. \tag{8.13}$$

4. 模型结果分析

从式 (8.13) 可得出如下结论:

(1) $\lim\limits_{t\to\infty} x(t)=x_m$. 它的实际意义是: 不管开始时人口处于什么状态, 随着时间的推移, 人总数最终将趋于其环境的最大容纳量;

(2) 当 $x(t)>x_m$ 时, $\dfrac{dx(t)}{dt}<0$. 它的实际意义是: 当人口数量超过环境容纳量时, 人口数量将减少; 当人口数量小于环境容纳量时, 人口数量将增加;

(3) 当 x_m 与 $x(t)$ 相比很大时, x/x_m 与 $g_0 x$ 相比可以忽略不计, 从而 Logistic 模型就变为了 Malthus 模型; 当 x_m 与 $x(t)$ 相比不是很大时, x/x_m 与 $g_0 x$ 相比就不可以忽略, 其作用是使人口的增长速度减缓下来.

根据模型的结论可以得到 $x(t)$ 和 $\dfrac{dx(t)}{dt}$ 的图形如图 8.1 所示.

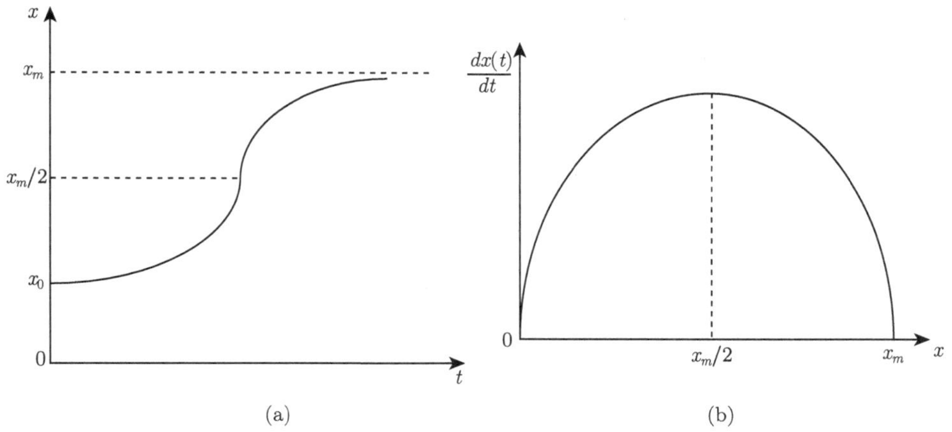

图 8.1 Logistic 模型曲线图

Logistic 模型说明当人口数量太大时, 种群间会发生生存竞争, 并导致增长率的降低. 竞争的强弱既和当前的种群数量 x 有关, 又和环境的最大容纳量 x_m 有关.

三、 分龄人口模型

1. 模型假设

(1) 假设所研究地区的人口基数很大;

(2) 假设人口统计数据真实可靠.

2. 符号定义

$F(r,t)$ 表示 t 时刻一切小于 r 岁的人口总数, 称为人口函数;
$N(t)$ 表示所研究地区 t 时刻的人口总数;
r_m 表示人类所能活到的最高年龄;
$p(r,t)$ 表示人口年龄密度函数;
$M(r,t)$ 表示 t 时刻单位时间内按年龄死亡密度函数;
$\mu(r,t)$ 表示相对死亡率函数;
$\varphi(t)$ 表示 t 时刻单位时间内出生的婴儿总数;
$K(r,t)$ 表示 t 时刻年龄为 r 岁的妇女人数与年龄为 r 岁总人数的比值, 称为女性比例函数;
$l(r,t)$ 表示 t 时刻单位时间内, 年龄为 r 岁的妇女生育的婴儿总数与同龄妇女总人数的比值, 也就是平均一个妇女单位时间生育的婴儿数;
$h(r,t)$ 表示妇女的生育模式;
$\beta(t)$ 表示 t 时刻每个妇女平均生育胎数;
$f(r,t)\Delta r\Delta t$ 表示在$[r,r+\Delta r]$区间内和$[t,t+\Delta t]$时间里迁入或迁出的人口总数;
$f(r,t)$ 称为相对扰动密度函数.

3. 模型建立与求解

对于宋健课题组建立的人口模型, 首先, 用 $F(r,t)$ 表示 t 时刻一切小于 r 岁的人口总数, 严格地讲, $F(r,t)$ 是两个变量的阶梯函数, 但考虑到人口总数很大, 且 r,t 都是连续变量. 因此不妨认为 $F(r,t)$ 对每个变量都是连续变化的, 显然 $F(r,t)\geqslant 0$, 而且对任意固定的 t, $F(r,t)$ 是 r 的增函数. 然后, 用 $N(t)$ 表示所研究地区 t 时刻的人口总数, r_m 表示人类所能活到的最高年龄. 则有

$$F(0,t)=0,$$
$$F\left(r_m,t\right)=F\left(\infty,t\right)=N\left(t\right).$$

令 $p\left(r,t\right)=\dfrac{\partial F}{\partial r}$, 则称 $p\left(r,t\right)$ 为人口年龄密度函数. 因为 $F\left(r,t\right)$ 是 r 的增函数, 故有

$$p\left(r,t\right)\geqslant 0,\quad p\left(r_m,t\right)=0.$$

根据 $F(r,t)$ 和 $p(r,t)$ 的定义, 显然有以下关系

$$F(r,t)=\int_0^r p(\xi,t)d\xi,$$
$$N(t)=\int_0^{r_m} p(\xi,t)d\xi=\int_0^{\infty} p(\xi,t)d\xi.$$

用 $M(r,t)$ 表示 t 时刻单位时间内按年龄死亡密度函数, 则年龄在 $[r,r+\Delta r]$ 区间内, 单位时间死亡的人数为 $M(r,t)\Delta r$, 而年龄在同一区间内活着的人数为 $p(r,t)\Delta r$. 定义相对死亡率函数 $\mu(r,t)$ 为

$$\mu(r,t)=\lim_{\Delta r\to 0}\frac{M(r,t)\Delta r}{p(r,t)\Delta r},$$

$\mu(r,t)$ 通常由统计数据给出, 它是描述人口发展过程的重要参数之一.

我们先不考虑各种不确定因素, 只考虑自然的生死过程. 经过 Δt 到 $t+\Delta t$ 时刻, 除去死亡的人以外, 活着的人都变成了 $t+\Delta t$ 时刻年龄在 $[r+\Delta r',r+\Delta r'+\Delta r]$ 区间内的人, 即 $p(r+\Delta r',t+\Delta t)\Delta r$, 由于 r 与 t 具有相同的量纲, 因此 $\Delta r'=\Delta t$, 而死去的人数为 $\mu(r,t)p(r,t)\Delta r\Delta t$. 它们之间的关系是

$$p(r+\Delta r',t+\Delta t)\Delta r-p(r,t)\Delta r=-\mu(r,t)p(r,t)\Delta r\Delta t, \tag{8.14}$$

将式 (8.14) 加以变换

$$\begin{aligned}&[p(r+\Delta r',t+\Delta t)\Delta r-p(r,t+\Delta t)\Delta r]+[p(r,t+\Delta t)\Delta r-p(r,t)\Delta r]\\&=-\mu(r,t)p(r,t)\Delta r\Delta t,\end{aligned}$$

两边同时除以 $\Delta r\Delta t$ 后, 并令 $\Delta r\to 0,\Delta t\to 0$, 则得到

$$\frac{\partial p(r,t)}{\partial r}+\frac{\partial p(r,t)}{\partial t}=-\mu(r,t)p(r,t), \tag{8.15}$$

这就是最基本的人口模型.

如果已知 $t=0$ 时刻的人口密度分布为

$$p(r,0)=p_0(r). \tag{8.16}$$

$p_0(r)$ 就是方程 (8.15) 的初始条件, 它通常由统计数据给出. 而边界条件为

$$p(r_m,t)=0, \tag{8.17}$$

$$p(0,t)=\varphi(t), \tag{8.18}$$

式中 $\varphi(t)$ 表示 t 时刻单位时间内出生的婴儿总数, 称为人口绝对出生率. 由式 (8.15)—式 (8.18) 可得到完整的人口模型为

$$\begin{cases}\dfrac{\partial p}{\partial r}+\dfrac{\partial p}{\partial t}=-\mu(r,t)p(r,t),\\ p(r,0)=p_0(r),\\ p(r_m,t)=0,\\ p(0,t)=\varphi(t).\end{cases} \tag{8.19}$$

人口发展过程的控制是通过控制婴儿出生率 $\varphi(t)$ 来实现的, 从控制论观点来看, $\varphi(t)$ 是开环控制, 而式 (8.19) 就是一个边界控制的分布参数系统.

给出 $\varphi(t)$ 的具体控制表达形式, 是人口模型建立的关键问题, 也正是我们要解决的问题.

设 $[r_1, r_2]$ 是妇女育龄区间, $K(r,t)$ 是 t 时刻年龄为 r 岁的妇女人数与年龄为 r 岁总人数的比值, 称为女性比例函数, 它可由人口统计数据给出, 且随着年龄 r 和时间 t 的不同而不同.

为了精确描述妇女生育的特点, 我们用 $l(r,t)$ 表示 t 时刻单位时间内, 年龄为 r 岁的妇女生育的婴儿总数与同龄妇女总人数的比值, 也就是平均一个妇女单位时间生育的婴儿数, 这样, 在 t 时刻的人口绝对出生率 $\varphi(t)$ 就可表示成

$$\varphi(t) = \int_{r_1}^{r_2} l(r,t) K(r,t) p(r,t) \, dr. \tag{8.20}$$

现将 $l(r,t)$ 分解成两个函数之积的形式

$$l(r,t) = \beta(t) h(r,t),$$

并且要求 $h(r,t)$ 是规格化了的函数

$$\int_{r_1}^{r_2} h(r,t) dr = 1,$$

函数 $h(r,t)$ 称为妇女生育模式, $\beta(t)$ 表示 t 时刻每个妇女平均生育胎数, 称为比生育率. 如果生育模式 $h(r,t)$ 与 t 无关, 则

$$l(r,t) = \beta(t) h(r). \tag{8.21}$$

将式 (8.21) 代入式 (8.20) 后, 便得到

$$\varphi(t) = \beta(t) \int_{r_1}^{r_2} h(r,t) K(r,t) p(r,t) \, dr. \tag{8.22}$$

它揭示了人口绝对出生率 $\varphi(t)$ 和比生育率 $\beta(t)$ 之间的定量关系. 因此, 选择控制 $\varphi(t)$ 就变为选择 $\beta(t)$ 和生育模式 $h(r,t)$.

将式 (8.22) 代回 (8.19) 后, 得到

$$\begin{cases} \dfrac{\partial p}{\partial r} + \dfrac{\partial p}{\partial t} = -\mu(r,t) p(r,t), \\ p(r,0) = p_0(r), \\ p(r_m,t) = 0, \\ p(0,t) = \beta(t) \displaystyle\int_{r_1}^{r_2} h(r,t) K(r,t) p(r,t) \, dr, \end{cases} \tag{8.23}$$

这是一个正反馈的分布参数系统.

接下来, 我们来考虑各种不确定因素对人口模型的影响. 这些不确定因素包括移民、战争和自然灾害等引起的人口扰动. 用 $f(r,t)\Delta r\Delta t$ 表示在 $[r,r+\Delta r]$ 区间内和 $[t,t+\Delta t]$ 时间里迁入或迁出的人口总数, $f(r,t)$ 称为相对扰动密度函数, 它通常由统计数据给出.

采用和前面相同的讨论方法, 即可将式 (8.15) 变为

$$\frac{\partial p(r,t)}{\partial r}+\frac{\partial p(r,t)}{\partial t}=-\mu(r,t)\,p(r,t)+f(r,t),$$

初始条件和边界条件都与前述未考虑扰动因素模型一致. 于是, 在各种扰动下的人口模型就变成

$$\begin{cases}\dfrac{\partial p}{\partial r}+\dfrac{\partial p}{\partial t}=-\mu(r,t)\,p(r,t)+f(r,t),\\ p(r,0)=p_0(r),\\ p(r_m,t)=0,\\ p(0,t)=\beta(t)\displaystyle\int_{r_1}^{r_2}h(r,t)\,K(r,t)\,p(r,t)\,dr.\end{cases}\tag{8.24}$$

考虑不同地区之间人口特性的差异时, 可以建立如下人口模型.

设 $p_i(r,t),i=1,2,\cdots,n$ 是第 i 个地区的人口密度函数, 则所有地区的人口密度函数用向量表示为 $p(r,t)=\{p_1(r,t),p_2(r,t),\cdots,p_n(r,t)\}$; 用 $\mu_i(r,t)$, $\varphi_i(t)$, $f_i(r,t)$ 分别表示第 i 个地区的相对死亡率函数、人口出生率函数和相对扰动密度函数. 于是宋健建立的人口模型就是

$$\begin{cases}\dfrac{\partial p_1}{\partial r}+\dfrac{\partial p_1}{\partial t}=-\mu_1(r,t)\,p_1(r,t)+\displaystyle\sum_{i=1}^{n}[a_{1i}(r,t)\,p_i]+f_1(r,t),\\ \dfrac{\partial p_2}{\partial r}+\dfrac{\partial p_2}{\partial t}=-\mu_2(r,t)\,p_2(r,t)+\displaystyle\sum_{i=1}^{n}[a_{2i}(r,t)\,p_i]+f_2(r,t),\\ \qquad\qquad\cdots\cdots\\ \dfrac{\partial p_n}{\partial r}+\dfrac{\partial p_n}{\partial t}=-\mu_n(r,t)\,p_n(r,t)+\displaystyle\sum_{i=1}^{n}[a_{ni}(r,t)\,p_i]+f_n(r,t),\\ p_i(r,0)=p_{0i}(r),\quad i=1,2,\cdots,n,\\ p_i(r_m,t)=0,\quad i=1,2,\cdots,n,\\ p_i(0,t)=\varphi_i(t),\quad i=1,2,\cdots,n,\end{cases}\tag{8.25}$$

其中 $a_{ij}(r,t)$ 是第 j 个地区向第 i 个地区的移民率, 引入记号

$$Q=\begin{pmatrix} \mu_1(r,t) & 0 & 0 & 0 \\ 0 & \mu_2(r,t) & 0 & 0 \\ 0 & 0 & & 0 \\ 0 & 0 & 0 & \mu_n(r,t) \end{pmatrix},$$

$$A=\begin{pmatrix} a_{11}(r,t) & a_{12}(r,t) & \cdots & a_{1n}(r,t) \\ a_{21}(r,t) & a_{22}(r,t) & \cdots & a_{2n}(r,t) \\ \vdots & \vdots & & \vdots \\ a_{n1}(r,t) & a_{n2}(r,t) & \cdots & a_{nn}(r,t) \end{pmatrix},$$

则式 (8.25) 可写成向量形式

$$\begin{cases} \dfrac{\partial p(r,t)}{\partial r}+\dfrac{\partial p(r,t)}{\partial t}=-Qp(r,t)+Ap(r,t)+f(r,t), \\ p(r,0)=p_0(r), \\ p(r_m,t)=0, \\ p(0,t)=\varphi(t), \end{cases}$$

其中 $p_0(r)=\{p_{01}(r),p_{02}(r),\cdots,p_{0n}(r)\}$, $\varphi(t)=\{\varphi_1(t),\varphi_2(t),\cdots,\varphi_n(t)\}$, 而

$$\varphi_i(t)=\beta_i(t)\int_{r_{1i}}^{r_{2i}} h_i(r,t)K_i(r,t)p_i(r,t)dr,\quad i=1,2,\cdots,n,$$

其中 β_i, h_i 分别是第 i 个地区的比生育率和生育模式, 而 K_i 则是第 i 个地区的女性比例函数.

宋健建立的人口模型不仅能够精确的对大范围人口模型进行描述, 而且该模型也是建立人口大系统的理论基础.

例 1　以 2007 年全国大学生数学建模竞赛 A 题为例, 建立中国人口增长模型.

中国是一个人口大国, 人口问题始终是制约我国发展的关键因素之一. 根据已有数据, 运用数学建模的方法, 试从中国的实际情况和人口增长的上述特点出发, 建立中国人口增长的数学模型, 并由此对中国人口增长的中短期和长期趋势做出预测.

1. 问题假设

(1) 假设只考虑本国内部的迁移, 而忽略国际之间的迁移;

(2) 忽略突发灾难性疾病、战争等对人口的影响;

(3) 假设国家对人口方面的政策基本稳定;

(4) 无大规模的强制性移民政策.

2. 符号说明

若无特别说明, 本例题将采用上述模型已定义好的符号作为符号说明.

3. 问题分析

在建模过程中我们主要考虑和预测以下指标:

(1) 各年的总人口数;

(2) 人口数峰值及到达时间;

(3) 城、镇、乡人口数比例, 城 (或乡, 或镇) 人口数;

(4) 年龄结构;

(5) 出生人口男女性别比例.

为预测总人口数, 首先建立了一个灰色预测 GM(1,1) 模型, 预测了未来 15 年的总人口数, 但发现只能进行短期预测. 于是建立了人口发展方程, 即偏微分方程模型来进行较长期的预测, 确定了其中的相关参数: 死亡率、生育模式、女性比例, 其中的相对死亡率用二元指数回归模型进行拟合, 并先对该模型进行简化, 即构建不考虑人口扰动的人口发展模型.

4. 模型建立与求解

在安定的社会中, 人口发展方程可以用精确的偏微分方程

$$\begin{cases} \dfrac{\partial p}{\partial r}+\dfrac{\partial p}{\partial t}=-\mu(r,t)\,p(r,t)\,, \\ p(r,0)=p_0(r)\,, \\ p(r_m,t)=0, \\ p(0,t)=\beta(t)\displaystyle\int_{r_1}^{r_2} h(r,t)\,K(r,t)\,p(r,t)\,dr \end{cases} \tag{8.26}$$

描述. 其中 r 表示年龄, t 表示时间;

r_m 表示人类能活到的最高年龄; $[r_1,r_2]$ 表示妇女育龄区间;

$p(r,t)$ 表示人口年龄密度函数;

$p_0(r)$ 表示初始人口年龄密度;

$\mu(r,t)$ 表示相对死亡率函数;

$K(r,t)$ 表示 t 时刻年龄为 r 岁的妇女人数与年龄为 r 岁总人数的比值, 称为女性比例函数;

$h(r,t)$ 表示妇女的生育模式;

$\beta(t)$ 表示 t 时刻每个妇女平均生育胎数.

根据 $h(r,t)$, $K(r,t)$, $\mu(r,t)$, $\beta(t)$ 的意义, 可以确定其表达式或近似值.

(1) 为方便作将来人口发展预报, 可将生育模式 $h(r,t)$ 简化为 $h(r)$, 因此有

$$h(r)=\begin{cases}\dfrac{1}{2^{\frac{n}{2}}\Gamma\left(\dfrac{n}{2}\right)}(r-r_1)^{\frac{n}{2}-1}\mathrm{e}^{-\frac{r-r_1}{2}}, & r\geqslant r_1,\\ 0, & r<r_1,\end{cases}\tag{8.27}$$

其中 r_1 是育龄妇女的年龄下界, $\Gamma(x)$ 是伽马函数, n 是一个正整数, 由 $r_{\text{best}}=r_1+n-2$ 确定, 且 r_{best} 是妇女最佳生育年龄, 取 $r_{\text{best}}=25$.

(2) 通过《中国统计年鉴 2006》可以获得 1989–2005 年的女性人口所占的比例, 观察这些数据发现, 女性人口比例变化的幅度极其微小, 人口学专家也指出, 在不受战争、移民、灾害和不同民族习俗的影响下, 女性人口的比例将在略小于男性人口的比例值下小幅波动, 故 $K(r,t)$ 可以近似取值为近 5 年女性人口比例的平均值.

(3) 考虑 r,t 与相对死亡概率 $\mu(r,t)$ 的关系, 用二元指数多项式进行非线性函数拟合, 回归模型为

$$\mu(r,t)=t^a\mathrm{e}^{(br+c)}.$$

将曲线回归化为线性回归:

$$\ln\mu=a\ln t+br+c.$$

然后, 分别统计得到 2001–2005 年的相对死亡率 μ.

再利用最小二乘法估计出模型的参数, 则可得相对死亡率 $\mu(r,t)$ 为 t 时刻年龄为 r 的人口的相对死亡率为

$$\mu(r,t)=t^{-0.1735}\mathrm{e}^{0.0416r-1.515}.$$

在一段时期内, $\beta(t)$ 一般维持相对稳定, 在我国目前取值一般为 1.8, 根据上面确定的参数, 我们通过差分格式离散, 计算后就可以求得相应的人口预测值.

第四节　传染病模型

传染病是困扰各国政府、医学界以及学术界的一大问题. 它不仅给人类带来痛苦与恐慌, 有时也导致整个社会的衰退, 甚至于国家的消亡. 历史上有详尽细节描述的第一场传染病灾难发生在公元前 430 年, 当时, 源于亚洲的瘟疫席卷了雅典, 在两年内, 雅典 1/3 的人口死于瘟疫. 14 世纪, 黑死病席卷了意大利、法国、英国甚至整个欧洲, 当时 1/4 的欧洲人死于这场瘟疫. 16 世纪, 梅毒也曾肆虐欧洲. 然

而，最大的祸害是 16 世纪西班牙人将天花、麻疹、伤寒等疾病带到了美洲，西班牙人对美洲的征服变成了一场病魔的大屠杀. 19 世纪初，人类又遭遇了一种新的传染病 —— 痢疾. 1918 年至 1919 年，饱尝战乱之苦的世界又遭遇到了“西班牙流感”. 据估计，人类文明史上所有死于瘟疫的人口至少占到总人口的 20%. 因此运用数学建模知识，建立传染病的数学模型来描述传染病的传播机理，分析被感染人数的变化规律以及探索制止传染病蔓延的手段就显得尤为重要. 然而，不同类型的传染病的传播机理并不完全相同，弄清这些传染病的传播机理需要相当多的生物医学知识. 这里不可能从医学的角度一一分析各种传染病的传播，因此本节将按照传染病一般的传播机理介绍几种最基本的传染病模型.

一、 指数增长模型

1. 模型假设

(1) 每个病人每天有效接触 (足以使人致病) 人数为 λ;

(2) 一个人得病后，久治不愈，并在传染期内不会死亡.

2. 符号说明

记 t 时刻已经感染人数 (病人) 为 $i(t)$，假设 $i(t)$ 连续、可微，$i(0)=i_0$；每个病人每天有效接触 (足以使人致病) 人数为 λ.

3. 模型的建立与求解

考虑 t 到 $t+\Delta t$ 时刻病人增加人数

$$i(t+\Delta t)-i(t)=\lambda i(t)\Delta t,$$

再设 $t=0$ 时，有 i_0 个病人，即得到微分方程

$$\begin{cases} \dfrac{di(t)}{dt}=\lambda i(t), \\ i(0)=i_0, \end{cases}$$

其解为

$$i(t)=i_0\mathrm{e}^{\lambda t}.$$

4. 模型结果分析

结果表明，在仅考虑病人人数的改变的情况下，传染病的传播是按指数函数增加的. 这个结果与传染病的传播初期比较吻合，传染病传播初期，传播很快，被传染人数按指数函数增长. 随着 t 的增加，病人人数 $i(t)$ 会无限增长. 这显然不符合实际情况. 其问题主要在于两条假设均不合理. 特别是假设 (1)，每个病人单位时间内传染的人数是常数与实际不符. 因为在传播初期，传染病人少，未被传染者多.

而在传染病传播中期和后期, 传染病人逐渐增多, 未被传染者逐渐减少, 因而在不同时期的传染情况是不同的. 所以归根到底此模型失败的原因在于: 在病人有效接触的人群中, 有健康人也有病人, 而其中只有健康人才可以被传染为病人, 所以在改进的模型中必须区分这两种人. 因此为了与实际情况相符, 我们在原有基础上修改假设建立新的模型.

二、 SI 模型

1. 模型假设

(1) 在疾病传播期内所考察地区的总人数 N 不变, 即不考虑生死, 也不考虑迁移. 人群分为易感染者和已感染者两类, 简称为健康人和病人;

(2) 每个病人每天有效接触人数为 λ, 且使接触的健康人致病, λ 为日接触率. 当病人与健康人有接触时, 使健康人受感染变为病人;

(3) 一人得病后, 久治不愈, 并在传染期内不会死亡.

2. 符号说明

记 t 时刻已经感染人数 (病人) 占总人数的比例为 $i(t)$, 假设 $i(t)$ 连续、可微, $i(0)=i_0$; t 时刻未被感染人数 (健康人) 占总人数的比例为 $s(t)$, 且有 $s(t)+i(t)=1$.

3. 模型的建立与求解

每个病人每天可使 $\lambda s(t)$ 个健康人变为病人, 又因为病人数为 $Ni(t)$, 所以每天共有 $\lambda Ns(t)i(t)$ 个健康人被感染, $\lambda Ns(t)i(t)$ 为病人数的增加率, 考虑 t 到 $t+\Delta t$ 时刻病人增加人数

$$N[i(t+\Delta t)-i(t)]=[\lambda s(t)]Ni(t)\Delta t, \tag{8.28}$$

令 $\Delta t\to 0$, 有

$$\frac{di}{dt}=\lambda s(t)i(t),$$
$$s(t)+i(t)=1.$$

记初始时刻病人的比例为 i_0, 则传染病的 SI 模型为

$$\begin{cases}\dfrac{di}{dt}=\lambda i(t)[1-i(t)],\\ i(0)=i_0.\end{cases} \tag{8.29}$$

用分离变量法得其解为

$$i(t)=\frac{1}{1+\left(\frac{1}{i_0}-1\right)e^{-\lambda t}}.$$

可以绘制 SI 模型的 $i \sim t$ 曲线和 $\frac{di}{dt} \sim i$ 曲线, 如图 8.2 和图 8.3 所示, 且当 $i = 1/2$ 时, $\frac{di}{dt}$ 达到最大值 $\left(\frac{di}{dt}\right)_m$, 这个时刻

$$t_m = (\lambda N)^{-1} \ln\left(\frac{N}{i_0} - 1\right). \tag{8.30}$$

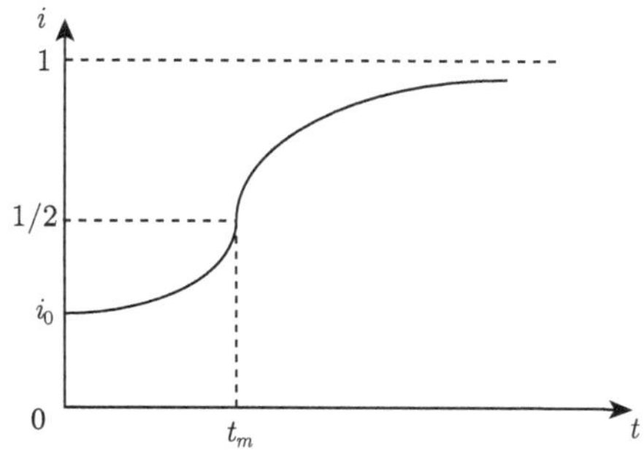

图 8.2　SI 模型的 $i \sim t$ 曲线

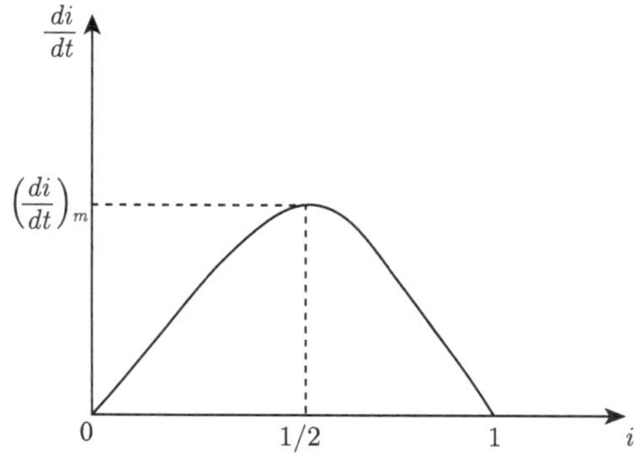

图 8.3　SI 模型的 $\frac{di}{dt} \sim i$ 曲线

4. 模型结果分析

由式 (8.30) 可知, 当传染病强度 λ 和总人数 N 增加时, t_m 都将变小即传染病高峰来得很快. 这与实际情况相吻合. 同时, 如果知道了传染强度 λ, 即可预报传染病高峰 t_m 到来的时间, 这对于防治传染病是有益处的.

但是此模型仍有缺点：当 $t \to \infty$ 时, $i(t) \to N$, 即所有人终将被传染, 全变为病人. 这显然不符合实际情况. 造成的原因是假设三中假设了人得病后久治不愈, 即人群中的健康者只能变成病人, 病人不会再变成健康者.

为了与实际情况更加吻合, 对上面的数学模型再做进一步修改, 这就要考虑到人得了病后有的会死亡, 另外不是每个人被传染后都会传染给别人, 因为其中一部分会被隔离. 还要考虑人得了传染病由于医治和人自身抵抗力会痊愈, 并非像前面假设那样人得病后久治不愈. 为此又作新的假设, 建立新的模型.

三、SIS 模型

1. 模型假设

在 SI 模型的基础上, 增加假设病人每天治愈的比例为 μ, μ 为日治愈率, 也就是病人治愈后成为可被感染的健康人, 显然 $1/\mu$ 是这种传染病的平均传染期.

2. 符号说明

记 t 时刻已经感染人数 (病人) 占总人数的比例为 $i(t)$, 假设 $i(t)$ 连续、可微,

$i(0)=i_0$; t 时刻未被感染人数 (健康人) 占总人数的比例为 $s(t)$.

3. 模型的建立与求解

由假设条件可将 SI 模型中的式 (8.28) 变为

$$N\left[i(t+\Delta t)-i(t)\right]=\left[\lambda s(t)\right]Ni(t)\Delta t-\mu Ni(t)\Delta t.$$

于是式 (8.29) 可化为

$$\begin{cases}\dfrac{di}{dt}=\lambda i(t)\left[1-i(t)\right]-\mu i(t),\\ i(0)=i_0.\end{cases}\tag{8.31}$$

再此, 我们可以通过画出 $\dfrac{di}{dt}$ 的图形来分析 $i(t)$ 的变化规律. 定义

$$\sigma=\lambda/\mu,$$

其中, λ 为日接触率, μ 为日治愈率, σ 则为一个感染期内每个病人的有效接触人数, 称为接触数. 感染期内有效接触感染的健康人变成病人数不超过病人数.

利用 σ 将式 (8.31) 改写成

$$\frac{di}{dt}=-\lambda i(t)\left[i(t)-\left(1-\frac{1}{\sigma}\right)\right].$$

根据 σ 的不同, 可绘制出 SIS 模型的 $i\sim t$ 曲线和 $\dfrac{di}{dt}\sim i$ 曲线, 如图 8.4—图 8.7 所示.

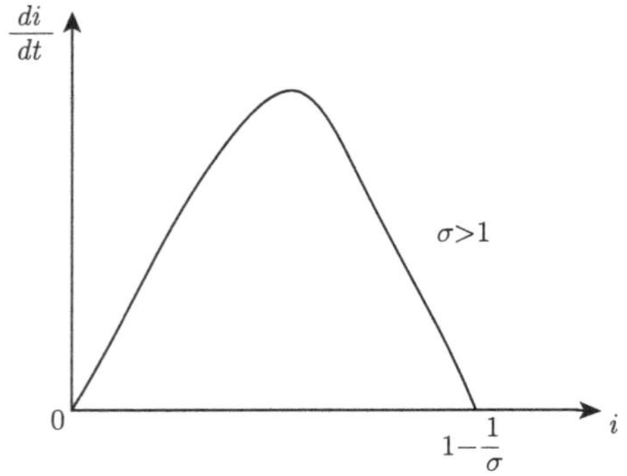

图 8.4 SIS 模型的 $\dfrac{di}{dt}\sim i$ 曲线 $(\sigma>1)$

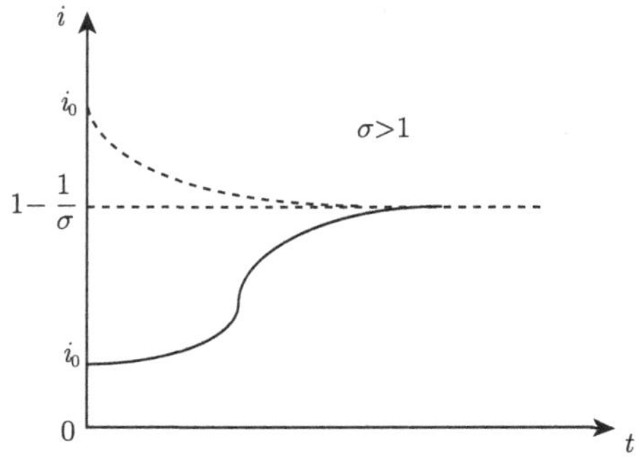

图 8.5 SIS 模型的 $i\sim t$ 曲线 $(\sigma>1)$

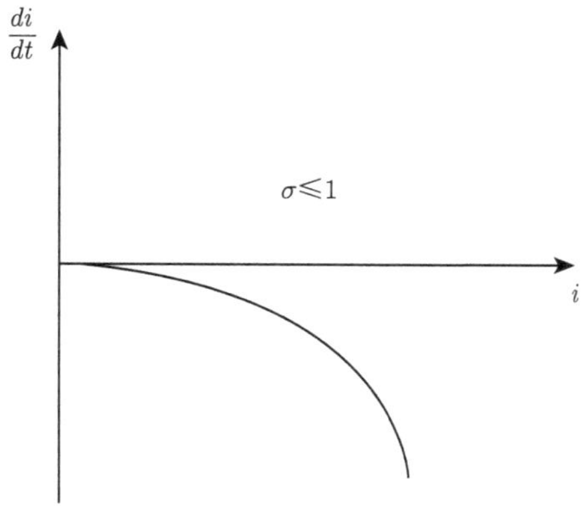

图 8.6　SIS 模型的 $\frac{di}{dt}\sim i$ 曲线 $(\sigma\leqslant 1)$

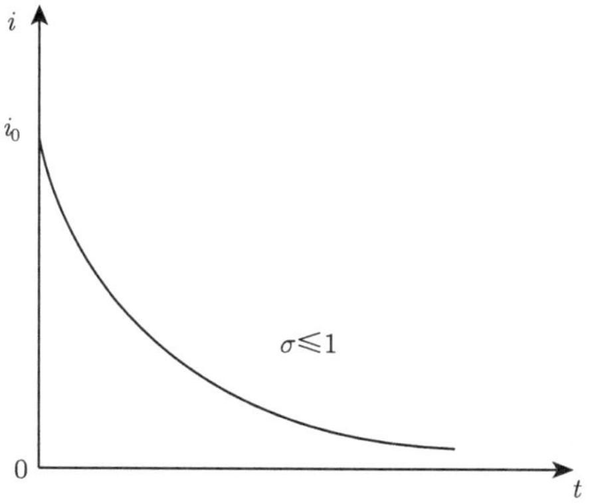

图 8.7　SIS 模型的 $i\sim t$ 曲线 $(\sigma\leqslant 1)$

其中, σ 是一个传染期内每个病人有效接触易感染者的平均人数, 称为接触数, 并且容易得到

$$\lim_{t\to\infty} i(t)=\begin{cases}1-\dfrac{1}{\sigma}, & \sigma>1,\\ 0, & \sigma\leqslant 1.\end{cases}\tag{8.32}$$

4. 模型结果分析

由式 (8.32) 可看出, 接触数 $\sigma=1$ 是一个阈值. 在这个值的附近疾病的传染行为有明显的不同. 当 $\sigma\leqslant 1$ 时, 病人的比例 $i(t)$ 逐渐变小, 最终趋于零. 也就是说疾病的传播被完全控制了. 这主要是由在传染期内经有效接触从而使易感染者患病人数不超过原来病人的人数而产生的, 如果 $\sigma>1$, $i(t)$ 的增减性取决于 i_0 是否大于 $1-\dfrac{1}{\sigma}$. 这时它将有一个非零的极限值, 而不可能将疾病完全控制住.

四、 SIR 模型

1. 模型假设

(1) 假设患过传染病而完全痊愈的任何人都具有长期免疫力, 不考虑反复受传染的情形. 并设传染病的潜伏期很短, 可以忽略不计, 即一个人患了病之后立即成为传染者. 在这种情况下, 把居民分成三类:

第一类是由能够把疾病传染给别人的那些传染者组成的.

第二类是由并非传染者但能够得病而成为传染者的那些人组成的.

第三类包括患病死去的人, 病愈后具有长期免疫力的人, 以及在病愈并出现长期免疫力以前被隔离起来的人.

(2) 在所考虑时期内人口总数保持固定水平不变, 即不考虑出生及其他原因引起的死亡, 以及迁出、迁入等情况.

(3) 易受感染者的变化率正比于第一类的人数与第二类人数的乘积.

(4) 由第一类向第三类转变的速率与第一类的人数成正比.

2. 符号说明

记 t 时刻已经感染人数 (病人) 占总人数的比例为 $i(t)$(第一类人); t 时刻未被感染人数 (健康人) 占总人数的比例为 $s(t)$(第二类人); t 时刻第三类人数 (移除者) 占总人数的比例为 $r(t)$; 因此有 $i(t)+s(t)+r(t)=1$.

3. 模型的建立与求解

每个病人每天可使 $\lambda s(t)$ 个健康人变为病人, 又因为病人数为 $Ni(t)$, 所以每天共有 $\lambda Ns(t)i(t)$ 个健康人被感染, 有 $\gamma Ni(t)$ 个第三类人数被移除种群, 即有

$$N[i(t+\Delta t)-i(t)]=[\lambda s(t)]Ni(t)\Delta t-\gamma Ni(t)\Delta t,$$

$$\frac{di}{dt}=\lambda s(t)i(t)-\gamma i(t),$$

又由于

$$i(t)+s(t)+r(t)=1,$$

则未被感染的健康人满足

$$\frac{ds}{dt}=-\lambda s(t)i(t),$$

则患病死去的人或因病愈后具有长期免疫力的人, 以及在病愈并出现长期免疫力以前被隔离起来的人满足

$$\frac{dr}{dt}=\gamma i(t).$$

综上可得微分方程

$$\begin{cases}\dfrac{ds(t)}{dt}=-\lambda s(t)i(t),\\ \dfrac{di(t)}{dt}=\lambda s(t)i(t)-\gamma i(t),\\ \dfrac{dr(t)}{dt}=\gamma i(t),\end{cases}\tag{8.33}$$

其中 λ 为日接触率, 也即传染率, γ 为移除率.

记初始时刻健康人、病人和初始移除者的比例分别为 $s(0)=s_0$, $i(0)=i_0$, $r(0)=r_0$. 又由于 $i(t)+s(t)+r(t)=1$, 因此只要知道了 $i(t)$ 和 $s(t)$, 即可求出 $r(t)$. 因此式 (8.33) 的第一个和第二个方程与 $r(t)$ 无关, 从而有

$$\begin{cases}\dfrac{ds(t)}{dt}=-\lambda s(t)i(t),\\ \dfrac{di(t)}{dt}=\lambda s(t)i(\mathrm{t})-\gamma i(t).\end{cases}\tag{8.34}$$

由于直接求解 (8.34) 比较困难, 因此我们在相平面 (由 $i(t)$ 和 $s(t)$ 构成的平面) 考虑, 由 (8.34) 可得

$$\frac{di(t)}{ds(t)} = -\frac{\lambda s(t) i(t) - \gamma i(t)}{\lambda s(t) i(t)} = \frac{\gamma}{\lambda s(t)} - 1,$$

$$i(s) = -s(t) + \frac{\gamma}{\lambda} \ln s(t) + C.$$

当 $t=0$ 时, $s(0)=s_0$, $i(0)=i_0$, 记 $\rho = \frac{\gamma}{\lambda}$, 则有

$$i(s) = i_0 + s_0 - s(t) + \rho \ln \frac{s(t)}{s_0}. \tag{8.35}$$

讨论当 $t\to\infty$ 时, $i(t), s(t), r(t)$ 的变化, 并分别记 $i_\infty, s_\infty, r_\infty$ 为它们的极限值. 我们可得到如下结论:

(1) 无论初始条件 s_0, i_0 如何, 病人终将在系统中消失, 即有 $i_\infty = 0$. 因此, 在相平面上, 式 (8.33) 的所有轨迹最终与 s 轴相交, 如图 8.8 所示.

(2) 式 (8.35) 中令 $t\to\infty$ 取极限, 并知 $i_\infty = 0$, 则 s_∞ 将是方程

$$1 - s_\infty + \rho \ln \frac{s_\infty}{s_0} = 0$$

在 $(0,\rho)$ 内的单根. 在图 8.8 中 s_∞ 是相轨线与 s 轴在 $(0,\rho)$ 内交点的横坐标.

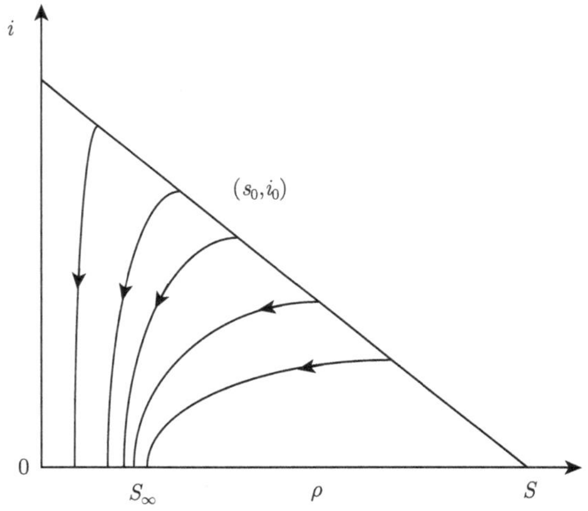

图 8.8 SIR 模型的相轨线

(3) 对于不同的初始位置 (s_0, i_0), 式 (8.35) 可写成

$$s(t) + i(t) - \rho \ln s(t) = C(s_0, \rho)$$

的形式. 容易证明, 它是 $[0,1)$ 上的单峰曲线, 在 $s_*=\rho$ 达到最大值

$$i\left(s_*\right)=1-\rho+\rho \ln \frac{\rho}{s_0}.$$

由此可知, 若 $s_0>\rho$, 则 $i(t)$ 先增加, 在 $s_*=\rho$ 处达到最大值 $i\left(s_*\right)=1-\rho+\rho \ln \frac{\rho}{s_0}$, 然后单调减少至 0, 而 $s(t)$ 则单调减少到 s_{∞}; 若 $s_0 \leqslant \rho$, 则 $i(t)$ 单调减少到 0, $s(t)$ 单调减少到 s_{∞}.

4. 模型结果分析

综上可得, 如果仅当病人 $i(t)$ 比例有一段时间在增长时, 才认为发生了疾病的蔓延, 那么 ρ 就是一个阈值, 只有当 $s_0>\rho$ 时才会发生疾病蔓延的现象. 如果设法提高模型的阈值 ρ(通过改善卫生环境、减少传染期的接触数), 使得 $s_0 \leqslant \rho$, 就可以控制住传染病的蔓延.

五、 传染病模型拓展

1. SEIR 模型

1) 模型假设

(1) 假设患过传染病而完全痊愈的任何人都具有长期免疫力, 不考虑反复受传染的情形. 并设传染病的潜伏期不可忽略不计, 即一个人患了病之后需要经过一段时间后才能成为传染者. 在这种情况下, 把居民分成四类:

第一类是由能够把疾病传染给别人的那些传染者组成的.

第二类是由并非传染者但能够得病而成为传染者的那些人组成的.

第三类是由已感染传染病但处于病毒潜伏阶段的个体组成的.

第四类包括患病死去的人, 病愈后具有长期免疫力的人, 以及在病愈并出现长期免疫力以前被隔离起来的人.

(2) 在所考虑时期内人口总数保持固定水平 N 不变, 即不考虑出生及其他原因引起的死亡, 以及迁出、迁入等情况.

2) 符号说明

记 t 时刻已经感染人数 (病人) 占总人数的比例为 $i(t)$(第一类人); t 时刻未被感染人数 (健康人) 占总人数的比例为 $s(t)$(第二类人); t 时刻第三类人数 (潜伏者) 为 $e(t)$; t 时刻第四类人数 (移除者) 占总人数的比例为 $r(t)$; 因此有 $i(t)+s(t)+e(t)+r(t)=1$.

ω_1 表示疾病的潜伏周期, 即潜伏者经过时间 ω_1 后后可能转化为病人; ω_2 表示治愈者在经过周期 ω_2 后丧失免疫力, 进而转化为易感者; λ 表示个体与疾病的有效接触率; α_1 表示个体从潜伏状态转化为发病状态的比例; α_2 表示染病者转化为

治愈者的比例; b 表示个体的直接免疫率; u 表示个体从潜伏状态转化为免疫状态的比例.

3) 模型的建立

传染病 SEIR 模型的传播机理为：当易感者与染病者接触并被传染后即成为染病者, 染病者恢复后就进入移除者群体. 当移除者不具有永久免疫力时, 经过一段时间后又会成为易感者. 有些疾病在潜伏期也具有传染力, 而且将接触率推广到一般形式的接触率, 具有一般形式的接触率模型是对具体模型的一种抽象, 对于有些传染病在流行期间, 易感者一旦被感染上病毒, 在未发病之前 (即潜伏期) 就对外具有传染性. 其传染病的传播机理如图 8.9 所示.

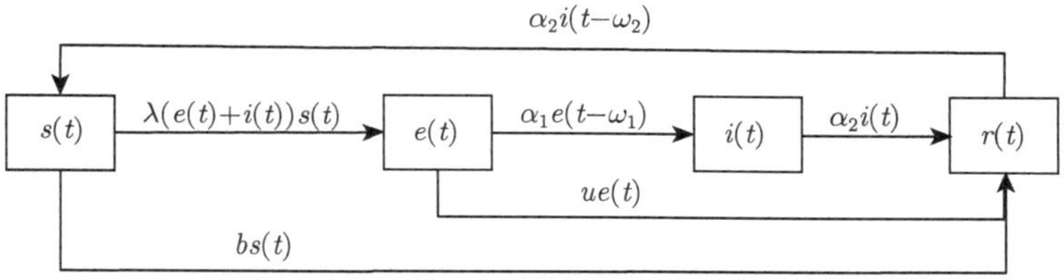

图 8.9 传染病传播机理图

根据上述描述的传染病传播机理, 建立的 SEIR 微分方程模型如下

$$\begin{cases} \dfrac{ds(t)}{dt} = -bs(t) - \lambda(e(t)+i(t))s(t) + \alpha_2 i(t-\omega_2), \\ \dfrac{de(t)}{dt} = \lambda(e(t)+i(t))s(t) - ue(t) - \alpha_1 e(t-\omega_1), \\ \dfrac{di(t)}{dt} = \alpha_1 e(t-\omega_1) - \alpha_2 i(t), \\ \dfrac{dr(t)}{dt} = \alpha_2 i(t) + ue(t) + bs(t) - \alpha_2 i(t-\omega_2). \end{cases} \tag{8.36}$$

2. 小世界网络中的 SIRS 模型

小世界网络模型是一类具有较高的聚类系数的网络的总称. 小世界网络的构造方法有很多, 其中由 Watts 和 Strogatz 提出的小世界网络模型 (WS 模型) 最具代表性. 然而, 该方法构造出来的小世界网络是环形网络, 与人类社会网络差距较大.

考虑到传统的 SIRS 模型是建立在同一时刻、同类人群中的不同个体向其他类型转变的无差异基础上的; 换句话说, 所有易感人群都有相同的患病概率, 所有康复人群都以相同几率转变为易感人群. 显然, 此假设与实际情况差距较大, 因为远离疫区的个体感染疾病的概率明显要低于位于疾病中心疫区的个体; 即使同在中心疫区的个体, 与染病个体经常接触的个体患病的概率又远高于与患病个体无接触的个体. 然而, 小世界网络模型是通过模拟人际交往的实际情况, 确定易感人群的患病概率, 也就是说, 不同环境下易感人群的患病概率随着人际交往的变化而不同. 因此采用基于小世界网络的 SIRS 模型更接近实际情况.

关于该类模型的建立与求解将在本节例题中着重介绍.

例 2　以 2015 年美国大学生数学建模竞赛 A 题为例.

珍爱生命, 远离传染病

埃博拉是一种能引起人类和灵长类动物产生埃博拉出血热的烈性传染病病毒, 主要通过接触病人或动物的血液、体液、分泌物和排泄物等而感染, 临床表现主要为突起发热、呕吐、腹泻、出血和多脏器损害, 病死率为 30%－90%. 各个国家都重点围绕公众健康并采取限制传播的措施, 即可良好控制疫情, 但在这次埃博拉病毒爆发事件中, 对有效治疗药物和方法的需求越来越强烈. 然而, 正确掌握埃博拉病毒的蔓延影响因素与蔓延方式, 为研究有效的新药物提供了极大的便利. 为了通过数学模型来优化埃博拉病毒的根除问题, 请深入探讨埃博拉病毒的传播行为, 以确定埃博拉病毒的蔓延情况.

(1) 模型假设.

(i) 在疾病传播期内所考察地区的总人数 N 不变, 即不考虑生死, 也不考虑迁移. 人群分为易感染者和已感染者两类, 简称为健康人和病人;

(ii) 设患过传染病而完全痊愈的任何人具有长期免疫力, 不考虑反复受传染的情形. 并设传染病的潜伏期很短, 可以忽略不计, 即一个人患了病之后立即成为传染者.

(2) 符号说明.

符号	定义
$S(t)$	种群中易感染个体数量
$I(t)$	种群中患病个体数量
I_1	未被隔离的患病个体
I_2	被隔离的患病个体
$R(t)$	种群中康复个体数量
$N(t)$	种群成员总数量
$\delta(N)$	通过有效接触进行传播的传播系数
τ	易感个体转变为患病个体的概率
μ	隔离率
a	种群群体的自然生育率
$1-\beta(0\leqslant\beta\leqslant 1)$	患病个体的生育能力
$\gamma(0\leqslant\gamma\leqslant 1)$	新生个体中未患病个体占新生个体总数的比例
d	种群的自然死亡率
$\bar{d}$	患病个体的死亡率
ε	患病个体接受治疗的治愈率
σ	康复个体失去免疫力转变为易感个体的概率
$A_s\,(A_s>0)$	从外界迁入种群中的迁入率

(3) 模型的建立与求解

考虑到传统的 SIRS 模型是建立在同一时刻、同类人群中的不同个体向其他类型转变的无差异基础上的; 换句话说, 所有易感人群都有相同的患病概率, 所有康复人群都以相同概率转变为易感人群. 显然, 此假设与实际情况差距较大, 因为远离疫区的个体感染疾病的概率明显要低于位于疾病中心疫区的个体; 即使同在中心疫区的个体, 与染病个体经常接触的个体患病的概率又远高于与患病个体无接触的个体. 然而, 小世界网络模型是通过模拟人际交往的实际情况, 确定易感人群的患病概率, 也就是说, 不同环境下易感人群的患病概率随着人际交往的变化而不同. 因此采用基于小世界网络的 SIRS 模型更接近实际情况.

本文采用树生长算法来构造小世界网络:

首先, 用 $V=\{1,2,\cdots,N\}$ 表示有限个体的集合, 对于任意的 $i,j\in V$, 我们定义变量 $l(i,j)$ 并且服从规则: 当 i 与 j 间有连接时, $l(i,j)=1$; 否则 $l(i,j)=0$. 网络 $U=\{l(i,j);i,j\in V\}$ 表示所有个体的关系对列表, 个体 i 的邻居则用 $\mathrm{K}_i=\{j;j\in V,l(i,j)=1\}$ 表示. 然后, 根据以下两个步骤构造出基于树生长的小世界网络模型.

Step1 利用 Watts 和 Strogatz 提出的方法构造初始规模为 N_0 的小世界网络 K_0.

Step2 对 K_0 中所有节点, 采用树生长算法, 即将每个节点看成一个芽点, 任其随机发芽并生长出随机个枝头, 每个节点生长出来的新枝头再在局域内随机地建立连接, 称此时形成的网络为 K_0+L_1, L_1 表示 K_0 生长出来的第一层新的节点; 然后将 L_1 中每个节点又看成一个芽点, 任其随机发芽并生长出随机个树枝, 并形成 $\mathrm{K}_0+L_1+L_2$ 网络; 新发枝头 L_2 再生长 $\cdots\cdots$. 在网络生长过程中, 假设节点的层次越高, 其发芽概率越小, 但发芽数量越多.

基于小世界网络的 SIRS 模型的建立:

设 $\delta(N)$ 为埃博拉病毒通过有效接触进行传播的传播系数. 结合小世界网络的观点, 设定由易感个体转变为患病个体的概率为 τ, 当 $\tau=1$ 时, 表示各个区域内易感个体转变为患病个体的概率相同, 当 $\tau>1$ 时, 由于各个个体的人际交往模式不同、生存环境不同导致各个区域内易感个体转变为患病个体的概率不同, 且 τ 越大患病的可能性也越大. 因此, 我们可用 $\tau\delta(N)\cdot I(t)$ 表示传染率, N 表示某时刻的种群数量. 假定 $\delta(N)$ 是非负函数, 且 $\delta'(N)\leqslant 0,[N\delta(N)]'\geqslant 0$.

假设对传染病个体采取隔离措施, 并以 $\mu\in[0,1]$ 表示隔离率, 当 $\mu=0$ 时, 说明该地区未对患病者进行任何隔离措施; 当 $\mu=1$ 时, 说明该地区对所有患病者进行强制隔离. 考虑到实际情况, 我们将患病个体 I 细分为 I_1(未被隔离的患病个体) 和 I_2(被隔离的患病个体).

允许外界易感个体迁入到种群中, 并假设易感个体的迁入率为大于 0 的常数

A_s. 但原则上禁止外界染病个体迁入群内.

设定 a 为种群群体的自然生育率, 根据利比里亚国家的实际情况有: $a>0$. 假设传染病会对患者的生育能力造成影响, 并用 $1-\beta\,(0\leqslant\beta\leqslant 1)$ 表示患病个体的生育能力. 假设染病个体生产的新生个体不一定全部染病, 并以 $\gamma\,(0\leqslant\gamma\leqslant 1)$ 表示新生个体中未患病个体占新生个体总数的比例.

设定 $d\in[0,1]$ 表示种群的自然死亡率; $\bar{d}\in[0,1]$ 表示患病个体的死亡率.

设定 $\varepsilon\in[0,1]$ 表示治愈率, $\sigma\in[0,1]$ 表示康复个体失去免疫力转变为易感个体的概率, 从而 $\sigma=0$ 表示康复个体具有永久免疫力 (即 SIR 模型), $\sigma=1$ 则表示康复个体等同于易感个体 (即 SIS 模型).

根据上述设定的参数画出埃博拉病毒传播流程框图如图 8.10 所示,

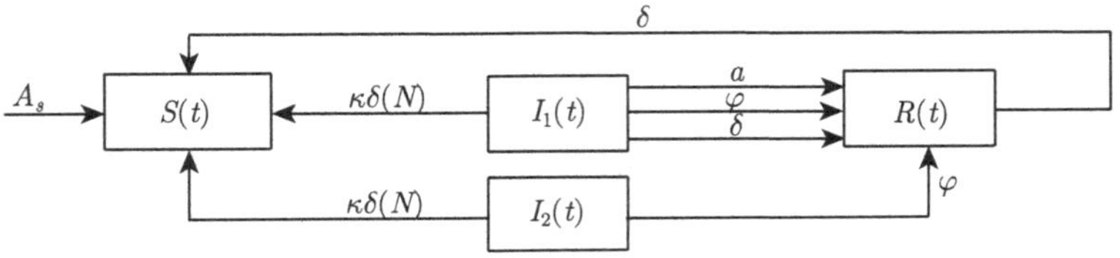

图 8.10 埃博拉病毒传播流程框图

再利用均匀场理论, 可建立埃博拉病毒传播规律的数学模型:

$$\begin{cases} S' = A_s + (a-d)\,S + \gamma a\,(1-\beta)\,I + \sigma R + \kappa\delta\,(N)\,SI_1, \\ I_1' = (1-\gamma)\,a\,(1-\beta)\,I + \kappa\delta\,(N)\,SI_1 - \left(\mu+\varepsilon+d+\bar{d}\right)I_1, \\ I_2' = \gamma I_1 - \left(\varepsilon+d+\bar{d}\right)I_2, \\ R' = \varepsilon I + (a-\sigma-d)\,R, \end{cases}$$

其中, $S>0$, $I=I_1+I_2$, $I_1>0$, $I_2>0$, $R>0$. 利用差分方法离散后可以求解微分方程的数值解, 从而进行模拟.

第五节 平衡点理论及建模

一般动态过程的变换规律需要用微分方程建立的动态模型来描述, 但是对于某些实际问题, 建模的主要目的不是得到每个瞬态的特征, 而且微分方程的求解往往依赖于初值, 如果初值是不稳定的, 得到的特解也没有太大意义. 相反, 有时候我们会更关注于系统在某种意义下稳定状态的特征, 特别是当时间充分拉长后系统的变化趋势, 这时候我们会利用稳定性理论, 直接研究系统平衡状态的稳定性.

下面我们首先介绍下微分方程与差分方程稳定性理论.

一、一阶微分方程的平衡点及稳定性

设一阶微分自治方程

$$x'(t)=f(x), \tag{8.37}$$

其中方程右端不显含自变量 t. 将代数方程

$$f(x)=0$$

的实根 $x=x_0$ 称为方程 (8.37) 的平衡点 (或奇点). 它也是方程 (8.37) 的常数解.

如果存在邻域, 使得方程 (8.37) 的解 $x(t)$ 从这个邻域中的某个 $x(0)$ 出发, 使得

$$\lim_{t\to\infty}x(t)=x_0, \tag{8.38}$$

我们就称平衡点 x_0 是稳定的 (稳定性理论中称为渐近稳定); 否则, 则称 x_0 是不稳定的 (不渐近稳定).

通常有两种方法判断平衡点 x_0 是否稳定. 直接利用公式 (8.38) 来判断的方法称为间接法. 不通过求解方程 (8.37), 不利用公式 (8.38) 的方法称为直接法. 下面介绍直接法.

将 $f(x)$ 在 x_0 进行泰勒展开, 取一次项, 则方程 (8.37) 可以近似为

$$x'(t)=f'(x_0)(x-x_0). \tag{8.39}$$

将 (8.39) 称为 (8.37) 的近似线性方程. 记$f'(x)=a$, 对于 (8.39) 的一般解为

$$x(t)=c\mathrm{e}^{at}+x_0,$$

其中 c 是由初始条件决定的常数. 当 $a<0$ 时公式 (8.38) 成立, 因此有如下结论:

若 $f'(x)<0$, 则 x_0 对于方程 (8.37) 是稳定的;

若 $f'(x)>0$, 则 x_0 对于方程 (8.37) 是不稳定的.

二、二阶微分方程的平衡点及稳定性

对于二阶自治微分方程

$$\begin{cases} x_1'(t)=f(x_1,x_2), \\ x_2'(t)=g(x_1,x_2), \end{cases} \tag{8.40}$$

其代数方程可表示为

$$\begin{cases} f(x_1,x_2)=0, \\ g(x_1,x_2)=0, \end{cases}$$

它的实根 $x_1=x_1^0, x_2=x_2^0$ 称为方程 (8.40) 的平衡点, 记作 $P_0\left(x_1^0,x_2^0\right)$.

同理, 如果存在某个邻域可以使方程 (8.40) 的解 $x_1(t), x_2(t)$ 从这个邻域内的某一点出发, 满足

$$\lim_{t\to\infty} x_1(t) = x_1^0, \quad \lim_{t\to\infty} x_2(t) = x_2^0, \tag{8.41}$$

则称点 $P_0\left(x_1^0, x_2^0\right)$ 是稳定的; 否则, 则是不稳定的.

接下来用直接法研究方程 (8.40) 的平衡点的稳定性, 对于线性常系数方程

$$\begin{cases} x_1'(t) = a_1x_1 + a_2x_2, \\ x_2'(t) = b_1x_1 + b_2x_2, \end{cases} \tag{8.42}$$

其系数矩阵

$$A = \begin{pmatrix} a_1 & a_2 \\ b_1 & b_2 \end{pmatrix}. \tag{8.43}$$

假定 A 的行列式 $\det A \neq 0$, 则 $P_0\left(x_1^0, x_2^0\right)$ 的稳定性由特征方程

$$\det(A - \lambda I) = 0 \tag{8.44}$$

的特征根 λ 决定. 由式 (8.44) 可以得到

$$\begin{cases} \lambda^2 + p\lambda + q = 0, \\ p = -(a_1 + b_2), \\ q = \det A. \end{cases}$$

将式 (8.44) 的特征根记作 λ_1, λ_2, 则有

$$\lambda_1, \lambda_2 = \frac{1}{2}\left(-p \pm \sqrt{p^2 - 4q}\right).$$

方程 (8.42) 的一般解具有以下形式

$$\begin{cases} c_1\mathrm{e}^{\lambda_1 t} + c_2\mathrm{e}^{\lambda_2 t} & (\lambda_1 \neq \lambda_2), \\ c_1\mathrm{e}^{\lambda_1 t} + c_2t\mathrm{e}^{\lambda_2 t} & (\lambda_1 = \lambda_2), \end{cases}$$

其中 c_1, c_2 为常数. 按照稳定性的定义式 (8.41) 可知, 只有当 λ_1, λ_2 为负数或具有负实部时, $P_0\left(x_1^0, x_2^0\right)$ 才是稳定的, 否则就是不稳定的. 因此有如下准则: 若

$$p > 0, \quad q > 0, \tag{8.45}$$

则平衡点是稳定的; 若

$$p < 0 \quad \text{或} \quad q < 0, \tag{8.46}$$

则平衡点不是稳定的.

对于一般性的非线性方程 (8.40), 依然可以使用近似线性方法来判断平衡点的稳定性. 在 $P_0\left(x_1^0, x_2^0\right)$ 将 $f\left(x_1, x_2\right)$ 和 $g\left(x_1, x_2\right)$ 作泰勒展开, 只取一次项, 得方程 (8.40) 的近似线性方程

$$\left\{\begin{array}{l} x_1'(t)=f_{x_1}\left(x_1^0, x_2^0\right)\left(x_1-x_1^0\right)+f_{x_2}\left(x_1^0, x_2^0\right)\left(x_2-x_2^0\right), \\ x_2'(t)=g_{x_1}\left(x_1^0, x_2^0\right)\left(x_1-x_1^0\right)+g_{x_2}\left(x_1^0, x_2^0\right)\left(x_2-x_2^0\right). \end{array}\right. \tag{8.47}$$

系数矩阵记作

$$A=\left.\left(\begin{array}{cc} f_{x_1} & f_{x_2} \\ g_{x_1} & g_{x_2} \end{array}\right)\right|_{P_0\left(x_1^0, x_2^0\right)},$$

其特征方程系数为

$$p=-\left.\left(f_{x_1}+g_{x_2}\right)\right|_{p_0}, \quad q=\det A.$$

显然, $P_0\left(x_1^0, x_2^0\right)$ 对于方程 (8.47) 由准则 (8.45) 和 (8.46) 决定.

最后, 请注意平衡点及其稳定性的定义只对自治方程有意义.

三、 可再生资源的管理模型——以捕鱼模型为例

下面, 我们以捕鱼模型为例, 利用微分方程稳定性理论来进行建模.

对于一个渔场, 其中的鱼量如果按照自然规律增长, 当捕捞量等于增长量时, 那么鱼量将保持不变. 实际中, 有的渔场施行计划捕捞, 通过合理的计划来保持鱼量长期的稳定以及高效的经济效益; 有的渔场则是开放性捕捞 (例如公海), 在短时间内获取更大的利益, 但是由于过度捕捞情况的存在, 这时不能有效地保持鱼量的稳定. 下面我们首先对鱼量的变化进行建模, 然后在稳定的前提下, 如何控制捕捞使捕捞鱼量最大和捕捞经济效益最大, 最后研究过度捕捞问题.

1. 模型假设

(1) 记 t 时刻渔场的鱼量为 $x(t)$, 自然情况下, $x(t)$ 的增长速度满足 Logistic 规律, 即

$$x'(t)=f(x)=rx\left(1-\frac{x}{N}\right), \tag{8.48}$$

其中 r 表示固有增长率, N 表示环境允许的最大鱼量, $f(x)$ 表示单位时间鱼量的增长量.

(2) 设单位时间的捕捞量为 $h(x)$, 与渔场鱼量 $x(t)$ 成正比, 比例常数为 E, 表示单位时间的捕捞率, 也可以称为捕捞强度, 可以用渔网的数量或网眼大小来控制, 因此有

$$h(x)=Ex. \tag{8.49}$$

2. 模型的建立

根据以上假设, 鱼量单位时间的变化等于增长量减去捕捞量, 因此渔场鱼量的增长方程 (8.48) 可以变为

$$x'(t) = F(x) = rx\left(1 - \frac{x}{N}\right) - Ex.$$

根据一阶微分方程的平衡点及稳定性理论, 令

$$F(x) = rx\left(1 - \frac{x}{N}\right) - Ex = 0,$$

求解后可以得到两个平衡点

$$x_0 = N\left(1 - \frac{E}{r}\right), \quad x_1 = 0,$$

很容易可以得到

$$F'(x_0) = E - r, \quad F'(x_1) = r - E.$$

根据一阶微分方程的平衡点及稳定性理论的结论, 当 $E < r$ 时, x_0 是稳定的, 而 x_1 不稳定; 当 $E > r$ 时, 结论刚好相反. 其中 E 表示捕捞强度, r 表示固有增长率.

上述结果表明, 当捕捞适度 $(E < r)$ 时, 鱼群总量最后将稳定在 x_0, 此时可以获得持续的捕捞量当 $h(x_0) = Ex_0$; 当过度捕捞 $(E > r)$ 时, 渔场总量将趋近于 $x_1 = 0$, 即渔场鱼群将灭绝.

3. 捕捞量最大时模型的求解

对于如何获得最大的捕捞, 我们用图解法来求解如何在渔场鱼群稳定在 x_0 时, 调整捕捞强度 E 来获得最大的捕捞量.

如图 8.11 所示, 以鱼量为横坐标轴, 捕鱼量 (增长量) 为纵坐标轴, 首先根据方程 (8.48) 和 (8.49) 作出抛物线 $y = f(x)$ 和直线 $y = h(x) = Ex$. 注意到 $E < r$, 且 $y = f(x)$ 在原点的切线斜率为 r, 因此 $y = h(x) = Ex$ 必定会与 $y = f(x)$ 相交于点 P. 点 P 的横坐标即为 x_0, 纵坐标为此时的捕捞量.

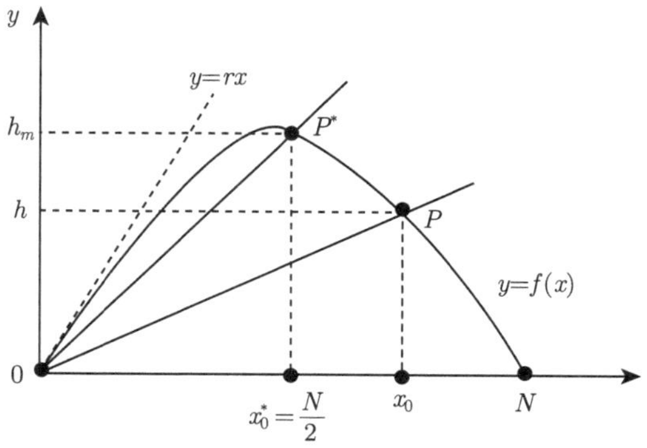

图 8.11 最大捕捞量图解法

因此不难发现, 如果点 P 是在抛物线 $y=f(x)$ 的顶点 P^*, 即可获得最大的捕捞量 h_m. 那么此时的平衡点为

$$x_0^* = \frac{N}{2},$$

最大的捕捞量为

$$h_m = \frac{rN}{4},$$

根据方程 (8.49) 可以算出此时的捕捞率为

$$E^* = \frac{r}{2}.$$

综上所述, 产量模型表明了将捕捞率控制在固有增长率的一半, 或者说使渔场鱼量保持在最大鱼量一半的时候, 就可以获得最大的持续产量.

从经济角度来看, 最大的产量并不意味着最大的效益. 由于捕捞需要花费成本(渔网、出海等费用), 如果从捕捞获得的收入中扣除成本后的利润来衡量, 我们分别对计划捕捞和过度捕捞建立以下收益模型.

4. 计划捕捞时模型的求解

不妨假设: 鱼的单价为常数 p, 单位捕捞率的成本为常数 c, 那么单位时间的收入 T 和支出 S 为

$$T = ph(x) = pEx, \quad S = cE,$$

单位时间的利润即为

$$R = T - S = pEx - cE,$$

在平衡点稳定的情况下, 由于捕捞量与产量相等, 因此有

$$R(E) = T(E) - S(E) = pEN\left(1 - \frac{E}{r}\right) - cE. \tag{8.50}$$

很容易可以得到利润 $R(E)$ 最大时, 捕捞强度为

$$E_R = \frac{r}{2}\left(1 - \frac{c}{pN}\right), \tag{8.51}$$

再将 (8.51) 代入平衡点时的鱼量及捕捞量公式, 即可得到最大利润时, 渔场稳定的鱼量 x_R 及捕捞数量 h_R 为

$$\begin{cases} x_R = \dfrac{N}{2} + \dfrac{c}{2p}, \\ h_R = r x_R \left(1 - \dfrac{x_R}{N}\right) = \dfrac{rN}{4}\left(1 - \dfrac{c^2}{p^2N^2}\right). \end{cases}$$

与捕捞量最大时相比较可以发现, 在最大效益的情况下, 捕捞强度和产量都所有减少, 而稳定的鱼量有所增加. 并且捕捞强度和产量的减少随着捕捞成本的增大变大, 随着销售价格的增大而减少, 这也是符合实际情况的.

5. 捕捞过度时模型的求解

记利润 $R(E) = 0$ 的解为 E_S, 由方程 (8.50) 可以解得

$$E_S = r\left(1 - \frac{c}{pN}\right). \tag{8.52}$$

当 $E < E_S$ 时, 此时利润 $R(E) > 0$, 那么在盲目捕捞下, 经营者就会加大捕捞强度; 当 $E > E_S$ 时, 此时利润 $R(E) < 0$, 经营者就会减小捕捞强度, 因此 E_S 即为临界捕捞强度.

利用图解法也可以得到 E_S. 在图 8.12 中, 以捕捞强度 E 为横轴, 由式 (8.50) 首先画出 $T(E)$ 和 $S(E)$, 那么两者相交的必要条件为 $S(E)$ 的斜率小于 $T(E)$ 在原点切线的斜率, 即 $pN > c$, 这表明每条鱼的售价大于每条鱼的成本. $T(E)$ 和 $S(E)$ 交点的横坐标即为 E_S, 成本越低, 售价越高, E_S 越大.

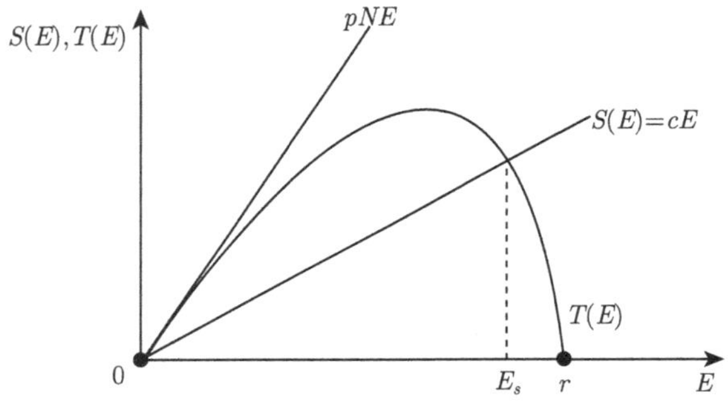

图 8.12　过度捕捞图解法

将式 (8.52) 代入到平衡点时对应的鱼量公式, 即可得到盲目捕捞下的渔场稳定鱼量 $x_S=\dfrac{c}{p}$, x_S 完全由成本－价格比来决定, 随着价格的上升和成本的下降, x_S 都会迅速下降, 符合盲目捕捞时的实际情况. 相比上面两种情况, 盲目捕捞的鱼量更容易受市场影响.

实际中, 渔场往往会将计划捕捞和过度捕捞结合起来, 即在鱼的价格较低时施行计划捕捞, 使鱼量维持在较高的水平. 在鱼的价格较高的时候, 开放式捕捞则可以获得更高的利润.

第六节　差分方程模型

在前几节中我们曾介绍, 动态连续情况下利用微分方程来进行建模. 而对于离散情况下, 我们可以使用差分方程来进行建模. 当然, 有些问题我们既可以用微分方程, 也可以使用差分方程, 这要根据建模目的来确定. 本节主要介绍差分方程模型, 并以人口预测模型为例进行讨论.

一、 差分方程简介

对于函数 $y=f(t)$, 规定 t 只取非负整数. 记 y_t 为变量 y 在 t 点的取值, 则称 $\Delta y_t=y_{t+1}-y_t$ 为函数 y_t 的差分, 也可以称为一阶差分. 称

$$\Delta^2 y_t=\Delta(\Delta y_t)=\Delta y_{t+1}-\Delta y_t=y_{t+2}-2y_{t+1}+y_t$$

为 y_t 的二阶差分. 同理, 我们也可以定义 y_t 的 n 阶差分 $\Delta^n y_t$.

对于含有未知函数的差分 $\Delta y_t,\Delta^2 y_t,\cdots$ 的函数方程, 我们称为差分方程. 例如:

$$F\left(t,y_t,\Delta^2 y_t,\cdots,\Delta^n y_t\right)=0$$

或

$$F(t,y_t,y_{t+1},\cdots,y_{t+n})=0.$$

满足差分方程的序列 y_t 称为该方程的解. 若解中含有相互独立的任意常数的个数等于差分方程的阶数时, 称此解为该差分方程的通解. 若解中不含任意常数, 则称此解为满足某些初值条件的特解.

对于如下形式的差分方程

$$a_0y_{t+n}+a_1y_{t+n-1}+a_2y_{t+n-2}+\cdots+a_ny_t=b(t),$$

称为 n 阶常系数线性差分方程, 其中 $a_0,a_1,\cdots,a_n$ 为常数, 且 $a_0\neq 0$.

当 $b(t) \neq 0$ 时, 我们称为 n 阶非齐次线性差分方程, 即

$$a_0 y_{t+n} + a_1 y_{t+n-1} + a_2 y_{t+n-2} + \cdots + a_n y_t = b(t); \tag{8.53}$$

当 $b(t) = 0$ 时, 我们称为 n 阶齐次线性差分方程, 即

$$a_0 y_{t+n} + a_1 y_{t+n-1} + a_2 y_{t+n-2} + \cdots + a_n y_t = 0. \tag{8.54}$$

二、 差分方程平衡点理论

差分方程的平衡点理论和微分方程的平衡点理论是一致的. 对于一阶线性常系数差分方程

$$x_{k+1} + a x_k = b, \quad k = 0, 1, \cdots \tag{8.55}$$

的平衡点由 $x + ax = b$ 解得 $x^* = \dfrac{b}{1+a}$. 当 $k \to \infty$ 时, 若 $x_k \to x^*$, 则 x^* 是稳定的, 否则是不稳定的. 令 $b = 0$

$$x_{k+1} + a x_k = 0, \quad k = 0, 1, \cdots, \tag{8.56}$$

其解很明显为

$$x_k = (-a)^k x_0, \quad k = 0, 1, \cdots,$$

所以当且仅当

$$|a| < 1,$$

方程 (8.56) 的平衡点才是稳定的.

对于 n 维向量 $x(k)$ 和 $n \times n$ 常数矩阵 A 构成的方程组

$$x(k+1) + Ax(k) = 0,$$

只有当 A 的特征根 $\lambda_i\ (i = 1, 2, \cdots, n)$ 均有 $|\lambda_i| < 1$ 时, 平衡点才是稳定的.

对于二阶线性常系数差分方程

$$x_{k+2} + a_1 x_{k+1} + a_2 x_k = 0, \quad k = 0, 1, \cdots \tag{8.57}$$

的平衡点稳定性. 其通解可表示为

$$x_k = c_1 \lambda_1^k + c_2 \lambda_2^k,$$

其中 c_1 和 c_2 是由初始条件确定的常数. 因此当且仅当 $|\lambda_1| < 1, |\lambda_2| < 1$ 时, 方程 (8.57) 的平衡点才是稳定的. 这个结论也可以推广到 n 阶线性方程, 即 $|\lambda_i| < 1$ 时, 平衡点才是稳定的.

对于一阶非线性差分方程

$$x_{k+1}=f\left(x_k\right) \tag{8.58}$$

的平衡点稳定性. 其平衡点 x^* 由代数方程 $x=f(x)$ 解得. 将方程 (8.58) 的右端在 x^* 点进行泰勒展开, 则方程 (8.58) 可以近似为线性方程

$$x_{k+1}=f'\left(x^*\right)\left(x_k-x^*\right)+f\left(x^*\right). \tag{8.59}$$

关于方程 (8.59) 的平衡点稳定性的判断, 有如下结论:

当 $|f'(x^*)|<1$ 时, 平衡点是稳定的;

当 $|f'(x^*)|>1$ 时, 平衡点是不稳定的.

三、人口预测模型

人口预测为社会经济发展规划提供重要信息, 预测的结果可以指明经济发展中可能发生的问题, 借以帮助制订正确的政策. 人口预测有很多方法, 例如, 灰色预测、BP 神经网络、时间序列等. 中国著名控制论家宋健等于 20 世纪 70 年代末提出的 "人口发展方程", 是一个新的人口预测模型, 具有对变量的设置更为合理、预测考虑的因素更为周密以及易于推广等优点.

1. 模型假设

种群按年龄大小等分为 n 个年龄段, 记 $i=1,2,\cdots,n$;

时间离散为时段, 长度与年龄段区间长度相等, 记 $t=1,2,\cdots$.

2. 模型建立与求解

社会人口增长与发展主要由每年出生的婴儿数以及当年的基数决定. 而决定每年婴儿出生数目因素有: 育龄人口中妇女所占的比例以及数目; 平均每个妇女生育孩子的个数; 妇女在社会总体平均意义下的生育方式, 称为生育模式. 则第 t 年婴儿出生总数可以表示为

$$\phi(t)=\beta(t)\sum_{i=r_1}^{r_2}k_i(t)h(i)x_i(t), \tag{8.60}$$

其中 $\beta(t)$ 表示第 t 年总和生育率, r_1,r_2 表示育龄女性的最小年龄和最大年龄, $k_i(t)$ 表示第 t 年第 i 岁的女性比例, $h(i)$ 表示第 i 岁的生育模式函数, $x_i(t)$ 表示第 t 年第 i 岁的人口总数, 因此 $\beta(t)h(i)k_i(t)x_i(t)$ 就表示第 t 年第 i 岁所有妇女在一年中所生婴儿数.

第 t 年第 i 岁人口总数可以用前一年的第 $i-1$ 岁来表达, 即

$$x_i(t+1)=(1-\mu_{i-1}(t))x_{i-1}(t),\quad i=1,2,\cdots,n,\quad t=1,2,\cdots, \tag{8.61}$$

其中 $\mu_i(t)$ 表示第 t 年第 i 岁的人口死亡率.

当 $i=0$ 时, 上式则表示当年出生婴儿能活到第 t 年统计时刻. 记 $x_0(t)$ 表示能够活到第 t 年统计时刻的婴儿数, 从 $t-1$ 年到 t 年婴儿死亡率为 $\mu_0(t)$, 则有

$$x_0(t)=(1-\mu_0(t))\phi(t). \tag{8.62}$$

由式 (8.60)—(8.62) 可以得到人口发展差分方程组模型

$$\begin{cases}\phi(t)=\beta(t)\displaystyle\sum_{i=r_1}^{r_2}k_i(t)h(i)x_i(t),\\ x_0(t)=(1-\mu_0(t))\phi(t),\\ x_1(t+1)=(1-\mu_0(t))x_0(t),\\ x_2(t+1)=(1-\mu_1(t))x_1(t),\\ \qquad\cdots\cdots\\ x_n(t+1)=(1-\mu_{n-1}(t))x_{n-1}(t).\end{cases} \tag{8.63}$$

宋健等学者经过大量的年龄生育率资料的标注化处理, 得出生育模式函数 $h(i)$ 分布都服从于卡方分布的结论, 称为宋健卡方分布生育模式. 即

$$h(i)=\begin{cases}\dfrac{1}{2^{\frac{1}{2}n}\Gamma\left(\dfrac{1}{2}n\right)}(i-r_1)^{\frac{n}{2}-1}\mathrm{e}^{-\frac{i-r_1}{2}}, & r_2\geqslant i\geqslant r_1,\\ 0, & i<r_1,\end{cases}$$

$$r_{\max}=r_1+n-2,$$

其中 $r_{\max}$ 表示生育峰值的年龄.

如果需要考虑到人口迁移带来的影响, 不妨设第 t 年第 i 岁的迁移函数为 $f_i(t)$, 那么方程组 (8.63) 变为

$$\begin{cases}\phi(t)=\beta(t)\displaystyle\sum_{i=r_1}^{r_2}k_i(t)h(i)x_i(t),\\ x_0(t)=(1-\mu_0(t))\phi(t),\\ x_1(t+1)=(1-\mu_0(t))x_0(t)+f_0(t),\\ x_2(t+1)=(1-\mu_1(t))x_1(t)+f_1(t),\\ \qquad\cdots\cdots\\ x_n(t+1)=(1-\mu_{n-1}(t))x_{n-1}(t)+f_{n-1}(t).\end{cases}$$

注　2007 年全国大学生数学建模竞赛 A 题 —— 中国人口增长模型, 我们也可以建立上述差分方程组来求解, 可以根据题目提供的历年人口相关数据, 利用拟合及预测方法得到模型的参数.

真题练习

1. 2003 年全国大学生数学建模竞赛 A 题

SARS 的传播

SARS(Severe Acute Respiratory Syndrome, 严重急性呼吸道综合症, 俗称：非典型肺炎) 是 21 世纪第一个在世界范围内传播的传染病. SARS 的爆发和蔓延给我国的经济发展和人民生活带来了很大影响, 我们从中得到了许多重要的经验和教训, 认识到定量地研究传染病的传播规律、为预测和控制传染病蔓延创造条件的重要性. 请你们对 SARS 的传播建立数学模型, 具体要求如下：

(1) 对附件 1 所提供的一个早期的模型, 评价其合理性和实用性.

(2) 建立你们自己的模型, 说明为什么优于附件 1 中的模型; 特别要说明怎样才能建立一个真正能够预测以及能为预防和控制提供可靠、足够的信息的模型, 这样做的困难在哪里？对于卫生部门所采取的措施做出评论, 如：提前或延后 5 天采取严格的隔离措施, 对疫情传播所造成的影响做出估计. 附件 2 提供的数据供参考.

(3) 收集 SARS 对经济某个方面影响的数据, 建立相应的数学模型并进行预测. 附件 3 提供的数据供参考.

(4) 给当地报刊写一篇通俗短文, 说明建立传染病数学模型的重要性.

附件 1 和附件 2 的数据详见网址 http://www.shumo.com/wiki 栏目中的数模题库.

2. 2007 年全国大学生数学建模竞赛 A 题

中国人口增长预测

中国是一个人口大国, 人口问题始终是制约我国发展的关键因素之一. 根据已有数据, 运用数学建模的方法, 对中国人口做出分析和预测是一个重要问题.

近年来中国的人口发展出现了一些新的特点, 例如, 老龄化进程加速、出生人口性别比持续升高, 以及乡村人口城镇化等因素, 这些都影响着中国人口的增长. 2007 年初发布的《国家人口发展战略研究报告》(附录 1) 还作出了进一步的分析.

关于中国人口问题已有多方面的研究, 并积累了大量数据资料. 附录 2 就是从《中国人口统计年鉴》上收集到的部分数据.

试从中国的实际情况和人口增长的上述特点出发, 参考附录 2 中的相关数据 (也可以搜索相关文献和补充新的数据), 建立中国人口增长的数学模型, 并由此对中国人口增长的中短期和长期趋势作出预测; 特别要指出你们模型中的优点与不足之处.

附录 1 的报告和附录 2 的数据详见网址 http://www.shumo.com/wiki 栏目中的数模题库.

第九章　层次分析法

层次分析法 (Analytical Hierarchy Process, AHP) 是美国著名运筹学家匹兹堡大学教授 T.L.Saaty 于 20 世纪 70 年代中期提出的一种系统分析方法. Saaty 由于研究工作的需要, 发展和创造了一种综合定性与定量分析, 模拟人的决策思维过程, 以解决多因素复杂系统, 特别是难以定量描述的社会系统的分析方法. 1977 年举行的第一国际数学建模会议上, Saaty 发表了《无结构问题的建模 —— 层次分析理论》. 从此, AHP 开始引起了人们的注意, 并应用. 近年来, 世界上有许多学者在 AHP 的理论和应用上做了大量的工作, 并且 AHP 的理论研究和实际应用也在我国迅速发展.

AHP 的特点是在对复杂的决策问题的本质、影响因素及其内在关系等进行深入分析的基础上, 利用较少的定量信息使决策的思维过程数学化, 从而为多目标、多准则或无结构特性的复杂决策问题提供简便的决策方法, 是对难于完全定量的复杂系统作出决策的模型和方法. 这是一种实用的多准则决策方法, 能够统一处理决策中的定性和定量因素, 具有高度的逻辑性、系统性、简洁性和实用性等优点.

在实际应用中, 它不仅可以用于工程技术、经济管理、社会生活中的决策过程, 而且可以用来进行分析和预报. 不仅世界上许多国家在运用这种方法, 我国系统工程研究人员利用它也解决了不少实际问题, 如能源系统分析、科研成果评价、科研管理以及社会经济结构分析等.

本章将介绍 AHP 的基本方法、计算问题, 并通过实例来说明 AHP 方法, 以便读者掌握这种建模方法.

第一节　层次分析模型

一、 层次分析法的基本步骤

运用 AHP 解决问题, 大体可以分为 4 个基本步骤: 建立层次结构模型; 构造判断 (成对比较) 矩阵; 层次单排序及其一致性检验; 层次总排序及其一致性检验.

1. 建立层次结构模型

这是 AHP 中最重要的一步. 首先要将问题条理化、层次化, 构造出一个有层次的结构模型. 即将问题所包含的因素按属性不同及关系形成若干层次, 可以划分为最高层、中间层、最低层. 同一层次元素作为准则, 对下一层次的某些元素起支配作用, 同时它又受上一层次元素的支配, 这种从上至下的支配关系形成了一个递阶层次. 最高层通常只有一个元素, 表示解决问题的目的. 中间层为实现总目标而采取的措施、方案、政策, 一般分为策略层、约束层、子准则等. 最低层包括决策的方案, 是用于解决问题的各种途径和方法, 具体层次结构如图 9.1 所示.

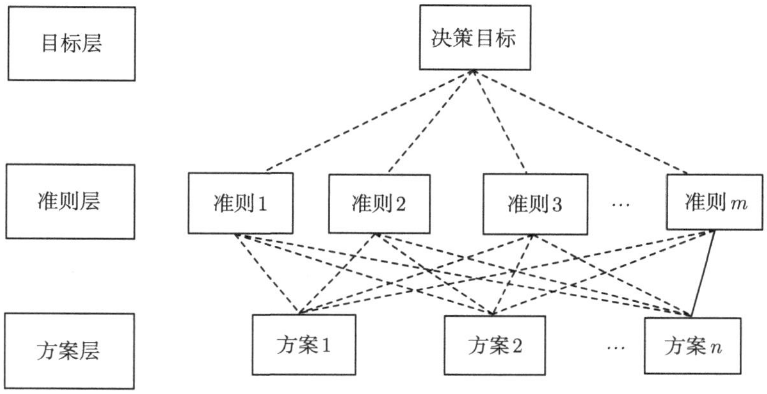

图 9.1 递阶层次结构示意图

不同层次之间的连线表示其作用关系, 同层次因素之间无连线, 表示它们互相独立, 称为内部独立. 上述各层次之间的支配关系不一定是完全的, 即可存在某个元素只与下一层次的部分元素有联系, 上层因素对下层元素具有分配 (或包含) 关系, 而下层对上层无支配关系, 称为递阶层次结构, 内部独立的递阶层次结构是最简单的系统结构. AHP 基本方法是针对这种结构而言的. 当某个层次包含因素较多时 (如超过 9 个), 可将该层次划分为若干子层.

某单位拟从 3 名干部中选拔一名领导, 选拔的标准有政策水平、工作作风、业务知识、口才、写作能力和健康状况. 下面用 AHP 方法对 3 人综合评估、量化排序.

层次分析法的基本思路与人对一个复杂的决策问题的思维, 判断过程大体上是一样的. 这里有 P_1, P_2, P_3 3 个人供选择, 我们常常会根据诸如健康状况、业务状况、写作能力、口才、政策水平、工作作风等一些准则去反复比较那 3 个候选人. 首先, 我们要确定这些准则在选拔者心目中的各占多大比重. 候选人的身体健康状况是必不可少需要考虑的; 如果这是一个专业性比较强的职位, 会倾向于选择业务能力比较强的候选人等. 接下来, 我们需要对每一个准则将 3 位候选人进行对比, 譬如 P_1 年富力强, 相关专业的博士学位, 而 P_2 和 P_3 年纪过大, 或者无此工作的专业知识; 又譬如 P_2 工作作风稳健且强硬, P_1 和 P_3 均比不上他, 如此等等. 最后, 你要将这两个层次的比较判断进行综合, 在 P_1, P_2, P_3 3 个人中确定最佳候选人.

上面的思维过程可以加工整理成以下几个步骤:

(1) 将决策问题分解为 3 个层次, 最上面称为目标层, 及胜选的领导干部, 最下层为方案层, 有 P_1, P_2, P_3 3 个人供选择, 中间层为准则层, 有健康状况、业务状况、写作能力、口才、政策水平、工作作风 6 个准则, 各层之间的联系我们用直线表示, 如图 9.2 所示.

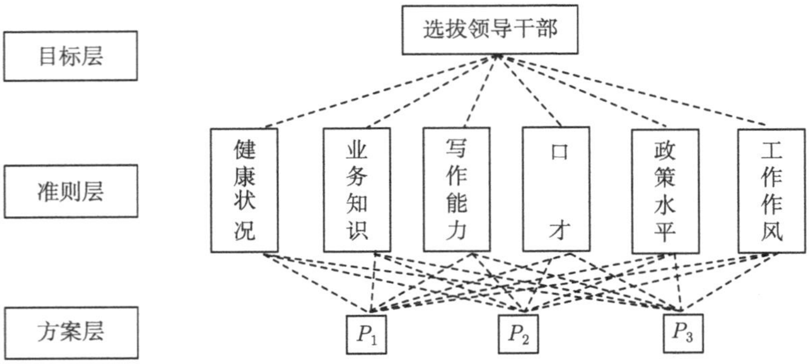

图 9.2　选拔领导干部问题层次结构模型示意图

(2) 通过相互比较确定各准则对于目标的权重及各个方案对于每一准则的权重. 这些权重在人的思维过程中通常是定性的, 而在层次分析法中则要给出得到权重的定量方法.

(3) 将方案层对准则层的权重及对目标层的权重进行综合, 最终确定方案层对目的层的权重. 在层次分析法中要给出进行综合的计算方法.

2. 构造判断 (成对比较) 矩阵

在确定各层次各因素之间的权重时, 如果只是定性的结果, 则常常不容易被人接受, 因而 Saaty 等提出: 一致矩阵法, 即

(1) 不把所有因素放在一起比较, 而是两两相互比较;

(2) 对此采用相对尺度, 以尽可能减少性质不同的诸因素相互比较的困难, 以提高准确度.

假设要比较某一层 n 个元素 $C_1, C_2, \cdots, C_n$ 对上一层因素 O 的影响, 如领导干部选拔决策问题中比较健康因素等 6 个准则在选拔领导干部这一目的中的重要性. 每次取两个因素 C_i 和 C_j, 用 a_{ij} 表示 C_i 和 C_j 对 O 的影响之比. 在决策者心目中, 准则层中各准则在目标衡量中所占的比重并不一定相同, 他们各自会占有一定的比例. 这里, Saaty 引用数字 1—9 及其倒数作为标度来定义判断矩阵

$$A = (a_{ij})_{n\times n}, \tag{9.1}$$

它应满足

$$a_{ij} > 0,\ a_{ji} = \frac{1}{a_{ij}} \quad (i \neq j, i, j = 1, 2, \cdots, n),$$

使上式成立的矩阵称为正互反矩阵.

这里采用数字 1−9 及其倒数作为标度的标度方法, 具体见表 9.1. 采用这种比例标度的依据是:

(a) 心理学家认为, 进行成对比较的因素太多, 将超出人的判断能力, 最多大致为 5−9 级, 采用 1−9 的标度反映大多数人的判断能力.

(b) 大量的社会调查表明, 1−9 的标度早已为人们所熟悉和采用.

(c) 科学考察表明, 1−9 的比例标度已完全能标度引起人们感觉差别的事物的各种属性.

如果需要比 1−9 更大的数, 可以根据具体情况, 将所有因素分解聚类, 先比较类, 再比较每一类中的元素, 这样就可避免使用 1–9 以外的数字.

表 9.1 判断矩阵元素 a_{ij} 的标度方法

标度	含义
1	表示两因素相比, 具有同样的重要性
3	表示两个因素相比, 一个因素比另一个因素稍微重要
5	表示两个因素相比, 一个因素比另一个因素明显重要
7	表示两个因素相比, 一个因素比另一个因素强烈重要
9	表示两个因素相比, 一个因素比另一个因素极端重要
2, 4, 6, 8	上述两相邻判断的中值
倒数	因素 i 与 j 比较的判断矩阵 a_{ij}, 则因素 j 与 i 比较的判断矩阵 $a_{ji} = 1/a_{ij}$

这里, 如果用 $C_1, C_2, \cdots, C_6$ 依次表示健康状况、业务知识、写作能力、口才、政策水平、工作作风 6 个准则, 设某人用成对比较法 (作 $C_6^2 = \dfrac{6 \times 5}{2} = 15$ 次对比) 得到的成对比较矩阵为

$$A = \begin{array}{c} \\ C_1 \\ C_2 \\ C_3 \\ C_4 \\ C_5 \\ C_6 \end{array} \begin{array}{c} \begin{array}{cccccc} C_1 & C_2 & C_3 & C_4 & C_5 & C_6 \end{array} \\ \begin{pmatrix} 1 & 1 & 1 & 4 & 1 & 1/2 \\ 1 & 1 & 2 & 4 & 1 & 1/2 \\ 1 & 1/2 & 1 & 5 & 3 & 1/2 \\ 1/4 & 1/4 & 1/5 & 1 & 1/3 & 1/3 \\ 1 & 1 & 1/3 & 3 & 1 & 1 \\ 2 & 2 & 2 & 3 & 1 & 1 \end{pmatrix} \end{array},$$

矩阵 A 中 $a_{32} = 1/2$ 表示写作能力 C_3 与业务知识 C_2 对选择领导干部这个目标 O 的重要性之比为 1:2; $a_{14} = 4$ 表示健康状况 C_1 与口才 C_4 之比为 4:1; $a_{34} = 5$ 表示

写作能力 C_3 与口才 C_4 之比为 5:1. 可以看出此次选择领导干部时, 工作作风最重要, 健康状况和业务知识次之, 写作能力再次. 那么, 怎么由成对比较矩阵确定诸因素 $C_1, C_2, \cdots, C_n$ 对上层因素 O 的权重呢?

仔细观察矩阵 A 可以发现, 既然 C_2 与 C_1 之比为 1:1, C_1 与 C_3 之比为 1:1, 那么 C_2 与 C_3 之比也应该为 1:1 而不是 1:2, 才能说明成对比较是正确的, 但此成对比较矩阵具有不完善的地方. 然而, n 个元素要作 $\dfrac{n(n-1)}{2}$ 次成对比较, 全部一致的要求实现起来太麻烦了. 于是, Saaty 等给出了在成对比较不一致情况下计算各个因素 $C_1, C_2, \cdots, C_n$ 对因素 O 的权重的方法, 并且确定了这种不一致的允许范围, 为了详细说明这一点, 我们先看一个成对比较完全一致的情况.

设想把一块单位重量的大石头 M 砸成 n 块小石头 $C_1, C_2, \cdots, C_n$, 如果精确地称出它们的重量为 $w_1, w_2, \cdots, w_n$, 在作成对比较时令 $a_{ij} = w_i/w_j$, 那么得到

$$A_1 = \begin{pmatrix} w_1/w_1 & w_1/w_2 & \cdots & w_1/w_n \\ w_2/w_1 & w_2/w_2 & \cdots & w_2/w_n \\ \vdots & \vdots & & \vdots \\ w_n/w_1 & w_n/w_2 & \cdots & w_n/w_n \end{pmatrix} \tag{9.2}$$

这些比较显然是一致的. n 块小石头对大石头的权重 (也即小石头在大石头中的重量比) 可以用向量 $W = (w_1, w_2, \cdots, w_n)^{\mathrm{T}}$ 表示, 且 $\sum\limits_{i=1}^{n} w_i = 1$. 显然, A_1 的各个列向量与 W 仅相差一个比例因子.

我们发现权向量 W 是矩阵 A_1 最大特征值对应的特征向量, 即

$$A_1W = \begin{pmatrix} w_1/w_1 & w_1/w_2 & \cdots & w_1/w_n \\ w_2/w_1 & w_2/w_2 & \cdots & w_2/w_n \\ \vdots & \vdots & & \vdots \\ w_n/w_1 & w_n/w_2 & \cdots & w_n/w_n \end{pmatrix} \begin{pmatrix} w_1 \\ w_2 \\ \vdots \\ w_n \end{pmatrix} = \begin{pmatrix} nw_1 \\ nw_2 \\ \vdots \\ nw_n \end{pmatrix} = nW,$$

这里 n 是 A_1 的一个特征根, 说明每小块石头对整个大石头的权重是 A_1 对应于最大特征根 n 的特征向量归一化后的各个分量.

自然地我们会提出一个问题：对于一般的正反矩阵我们能否把其最大特征值对应特征向量归一化后作为各因素对目标权重? 答案是肯定的, 在满足一致性检验的条件下, 我们可以通过解特征值问题

$$AW = \lambda_{\max} W,$$

求出归一化的特征向量, 从而得到权重.

为了能检验成对比较矩阵的一致性, 并且对不一致的地方作出修改完善, 我们将在下面讨论这个问题.

3. 层次单排序及其一致性检验

1) 层次单排序

先解出判断矩阵的最大特征值 $\lambda_{\max}$, 再利用

$$AW = \lambda_{\max} W$$

解出 $\lambda_{\max}$ 所对应的特征向量 W, W 经过归一化后, 即为同一层次中相应元素对于上一层次中某个因素相对重要性的排序权值.

我们不加证明地给出正互反矩阵的下列性质.

定理 1 正互反矩阵存在正实数的最大特征根 $\lambda_{\max}$ 且为单根, 其余特征根的模均小于它, 其 $\lambda_{\max}$ 所对应的特征向量的分量均为正数.

2) 一致性检验

定义 1 如果一个正互反矩阵 A 满足

$$a_{ij} \cdot a_{jk} = a_{ik}, \quad i, j, k = 1, 2, \cdots, n,$$

则 A 称为一致性矩阵.

如果 A 是一致阵, 则它有以下性质:

(a) $a_{ji} = \dfrac{1}{a_{ij}}, a_{ii} = 1(i, j, = 1, 2, \cdots, n)$.

(b) A 的转置阵 A^{T} 亦是一致阵.

(c) A 的每一行均为任一行的正倍数, 从而 $\mathrm{rank}(A)=1$.

(d) A 的最大特征根 $\lambda_{\max} = n$, 其余特征根均为零.

(e) 若 A 的最大特征根 $\lambda_{\max}$ 对应的特征向量为 $W = [w_1, w_2, \cdots, w_n]^{\mathrm{T}}$, 则

$$a_{ij} = \frac{w_i}{w_j}, \quad i, j = 1, 2, \cdots, n.$$

我们构造的两两比较判断矩阵是正互反阵, 但不一定是一致阵, 我们不加证明地给出下面的一个判定定理.

定理 2 n 阶正互反矩阵 $A = (a_{ij})_{n \times n}$ 是一致阵, 当且仅当 $\lambda_{\max} = n$.

为检验判断矩阵 A 的一致性, 首先计算它的一致性指标 CI, 定义

$$\mathrm{CI} = \frac{\lambda_{\max} - n}{n - 1}, \tag{9.3}$$

式 (9.3) 中 n 为判断矩阵的阶数. 显然, 当 A 具有完全一致性时, CI$= 0$. $\lambda_{\max} - n$ 越大, CI 越大, 矩阵的一致性越差. 为判断 A 是否有满意的一致性, 还需将CI 与平均随机一致性指标RI进行比较, 对于 $1-9$ 阶判断矩阵, Saaty 给出了 RI 值. 见表 9.2.

表 9.2　平均随机一致性指标RI值

阶数	1	2	3	4	5	6	7	8	9
RI	0	0	0.58	0.90	1.12	1.24	1.32	1.41	1.45

令 CR= $\dfrac{\mathrm{CI}}{\mathrm{RI}}$, 称CR为随机性一致性比率, 当 CR< 0.1 时, 判断矩阵 A 具有满意的一致性, 否则要对 A 重新调整, 直到具有满意的一致性. 这时计算出的 $\lambda_{\max}$ 所对应的特征向量 W, 经过归一化后, 才可以作为层次单排序的权值.

由"选拔领导干部"的成对比较矩阵可知, A 的最大特征值

$$\lambda_{\max} = 6.35,$$

其相应的特征向量为

$$W^{(2)} = (0.16, 0.19, 0.19, 0.05, 0.12, 0.30)^{\mathrm{T}}.$$

其一致性指标

$$\mathrm{CI} = \frac{6.35-6}{6-1} = 0.07.$$

查表 9.2 可知其平均随机一致性指标

$$\mathrm{RI} = 1.24.$$

一致性比率

$$\mathrm{CR} = \frac{0.07}{1.24} = 0.0565 < 0.1.$$

矩阵 A 通过一致性检验. 由此可知, 尽管我们的成对比较矩阵 A 具有不一致的地方, 但在 Saaty 等给出的这种不一致的允许范围内, 仍然可以近似认为它是一致性矩阵.

以上, 我们给出了准则层对目标层的特征向量, 记作

$$W^{(2)} = (w_1^{(2)}, w_2^{(2)}, \cdots, w_6^{(2)})^{\mathrm{T}}.$$

用同样的方法构造方案层对准则层的每一个准则的成对比较阵, 不妨设它们为

$$B_1^{(3)} = \overset{C_1}{\begin{pmatrix} 1 & 1/4 & 1/2 \\ 4 & 1 & 3 \\ 2 & 1/3 & 1 \end{pmatrix}}, \quad B_2^{(3)} = \overset{C_2}{\begin{pmatrix} 1 & 1/4 & 1/4 \\ 4 & 1 & 1/2 \\ 5 & 2 & 1 \end{pmatrix}}, \quad B_3^{(3)} = \overset{C_3}{\begin{pmatrix} 1 & 3 & 1/3 \\ 1/3 & 1 & 1 \\ 3 & 1 & 1 \end{pmatrix}},$$

$$B_4^{(3)} = \overset{C_4}{\begin{pmatrix} 1 & 1/3 & 5 \\ 3 & 1 & 7 \\ 1/5 & 1/7 & 1 \end{pmatrix}}, \quad B_5^{(3)} = \overset{C_5}{\begin{pmatrix} 1 & 1 & 7 \\ 1 & 1 & 7 \\ 1/7 & 1/7 & 1 \end{pmatrix}}, \quad B_6^{(3)} = \overset{C_6}{\begin{pmatrix} 1 & 7 & 9 \\ 1/7 & 1 & 5 \\ 1/9 & 1/5 & 1 \end{pmatrix}},$$

这里矩阵 $B_k(k=1,2,\cdots,5)$ 中的元素 $b_{ij}^{(k)}$ 是方案 (候选人)P_i 和 P_j 对于准则 C_k(健康状况, 业务水平等) 的优越性的比较尺度.

由第三层的成对比较阵 B_k 计算出最大特征根 $\lambda_{\max}$, 特征向量 $w_k^{(3)}$, 结果列入表 9.3.

表 9.3　各成对比较矩阵的最大特征值

特征值	健康情况	业务知识	写作能力	口才	政策水平	工作作风
$\lambda_{\max}$	3.02	3.02	3.05	3.05	3.00	3.02

其对应的特征向量作为列向量构成的矩阵为

$$W^{(3)}=\begin{pmatrix}0.14 & 0.10 & 0.32 & 0.28 & 0.47 & 0.77\\ 0.63 & 0.33 & 0.22 & 0.65 & 0.47 & 0.17\\ 0.24 & 0.57 & 0.46 & 0.07 & 0.07 & 0.05\end{pmatrix}.$$

经计算, 均可通过一致性检验.

4. *层次总排序及其一致性检验*

利用同一层次中所有层次单排序的结果, 就可以计算针对上一层次而言本层次所有元素重要性的权值, 这就是层次总排序, 需要从上到下逐层顺序进行, 对于最高层下面的第二层, 其层次单排序即为总排序 (表 9.4).

表 9.4　层次 A 和层次 B 的层次总排序权值

层次 A / 层次 B	A_1	A_2	$\cdots$	A_m	B 层次总排序权值
	a_1	a_2	$\cdots$	a_m	
B_1	b_{11}	b_{12}	$\cdots$	b_{1m}	$\sum_{j=1}^{m} a_j b_{1j}$
B_2	b_{21}	b_{22}	$\cdots$	b_{2m}	$\sum_{j=1}^{m} a_j b_{2j}$
$\vdots$	$\vdots$	$\vdots$		$\vdots$	$\vdots$
B_n	b_{n1}	b_{n2}	$\cdots$	b_{nm}	$\sum_{j=1}^{m} a_j b_{nj}$

假定上一层次所有元素 $A_1, A_2, \cdots, A_m$ 的总排序已完成, 得到的权值分别为 $a_1, a_2, \cdots, a_m$, 对应的本层次元素 $B_1, B_2, \cdots, B_n$ 单排序的结果为 $b_{1j}, b_{2j}, \cdots, b_{nj}$(当 B_k 与 A_j 无关时, $b_{kj}=0$), 此时 B 层总排序权值由表 9.4 给出. 显然, $\sum\limits_{i=1}^{n}\sum\limits_{j=1}^{m} a_j b_{ij}=1$, 即层次总排序仍然是归一化正规向量.

为评价层次总排序的计算结果的一致性如何, 需计算与层次单排序类似的检验量.

(1) 层次总排序一致性指标

$$\mathrm{CI}=\sum_{j=1}^{m}a_j\mathrm{CI}_j,$$

式中 CI_j 为与 a_j 对应的 B 层次中判断矩阵的一致性指标.

(2) 层次总排序随机一致性指标

$$\mathrm{RI}=\sum_{j=1}^{m}a_j\mathrm{RI}_j,$$

式中 RI_j 为与 a_j 对应的 B 层次中判断矩阵的随机一致性指标.

(3) 层次总排序随机一致性比率

$$\mathrm{CR}=\frac{\mathrm{CI}}{\mathrm{RI}},$$

当 CR$\leqslant 0.10$ 时, 认为层次总排序的计算结果具有满意的一致性.

到此, 根据决策层的层次总排序作出最后决策. 在选拔领导干部决策问题中, 可以算出

$$W=W^{(3)}W^{(2)}=\begin{pmatrix}0.14 & 0.10 & 0.32 & 0.28 & 0.47 & 0.77\\ 0.63 & 0.33 & 0.22 & 0.65 & 0.47 & 0.17\\ 0.24 & 0.57 & 0.46 & 0.07 & 0.07 & 0.05\end{pmatrix}\begin{pmatrix}0.16\\ 0.19\\ 0.19\\ 0.05\\ 0.12\\ 0.30\end{pmatrix},$$

解得

$$W=(0.40,0.34,0.26)^{\mathrm{T}}.$$

即在 3 人中应选择权重最大对应的候选人 P_1 担任领导职务.

综上, 可以将**层次分析法的基本步骤**归纳如下:

(1) 建立层次结构模型.

在深入分析实际问题的基础上, 建立系统的递阶层次结构, 该结构图包括目标层、准则层、方案层.

(2) 构造判断 (成对比较) 矩阵.

从层次结构模型的第 2 层开始, 对于从属于 (或影响及) 上一层每个因素的同一层的各个因素, 用成对比较法和 1—9 比较尺度构造成对比较阵, 直到最下层.

(3) 计算特征向量并做一致性检验.

对每一个成对比较阵计算最大特征根及对应特征向量, 利用一致性指标, 随机一致性指标和一致性比率做一致性检验. 若检验通过, 将特征向量归一化, 若不通过, 需要重新构造成对比较阵.

(4) 计算总排序权值并做一致性检验.

计算最下层对目标的总排序权值, 利用总排序一致性比率进行检验 ($CR < 0.1$). 若检验通过, 则可按照总排序权值的结果进行决策, 否则需要重新考虑模型或重新构造那些一致性比率 CR 较大的成对比较阵.

二、 层次分析法的优缺点

1. 层次分析法的优点

系统性: 将对象视作系统, 按照分解、比较、判断、综合的思维方式进行决策. 成为继机理分析、统计分析之后发展起来的系统分析的重要工具;

实用性: 定性与定量相结合, 能处理许多用传统的最优化技术无法着手的实际问题, 应用范围很广, 同时, 这种方法使得决策者与决策分析者能够相互沟通, 决策者甚至可以直接应用它, 这就增加了决策的有效性;

简洁性: 计算简便, 结果明确, 具有中等文化程度的人即可以了解层次分析法的基本原理并掌握该法的基本步骤, 容易被决策者了解和掌握.

2. 层次分析法的缺点

囿旧: 只能从原有的方案中优选一个出来, 没有办法得出更好的新方案;

粗略: 该法中的比较、判断以及结果的计算过程都是粗糙的, 不适用于精度较高的问题;

主观: 从建立层次结构模型到给出成对比较矩阵, 人主观因素对整个过程的影响很大, 这就使得结果难以让所有的决策者接受. 当然采取专家群体判断的办法是克服这个缺点的一种途径.

三、 层次分析法特征向量 W 计算方法总结

方法有几何平均法、算术平均法、特征向量法 (之前例子中已详细阐述) 和最小二乘法 4 种.

1. 几何平均法 (方根法)

$$W_i=\frac{\left(\prod_{j=1}^{n}a_{ij}\right)^{\frac{1}{n}}}{\sum_{i=1}^{n}\left(\prod_{j=1}^{n}a_{ij}\right)^{\frac{1}{n}}},\quad i=1,2,\cdots,n.$$

计算步骤: (1) A 的元素按行相乘得一新向量;

(2) 将新向量的每个分量开 n 次方;

(3) 将所得向量归一化即为特征向量 W.

2. 算术平均法 (求和法)

由于判断矩阵 A 中的每一列都近似地反映了权值的分配情形, 故可采用全部列向量的算术平均值来估计 W, 即

$$W_i=\frac{1}{n}\sum_{j=1}^{n}\frac{a_{ij}}{\sum_{k=1}^{n}a_{kj}},\quad i=1,2,\cdots,n.$$

计算步骤: (1) A 的元素按列归一化, 即求 $a_{ij}\Big/\sum_{k=1}^{n}a_{kj}$;

(2) 将归一化后的各列相加;

(3) 将相加后的向量除以 n 即得特征向量 W.

3. 最小二乘法

用拟合方法确定特征向量 W, 使残差和平方和为最小. 即求解如下模型

$$\min\quad Z=\sum_{i=1}^{n}\sum_{j=1}^{n}(a_{ij}w_j-w_i)^2,$$

$$\text{s.t.}\quad\begin{cases}\sum_{i=1}^{n}w_i=1,\\ w_i>0,\ i=1,2,\cdots,n.\end{cases}$$

四、例 1992 年美国大学生数模竞赛 B 题

1. 确定紧急电力修复系统的修复计划

沿海地区因经常受风暴袭击引起电力中断, 电力公司必须有相应的修复系统. 此系统应根据停电的损失程度、修复时间和费用对申请修复的单位排定一个次序.

过去电力公司因缺乏优先方案而受到媒介的批评, 故欲聘请你作为顾问提出合理的修复计划.

电力公司的服务区域在 $-65 < x < 65, -50 < y < 50$ 之内 (以英里为单位), 有两个修复中心位于 (0, 0) 和 (40, 40). 每个中心有 3 个工人全天轮流值班, 每人工作 8 小时, 紧急修理时每个点有 6 名工人可以启用, 每个工人在一个工作日可加班 8 小时, 加班报酬为正常报酬的 1.5 倍. 该区域道路系统良好, 修理工只需要在交接班时返回修理中心, 修复申请见表 9.5. 若停电的设施是铁路或医院, 只要有工人派就立即处理, 其他情形都等暴风雨离开这一地区后 (6:00 以后) 才开始工作.

2. 模型建立

第一步: 此问题对申请修复单位的合理排序, 应考虑由单位的重要性和影响人数来决定, 为此构造如下的层次结构 (图 9.3).

第二步: 层次单排序并作一致性检验.

首先, 在第二层因素两两之间进行比较, 设单位重要性与影响人数之比为 1/5, 相应的成对比矩阵为

$$\begin{pmatrix} 1 & 1/5 \\ 5 & 1 \end{pmatrix},$$

易得单位重要性与影响人数的权重分别为 $a_1 = 0.2$ 和 $a_2 = 0.8$, 且其为完全一致性阵.

然后, 第三层对单位重要性的两两比较后, 得到成对比较矩阵

$$A = \begin{pmatrix} 1 & 1/6 & 1/6 & 1/4 & 1/3 & 1/9 \\ 6 & 1 & 1 & 2 & 2 & 1/2 \\ 6 & 1 & 1 & 2 & 2 & 1/2 \\ 4 & 1/2 & 1/2 & 1 & 1 & 1/2 \\ 3 & 1/2 & 1/2 & 1 & 1 & 1/3 \\ 9 & 2 & 2 & 2 & 3 & 1 \end{pmatrix},$$

计算矩阵 A 的最大特征值及对应个归一化后的特征向量分别为

$$\lambda_{\max} = 6.048, \quad W_1 = (0.0338, 0.2033, 0.2033, 0.1211, 0.1061, 0.3324)^{\mathrm{T}}.$$

因此, 居民点、政府部门、工业、商业、社区及紧急单位对单位重要性的权重分别为 0.0338, 0.2033, 0.2033, 0.1211, 0.1061, 0.3324.

下面对矩阵 A 进行一致性检验.

表 9.5　沿海某地区受风暴袭击引起电力中断情况

时间 (a.m.)	位置	单位类型	影响人数	估计修复时间
4:20	(−10, 30)	事业 (有线电视)	?	6
5:30	(3, 3)	住宅	20	7
5:35	(20, 5)	事业 (医院)	240	8
5:55	(−10, 5)	事业 (铁路系统)	25 个工人,75000 乘客	5
6:00	风暴离开本地区，可以派出工人			
6:05	(3, 30)	住宅	45	2
6:06	(5, 20)	社区	2000	7
6:08	(60, 45)	住宅	?	9
6:09	(1, 10)	政府 (市政府)	?	7
6:15	(5, 20)	商业 (购物中心)	200 工人	5
6:20	(5, −25)	政府 (消防部门)	15 工人	3
6:20	(12, 18)	住宅	350	6
6:22	(7, 10)	社区	400	12
6:25	(−1, 19)	工业 (报业公司)	190	10
6:40	(−20, −19)	工业 (工厂)	395	7
6:55	(−1, 30)	社区	?	6
7:00	(−20, 30)	政府 (高中)	1200 学生	3
7:00	(40, 20)	政府 (小学)	1700 学生	?
7:00	(7, −20)	事业 (饭店)	25	12
7:00	(8, −23)	政府 (警察局)	125	7
7:05	(25, 15)	政府 (小学)	1900	5
7:10	(−10, −10)	住宅	?	9
7:10	(−1, 2)	政府 (学院)	3000	8
7:10	(8, −25)	工业 (电脑制造)	450 工人	5
7:10	(18, 55)	住宅	350	10
7:20	(7, 35)	社区	400	9
7:45	(−20, −19)	住宅	800	5
7:50	(−1, 30)	商业 (医院)	300	5
8:15	(−20, 30)	商业 (服务社)	50	6
8:20	(40, 20)	政府 (交通照明)	?	3
8:35	(7, −20)	商业 (银行)	20	5
8:50	(8, −23)	住宅	40	?
9:50	(25, 15)	住宅	?	12
10:30	(−10, −10)	住宅	10	10
10:30	(−1, 2)	商业 (市中心)	150	5
10:35	(8, −25)	商业 (机场)	350 工人	4
10:50	(18, 55)	政府 (消防队)	15	5
11:30	(7, 35)	社区	300	12

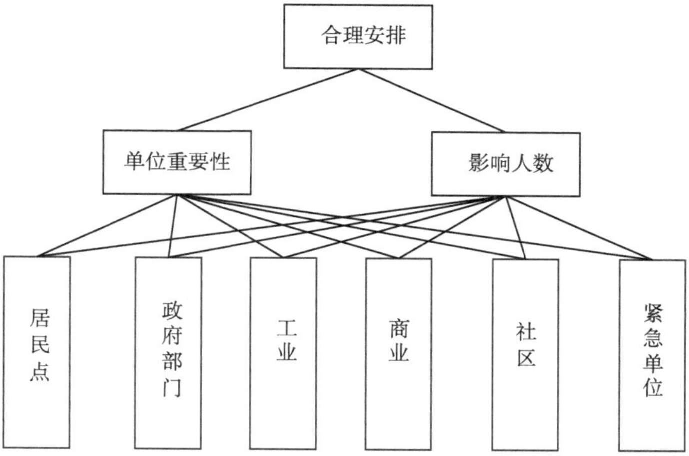

图 9.3　层次结构图

由于

$$\mathrm{CI}=\frac{\lambda_{\max}-n}{n-1}=\frac{6.0482-6}{6-1}=0.0096,$$

查表当 $n=6$ 时, RI= 1.24, 因此 CR= CI/RI $=0.0077<0.1$, 单层一致性检验通过.

对于沿海某地区受风暴袭击引起电力中断情况表中各单位的影响人数统计后, 得到表 9.6.

表 9.6　影响人数统计表

单位种类	居民点	政府部门	工业	商业	社区	紧急单位
影响人数	1615	5900	1035	75820	3100	395

利用居民点、政府部门、工业、商业、社区及紧急单位影响人数所占的比率作为权重, 分别 0.0184, 0.0671, 0.0118, 0.8629, 0.0353, 0.0045.

第三步: 层次总排序并做一致性检验.

居民点、政府部门、工业、商业、社区及紧急单位对合理安排的权重的计算公式为

合理安排的权重 =0.2× 单位重要性的权系数 +0.8× 影响人数的权系数.

算出各单位的排序权重分别为

$$\begin{aligned}&\begin{pmatrix}0.0184\ 0.0671\ 0.0118\ 0.8629\ 0.0353\ 0.0045\\0.0338\ 0.2033\ 0.2033\ 0.1211\ 0.1061\ 0.3324\end{pmatrix}^{\mathrm{T}}\begin{pmatrix}0.2\\0.8\end{pmatrix}\\&=(0.0215,0.0943,0.0501,0.7143,0.0495,0.0701)^{\mathrm{T}}.\end{aligned}$$

容易验证一致性检验都能通过, 当收到修复申请后, 就可根据此权系数排队, 权系数大的单位先修复, 当有多个工人可指派时应使总路程最短.

第二节　层次分析法的改进

一、引言

由第一节, 我们知道层次分析法 (AHP) 是系统工程中对非定量事件作定量分析的一种简便方法, 也是对人们的主观判断作定量描述的一种方法, 所以, 它已被广泛地用于许多难以完全用定量方法来分析的复杂系统. AHP 的流程图可以用图 9.4 表示.

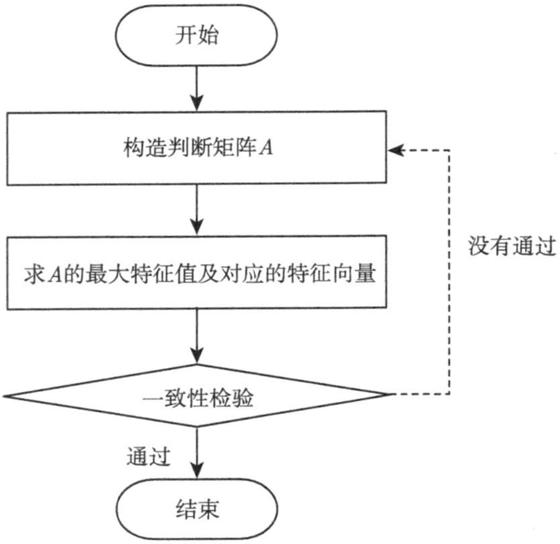

图 9.4　AHP 的流程图

可见, 一致性检验在 AHP 中是不可缺少的. 在实际应用中, 一般都凭着大致的估计来调整判断矩阵, 虽然往往行之有效, 但毕竟带有盲目性, 并且不能排除需要经过多次调整才能通过一致性检验的可能性. 下面以解决上述问题为出发点, 利用最优传递矩阵的概念, 对 AHP 进行改进, 使之自然满足一致性要求, 直接求出权重值.

二、改进的 AHP

设 $A=(a_{ij})$, $B=(b_{ij})$, $C=(c_{ij})\in\mathbf{R}^{n\times n}$.

定义 2　若矩阵 A 的元素满足 $a_{ij}=\dfrac{1}{a_{ji}}$, 则称 A 为互反矩阵; 若矩阵 B 的

元素 $b_{ij}=-b_{ji}$, 则称 B 为反对称矩阵.

定义 3 A 是互反矩阵, 若 $a_{ij}=\dfrac{a_{ik}}{a_{jk}}$, 则称 A 是一致的; 若 B 是反对称阵, 且 $b_{ij}=b_{ik}+b_{kj}$, 则称 B 是传递的.

显然若 A 是一致阵, 则 $B=\lg A(b_{ij}=\lg a_{ij}, i,j=1,2,\cdots,n)$ 是传递的, 反之若 B 是传递阵, 则 $A=10^B(a_{ij}=10^{b_{ij}}, i,j=1,2,\cdots,n)$ 是一致的.

定义 4 若存在传递矩阵 C, 且使 $\sum\limits_{i=1}^{n}\sum\limits_{j=1}^{n}(c_{ij}-b_{ij})^2$ 最小, 则称 C 为 B 的最优传递阵.

显然若 A 是互反矩阵, $B=\lg A$, C 为 B 的最优传递阵, 那么 $A^*=10^c$ 可以认为是 A 的一个拟优一致阵.

定理 3 若 B 是反对称阵, 则 B 的最优传递阵 C 满足

$$c_{ij}=\frac{1}{n}\sum_{k=1}^{n}(b_{ik}-b_{jk}),\quad i,j=1,2,\cdots,n.$$

证明 由于 C 是传递的, 则存在 $x_1,x_2,\cdots,x_n\geqslant 0$ 使 $c_{ij}=x_i-x_j$, 由定义 4 知

$$\begin{aligned}J&=\sum_{i=1}^{n}\sum_{k=1}^{n}(c_{ik}-b_{ik})^2\\&=\sum_{i=1}^{n}\sum_{j=1}^{n}(x_i-x_k-b_{ik})^2.\end{aligned}$$

对任意 $i=1,2,\cdots,n$, 令

$$\frac{\partial J}{\partial x_i}=2nx_i-2\sum_{k=1}^{n}(x_k+b_{ik})=0,$$

解得

$$x_i=\frac{1}{n}\sum_{k=1}^{n}(x_i+b_{ik}),$$

则 J 的最小值点为

$$c_{ij}=x_i-x_j=\frac{1}{n}\sum_{k=1}^{n}(b_{ik}-b_{jk}).$$

基于上面的讨论, 提出改进的 AHP, 其流程图如图 9.5 所示.

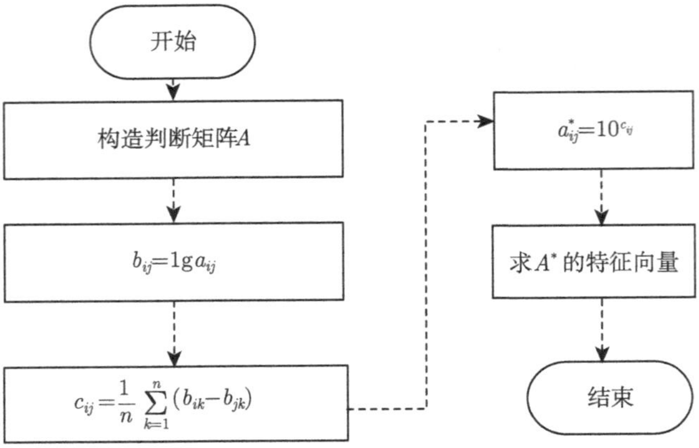

图 9.5 改进的 AHP 的流程图

用方根法求 A^* 的特征值出于以下考虑: 首先是因为判断矩阵本身有相当的误差范围, 不需要追求较高的精度; 其次方根法实际上是以超几何平均的方法求权重值, 可以在一定的范围内, 使拟优 A^* 的特征值更接近于最优 A^* 的特征值.

三、 实例

下面用一个实例来说明改进的 AHP 的计算过程.

设 M_1, M_2, M_3, M_4, M_5 为某目标的五个指标, 它们之间构造的判断矩阵为

$$A=\begin{pmatrix} 1 & 3 & 4 & 3 & 7 \\ 1/3 & 1 & 1/3 & 1 & 3 \\ 1/4 & 3 & 1 & 1/3 & 2 \\ 1/3 & 1 & 3 & 1 & 2 \\ 1/7 & 1/3 & 1/2 & 1/2 & 1 \end{pmatrix}.$$

第一步: 利用 $B=\lg A$, 得到对应的反对称矩阵 B 为

$$B=\begin{pmatrix} 0 & 0.477 & 0.6 & 0.477 & 0.845 \\ -0.477 & 0 & -0.477 & 0 & 0.477 \\ -0.6 & 0.477 & 0 & -0.477 & 0.3 \\ -0.477 & 0 & 0.477 & 0 & 0.3 \\ -0.845 & -0.477 & -0.3 & -0.3 & 0 \end{pmatrix}.$$

第二步: 根据定理 3, 得到矩阵 B 的最优传递阵 C 和相应拟优一致阵 A^* 分

别为

$$C=\begin{pmatrix} 0 & 0.5752 & 0.5398 & 0.4198 & 0.8642 \\ -0.5752 & 0 & -0.0354 & -0.111 & 0.289 \\ -0.5398 & -0.0354 & 0 & -0.12 & 0.324 \\ -0.4198 & 0.111 & 0.12 & 0 & 0.444 \\ -0.8642 & -0.289 & -0.324 & -0.444 & 0 \end{pmatrix},$$

$$A^*=\begin{pmatrix} 1 & 3.76 & 3.46 & 2.63 & 7.3 \\ 0.265 & 1 & 0.927 & 0.77 & 1.95 \\ 0.29 & 1.08 & 1 & 0.76 & 2.11 \\ 0.38 & 1.3 & 1.32 & 1 & 2.78 \\ 0.137 & 0.51 & 0.47 & 0.36 & 1 \end{pmatrix}.$$

第三步：用方根法求 A^* 矩阵的特征向量 $\overline{W}$ 为

$$\overline{W}=(\overline{w}_1,\overline{w}_2,\overline{w}_3,\overline{w}_4,\overline{w}_5)=(3.016,0.819,0.871,1.126,0.410),$$

利用

$$w_i=\frac{\overline{w}_i}{\sum\limits_{i=1}^{n}\overline{w}_i},\quad i=1,2,\cdots,5$$

归一化后, 得各指标权重为

$$W=[w_1,w_2,w_3,w_4,w_5]^{\mathrm{T}}=[0.48,0.13,0.14,0.18,0.065]^{\mathrm{T}}.$$

为了与原始的 AHP 比较, 将两种结果列于表 9.7, 虽然改进的 AHP 不需要一致性检验, 但在这里我们依然将其一致性检验结果列出.

表 9.7 原始的 AHP 和改进的 AHP 的结果对比

方法	原始 AHP	改进的 AHP
特征向量	$W_1=0.483$	$W_1=0.48$
	$W_2=0.12$	$W_2=0.13$
	$W_3=0.13$	$W_3=0.14$
	$W_4=0.18$	$W_4=0.18$
	$W_5=0.0658$	$W_5=0.065$
CI	0.1181	0.00011*
RI	1.12	1.12
CR	0.105	0.0001

* 理论上讲, 此项应为零, 但由于方根法是一种近似方法, 故使特征值有一定的误差.

从表 9.7 中可以看出, 两种方法求出的特征向量中, w_2, w_3 相对其他几个权值来讲, 变动较大, 实际上, 当仔细观察 A 矩阵中的 M_2, M_3 时, 可以发现, $a_{12} = 3$, $a_{13} = 4$, $a_{23} = 1/3$, 即显示出不一致性. 如果人工去调整 A 时, 一般会考虑, 由于从 a_{12}, a_{13} 可以推出 M_2 高于 M_3 一个级别, 而从 a_{23} 推出 M_2 低于 M_3 两个级别, 所以综合考虑两个方面, 一般会修改 a_{12}, a_{13}, 使 M_2 低于 M_3 一至两个级别, 这种调整思想也正是我们改进 AHP 采用的. 更进一步, 从 C 矩阵的构成上来看, 改进的 AHP 中, 不仅只考虑上述两个方面, 而是综合考虑了 M_2, M_3 与所有其他指标的关系后, 再综合调整的, 从这一点来看, 改进的 AHP 实际上是在原始 AHP 中设置了一个智能调整器.

四、 结论

将人工给定的判断矩阵 A, 通过一个调整器, 得到拟优意义下的一致阵, 直接求出权值, 不需要进行一致性检验, 从理论证明到大量的上机验算说明这种方法可以调整人们认识上的不一致, 并不能形成有效的原始判断矩阵. 如何在最优意义下调整人们认识上的不一致, 以及如何通过某些信息, 机械化、智能化地构造有效的判断矩阵是值得深入研究的课题.

第三节　残缺判断与群组决策

本节讨论应用层次分析法时经常遇到的残缺判断即不完全信息下的排序以及多人参与决策的排序方法.

一、 残缺判断处理方法

应用 AHP 进行决策时, 人们对于每个准则都要填定一个判断矩阵, 每个判断矩阵需进行 $n(n-1)/2$ 两两比较. 当层次很多, 因素复杂时, 总的判断量很大, 很有可能出现某个参与决策的专家对某些判断缺少把握、不感兴趣或不想发表意见的情形, 这种情形应当允许, 否则勉为其难反而可能掩盖事物本质, 这时得到的是带有空缺的判断矩阵, 我们标为残缺判断, 充分利用残缺判断矩阵中的剩余信息有利于提高排序的可靠性. 由此提出的方法称为不完全信息下的排序问题.

显然一个判断矩阵的残缺程度对排序的正确性是有明显影响的. 信息越少, 排序的随意性越大. 要能够进行排序, 必须对残缺程度及其位置有一些限制, 故要研究什么样的残缺矩阵是“可接受的”, 一个可接受的残缺判断应如何用于排序以及如何进行一致性检验等.

1. 残缺判断可接受的条件

处理残缺判断的出发点是, 当缺少某个元素的直接信息时, 希望最终通过间接的判断获得. 例如, 元素 a_{ij} 可以通过 $a_{ik}a_{kj}$ 获得, 也可以通过 $a_{ik_1}a_{k_1k_2}\cdots a_{k_sj}$ 获得. 如果这种间接渠道较多, 那么就可以对残缺元素作出比较正确的估计.

定义 5 一个残缺判断矩阵称为是可接受的, 如果它的任一残缺元素都可通过已给出的元素间接获得, 否则就是不可接受的.

容易证明一个残缺判断矩阵可接受的必要条件是除对角元素外每行每列至少有一个给定元素. 故至少要作 $(n-1)$ 次判断.

我们暂且用 "θ" 表示残缺元素, 显然当 $a_{ij}=\theta$ 时必有 $a_{ji}=\theta$.

定义 6 方阵 A 若能用行列同时调换化为 $\begin{pmatrix} A_1 & 0 \\ A_2 & A_4 \end{pmatrix}$ 形式, 则 A 称为可约矩阵, 否则 A 称为不可约矩阵. 这里 A_1, A_4 都是方阵.

例如, 矩阵

$$\begin{pmatrix} 1 & 2 & 0 \\ 1/2 & 1 & 0 \\ 0 & 0 & 1 \end{pmatrix}, \quad \begin{pmatrix} 1 & 0 & 3 & 2 \\ 0 & 1 & 0 & 0 \\ 1/3 & 0 & 1 & 1/3 \\ 1/2 & 0 & 1/3 & 1 \end{pmatrix}, \quad \begin{pmatrix} 1 & 2 & 0 & 0 \\ 1/2 & 1 & 0 & 0 \\ 0 & 0 & 1 & 2 \\ 0 & 0 & 1/2 & 1 \end{pmatrix}$$

都是可约矩阵.

为了讨论残缺矩阵的可接受性, 我们先将残缺元素 θ 看成 0 元素, 那么可以得到如下定理.

定理 4 一个残缺矩阵 A 是可接受的充分必要条件是 A 是不可约矩阵 (证明参见文献 [1]).

从图论的观点看 A 不可约的充分必要条件是 A 对应的有向图 $G(A)$ 是强连通的. 因而图中空缺元素都能用其他元素间接获得.

2. 残缺矩阵排序向量计算方法

这里我们只介绍特征根法, 其他方法可参阅 [1].

对残缺矩阵 A 构造辅助矩阵 C, 使得

$$C=(c_{ij})=\begin{cases} a_{ij}, & a_{ij}\neq\theta,\quad i\neq j, \\ 1, & i=j, \\ w_i/w_j, & a_{ij}=\theta,\quad i\neq j. \end{cases}$$

求 C 的特征根问题

$$CW=\lambda_{\max}W$$

等价于求下面矩阵 $\overline{A}$ 的特征根问题, $\overline{A}$ 的定义为

$$\overline{A}=(\overline{a}_{ij})=\begin{cases} a_{ij}, & a_{ij}\neq\theta,\ i\neq j,\\ 0, & a_{ij}=\theta,\\ m_i+1, & i=j, i=1,2,\cdots,n,\end{cases}$$

其中 m_i 为 A 的第 i 行中残缺元素个数. 并有矩阵 $\overline{A}$ 与矩阵 C 的具有相同的最大特征值及对应的特征向量, 即

$$\overline{A}W=\lambda_{\max}W.$$

矩阵 $\overline{A}$ 称为残缺矩阵 A 的等价矩阵. 直接求 $\overline{A}$ 的最大特征根及归一化的特征向量, 从而求得不完全信息下的权重向量.

例 1 设

$$A=\begin{pmatrix} 1 & 2 & \theta\\ 1/2 & 1 & 2\\ \theta & 1/2 & 1\end{pmatrix},$$

这是一个可接受的残缺判断矩阵, 辅助矩阵

$$C=\begin{pmatrix} 1 & 2 & w_1/w_3\\ 1/2 & 1 & 2\\ w_3/w_1 & 1/2 & 1\end{pmatrix}$$

等价矩阵

$$\overline{A}=\begin{pmatrix} 2 & 2 & 0\\ 1/2 & 1 & 2\\ 0 & 1/2 & 2\end{pmatrix},$$

容易看出 C 与 $\overline{A}$ 有相同的主特征根 $\lambda_{\max}$ 及主特征向量 W.

解 $\overline{A}W=\lambda_{\max}W$, 得到 $\lambda_{\max}$=3, $W=(0.5714,0.2857,0.1429)^{\mathrm{T}}$.

$\overline{A}$ 是非负拟互反矩阵, 可以证明当 $\overline{A}$ 不可约时, $\overline{A}$ 的最大特征根就是模最大的特征根, 且是按模唯一的, 其对应的主特征向量除常数因子外是唯一的正向量. 从而保证了幂法的可行性.

3. **一致性检验**

$\overline{A}$ 的一致性可用下面公式计算

$$\mathrm{CI}=\frac{\lambda_{\max}-n}{(n-1)-\dfrac{\sum\limits_{i=1}^{n}m_i}{n}},$$

同样地, 当

$$\mathrm{CR}=\frac{\mathrm{CI}}{\mathrm{RI}}<0.1$$

时认为有满意的一致性. 从上式可以看出, 当 A 残缺时, 只有当其他非残缺元素有较协调的判断时, 才能满足总体一致性要求.

二、 群组决策

为使决策科学化、民主化, 一个复杂系统通常总是有多个决策者 (即专家) 或决策部门参与决策的. 由于决策者的地位、立场、知识水平以及个人偏好的差异, 对同一个问题会有不同的判断, 这些个体判断是否合理, 如何把它们综合成一个较合理的结果, 这就是所谓的群组决策问题. 关于群组决策应做好以下两项工作.

1. 重视并做好专家咨询工作

层次分析法是一种定量与定性相结合的决策方法. 许多定量分析是建立在专家判断基础上的, 因而做好专家咨询工作至关重要. 专家咨询工作必须注意以下四个方面:

(1) 合理选择咨询对象. 要充分了解专家专长及其熟悉的领域, 可针对不同准则请有关专家填写判断矩阵.

(2) 创造适合于咨询工作的良好环境. 咨询过程中要向专家简明而准确地介绍 AHP, 提供可靠的资料和信息, 并创造既有集体讨论又有个人独立思考的环境.

(3) 掌握正确的咨询方法. 首先要通过咨询确定递阶层次结构, 为了节省时间避免误解, 要设计好咨询表格.

(4) 及时分析专家咨询信息, 必要时要进行反馈及多轮次咨询.

2. 群组决策综合方法

这里我们仍只介绍特征根法. 用特征根法进行综合时有两类处理方法, 第一类是将各个专家的判断矩阵综合得到综合判断矩阵, 然后求出这个综合判断矩阵的排序向量, 第二类是先求出各个专家判断矩阵的排序向量然后将它们综合成群组排序向量. 无论从互反性、一致性上考虑以及计算机模拟计算分析, 第二类方法均优于第一类方法. 故这里仅介绍第二类方法.

1) 加权几何平均综合排序向量法.

对 s 个专家的判断矩阵 $A_k=(a_{ij,k})$ 分别求出它们的排序向量 $W_k=(W_{1k},$

$W_{2k}, \cdots, W_{nk})^{\mathrm{T}}$, $k=1,2,\cdots,s$, 然后求出它们的加权几何平均综合向量

$$\begin{cases} \overline{W}_j = (W_{j1})^{\lambda_1}(W_{j2})^{\lambda_2}\cdots(W_{js})^{\lambda_s}, \ j=1,2,\cdots,n, \\ \displaystyle\sum_{k=1}^{s}\lambda_k = 1, \\ W_j = \overline{W}_j \Big/ \displaystyle\sum_{i=1}^{n}\overline{W}_i, \end{cases}$$

其中 λ_k 为第 k 个专家的权重. 当 $\lambda_1=\lambda_2=\cdots=\lambda_s=\dfrac{1}{s}$ 时

$$\overline{W}_j = (W_{j1}W_{j2}\cdots W_{js})^{\frac{1}{s}}, \quad j=1,2,\cdots,n.$$

首先计算 $\overline{W}_j$ 的标准差 σ_j

$$\sigma_j = \sqrt{\frac{1}{s-1}\sum_{k=1}^{s}(W_{jk}-\overline{W}_j)^2},$$

然后计算新的总体判断矩阵 $A=\left(a_{ij}=\dfrac{\overline{W}_i}{\overline{W}_j}\right)$ 的总体标准差

$$\sigma_{ij} = \sqrt{\frac{1}{s-1}\sum_{k=1}^{s}(a_{ij,k}-a_{ij})^2},$$

最后计算个体标准差

$$\sigma^{(k)} = \sqrt{\frac{1}{n-1}\sum_{j=1}^{n}(W_{jk}-\overline{W}_j)^2}.$$

当总体标准差满足要求时, 这组群组判断可采用, 当个体 $\sigma^{(k)}<\varepsilon$ 时认为第 k 个专家可通过, 否则将信息反馈给有关专家, 供修改时参考.

2) 加权算术平均综合向量法.

将各专家判断矩阵得到的排序向量的加权算术平均作为综合排序向量 $W=(W_1,W_2,\cdots,W_n)^{\mathrm{T}}$, 即

$$\begin{cases} W_j = \lambda_1 W_{j1}+\lambda_2 W_{j2}+\cdots+\lambda_s W_{js}, \quad j=1,2,\cdots,n, \\ \displaystyle\sum_{k=1}^{s}\lambda_k = 1, \end{cases}$$

当 $\lambda_1=\lambda_2=\cdots=\lambda_s=\dfrac{1}{s}$ 时, 有

$$W_j = \frac{1}{s}(W_{j1}+W_{j2}+\cdots+W_{js}), \quad j=1,2,\cdots,n.$$

同样类似可以计算权重标准差、判断矩阵总体标准差及个体标准差，并将结果反馈给专家供参考.

真题练习　2010 年全国大学生数学建模竞赛 B 题

2010 年上海世博会影响力的定量评估

2010 年上海世博会是首次在中国举办的世界博览会. 从 1851 年伦敦的“万国工业博览会”开始，世博会正日益成为各国人民交流历史文化、展示科技成果、体现合作精神、展望未来发展等的重要舞台. 请你们选择感兴趣的某个侧面，建立数学模型，利用互联网数据，定量评估 2010 年上海世博会的影响力.

第十章　模糊数学简介

第一节　模糊知识简介

一、基本概念

集合是现代数学中最基本的概念之一, 集合可以表现概念. 一个概念有它的内涵和外延. 一个概念的内涵是指它所包含的那些区别于其他概念的全体本质属性; 而符合此概念的那些对象的全体则称为该概念的外延. 从集合论的观点来说, 一个概念的外延就是一个集合. 例如, “人” 这个概念的内涵就是区别于其他动物那些本质属性 (如会思维、能制造和使用工具等), 其外延是世界上所有的人组成的集合.

但是普通集合不能表现所有的概念. 有些概念的外延具有不确定性, 它们的含义是不确切和不清晰的, 如 “青年人和老年人”. 这种概念外延的不确定性, 称之为**模糊性**. 具有模糊性外延的概念, 称为**模糊概念**. 具有模糊性现象和模糊概念等性质的事物, 称为**模糊事物**.

为了定量地刻画模糊概念和模糊现象, 美国自动控制论专家、应用数学家扎德 (L.A.Zadeh) 教授, 在 1965 年引入模糊集合 (Fuzzy Sets) 这一概念, 其基本思想是: 把普通集合中的绝对隶属关系加以扩充, 使元素对 “集合” 的隶属度由只能取 0 和 1 这两个值, 推广到可以取单位区间 [0, 1] 中的任意数值, 从而实现定量地刻画模糊性事物.

定义 1　如果论域 U 中的任意一个元素 u 对 A 的隶属函数 μ_A 在 U 上都对应一个值 $\mu_A(u)$, 且 $\mu_A(u)$ 满足

$$0 \leqslant \mu_A(u) \leqslant 1, \tag{10.1}$$

则说隶属函数 μ_A 确定了论域 U 上的一个模糊子集 A, 简称模糊集 A, $\mu_A(u)$ 称为 u 对于模糊子集 A 的隶属度.

隶属度 $\mu_A(u)$ 的大小反映了 u 对于模糊集 A 的隶属程度, $\mu_A(u)$ 的值越接近 1, 表示 u 隶属于 A 的程度越高; $\mu_A(u)$ 的值越接近 0, 则表示 u 隶属于 A 的程度越低.

定义 2　论域 U 上的一切模糊子集所构成的集合, 称为模糊幂集, 记作 $F(U)$.

设 $A \in F(u)$, 当 A 的隶属函数 μ_A 的值只取 0 或 1 时, μ_A 便是一个普通集合的特征函数, 此时 A 就是一个普通集合, 可见普通集合是模糊集合的特例. 因此普通集合的幂集包含于模糊幂集 $F(U)$.

例 1 某家电维修小组有 5 名工人, 分别记为 $u_i(i=1,2,\cdots,5)$, 设论域 $U=\{u_1,u_2,u_3,u_4,u_5\}$, 现分别对每个工人的维修技术熟练程度打分, 按百分制给分, 然后除以 100, 于是, U 上的每个元素 $u_i(i=1,2,\cdots,5)$ 都对应于 [0, 1] 之间的一个数值. 例如：

$$
\begin{aligned}
&u_1,\ 95\ 分,\ 记为\quad \mu_A(u_1)=0.95;\\
&u_2,\ 75\ 分,\ 记为\quad \mu_A(u_2)=0.75;\\
&u_3,\ 80\ 分,\ 记为\quad \mu_A(u_3)=0.80;\\
&u_4,\ 55\ 分,\ 记为\quad \mu_A(u_4)=0.55;\\
&u_5,\ 0\ 分,\ 记为\quad \mu_A(u_5)=0.
\end{aligned}
$$

这样就确定了一个模糊集 A, 它表示该维修小组的工人对 "维修技术熟练" 这个模糊概念的隶属程度.

二、 模糊集合的扎德表示法

(1) 当论域 U 只包含有限个元素, 即 $U=\{u_1,u_2,\cdots,u_n\}$ 时, 模糊集 A 可表示为

$$
A=\mu_A(u_1)/u_1+\mu_A(u_2)/u_2+\cdots+\mu_A(u_n)/u_n, \tag{10.2}
$$

式中 $\mu_A(u_i)/u_i$ 并不表示 "分数", 而是表示论域中的元素 u_i 与其隶属度 $\mu_A(u_i)$ 之间的对应关系, 符号 "+" 也不表示 "求和", 而是表示模糊子集在论域 U 上的整体.

例 2 在例 1 中, 论域 $U=\{u_1,u_2,u_3,u_4,u_5\}$ 上的 "维修技术熟练" 这一模糊集 A 可表示为

$$
A=0.95/u_1+0.75/u_2+0.80/u_3+0.55/u_4+0/u_5,
$$

或

$$
A=0.95/u_1+0.75/u_2+0.80/u_3+0.55/u_4,
$$

这里隶属度为 0 的项可以不计入.

有时我们也将模糊集 A 表示为

$$
A=\{\mu_A(u_1),\mu_A(u_2),\cdots,\mu_A(u_n)\},
$$

该方法称为**向量表示法**, 此时, 隶属度为 0 的项不能舍弃.

(2) 把扎德表示法从有限论域推广到一般论域后, 扎德给出的记法为

$$
A=\int_U \mu_A(u)/u, \tag{10.3}
$$

这里, 符号 "$\int$" 不是积分的意义, 也不是求和记号, 而是表示各个元素与隶属度对应关系的一个总括.

例 3　若模糊集

$$A=\int_0^{\infty}\frac{1}{1+100x^2}\Big/x, \tag{10.4}$$

即表示

$$A=\begin{cases}0, & x<0,\\ \dfrac{1}{1+100x^2}, & x\geqslant 0,\end{cases} \tag{10.5}$$

这种表示法将给模糊集的运算带来方便.

三、模糊集的运算及性质

定义 3　设 A,B 是论域 U 上的两个模糊集, 如果对于 U 中的每一个元素 u, 都有

$$\mu_A(u)\geqslant\mu_B(u), \tag{10.6}$$

则说 A 包含 B,　B 是 A 的子集, 记作

$$B\subseteq A. \tag{10.7}$$

定义 4　设 A,B 是论域 U 上的两个模糊集, 如果对于 U 中的每一个元素 u, 都有

$$\mu_A(u)=\mu_B(u), \tag{10.8}$$

则称 A 和 B 相等, 记作

$$B=A. \tag{10.9}$$

定义 5　设 A,B 是论域 U 上的两个模糊集, 定义 $A\cup B$, $A\cap B$, A^c 分别为下述隶属函数描述的模糊集

$$\mu_{A\cup B}(u)=\max\{\mu_A(u),\mu_B(u)\}=\mu_A(u)\vee\mu_B(u), \tag{10.10}$$

$$\mu_{A\cap B}(u)=\min\{\mu_A(u),\mu_B(u)\}=\mu_A(u)\wedge\mu_B(u), \tag{10.11}$$

$$\mu_{A^c}(u)=1-\mu_A(u), \tag{10.12}$$

则上述各式分别称为 A 和 B 的并、交、补运算. 其中 $\vee$ 表示取最大值, $\wedge$ 表示取最小值.

由定义 3—定义 5 可见, 任意两个模糊集之间的运算, 实际上是论域 U 中的每一个元素对这两个模糊集的隶属度间的相应的运算.

例 4 设论域 $U=\{a,b,c,d,e\}$,

$$A=0.3/a+0.4/b+0.6/d+1/e,$$

$$B=0.4/a+0.6/c+0.4/d+0.5/e,$$

则

$$\begin{aligned}A\cup B&=\frac{(0.3\vee 0.4)}{a}+\frac{(0.4\vee 0)}{b}+\frac{(0\vee 0.6)}{c}+\frac{(0.6\vee 0.4)}{d}+\frac{(1\vee 0.5)}{e}\\&=0.4/a+0.4/b+0.6/c+0.6/d+1/e,\\A\cap B&=\frac{(0.3\wedge 0.4)}{a}+\frac{(0.4\wedge 0)}{b}+\frac{(0\wedge 0.6)}{c}+\frac{(0.6\wedge 0.4)}{d}+\frac{(1\wedge 0.5)}{e}\\&=0.3/a+0.4/d+0.5/e,\\A^c&=\frac{(1-0.3)}{a}+\frac{(1-0.4)}{b}+\frac{(1-0)}{c}+\frac{(1-0.6)}{d}+\frac{(1-1)}{e}\\&=0.7/a+0.6/b+1/c+0.4/d.\end{aligned}$$

例 5 设 $\mu_A(u)=0.4$, 则 $\mu_{A^c}(u)=1-\mu_A(u)=0.6$, 于是

$$\mu_{A\cup A^c}(u)=0.4\vee 0.6=0.6\neq 1,$$

$$\mu_{A\cap A^c}(u)=0.4\wedge 0.6=0.4\neq 0,$$

由例 5 可见, 模糊集的交、并、补运算不满足互补律. 但与普通集合一样, 模糊集满足幂等律、交换律、结合律、吸收律、分配律、0-1 律、复原律、对偶律.

四、λ 截集

定义 6 设 A 是论域 U 上的模糊集, 普通集合

$$A_\lambda=\{u|\mu_A(u)\geqslant\lambda,u\in U\},\quad 0\leqslant\lambda\leqslant 1,\tag{10.13}$$

称为模糊集 A 的 λ 截集, 或称 λ 水平集.

A_λ 是个普通集合, 它的直观意义是: A_λ 是由论域 U 中对于模糊集 A 的隶属度达到或超过 λ 的元素所组成的集合. “λ” 称为阈值 (或置信水平).

取一个模糊集 A 的 λ 截集, 实际上就是将其隶属函数按下式转化成特征函数

$$x_{A_\lambda}(u)=\begin{cases}1, & \mu_A(u)\geqslant\lambda,\\0, & \mu_A(u)<\lambda.\end{cases}\tag{10.14}$$

利用模糊集的运算, 容易证明模糊集的 λ 截集的三个性质.

性质 1 $A\cup B$ 的 λ 截集 $(A\cup B)_\lambda$ 等于 A_λ 和 B_λ 之并, 即

$$(A\cup B)_\lambda=A_\lambda\cup B_\lambda.\tag{10.15}$$

性质 2　$A\cap B$ 的 λ 截集 $(A\cap B)_\lambda$ 等于 A_λ 和 B_λ 之交, 即

$$(A\cap B)_\lambda = A_\lambda \cap B_\lambda. \tag{10.16}$$

性质 3　若 $\lambda_1, \lambda_2 \in [0,1]$, 且 $\lambda_1 \leqslant \lambda_2$, 则

$$A_{\lambda_1} \supseteq A_{\lambda_2}. \tag{10.17}$$

五、 模糊关系和模糊矩阵

模糊关系是普通关系的推广, 其应用范围十分广泛, 它在模糊集合论中占有十分重要的地位.

定义 7　直积 $U\times V = \{(u,v)|u\in U, v\in V\}$ 的一个模糊子集 R 称为 U 到 V 的一个模糊关系. 如果 $(u,v)\in U\times V$, 称 $\mu_R(u,v)$ 为 (u,v) 具有关系 R 的程度, $\mu_R(u,v)$ 亦可简记为 $R(u,v)$. 当 $U=V$ 时, 称 R 为 U 中的模糊关系.

设 $U=\{u_1,u_2,\cdots,u_m\}$, $V=\{v_1,v_2,\cdots,v_n\}$ 均为有限集, 则从 U 到 V 的模糊关系 R 可以用 $m\times n$ 矩阵来表示, 仍记作 R, 即

$$R=(r_{ij}),\quad r_{ij}=\mu_R(u_i,v_j), \tag{10.18}$$

其中 $r_{ij}\in[0,1]$, $1\leqslant i\leqslant m$, $1\leqslant j\leqslant n$.

满足上式的矩阵, 称为模糊关系矩阵, 简称模糊矩阵. 特别地, 当

$$r_{ij}\in\{0,1\},\quad 1\leqslant i\leqslant m, 1\leqslant j\leqslant n \tag{10.19}$$

时, R 为一个普通关系. 因此普通关系矩阵是模糊关系矩阵的特例.

例 6　甲、乙两人玩剪刀石头布的游戏, 我们设甲乙二人的策略为 $U=V=$ {剪刀, 石头, 布 } 两人同时出 “剪刀、石头、布” 三者其一, 若 “甲胜” 则记作 1, “平局” 则记作 0.5, “甲负” 则记作 0, 则两人胜负关系是 U 中的模糊关系 R, 可以用模糊矩阵表示为

$$R=\begin{pmatrix} 0.5 & 0 & 1\\ 1 & 0.5 & 0\\ 0 & 1 & 0.5\end{pmatrix}.$$

模糊关系的运算有相等、包含、并、交、补等运算, 对于模糊关系很有意义.

设 $U=\{u_1,u_2,\cdots,u_m\}$, $V=\{v_1,v_2,\cdots,v_n\}$, R, S 都是 U 到 V 的模糊关系, $R=(r_{ij})$, $S=(s_{ij})$ 是相应的模糊矩阵.

(1) 相等

$$R=S \text{ 当且仅当 } r_{ij}=s_{ij},\quad 1\leqslant i\leqslant m, 1\leqslant j\leqslant n.$$

(2) 包含

$$R \subseteq S \text{ 当且仅当 } r_{ij} \leqslant s_{ij}, \quad 1 \leqslant i \leqslant m, 1 \leqslant j \leqslant n.$$

(3) 并

$$R \cup S = (r_{ij} \vee s_{ij}), \quad 1 \leqslant i \leqslant m, 1 \leqslant j \leqslant n.$$

(4) 交

$$R \cap S = (r_{ij} \wedge s_{ij}), \quad 1 \leqslant i \leqslant m, 1 \leqslant j \leqslant n.$$

(5) 补

$$R^c = (1 - r_{ij}), \quad 1 \leqslant i \leqslant m, 1 \leqslant j \leqslant n.$$

(6) λ 截矩阵.

如果 $\lambda \in [0,1]$, 称

$$R_\lambda = (r'_{ij}), \quad 1 \leqslant i \leqslant m, 1 \leqslant j \leqslant n \tag{10.20}$$

为 R 的 λ 截矩阵, 其中

$$r'_{ij} = \begin{cases} 1, & r_{ij} \geqslant \lambda, \\ 0, & r_{ij} < \lambda. \end{cases}$$

λ 截矩阵 R_λ 所对应的关系叫做 R 的 λ 截关系.

(7) 合成.

设 $U = \{u_1, u_2, \cdots, u_m\}$, $V = \{v_1, v_2, \cdots, v_n\}$, $W = \{w_1, w_2, \cdots, w_l\}$, P, Q 分别是 U 到 V, V 到 W 的模糊关系, $P = (p_{ij})_{m\times n}$, $Q = (q_{ij})_{n\times l}$ 是 P, Q 相应的模糊矩阵, 则

$$R = P \circ Q = (r_{ij})_{m\times l}, \tag{10.21}$$

其中 $r_{ij} = \bigvee\limits_{k=1}^{n} (p_{ik} \wedge q_{kj})$, R 叫做模糊矩阵 P 对 Q 的合成矩阵.

若 U 中的模糊关系 I 的相应模糊矩阵为单位矩阵, 称 I 为“恒等关系”; 若 $U \times V$ 中的模糊关系 O 的相应模糊矩阵为零矩阵, 称 O 为 U 到 V 的“零关系”; 若 $U \times V$ 中的模糊关系 E 的相应模糊矩阵中每一个元素都为 1, 则称 E 为 U 到 V 的“全称关系”.

并交余计算的性质:

(1) 幂等律

$$A \cup A = A, \quad A \cap A = A;$$

(2) 交换律

$$A \cup B = B \cup A, \quad A \cap B = B \cap A;$$

(3) 结合律

$$A\cup(B\cup C)=(A\cup B)\cup C,$$

$$A\cap(B\cap C)=(A\cap B)\cap C;$$

(4) 吸收律

$$A\cup(A\cup B)=A,\quad A\cap(A\cap B)=A;$$

(5) 分配律

$$A\cap(B\cup C)=(A\cap B)\cup(A\cap C),$$
$$A\cup(B\cap C)=(A\cup B)\cap(A\cup C);$$

(6) 0-1 律

$$A\cup\varnothing=A,\quad A\cap\varnothing=\varnothing,\quad A\cup U=U,\quad A\cap U=A;$$

(7) 还原律

$$(A^c)^c=A;$$

(8) 对偶律

$$(A\cup B)^c=A^c\cap B^c,\quad (A\cap B)^c=B^c\cup A^c.$$

六、模糊变换

设 U, V 为两个有限集

$$U=\{u_1,\cdots,u_n\},$$

$$V=\{v_1,\cdots,v_m\},$$

并且 B, A 分别为 U 和 V 上的模糊集

$$A=(a_1,a_2,\cdots,a_n),$$

$$B=(b_1,b_2,\cdots,b_m),$$

如果 R 是 U 到 V 的一个模糊关系

$$R=(r_{ij})_{n\times m},$$

并且

$$B=A\circ R,\tag{10.22}$$

其中 $\mu_B(\nu)=\mu_{A\cdot R}(v)=\bigvee\limits_{u\in U}(\mu_A(u)\wedge\mu_R(u,v))$. 则称 B 是 A 的像, A 是 B 的原像, R 是 U 到 V 一个模糊变换.

例 7　设 $U=\{u_1,u_2,u_3\}$, $V=\{v_1,v_2,v_3,v_4\}$, 已知 U 上的模糊集 $A=(0.2,0.5,0.3)$, 论域 U 到 V 的一个模糊变换为

$$R=\begin{pmatrix} 0.2 & 0.7 & 0.1 & 0 \\ 0 & 0.4 & 0.5 & 0.1 \\ 0.2 & 0.3 & 0.4 & 0.1 \end{pmatrix},$$

试通过模糊变换 R 求模糊集 A 的像 B.

解　由 (10.22) 得

$$B=A\circ R=(0.2,0.5,0.3)\circ\begin{pmatrix} 0.2 & 0.7 & 0.1 & 0 \\ 0 & 0.4 & 0.5 & 0.1 \\ 0.2 & 0.3 & 0.4 & 0.1 \end{pmatrix}=(0.2,0.4,0.5,0.1).$$

第二节　隶属函数的确定方法

隶属函数在模糊数学理论中占有重要的地位, 正确地确定隶属函数是应用模糊集合理论, 恰如其分地定量刻画模糊性事物的基础, 是利用模糊数学去解决各种实际问题的关键. 在第一节中我们定性地讨论了隶属函数的定义、性质与相关的运算, 人们在研究模糊性事物的客观规律时, 对模糊性事物的认识带有一定的主观性, 因此隶属函数的建立, 虽其本质上是客观的, 但却允许有一定的人为干预, 允许人们根据自己的专业知识和实际经验灵活地构造, 所以, 定量刻画模糊性的隶属函数是客观和主观统一的具体体现. 在实际应用中, 确定隶属函数的方法是多种多样的, 并没有一个统一的模式, 对同一模糊现象, 只要隶属函数能恰如其分地刻画该模糊现象, 尽管形式不同, 在解决和处理模糊现象时仍能殊途同归.

在客观世界中, 许多事物内部, 随机性和模糊性共存, 概率论研究和处理的是随机现象, 模糊集合论研究和处理的是模糊现象. 在概率论中概念本身具有明确的含义, 只是由于条件不充分, 使得在条件与事件之间不能出现决定性的因果关系, 从而在事件的出现与否上表现出不确定的性质. 这种不确定性我们称为随机性. 随机性是通过概率来表现的, 概率是刻画事件发生的不确定性大小的数量指标, 它表示了事件发生的客观可能性. 在模糊集合论中, 概念本身没有明确的界限, 一个对象是否符合这个概念是难以确定的. 由于概念外延的模糊性而造成这种划分上的不确定性, 我们称之为模糊性. 模糊性是通过隶属度来刻画的, 即隶属度是表现元素对集合的隶属关系不确定性的数量指标, 它表示了元素对集合的隶属关系的客观可能性. 隶属函数在某些场合下, 可通过模糊统计的方法来建立.

一、 凸模糊子集的定义及性质

定义 8　设 A 为以实数 $\mathbf{R}$ 为论域的模糊子集, 其隶属函数为 $\mu_A(x)$, 如果对任意实数 $a<x<b$, 都有

$$\mu_A(x) \geqslant \min\{\mu_A(a), \mu_A(b)\}, \tag{10.23}$$

则称 A 为凸模糊子集.

性质 4　凸模糊集的截集必是区间 (此区间可以是无限的); 截集均为区间的模糊集必为凸模糊集. 此性质可作为凸模糊集的等价定义.

性质 5　若 A 和 B 是凸模糊集, 则 $A \cap B$ 也是凸模糊集.

除凸模糊集外, 还有非凸模糊集, 如图 10.1 所示为凸模糊集.

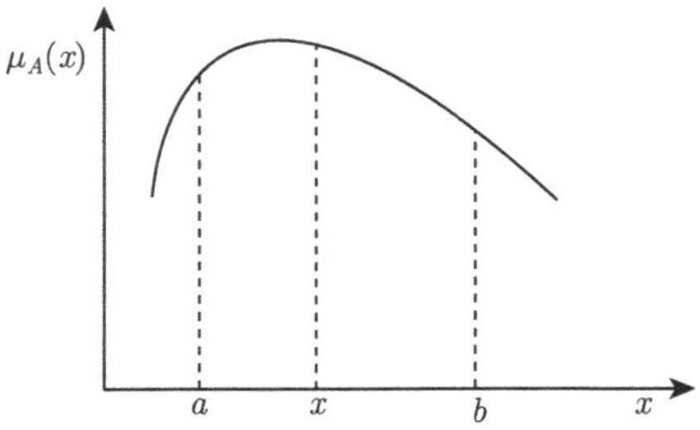

图 10.1　凸模糊集

由模糊集定义及其性质不难看出, 凸模糊集实质上就是隶属函数具有单峰特性. 今后所用的模糊子集一般均指凸模糊集.

二、 确定隶属函数的一般步骤

(1) 深刻了解所研究问题的具体内容, 弄清产生模糊性的客观原因及其在研究问题中的实际意义, 明确建立隶属函数的目的.

(2) 寻找能够表示研究对象特征的客观规律性, 这种规律性最好能用自然语言表现为定性规则. 先不必考虑其可靠性和逻辑上的相互矛盾性等, 重要的是尽可能多地收集专家经验规律和逻辑性法则, 或实验总结规律等.

(3) 核实所收集到的规律内容的全面性和规律的可靠性, 掌握符合这种规律的环境条件和相互的关系.

(4) 用普通集合和二值逻辑关系刻画以自然语言表述的定性规则的内容.

(5) 对于二值逻辑中不适合的点和普通集合中边界过于严格的点, 赋予隶属度来构造隶属函数.

常用的隶属函数确定方法有: 模糊统计法、例证法、专家经验法以及二元排比法等. 考虑到方法的普遍性, 我们以模糊统计法为例进行说明.

三、隶属度的模糊统计方法

模糊统计方法可以算是一种客观方法, 主要是基于模糊统计试验的基础上根据隶属程度的客观存在性来确定. 所谓的模糊统计试验必须包括下面的四个要素:

(1) 论域 U;

(2) U 中的一个固定元素 x_0;

(3) U 中的一个随机变动的集合 A^* (普通集);

(4) U 中的一个以 A^* 作为弹性边界的模糊集 A, 对 A^* 的变动起着制约作用. 其中 $x_0 \in A^*$, 或 $x_0 \notin A^*$, 致使 u_0 对 A 的隶属关系是不确定的. 假设我们做 n 次模糊统计试验, 则可计算出

$$x_0 \text{ 对 } A \text{ 的隶属频率} = \frac{x_0 \in A^* \text{ 的次数}}{n}.$$

事实上, 当 n 不断增大时, 隶属频率趋于稳定, 其频率的稳定值称为 x_0 对 A 的隶属度, 即

$$\mu_A(x_0) = \lim_{n \to \infty} \frac{x_0 \in A^* \text{ 的次数}}{n}.$$

下面举一个例子来说明隶属函数的建立.

例 8 为建立 "青年人" 的隶属函数, 以人的年龄作为论域 U.

第一步: 调查若干人选, 各自认真考虑 "青年人" 的含义之后, 提出他认为 "青年人" 最合适的年龄区间 (随机地将模糊概念明确化). 表 10.1 记录了 129 人关于 "青年人" 年龄区间的调查结果. 如果设 $A =$"青年人", 那么表中每个区间就是每次试验中的 A.

表 10.1 关于 "青年人" 年龄区间的调查表

18–25	18–30	17–30	20–35	15–28	18–25	18–35	19–28	17–30	16–30
15–28	15–25	16–28	18–30	18–25	18–28	17–30	15–30	18–30	18–35
15–25	17–25	17–30	18–35	18–25	18–30	16–28	18–30	18–35	15–30
18–35	15–28	15–25	16–32	18–30	18–35	17–30	18–35	16–28	20–30
16–30	18–35	18–35	18–29	17–28	18–35	18–35	18–25	18–30	16–28
17–27	15–26	16–35	18–35	15–25	15–27	18–35	16–30	14–25	18–25
18–30	20–30	18–28	18–30	15–30	18–28	18–25	16–25	20–30	18–35
18–30	18–30	16–28	17–25	16–30	18–30	15–25	18–35	18–30	18–28
18–26	16–35	16–28	16–25	15–35	17–30	15–25	16–35	15–30	18–30
15–25	16–30	16–30	15–28	15–36	15–25	17–28	18–30	16– 25	18–30
17–25	18–29	17–29	15–30	17–30	16–30	16–35	15–30	14–25	18–35
16–30	18–30	18–35	16–28	18–25	18–30	18–28	18–35	16–24	18–30
17–30	15–30	18–35	18–25	18–30	15–30	15–30	17–30	18–30	

第二步：对 $\forall u_0 \in U$, 求出 x_0 对 A 的隶属频率稳定值, 作为 x_0 对 A 的隶属度值. 比如, 对于 $x_0 = 27$(岁), 根据表 10.1 统计得：当样本总数 $n = 10, 20, \cdots, 120, 129$ 时, 样本区间覆盖 27 的频数 $m = 6, 14, \cdots, 95, 101$, 相应的隶属频率 $f = \dfrac{m}{n} = 0.60, 0.70, \cdots, 0.79, 0.78$, 具体数据参见表 10.2, 以 n 为横坐标、f 为纵坐标绘制图形 (图 10.2) 可以发现, $x_0 = 27$ 时对 A 的隶属频率稳定在 0.78 附近, 因此 “27(岁)” 对模糊集 “青年人” 的隶属度确定为 0.78.

类似地, 对任意年龄 $u \in [0, 40]$, 求出 x 对 A 的隶属频率值, 作为 u 对 A 的隶属度值, 见表 10.3. 根据表中的数据, 可作模糊集 $A =$“青年人” 的隶属函数曲线如图 10.3 所示.

表 10.2　不同样本下 $\mu_0 = 27$ 的隶属函数

n	10	20	30	40	50	60	70	80	90	100	110	120	129
m	6	14	23	31	39	47	53	62	68	76	85	95	101
f	0.60	0.70	0.77	0.78	0.78	0.78	0.76	0.78	0.76	0.76	0.77	0.79	0.78

表 10.3　论域中每个元素对 A 的隶属函数

x	11	12	13	14	15	16	17	18	19	20
$\mu_A(x)$	0	0	0	0.016	0.209	0.395	0.519	0.961	0.969	1
x	21	22	23	24	25	26	27	28	29	30
$\mu_A(x)$	1	1	1	1	0.992	0.798	0.783	0.767	0.620	0.597
x	31	32	33	34	35	36	37	38	39	40
$\mu_A(x)$	0.209	0.209	0.202	0.202	0.202	0.008	0	0	0	0

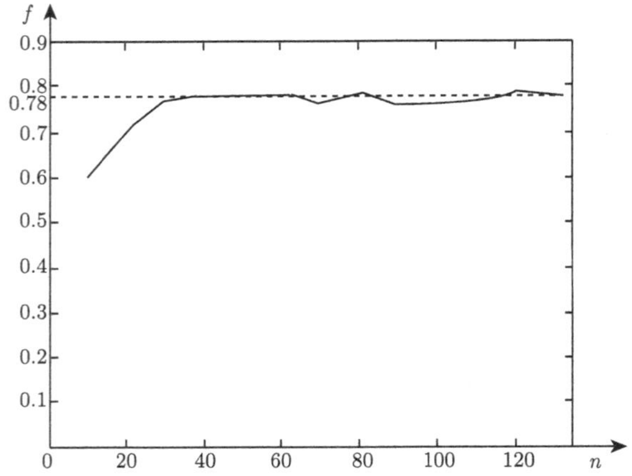

图 10.2　不同样本数目下 “$x_0 = 27$” 隶属频率稳定值

当 $x \in [0, 10] \cup [40, 100]$ 时, $\mu_A(x) = 0$.

在例 8 中我们利用模糊统计试验方法建立了“青年人”的隶属函数, 其大致曲线如图 10.3 所示. 通过分析比较, 发现图 10.3 的曲线与岭型分布的中间型 (常见的模糊分布见表 10.4). 十分相似, 于是选择岭型分布的中间型作为“青年人”的隶属函数.

$$\mu_A(x)=\begin{cases}0, & x\leqslant a_1,\\ \dfrac{1}{2}+\dfrac{1}{2}\sin\dfrac{\pi}{a_2-a_1}\left(x-\dfrac{a_1+a_2}{2}\right), & a_1<x\leqslant a_2,\\ 1, & a_2<x\leqslant a_3,\\ \dfrac{1}{2}-\dfrac{1}{2}\sin\dfrac{\pi}{a_4-a_3}\left(x-\dfrac{a_3+a_4}{2}\right), & a_3<x\leqslant a_4,\\ 0, & a_4<x.\end{cases}$$

根据例 8 中表 10.3 的统计数据, 取 $a_1=13, a_2=20, a_3=24, a_4=37$, 则“青年人”这个概念的具体的隶属函数为

$$\mu_A(x)=\begin{cases}0, & x\leqslant 13,\\ \dfrac{1}{2}+\dfrac{1}{2}\sin\dfrac{\pi}{7}\left(x-\dfrac{33}{2}\right), & 13<x\leqslant 20,\\ 1, & 20<x\leqslant 24,\\ \dfrac{1}{2}-\dfrac{1}{2}\sin\dfrac{\pi}{13}\left(x-\dfrac{61}{2}\right), & 24<x\leqslant 37,\\ 0, & 37<x,\end{cases}$$

其隶属函数曲线如图 10.4 所示.

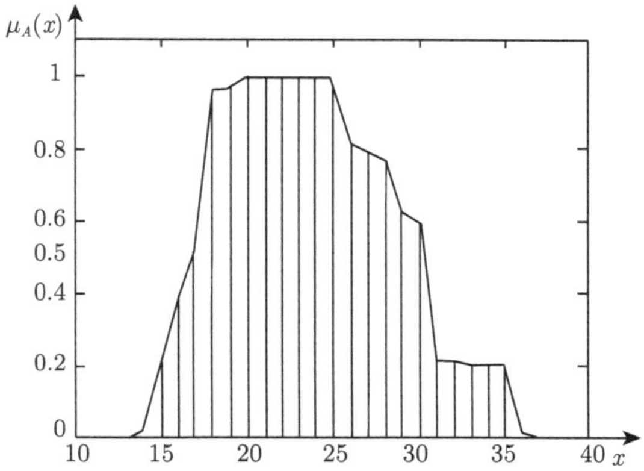

图 10.3　“青年人”的隶属曲线

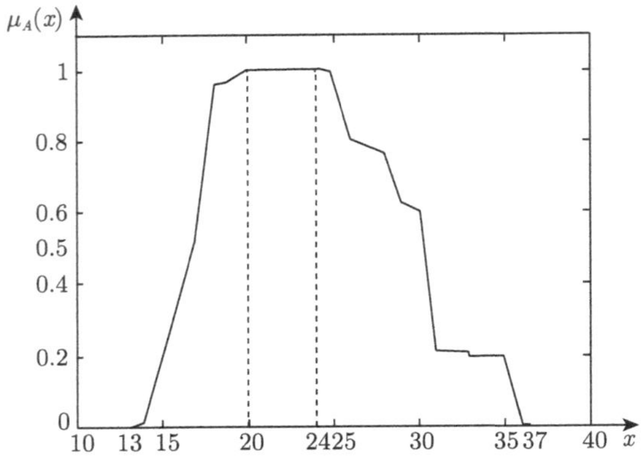

图 10.4 “青年人” 的隶属函数曲线

再如, 建立模糊概念的 “青年人” 的隶属函数, 根据统计资料, 作 “青年人” 的隶属函数的大致曲线 (可参考例 8 的过程). 通过分析比较, 发现其与柯西分布的偏小型

$$\mu_A(x) = \begin{cases} 1, & 0 \leqslant x \leqslant a, \\ \dfrac{1}{1+\alpha(x-a)^{\beta}}, & x > a \end{cases}$$

十分相似, 这里 $\alpha, \beta > 0$, 于是选择柯西分布的偏大型作为 “青年人” 的隶属函数.

根据人们对 “青年人” 这个概念的普遍认同情况知道: 不足 25 岁的是真正的年轻人: 从 25 岁开始, “青年人” 的隶属度随年龄的增大而减少, 并且这个衰减明显不是线性的; 30 岁作为青年人的最模糊的概念. 综合上述的先验知识, 同时考虑到操作的方便性, 我们选择参数: $a = 25, \alpha = 1/25, \beta = 2$, 于是得到描述 “青年人” 的这个概念的具体隶属函数为

$$\mu_A(x) = \begin{cases} 1, & 0 \leqslant x \leqslant 25, \\ \left[1+\left(\dfrac{x-25}{5}\right)^2\right]^{-1}, & x > 25. \end{cases}$$

四、 常用的模糊分布

实际中, 根据问题对研究对象的描述来选择适当的模糊分布, 偏小型模糊分布一般适合于描述像 “小”“少”“浅”“淡”“冷”“疏”“青年” 等偏向小的程度的模糊现象. 偏大型模糊分布一般适合于描述像 “大”“多”“深”“浓”“热”“密”“老年” 等偏向大的程度的模糊现象. 而中间型模糊分布一般适合于描述像 “中”“适中”“不太多”“不太少”“不太深”“不太浓”“暖和”“中年” 等处于中间状态的模糊现象. 但这些方法所给出的隶属函数都是近似的, 应用时需要对实际问题进行分析, 逐步地进行修改完善, 最后得到近似程度更好的隶属函数.

表 10.4　常用的模糊分布

	(a) 偏小型	(b) 中间型	(c) 偏大型
矩形分布	$\mu_A(x)=\begin{cases}1, & x\leqslant a,\\ 0, & x>a\end{cases}$	$\mu_A(x)=\begin{cases}1, & a\leqslant x\leqslant b,\\ 0, & x<a \text{ 或 } x>b\end{cases}$	$\mu_A(x)=\begin{cases}1, & x\geqslant a,\\ 0, & x<a\end{cases}$
梯形分布	$\mu_A(x)=\begin{cases}1, & x<a,\\ \dfrac{b-x}{b-a}, & a\leqslant x\leqslant b,\\ 0, & x>b\end{cases}$	$\mu_A(x)=\begin{cases}\dfrac{x-a}{b-a}, & a\leqslant x<b,\\ 1, & b\leqslant x<c,\\ \dfrac{d-x}{d-c}, & c\leqslant x<d,\\ 0 & x<a, x\geqslant d\end{cases}$	$\mu_A(x)=\begin{cases}0, & x<a,\\ \dfrac{x-a}{b-a}, & a\leqslant x\leqslant b,\\ 1, & x>b\end{cases}$
正态分布	$\mu_A(x)=\begin{cases}1, & x\leqslant a,\\ \mathrm{e}^{-\left(\frac{x-a}{\sigma}\right)^2}, & x>a\end{cases}$	$\mu_A(x)=\mathrm{e}^{-\left(\frac{x-a}{\sigma}\right)^2}$	$\mu_A(x)=\begin{cases}0, & x\leqslant a,\\ 1-\mathrm{e}^{-\left(\frac{x-a}{\sigma}\right)^2}, & x>a\end{cases}$
k 次抛物型分布	$\mu_A(x)=\begin{cases}1, & x<a,\\ \left(\dfrac{b-x}{b-a}\right)^k, & a\leqslant x\leqslant b,\\ 0, & x>b\end{cases}$	$\mu_A(x)=\begin{cases}\left(\dfrac{x-a}{b-a}\right)^k, & a\leqslant x<b,\\ 1, & b\leqslant x<c,\\ \left(\dfrac{d-x}{d-c}\right)^k, & c\leqslant x<d,\\ 0, & x<a,\ x\geqslant d\end{cases}$	$\mu_A(x)=\begin{cases}0, & x<a,\\ \left(\dfrac{x-a}{b-a}\right)^k, & a\leqslant x\leqslant b,\\ 1, & x>b\end{cases}$
Γ 型分布	$\mu_A(x)=\begin{cases}1, & x<a,\\ \mathrm{e}^{-k(x-a)}, & x\geqslant a(k>0)\end{cases}$	$\mu_A(x)=\begin{cases}\mathrm{e}^{k(x-a)}, & x<a\ (k>0)\\ 1, & a\leqslant x<b,\\ \mathrm{e}^{-k(x-b)}, & x\geqslant b(k>0)\end{cases}$	$\mu_A(x)=\begin{cases}0, & x<a,\\ 1-\mathrm{e}^{-k(x-a)}, & x\geqslant a\ (k>0)\end{cases}$
柯西型分布	$\mu_A=\begin{cases}1, & x\leqslant a,\\ \dfrac{1}{1+\alpha(x-\alpha)^\beta}, & x>a\ (\alpha>0,\ \beta>0)\end{cases}$	$\mu_A(x)=\dfrac{1}{1+\alpha(x-\alpha)^\beta}$ ($\alpha>0,\ \beta>0$ 且为偶数)	$\mu_A=\begin{cases}0, & x\leqslant a,\\ \dfrac{1}{1+\alpha(x-\alpha)^{-\beta}}, & x>a\ (\alpha>0,\ \beta>0)\end{cases}$

第三节　模糊聚类分析

本节主要介绍模糊关系, 特别是相似关系和等价关系在聚类分析中的应用. 聚类分析是对事物按不同水平进行分类的方法. 换言之, 聚类分析是将事物根据一定的特征, 并且按某种特定的要求或规律进行分类的方法. 例如, 工业上对产品质量的分类; 工程上对规模的分类; 生物学中对种子的分类; 图像识别中对几何图形的分类都是聚类分析问题. 聚类分析是数量统计中的多元分析的一个分支, 它是一种硬化分, 把每个有待识别的对象严格的划分到某个类中, 即非此即彼的性质, 因此, 这种分类的界限是分明的.

对带有模糊特征的事物进行聚类分析, 显然应当采用模糊数学的方法, 因此称其为模糊聚类分析法. 模糊聚类的一般步骤如下.

1. **建立数据矩阵**

设论域 $U=\{x_1,x_2,\cdots,x_n\}$ 为被分类对象, 每个对象又由 m 个指标表示其性态, $x_i=\{x_{i1},x_{i2},\cdots,x_{im}\}\,(i=1,2,\cdots,n)$, 则原始的数据矩阵为 $X=(x_{ij})_{n\times m}$.

在实际问题中, 不同的数据一般有不同的量纲, 为了使有不同量纲的量能进行比较, 需要将数据标准化, 常用的方法有下面四类.

1) 标准差标准化

对于第 i 个变量进行标准化, 就是将 x_{ij} 换成 x'_{ij}, 即

$$x'_{ij}=\frac{x_{ij}-\overline{x_j}}{S_j}\quad(1\leqslant j\leqslant m),\tag{10.24}$$

其中

$$\overline{x_j}=\frac{1}{n}\sum_{i=1}^{n}x_{ij},\quad S_j=\sqrt{\frac{1}{n}\sum_{i=1}^{n}(x_{ij}-\overline{x_j})^2}.$$

2) 极差正规化

$$x'_{ij}=\frac{x_{ij}-\min\limits_{1\leqslant i\leqslant n}\{x_{ij}\}}{\max\limits_{1\leqslant i\leqslant n}\{x_{ij}\}-\min\limits_{1\leqslant i\leqslant n}\{x_{ij}\}}.\tag{10.25}$$

3) 极差标准化

$$x'_{ij}=\frac{x_{ij}-\overline{x_j}}{\max\limits_{1\leqslant i\leqslant n}\{x_{ij}\}-\min\limits_{1\leqslant i\leqslant n}\{x_{ij}\}}.\tag{10.26}$$

4) 最大值规格化

$$x'_{ij}=\frac{x_{ij}}{M_j}, \tag{10.27}$$

其中 $M_j=\max\{x_{1j},x_{2j},\cdots,x_{nj}\}$.

2. 建立模糊相似矩阵 (标定)

建立 x_i 与 x_j 相似程度 $r_{ij}=R(x_i,x_j)$ 的方法主要有下面七类.

1) 相似系数法

(1) 夹角余弦法

$$r_{ij}=\frac{\sum_{k=1}^{m}x_{ik}x_{jk}}{\sqrt{\sum_{k=1}^{m}x_{ik}^2}\cdot\sqrt{\sum_{k=1}^{m}x_{jk}^2}}. \tag{10.28}$$

(2) 相关系数法

$$r_{ij}=\frac{\sum_{k=1}^{m}(x_{ik}-\overline{x}_i)(x_{jk}-\overline{x}_j)}{\sqrt{\sum_{k=1}^{m}(x_{ik}-\overline{x}_i)^2\sum_{k=1}^{m}(x_{jk}-\overline{x}_j)^2}}, \tag{10.29}$$

其中 $\overline{x}_i=\frac{1}{m}\sum_{k=1}^{m}x_{ik},\overline{x}_j=\sum_{k=1}^{m}x_{jk}$.

2) 距离法

一般地, 取 $r_{ij}=1-c\left(d\left(x_i,x_j\right)\right)^{\alpha}$, 其中 c,α 为适当选取的参数, 它使得 $0\leqslant r_{ij}\leqslant 1$, 采用的距离有:

(1) Hamming 距离

$$d\left(x_i,x_j\right)=\sum_{k=1}^{m}|x_{ik}-x_{jk}|. \tag{10.30}$$

(2) Euclid 距离

$$d\left(x_i,x_j\right)=\sqrt{\sum_{k=1}^{m}(x_{ik}-x_{jk})^2}. \tag{10.31}$$

(3) Chebyshev 距离

$$d\left(x_i,x_j\right)=\max_{1\leqslant k\leqslant n}|x_{ik}-x_{jk}|. \tag{10.32}$$

3) 贴近度法

(1) 最大最小法

$$r_{ij}=\frac{\sum_{k=1}^{m}|x_{ik}\wedge x_{jk}|}{\sum_{k=1}^{m}|x_{ik}\vee x_{jk}|}, \tag{10.33}$$

此法适用于 $x_{ik}\in[0,1]$ 时的情况.

(2) 算术平均最小法

$$r_{ij}=\frac{\sum_{k=1}^{m}|x_{ik}\wedge x_{jk}|}{\frac{1}{2}\sum_{k=1}^{m}|x_{ik}+x_{jk}|}. \tag{10.34}$$

(3) 几何平均法

$$r_{ij}=\frac{\sum_{k=1}^{m}|x_{ik}\wedge x_{jk}|}{\sum_{k=1}^{m}\sqrt{x_{ik}\cdot x_{jk}}}. \tag{10.35}$$

4) 指数相似法

$$r_{ij}=\frac{1}{m}\sum_{k=1}^{m}\mathrm{e}^{-f(k)}, \tag{10.36}$$

其中

$$f(k)=\frac{3}{4}\left[\frac{x_{ik}-x_{jk}}{s_k}\right]^2,\quad s_k=\sqrt{\frac{1}{n}\sum_{i=1}^{n}(x_{ik}-\overline{x_k})^2},\quad \overline{x_k}=\frac{1}{n}\sum_{i=1}^{n}x_{ik}.$$

5) 兰氏距离法

$$r_{ij}=1-C\left[\sum_{k=1}^{m}\left|\frac{x_{ik}-x_{jk}}{x_{ik}+x_{jk}}\right|\right]^a, \tag{10.37}$$

其中 a 为适当选择的常数.

6) 绝对指数法

$$r_{ij}=\mathrm{e}^{-f(i,j)}, \tag{10.38}$$

其中 $f(i,j)=\sum_{k=1}^{m}|x_{ik}-x_{jk}|$.

7) 绝对值倒数法

$$r_{ij}=\begin{cases}1, & i=j,\\ \dfrac{c}{\sum\limits_{k=1}^{m}|x_{ik}-x_{jk}|}, & i\neq j.\end{cases} \tag{10.39}$$

我们知道, 模糊等价矩阵能对论域进行等价划分, 这正是聚类分析所要求的. 然而, 通常情况下, 由标定过程中构造出的模糊关系只满足自反性和对称性, 而不满足传递性, 所以生成的不是模糊等价矩阵. 因此, 为在一个模糊相似矩阵的基础上生成模糊等价矩阵, 最自然的方法就是求该模糊相似矩阵 R 的传递闭包 $t(R)$, 这样便可得到一个模糊等价矩阵. 当生成模糊等价矩阵后, 取某一实数 $\lambda\in[0,1]$, 计算出 $t(R)$ 的 λ 截矩阵 (布尔矩阵)P 便得到论域 X 的一个等价划分: 当 $p_{ij}=1$ 时, 说明 x_i 和 x_j 在同一个等价类中; 否则不在同一个等价类中. 如果依次将 λ 的值从 1 变小至 0 时, 便可得到 X 的逐步变粗的动态分类. 在这个方法中, 由于模糊等价矩阵, 是采用传递闭包方法的得到的, 故称此方法为 "传递闭包法".

定理 1　设 R 是 n 阶模糊相似矩阵, 则存在一个最小的自然数 $k\,(k\leqslant n)$, 使得 R^k 为模糊等价矩阵, 且对一切大于 k 的自然数 l, 恒有 $R^l=R^k\circ R^k$ 称为 R 的传递闭包矩阵, 记为 $t(R)$.

定理 2　设有模糊相似矩阵 R, 用平方法合成传递闭包矩阵. 若记 $R^2=R\circ R$, 则传递闭包矩阵为 $t(R)=R^2\circ R^2$.

3. 聚类并画出动态聚类图

1) 模糊传递闭包法的步骤

(1) 求出模糊相似矩阵 R 的传递闭包 $t(R)$;

(2) 按 λ 由小到大进行聚类;

(3) 画出动态聚类图.

2) 布尔矩阵法

(1) 求模糊相似矩阵的 λ-截距阵 R_λ;

(2) 若 R_λ 可判定为等价布尔矩阵, 则可以由 R_λ 可得 U 在 λ 水平上的分类. 若 R_λ 为非等价矩阵, 则可以将特殊子矩阵 "0" 一律改为 "1", 直至不产生上述特殊矩阵为止, 如此可以得到的 R_λ^* 为等价矩阵, 因此, 由 R_λ^* 可得在 λ 水平上的分类.

3) 直接聚类法

(1) 取 $\lambda_1=1$(最大值), 作相似类 $[x_i]_R=\{x_j|r_{ij}=\lambda_1\}$, 当不同相似类中出现了共同元素, 则将公共元素所在类合并;

(2) 取 λ_2 为次大值, 找出 $r_{ij}=\lambda_2$ 的元素对 (x_i,x_j), 将对应于的等价分类中 x_i 所在类与 x_j 在类合并, 所在情况合并后得到相应于 λ_2 的等价分类;

(3) 依次类推, 直到合并到 U 成为一类为止.

例 9　考虑某环保部门对该地区的 5 个环境区域, 按照污染情况进行分类. 设每个区域包含空气、水分、土壤、作物四个要素, 环境区域的污染情况由污染物在四个要素中的含量的超过程度来衡量. 设这 5 个环境区域的污染程度数据为

$$x_1=(80,10,6,2)\,,\quad x_2=(50,1,6,4)\,,$$
$$x_3=(90,6,4,6)\,,\quad x_4=(40,2,7,3)\,,$$
$$x_5=(10,1,2,4)\,.$$

试对 X 进行分类.

解　由题设知特性指标矩阵为

$$X^*=\begin{pmatrix}80&10&6&2\\50&1&6&4\\90&6&4&6\\40&2&7&3\\10&1&2&4\end{pmatrix},$$

采用最大规格化法将数据规格化为

$$X=\begin{pmatrix}0.89&1&0.86&0.33\\0.56&0.10&0.86&0.67\\1&0.60&0.57&1\\0.44&0.2&1&0.5\\0.11&0.10&0.29&0.67\end{pmatrix}.$$

用最大最小法

$$r_{ij}=\frac{\sum\limits_{k=1}^{m}(x_{ik}\wedge x_{jk})}{\sum\limits_{k=1}^{m}(x_{ik}\vee x_{jk})},$$

构造模糊相似矩阵得到

$$R=\begin{pmatrix}1&0.54&0.62&0.54&0.24\\0.54&1&0.55&0.79&0.53\\0.62&0.55&1&0.48&0.37\\0.54&0.79&0.48&1&0.43\\0.24&0.53&0.37&0.43&1\end{pmatrix},$$

用平方法合成传递闭包

$$t(R)=R^4=\begin{pmatrix}1&0.55&0.62&0.55&0.53\\0.55&1&0.55&0.79&0.53\\0.62&0.55&1&0.55&0.53\\0.55&0.79&0.55&1&0.53\\0.53&0.53&0.53&0.53&1\end{pmatrix},$$

将 $t(R)$ 中的元素从大到小编排如下

$$1>0.79>0.62>0.55>0.53.$$

下面对 λ 进行分类讨论, 将传递闭包矩阵 $t(R)$ 中大于等于 λ 的令其为 1, 小于 λ 的令其为 0.

分别分成以下五种方法进行讨论.

取 $\lambda=1$ 得

$$t(R)_1=\begin{pmatrix}1&0&0&0&0\\0&1&0&0&0\\0&0&1&0&0\\0&0&0&1&0\\0&0&0&0&1\end{pmatrix},$$

X 被分为 5 类 $(x_1),(x_2),(x_3),(x_4),(x_5)$.

取 $\lambda=0.79$ 得

$$t(R)_{0.79}=\begin{pmatrix}1&0&0&0&0\\0&1&0&1&0\\0&0&1&0&0\\0&1&0&1&0\\0&0&0&0&1\end{pmatrix},$$

X 被分为 4 类 $(x_1),(x_3),(x_2,x_4),(x_5)$.

取 $\lambda=0.62$ 得

$$t(R)_{0.62}=\begin{pmatrix}1&0&1&0&0\\0&1&0&1&0\\1&0&1&0&0\\0&1&0&1&0\\0&0&0&0&1\end{pmatrix},$$

X 被分为 3 类 $(x_1,x_3),(x_2,x_4),(x_5)$.

取 $\lambda = 0.55$ 得

$$t(R)_{0.55} = \begin{pmatrix} 1 & 1 & 1 & 1 & 0 \\ 1 & 1 & 1 & 1 & 0 \\ 1 & 1 & 1 & 1 & 0 \\ 1 & 1 & 1 & 1 & 0 \\ 0 & 0 & 0 & 0 & 1 \end{pmatrix},$$

X 被分为 2 类 $(x_1, x_2, x_3, x_4), (x_5)$.

取 $\lambda = 0.53$ 得

$$t(R)_{0.53} = \begin{pmatrix} 1 & 1 & 1 & 1 & 1 \\ 1 & 1 & 1 & 1 & 1 \\ 1 & 1 & 1 & 1 & 1 \\ 1 & 1 & 1 & 1 & 1 \\ 1 & 1 & 1 & 1 & 1 \end{pmatrix},$$

X 被分为 1 类 $(x_1, x_2, x_3, x_4, x_5)$.

其动态聚类如图 10.5 所示.

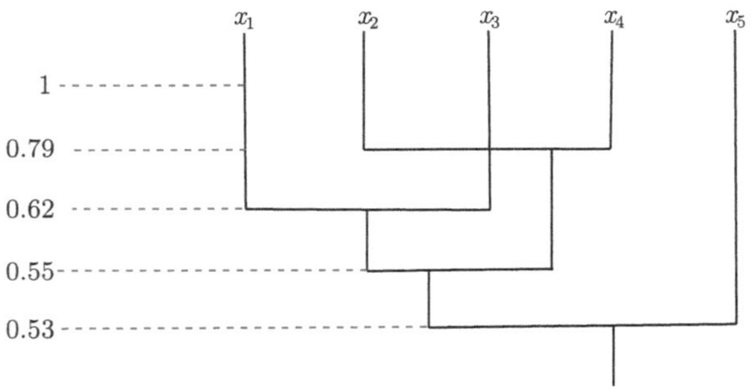

图 10.5　聚类图

第四节　模糊综合评判

在生产规划、管理调度、人力资源、教育评估、社会经济等复杂系统中，当要做一个决策时，必须对多个相关因素综合考虑. 由于同一事物或现象具有多种性质，因此对该事物进行评价时，就要兼顾各个方面，这就是所谓的综合评判问题. 它是多因素、多层次决策过程中所遇到的一个带有普遍意义的问题，也是系统工程的基本环节. 模糊综合评判是模糊数学的一种具体应用，其优点是：数学模型简单，容易掌握，对多因素、多层次的复杂问题评判效果较好，是别的数学分支和模型难以代替的方法.

一、 模糊综合评判的数学原理 (一级模糊评判)

模糊综合评判就是应用模糊变换原理和最大隶属度原则, 考虑与被评价事物相关的各个因素, 对其所作的综合评价. 一级模糊评判的步骤如下.

(1) 设与被评判事物相关的因素有 m 个, 因素集记作

$$U=\{u_1,u_2,\cdots,u_m\}.$$

(2) 设所有可能出现的评语有 n 个, 评判集记作

$$V=\{v_1,v_2,\cdots,v_n\}.$$

(3) 首先对影响事物的因素集 U 中的单因素 $u_i(i=1,2,\cdots,m)$ 作单因素评判, 确定该事物对决策语 $v_j(j=1,2,\cdots,n\}$ 的隶属度 (即可能性程度)r_{ij}, 这样就得出第 i 个因素 u_i 的单因素评价集

$$r_i=(r_{i1},r_{i2},\cdots,r_{in}),$$

它是决策评语集 V 上的模糊集. 这样 m 个着眼因素的评价集就构造出一个总的评价矩阵 $R=(r_{ij})_{m\times n}$. R 即是影响事物因素论域 U 到决策评语论域 V 的一个模糊关系, $\mu_R(u_i,v_j)=r_{ij}$ 表示因素 u_i 对决策语 v_j 的隶属度.

单因素评判是比较容易办到的, 但对多因素的综合评判就比较困难了. 一方面, 对于被评判事物, 从不同的因素着眼可以得到不同的结论; 另一方面, 在诸着眼因素 $u_i(i=1,\cdots,m)$ 之间, 有些因素在总评价中的影响程度可能大些, 而另一些因素在总评价中的影响可能要小些, 但究竟要大多少或者小多少, 则是一个模糊择优问题.

(4) 构造综合评判矩阵

$$R=\begin{pmatrix} r_{11} & \cdots & r_{1m} \\ \vdots & & \vdots \\ r_{n1} & \cdots & r_{nm} \end{pmatrix}.$$

(5) 设对各因素的评判权重为

$$A=\frac{a_1}{u_1}+\frac{a_2}{u_2}+\cdots+\frac{a_m}{u_m} \quad 或 \quad A=(a_1,a_2,\cdots,a_m).$$

其中 $a_i(0\leqslant a_i\leqslant 1)$ 为 u_i 对 A 的隶属度, 它是单因素 u_i 在总评价中的影响程度大小的度量, 在一定程度上也是代表根据单因素 u_i 评价等级的能力. a_i 可能是一种调整系数或者限制系数, 也可能是普通权系数, A 称为 U 的因素重要程度模糊子集, a_i 称为因素 u_i 的重要程度系数.

(6) 当模糊向量 A 和模糊关系矩阵 R 为已知时, 作模糊变换

$$B = A \circ R = (b_1, b_2, \cdots, b_n) \tag{10.40}$$

来进行综合评判, B 中各元素 b_j 是在广义模糊合成下得出的运算结果, 其计算式为

$$b_j = (a_1 \overset{\bullet}{*} r_{1j}) \overset{+}{*} (a_2 \overset{\bullet}{*} r_{2j}) \overset{+}{*} \cdots \overset{+}{*} (a_m \overset{\bullet}{*} r_{mj}), \quad j = 1, 2, \cdots, n, \tag{10.41}$$

简记为模型 $M(\overset{\bullet}{*}, \overset{+}{*})$. 其中 $\overset{\bullet}{*}$ 为广义模糊 “与” 运算, $\overset{+}{*}$ 为广义模糊 “或” 运算.

B 称为抉择评语集 V 上的等级模糊子集, $b_j (j = 1, 2, \cdots, n)$ 为等级 v_j 对综合评判所得等级模糊子集 B 的隶属度. 如果要选择一个决策, 则可按照最大隶属度原则选择最大的 b_j 所对应的等级 v_j 作为综合评判的结果.

在广义模糊合成运算下综合评判模型 $M(\overset{\bullet}{*}, \overset{+}{*})$, 即式 (10.40) 的意义在于, 单独考虑因素 u_i 时, $r_{ij} (i = 1, 2, \cdots, m; j = 1, 2, \cdots, n)$ 为 u_i 的评价对等级 v_j 的隶属度; 而通过广义模糊 “与” 运算 $(a_i \overset{\bullet}{*} r_{ij})$ 所得的结果 (记作 r_{ij}^*) 就是在考虑因素 u_i 在总评价中的影响程度 a_i 时, 对隶属度 r_{ij} 所进行的调整或限制. 最后通过模糊 “或” 运算对各个调整或限制后的隶属度 r_{ij}^* 进行综合处理, 即可得出合理的综合评价结果.

二、 综合评判的五种具体模型

在实际中, 我们经常采用的具体综合评判初始模型有下面五种.

模型 1　$M(\wedge, \vee)$, 即用 $\wedge$ 代替 $\overset{\bullet}{*}$, $\vee$ 代替 $\overset{+}{*}$, 此时

$$b_j = \bigvee_{i=1}^{m} (a_i \wedge r_{ij}), \quad j = 1, 2, \cdots, n, \tag{10.42}$$

这里 $\wedge, \vee$ 如前所定义.

在此模型中, 单因素 u_i 的评价对等级 v_j 的隶属度 r_{ij} 被调整为

$$r_{ij}^* = (a_i \overset{\bullet}{*} r_{ij}) = (a_i \wedge r_{ij}) = \min\{a_i, r_{ij}\},$$

这清楚地表明, a_i 是在考虑多因素时调整后的隶属度 r_{ij}^* 的上限, 也就是说, 我们在考虑多因素时, 因素 u_i 的评价对个等级 $v_j (j = 1, 2, \cdots, n)$ 的隶属度都不能大于 a_i. 因此, a_i 是在考虑多因素时 r_{ij} 的调整系数. $\vee$ 代替 $\overset{+}{*}$ 的意义是: 在决定 b_j 时, 对每个等级而言, 只考虑调整后的隶属度 r_{ij}^* 最大的起主要影响作用的那个因素, 而忽略了其他因素的影响. 可见, 模型 $M(\wedge, \vee)$ 是一种 “主因素决定型” 的综合评判.

模型 2　$M(\bullet, \vee)$, 即 $\bullet$ 代替 $\overset{\bullet}{*}$, $\vee$ 代替 $\overset{+}{*}$, 此时

$$b_j = \bigvee_{i=1}^{m} (a_i r_{ij}), \quad j = 1, 2, \cdots, n, \tag{10.43}$$

这里 "•" 为普通实数乘法.

此模型与模型 $M(\wedge,\vee)$ 的意义很相近, 区别在与它用 $r_{ij}^* = a_i r_{ij}$ 代替了 $M(\wedge,\vee)$ 中的 $r_{ij}^* = (a_i \wedge r_{ij})$. 这里 a_i 也起着调整系数的作用. 因为也是用 $\vee$ 代替 $\overset{+}{*}$, 所以模型 $M(\bullet,\vee)$ 也是一种"主因素突出型"的综合评判.

模型 3　$M(\wedge,\oplus)$, 即用 $\wedge$ 代替 $\overset{\bullet}{*}$, $\oplus$ 代替 $\overset{+}{*}$, 此时

$$b_j = \oplus\sum_{i=1}^{m}(a_i \wedge r_{ij}), \quad j = 1, 2, \cdots, n, \tag{10.44}$$

这里运算 $\oplus$ 定义为

$$\alpha \oplus \beta = \min\{1, \alpha + \beta\},$$

因而

$$\oplus\sum_{i=1}^{m}(a_i \wedge r_{ij}) = \min\left(1, \sum_{i=1}^{m}\min(a_i, r_{ij})\right),$$

与模型 $M(\wedge,\vee)$ 一样, 在模型 $M(\wedge,\oplus)$ 中也是对 r_{ij} 规定上限 a_i 给以 r_{ij} 的调整.

$$r_{ij}^* \quad = (a_i \wedge r_{ij}) = \min\{a_i, r_{ij}\}.$$

其区别在于, 该模型是对各 r_{ij}^* 所有上界相加来求 b_j. 因此, a_i 是在考虑多因素时 r_{ij} 的调整系数. 形式上这个模型是一种对每个等级 v_j 都同时考虑各种因素的综合评判.

模型 4　$M(\bullet,\oplus)$, 即用 $\bullet$ 代替 $\overset{\bullet}{*}$, $\oplus$ 代替 $\overset{+}{*}$, 此时

$$b_j = \oplus\sum_{i=1}^{m}a_i r_{ij}, \quad j = 1, 2, \cdots, n, \tag{10.45}$$

其中运算符 $\bullet$, $\oplus$ 都如前所述.

此模型是模型 $M(\bullet,\vee)$ 的改进. 模型 $M(\bullet,\oplus)$ 在决定 b_j 时, 是利用对调整后的 $r_{ij}^* = a_i r_{ij}$ 取上界和代替模型 $M(\bullet,\vee)$ 中对 $r_{ij}^* = a_i r_{ij}$ 取最大. 该模型有两个特点.

(1) 在决定各因素的评价对等级 v_j 的隶属度 b_j 时, 考虑了所有因素 $u_i(i = 1, 2, \cdots, m)$ 的影响, 而不是像模型 $M(\bullet,\vee)$ 那样只考虑对 b_j 影响程度最大的那个因素.

(2) 由于同时考虑到所有因素的影响, 所以各 a_i 的大小具有刻画各因素 $u_i(i = 1, \cdots, m)$ 重要性程度的权系数的意义, 因此应满足如下要求

$$\sum_{i=1}^{m} a_i = 1.$$

所以模型 $M(\bullet,\oplus)$ 是一种“加权平均型”的综合评判. 在此模型中, 模糊向量 $A=(a_1,a_2,\cdots,a_m)$ 具有权向量的意义. 应当指出, 由于 $\sum\limits_{i=1}^{m} a_i r_{ij} \leqslant 1$, 运算 $\oplus$ 实际上已退化为普通实数加法“+”. 于是可改为模型 4′.

模型4′ $M(\bullet,+)$, 即用 $\bullet$ 代替 $\overset{\bullet}{*}$, $+$ 代替 $\overset{+}{*}$, 此时

$$b_j=\sum_{i=1}^{m} a_i r_{ij}, \quad j=1,2,\cdots,n. \tag{10.46}$$

模型 5 M (乘幂, $\wedge$), 即用普通乘幂代替 $\overset{\bullet}{*}$, $\wedge$ 代替 $\overset{+}{*}$, 此时

$$b_j=\bigwedge_{i=1}^{m}(r_{ij}^{a_i}), \quad j=1,2,\cdots,n. \tag{10.47}$$

在此模型中, 考虑多因素时, 对着眼因素论域 U 到抉择评语论域 V 的模糊关系矩阵 R 中元素 r_{ij} 的调整为 $r_{ij}^*=r_{ij}^{a_i}$, 该模型最大的特点是在各调整值 r_{ij}^* 中取最小者作为 b_j, 这说明在这一模型中 r_{ij} 和 b_j 不再是各自相应的隶属度, 而是某种评判指标. 这里规定评判指标的最小者为最佳者.

三、 二级指标评判法

我们在对客观事物进行综合评判时, 如果各因素 $u_i(i=1,2,\cdots,m)$ 在评判中的地位无显著差异, 则 $u_i(i=1,2,\cdots,m)$ 对因素重要程度模糊子集 A 的隶属度 a_i 可取相同的值, 从而可以简化模型.

在模型 $M(\wedge,\vee)$, M (乘幂, $\wedge$) 和 $M(\bullet,+)$ 中分别取 $a_i=1(i=1,2,\cdots,m)$, $a_i=1(i=1,2,\cdots,m)$ 和 $a_i=\dfrac{1}{m}(i=1,2,\cdots,m)$, 则得到三种简化综合评判模型

$$B_1=\left(\bigvee_{i=1}^{m} r_{i,1}, \bigvee_{i=1}^{m} r_{i,2}, \cdots, \bigvee_{i=1}^{m} r_{i,n}\right), \tag{10.48}$$

$$B_2=\left(\bigwedge_{i=1}^{m} r_{i,1}, \bigwedge_{i=1}^{m} r_{i,2}, \cdots, \bigwedge_{i=1}^{m} r_{i,n}\right), \tag{10.49}$$

$$B_3=\left(\frac{1}{m}\sum_{i=1}^{m} r_{i,1}, \frac{1}{m}\sum_{i=1}^{m} r_{i,2}, \cdots, \frac{1}{m}\sum_{i=1}^{m} r_{i,n}\right). \tag{10.50}$$

采用上述三种简化模型作综合评判时, 相当于对各因素的特性指标分别取最大值、最小值和平均值作为评判指标. 这是人们常用的评判方法.

在实际应用中, 如果仅仅取最大值、最小值和平均值之一作为评判指标, 可能有片面性. 因此, 可综合使用 B_1,B_2,B_3 这三个指标, 进行二级指标评判. 具体步骤如下.

(1) 设评判指标集为

$$U_1 = \{B_1, B_2, B_3\}.$$

(2) U_1 的各指标 B_1, B_2, B_3 的权重分配为

$$A = (a_1, a_2, a_3),$$

其中 $a_i \geqslant 0$ 且 $\sum\limits_{i=1}^{3} a_i = 1$.

(3) 评判指标 U_1 的总评判矩阵为

$$R = \begin{pmatrix} B_1 \\ B_2 \\ B_3 \end{pmatrix} = \begin{pmatrix} \bigvee\limits_{i=1}^{m} r_{i1} & \bigvee\limits_{i=1}^{m} r_{i2} & \cdots & \bigvee\limits_{i=1}^{m} r_{in} \\ \bigwedge\limits_{i=1}^{m} r_{i1} & \bigwedge\limits_{i=1}^{m} r_{i2} & \cdots & \bigwedge\limits_{i=1}^{m} r_{in} \\ \dfrac{1}{m}\sum\limits_{i=1}^{m} r_{i1} & \dfrac{1}{m}\sum\limits_{i=1}^{m} r_{i2} & \cdots & \dfrac{1}{m}\sum\limits_{i=1}^{m} r_{in} \end{pmatrix},$$

则得出总的二级综合指标评判结果

$$B = A \circ R = (b_1, b_2, \cdots, b_n). \tag{10.51}$$

式 (10.51) 中的乘法是普通矩阵乘法, 称 $b_j (j = 1, 2, \cdots, n)$ 为二级评判指标, 其中最大的 b_i 值所对应的等级 v_j 就是所要求的最佳成员.

在上述二级综合指标评判中, 指标 B_1 是从最突出的长处考虑问题的, 指标 B_2 是从最突出短处考虑问题的, 指标 B_3 是从平均的角度考虑问题的, 最后又从综合的角度考虑上述三方面的情况, 使得评判结果更加合理. 这种方法实质上是提高了极值在评判中的作用和地位.

四、 多级综合评判

在对多因素多层次的现象进行模糊综合评判时, 往往先把因素集合 X 按其某种属性分成 S 个子集

$$\{X_1, X_2, \cdots, X_s\} = \bigcup_{i=1}^{s} X_i = X, \quad X_i \cap X_j = \phi \quad (i \neq j),$$

其中 ϕ 为空集合.

设每个子集 $X_i = \{x_{i1}, x_{i2}, \cdots, x_{in_i}\} (i = 1, 2, \cdots, s)$, $\sum\limits_{i=1}^{s} n_i = n$. 对每一个 X_i 按第一级模糊评判的方法进行模糊评判. 设 X_i 的单因素评判为 R_i, X_i 的单因素权重矩阵记为 A_i, 于是得第一级模糊综合评判为

$$B_i = A_i \circ R_i = (b_{i1}, b_{i2}, \cdots, b_{in_i}) \quad (i = 1, 2, \cdots, s), \tag{10.52}$$

将每一个 X_i 作为一个因素看待, 用 B_i 作为它的单因素评判, 这样

$$R = \begin{pmatrix} B_1 \\ B_2 \\ \vdots \\ B_s \end{pmatrix} = (b_{ij})_{s\times n},$$

即为 $\{X_1, X_2, \cdots, X_s\}$ 的单因素评判矩阵, 设每个 X_i 作为 X 的一部分, 可以给出权重分配

$$A = (a_1^*, a_2^*, \cdots, a_s^*),$$

于是有第二级模糊评判为

$$B^* = A \circ B = A \circ \begin{pmatrix} A_1 \circ B_1 \\ A_2 \circ B_2 \\ \vdots \\ A_s \circ B_s \end{pmatrix}. \tag{10.53}$$

仿照以上步骤可得更多级模糊综合评判数模. 一般情况下我们采用模型 1 $M(\wedge, \vee)$.

例 10　某大学对老师的年终综合评定.

解　(1) 取因素集 $V = \{$工作能力 v_1, 工作态度 v_2, 政治表现 $v_3\}$;

(2) 取评语集 $W = \{$ 优秀 w_1, 良好 w_2, 一般 w_3, 较差 w_4, 差 $w_5\}$;

(3) 确定各因素的权重 $A = (0.25, 0.35, 0.4)$;

(4) 确定模糊综合评判矩阵, 对每个因素 v_i 作出评价;

比如 v_1 由学生评议打分来确定:

$$R_1 = (0.2, 0.5, 0.3, 0, 0),$$

上式表示, 参与打分的学生中, 有 20%的学生认为工作能力优秀, 50%的学生认为工作能力良好, 30%的学生认为工作能力一般, 认为工作能力较差或差的人为 0%. 用同样的方法可以对其余因素进行评价.

v_2 由考核组成员打分来确定:

$$R_2 = (0.2, 0.5, 0.2, 0.1, 0);$$

v_3 由院里领导打分来确定:

$$R_3 = (0.3, 0.4, 0.2, 0.1, 0);$$

以 R_i 为第 i 行构成评价矩阵

$$R = \begin{pmatrix} 0.2 & 0.5 & 0.3 & 0 & 0 \\ 0.2 & 0.5 & 0.2 & 0.1 & 0 \\ 0.3 & 0.4 & 0.2 & 0.1 & 0 \end{pmatrix},$$

它是从因素集 v 到评语集 w 的一个模糊关系矩阵.

(5) 模糊综合评判.

进行矩阵合成运算:

$$P = A \circ R = (0.3,0.4,0.25,0.1,0),$$

取数值最大的评语作为综合评判结果, 则评判结果为“良好”.

例 11 某学校老师的年终评定.

关于考核的具体操作过程, 我们以一名老师的考核为例. 见表 10.5, 将指标分成工作绩效、工作态度、工作能力这 3 个子因素集.

表 10.5 老师考核指标体系及考核表

一级指标	二级指标	评价				
		优秀	良好	一般	较差	差
工作绩效	工作量	0.8	0.1	0.1	0	0
	工作效率	0.5	0.3	0.1	0.1	0
	工作质量	0.4	0.3	0.2	0.1	0
工作态度	团队精神	0.2	0.1	0.4	0.2	0.1
	责任感	0.3	0.3	0.2	0.1	0.1
	工作主动	0.2	0.3	0.2	0.2	0.1
	学习态度	0.4	0.4	0.1	0.1	0
工作能力	沟通能力	0.2	0.2	0.3	0.2	0.1
	协调能力	0.1	0.3	0.35	0.15	0.1
	创新能力	0.15	0.3	0.45	0.1	0
	管理能力	0.2	0.3	0.3	0.1	0.1
	执行能力	0.1	0.3	0.2	0.2	0.2

设专家设定指标权重, 一级指标权重为

$$A = (0.4, 0.3, 0.3),$$

二级指标权重为

$$A_1 = (0.4, 0.3, 0.3), \quad A_2 = (0.2, 0.3, 0.3, 0.2), \quad A_3 = (0.3, 0.2, 0.2, 0.2, 0.1),$$

记工作绩效、工作态度和工作能力的评价矩阵分别为 R_1, R_2, R_3, 对各个子因素集进行一级模糊综合评判得到

$$B_1 = A_1 \circ R_1 = (0.4, 0.3, 0.2, 0.1, 0),$$
$$B_2 = A_2 \circ R_2 = (0.3, 0.3, 0.2, 0.2, 0.1),$$
$$B_3 = A_3 \circ R_3 = (0.2, 0.2, 0.3, 0.2, 0.1).$$

二级综合评判为

$$P = A \circ \begin{pmatrix} B_1 \\ B_2 \\ B_3 \end{pmatrix} = (0.4, 0.3, 0.3) \circ \begin{pmatrix} 0.4 & 0.3 & 0.2 & 0.1 & 0 \\ 0.3 & 0.3 & 0.2 & 0.2 & 0.1 \\ 0.2 & 0.2 & 0.3 & 0.2 & 0.1 \end{pmatrix}$$
$$= (0.4, 0.3, 0.3, 0.2, 0.1),$$

取数值最大的评语作为综合评判结果, 则评判结果为 "优秀".

真题练习　2011 年全国大学生数学建模竞赛 A 题

城市表层土壤重金属污染分析

随着城市经济的快速发展和城市人口的不断增加, 人类活动对城市环境质量的影响日显突出. 对城市土壤地质环境异常的查证, 以及如何应用查证获得的海量数据资料开展城市环境质量评价, 研究人类活动影响下城市地质环境的演变模式, 日益成为人们关注的焦点.

按照功能划分, 城区一般可分为生活区、工业区、山区、主干道路区及公园绿地区等, 分别记为 1 类区, 2 类区, $\cdots$, 5 类区, 不同的区域环境受人类活动影响的程度不同.

现对某城市城区土壤地质环境进行调查. 为此, 将所考察的城区划分为间距 1 公里左右的网格子区域, 按照每平方公里 1 个采样点对表层土 (0—10 厘米深度) 进行取样、编号, 并用 GPS 记录采样点的位置. 应用专门仪器测试分析, 获得了每个样本所含的多种化学元素的浓度数据. 另一方面, 按照 2 公里的间距在那些远离人群及工业活动的自然区取样, 将其作为该城区表层土壤中元素的背景值.

附件 1 列出了采样点的位置、海拔高度及其所属功能区等信息, 附件 2 列出了 8 种主要重金属元素在采样点处的浓度, 附件 3 列出了 8 种主要重金属元素的背景值.

现要求你们通过数学建模来完成以下任务:

(1) 给出 8 种主要重金属元素在该城区的空间分布, 并分析该城区内不同区域重金属的污染程度.

(2) 通过数据分析, 说明重金属污染的主要原因.

(3) 分析重金属污染物的传播特征, 由此建立模型, 确定污染源的位置.

(4) 分析你所建立模型的优缺点, 为更好地研究城市地质环境的演变模式, 还应收集什么信息? 有了这些信息, 如何建立模型解决问题?

附件 1—附件 3 的数据详见网址 http://www.shumo.com/wiki 栏目中的数模题库.

第十一章　图 论 模 型

图论作为离散数学的一个重要组成部分, 对于描述实际问题很有直观性. 随着信息科学的发展, 图论被广泛地应用于信息科学、控制理论、经济管理等科学领域. 下面介绍图论的基本知识及图论模型.

第一节　图的基本概念

一、 图的基本定义

定义 1　由一些点和连接这些点的线段所构成的集合就称为图. 常用 $V = \{v_1, v_2, \cdots, v_n\}$ 表示这些点的集合, 用 $E = \{e_1, e_2, \cdots, e_n\}$ 表示这些线段的集合, 称为图的边集, 图一般记为

$$G = (V, E).$$

在图 $G = (V, E)$ 中, 常以 $|V|$ 或 $|V(G)|$ 表示图顶点数, 以 $|E|$ 或者 $|E(G)|$ 表示图边数.

定义 2　(1) 设两个点 $u \in V, v \in V$, 若边 $e = (u, v) \in E$, 我们就称 u, v 为两个相邻点, u, v 为边 $e = (u, v)$ 的两个端点. 有公共端点的边称为相邻边.

(2) 具有相同端点的两边称为二重边, 也称平行边, 两个端点重合的边称为环.

(3) 不含有环和平行边的图称为简单图. 含有平行边的图称为多重图. 任意两个端点都相邻的图称为完全图.

(4) 对于任意一边 $(u, v) \in E$, 若边 (u, v) 的端点是无序的, 则称 (u, v) 为无向边, 此时的图称为无向图; 若边 (u, v) 的端点是有序的, (u, v) 表示以 u 为起点 v 为终点的有向边, 此时的图称为有向图.

(5) 以点 v 为端点的边数称为 v 的次数, 记作 $d(v)$. 次数为奇数的点称为奇次点, 次数为偶数的点称为偶次点.

(6) 在有向图中, 以 v 为起点的边数称为 v 的出次, 记为 $d^+(v)$; 以 v 为终点的边数称为 v 的入次, 记为 $d^-(v)$. v 的出次与入次之和就是 v 的次.

(7) 设 $G = (V, E), G' = (V', E')$, 若 $V' \subseteq V, E' \subseteq E$, 则称 G' 为 G 的子图. 特别地, 若 $V' = V, E' \subseteq E$, 则称 G' 为 G 的生成图.

定理 1　在任何图 $G=(V,E)$ 中, 所有顶点的次数之和为边数的 2 倍. 即

$$\sum_{v\in V} d(v)=2|E|.$$

定理 2　在任何图 $G=(V,E)$ 中, 奇次点的个数为偶数.

定理 3　设 $G=(V,E)$ 为有向图, 则所有顶点的入次之和等于所有顶点的出次之和, 即

$$\sum_{v\in V} d^+(v)=\sum_{v\in V} d^-(v)=|E|.$$

以上三个定理的证明可以参考文献 [26].

(8) 各端点的次数都相同的图称为正则图.

(9) 若图 $G=(V,E)$ 的顶点可以分为两个集合, 即 $V=V_1+V_2$, 并且同一集合中的任何两个顶点都不相邻, 则称此图为偶图 (或者是二分图). 特别地, 若 V_1 中的每个顶点都与 V_2 中的每个顶点都相邻, 则称此图为完全偶图 (或者是完全二分图).

图 11.1(a) 就是一个二分图, (b) 就是一个完全二分图.

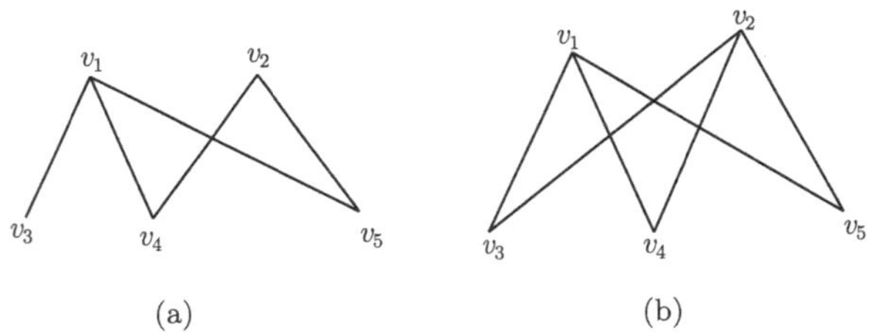

图 11.1　二分图和完全二分图

定义 3　(1) 在图 $G=(V,E)$ 中有一个由点边构成的交错序列

$$u=(v_{i_0},e_{i_1},v_{i_1},e_{i_2},\cdots,v_{i_{k-1}},e_{i_k},v_{i_k}),$$

若其满足 $e_{i_m}=(v_{i_{m-1}},v_{i_m})(m=1,2,\cdots,k)$, 则称此交错序列 u 为连接 v_{i_0} 和 v_{i_k} 的一条链; 无重复边的链称为简单链, 点边不重复的链称为初等链.

(2) 起点和终点重合的链称为闭链 (也称为圈), 否则, 称为开链.

(3) 一个图中若任意两个顶点之间至少有一条链相连, 则称此图为连通图.

二、 图的矩阵表示

(1) 权矩阵: 对于图 $G=(V,E)$, 给边 (v_i,v_j) 赋权 ω_{ij}, 令

$$a_{ij}=\begin{cases}\omega_{ij}, & (v_i,v_j)\in E,\\ 0, & (v_i,v_j)\notin E,\end{cases}$$

则称矩阵 $A=(a_{ij})_{n\times n}$ 为图 G 的权矩阵, 其中 $n=|V|$ 是图的顶点数.

(2) 关联矩阵：对于图 $G=(V,E)$, 构造矩阵 $A=(a_{ij})_{n\times n}$, 其中

$$a_{ij}=\begin{cases}1, & (v_i,v_j)\in E,\\ 0, & (v_i,v_j)\notin E,\end{cases}$$

则称矩阵 $A=(a_{ij})_{n\times n}$ 为图 G 的关联矩阵, 其中 $n=|V|$ 是图的顶点数.

(3) 邻接矩阵：对于图 $G=(V,E)$, 设 h_{ij} 表示连接 v_i 与 v_j 的边数, 称矩阵 $H=(h_{ij})_{n\times n}$ 为图 G 的邻接矩阵.

(4) 有向图的关联矩阵和邻接矩阵：在一个有向图 $G=(V,E)$ 中, 以 (v_i,v_j) 表示由 v_i 指向 v_j 的边. 令

$$a_{ij}=\begin{cases}1, & (v_i,v_j)\in E,\\ -1, & (v_j,v_i)\in E,\\ 0, & \text{其他},\end{cases}$$

则称矩阵 $A=(a_{ij})_{n\times n}$ 为有向图 G 的关联矩阵.

令 h_{ij} 表示由 v_i 指向 v_j 的边数, 则称 $H=(h_{ij})_{n\times n}$ 为有向图 G 的邻接矩阵.

定理 4　设 $G=(V,E)$ 是连通图, $|V|=n$, 则关联矩阵 $A=(a_{ij})_{n\times n}$ 的秩是 $n-1$, 且任意 $n-1$ 行都是线性无关的.

定理 5　设 $H=(h_{ij})_{n\times n}$ 是图 $G=(V,E)$ 的邻接矩阵, 记 $H^k=(h_{ij}^{(k)})$, H^k 表示 k 个 H 的乘积, 则 $h_{ij}^{(k)}$ 为 G 的长为 k 的 v_i-v_j(以 v_i 为起点, v_j 为终点的链) 的链数.

例 1　写出图 11.2 的关联矩阵和邻接矩阵.

$$A=\begin{array}{c}\\ v_1\\ v_2\\ v_3\\ v_4\\ v_5\\ v_6\end{array}\!\!\begin{array}{c}\begin{array}{cccccc}v_1&v_2&v_3&v_4&v_5&v_6\end{array}\\ \begin{pmatrix}0&1&1&0&0&0\\0&0&1&0&0&0\\0&1&0&0&1&0\\0&1&0&0&0&1\\0&1&0&1&0&1\\0&0&0&0&1&0\end{pmatrix}\end{array},\quad H=\begin{array}{c}\\ v_1\\ v_2\\ v_3\\ v_4\\ v_5\\ v_6\end{array}\!\!\begin{array}{c}\begin{array}{cccccc}v_1&v_2&v_3&v_4&v_5&v_6\end{array}\\ \begin{pmatrix}0&1&1&0&0&0\\0&0&1&0&0&0\\0&1&0&0&2&0\\0&2&0&0&0&1\\0&1&0&1&0&1\\0&0&0&0&1&0\end{pmatrix}\end{array}.$$

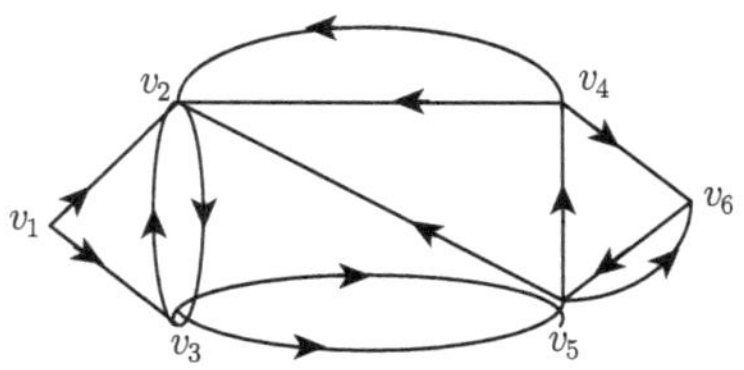

图 11.2　例 1 图

三、 模拟图

很多实际问题都可以用图来模拟表示, 下面看一个例子.

例 2 一人带着一只狼、一只羊及一筐菜欲过河, 河边有一只小船载上人以后只能带上狼羊菜中的一样过河. 羊、狼不能离开人单独放一起, 羊、菜也不能离开人单独放在一起, 请设计此人带它们渡河的方法.

解 用 (x_1, x_2, x_3, x_4) 表示人、狼、羊、菜在此岸的状态, 如

$$x_1 = \begin{cases} 1, & \text{人在此岸,} \\ 0, & \text{人在彼岸,} \end{cases}$$

显然共有 $2^4 = 16$ 种状态. 由题意, 状态 $(0,1,1,0)$, $(0,0,1,1)$, $(0,1,1,1)$ 是不允许的, 当然状态 $(1,0,0,1)$, $(1,1,,0,0)$, $(1,0,0,0)$ 也是不允许出现的. 允许出现的状态为 10 种, 现在以顶点表示状态, 以边表示状态转移, 得到图 11.3.

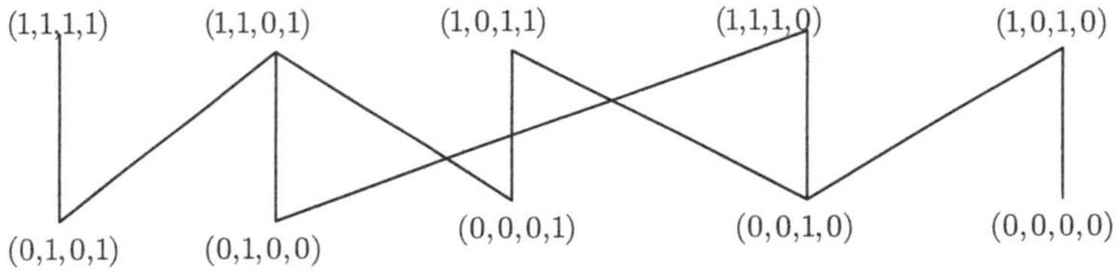

图 11.3 状态转移图

问题就是如何从状态 (1,1,1,1) 转移到状态 (0,0,0,0).

从图上我们可以看出, 从 (1,1,1,1) 到 (0,0,0,0) 有两条链, 分别是

$$\begin{aligned}(1,1,1,1) &\rightarrow (0,1,0,1) \rightarrow (1,1,0,1) \rightarrow (0,1,0,0) \\ &\rightarrow (1,1,1,0) \rightarrow (0,0,1,0) \rightarrow (1,0,1,0) \rightarrow (0,0,0,0);\end{aligned}$$

$$\begin{aligned}(1,1,1,1) &\rightarrow (0,1,0,1) \rightarrow (1,1,0,1) \rightarrow (0,0,0,1) \\ &\rightarrow (1,0,1,1) \rightarrow (0,0,1,0) \rightarrow (1,0,1,0) \rightarrow (0,0,0,0).\end{aligned}$$

这两种初等链就是两种渡河方案.

第二节 树

定义 4 连通且不含圈的无向图称为树.

图的生成子图若是树, 则称这个树为该图的生成树 (或者是支撑树).

定理 6 设图 $T = (V, E)$ 中, $|V| = n$, $|E| = m$, 则下列命题等价.

(1) T 是树;

(2) T 无圈, 且 $m=n-1$;

(3) T 连通, 且 $m=n-1$;

(4) T 无圈, 但每加一新边即得唯一一个圈;

(5) T 连通, 但去掉任意一边就不连通;

(6) T 中任意两点有唯一的链相通.

定理 7　图 $G=(V,E)$ 有生成树的充分必要条件是 G 是连通图.

给定一个连通图, 寻找生成树的方法有两种, 一种是避圈法 (或称加边法); 另一种是破圈法 (或称去边法).

破圈法思路就是在连通图 $G=(V,E)$ 中任取一个圈, 从圈任意去掉一条边, 将这个圈破掉. 重复上述过程, 直到不含圈为止.

避圈法的思路是在连通图 $G=(V,E)$ 中每次选取一条边, 使得与已选出的边不过圈, 直到选取 $|V|-1$ 条边为止. 避圈法的具体步骤为

(1) 对于任意的 $v\in V$, 令 $l(v)=0, T=\varnothing$.

(2) 任意取一点 $v\in V$, 令 $l(v)=1, V_1=\{v\}$.

(3) 若 $V_1=V$, 则停止计算, T 为生成树, 否则转入 (4).

(4) 取一点 $v\in V_1$, 如果有边 $(v,w)\in E$, 且 $l(w)=0$, 则令 $l(w)=1$, $V_1=V_1+\{w\}, T=T+\{(v,w)\}$, 转入 (3), 否则重复 (4).

显然, 图的生成树不是唯一的.

定义 5　在赋权图 $G=(V,E)$ 中, 权和最小的生成树称为最小生成树, 权和最大的生成树称为最大生成树.

最小生成树是网络图的最基本问题之一. 在实际问题中有许多网络问题都可以归结为最小生成树问题. 例如, 设计最短公路网将各个城市连接起来等. 最小生成树也有两种算法, 即破圈法和避圈法 (Kruskal 算法).

破圈法的思想是: 在连通图 $G=(V,E)$ 中任意取一个圈, 去掉一条权最大的边 (若这样的边有几条就任选一条), 在余图中, 再任取一个圈, 去掉权最大的边, 如此重复下去, 直到余图中没有圈为止, 即可得到最小树.

避圈法的思想就是: 在连通图 $G=(V,E)$ 中, 任意取权最小的一条边, 再在未选取的边中选一条权最小的边, 要求所选的边与已经选取的边不构成圈, 重复下去, 直到选够 $|V|-1$ 条边为止.

避圈法 (Kruskal 法) 的具体步骤为

(1) 对于所有的顶点 $v\in V$, 令 $l(v)=0$.

(2) 找出 E 中权最小的边 (u,v), 令 $l(u)=1, l(v)=1, V_1=\{u,v\}, T=\{(u,v)\}$.

(3) 若 $V_1=V$, 则停止计算, T 为生成树, 否则转入 (4).

(4) 找出一个端点在 V_1 中, 一个端点在 $V-V_1$ 中的权最小的边 (u_1,v_1), 其中 $u_1\in V_1$, $v_1\in V-V_1$, 令 $l(v_1)=1, T=T+\{(u_1,v_1)\}$, $V_1=V_1+\{v_1\}$ 转入 (3).

例 3 如图 11.4 所示, 边上的数字是权, 求其最小树.

解 按 Kruskal 算法, 逐渐加边步骤如下

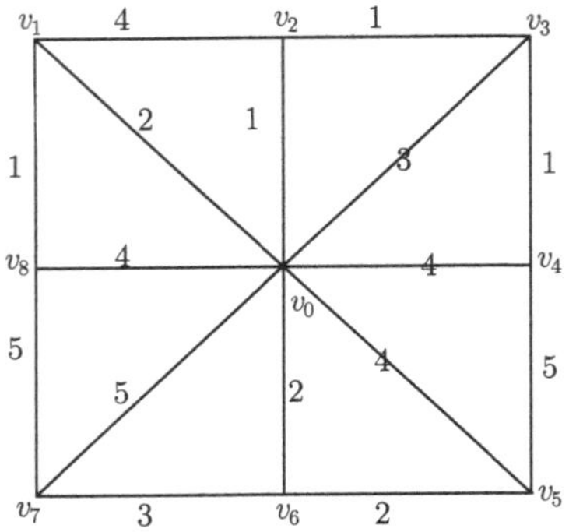

图 11.4 例 3 图

$$T=\{(v_1,v_8)\},\quad V_1=\{v_1,v_8\},$$
$$T=T+\{(v_1,v_0)\},\quad V_1=\{v_1,v_8,v_0\},$$
$$T=T+\{(v_0,v_2)\},\quad V_1=\{v_1,v_8,v_0,v_2\},$$
$$T=T+\{(v_2,v_3)\},\quad V_1=\{v_1,v_8,v_0,v_2,v_3\},$$
$$T=T+\{(v_3,v_4)\},\quad V_1=\{v_1,v_8,v_0,v_2,v_3,v_4\},$$
$$T=T+\{(v_0,v_6)\},\quad V_1=\{v_1,v_8,v_0,v_2,v_3,v_4,v_6\},$$
$$T=T+\{(v_6,v_5)\},\quad V_1=\{v_1,v_8,v_0,v_2,v_3,v_4,v_6,v_5\},$$
$$T=T+\{(v_6,v_7)\},\quad V_1=\{v_1,v_8,v_0,v_2,v_3,v_4,v_6,v_5,v_7\}.$$

根据上面 T 中出现的边就得到最小树 T 为

$$T=\{(v_1,v_8),(v_1,v_0),(v_0,v_2),(v_2,v_3),(v_3,v_4),(v_0,v_6),(v_6,v_5),(v_6,v_7)\}.$$

第三节 最短路问题

最短路问题是网络分析中的一个基本问题, 它不仅可以直接应用于解决许多实际生产问题, 如管道铺设、成路安排、厂区布局等, 而且经常被作为一个基本工具, 用于解决其他优化问题.

最短路问题的一般描述为, 设 $G=(V,E)$ 为连通赋权图, w_{ij} 为 E 中边 (u_i,v_j) 的权, v_s,v_l 为 V 中两点, 求一条从 v_s 到 v_l 的道路 P, 使它是从 v_s 到 v_l 的所有道路中权和最小的路, 即

$$w(P)=\min_{P'}\{w(P')|P' \text{ 为 } v_s \text{ 到 } v_l \text{ 的道路}\}.$$

下面介绍最短路的两种算法.

一、 Dijkstra 标号算法

算法原理：若序列 $\{v_s,v_{i_1},\cdots,v_{s_m},v_l\}$ 是 v_s 到 v_l 的最短路, 则序列 $\{v_s,v_{i_1},\cdots,v_{i_k}\}$ 必是 v_s 到 v_{i_k} 的最短路.

具体步骤为:

(1) 标记 $p(v_s)=0$, 其余各顶点 v_i 标记 $T(v_i)=+\infty$, 令 $V_1=\{v_s\}$.

(2) 若 $V_1=V$, 停止计算, 此时 $v_j\in V_1$, $p(v_j)$ 就是 v_s 到 v_j 的最短路长, 利用倒向追踪, 可以得到 v_s 到 v_j 的最短路, 否则, 转下一步.

(3) 更改 $T(v_j)$, $T(v_j)=\min\{T(v_j),P(v_i)+w_{ij}\}$, v_i 是 V_1 中最近加入的点.

(4) 令 $p(\bar{v}_j)=\min\limits_{v_j\in V-V_1}\{T(v_j)\}$, $V_1=V_1+\{\bar{v}_j\}$. 转入 (2).

例 4 求图 11.5 的最短路.

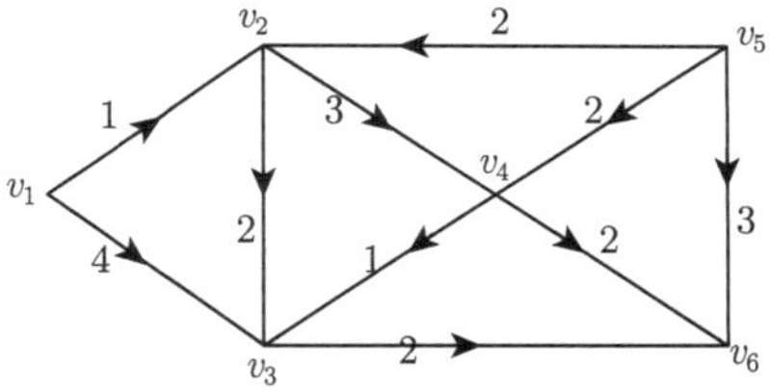

图 11.5 例 4 图

解 (1) $p(v_1)=0$, $V_1=\{v_1\}$, 其余的 $T(v_j)=+\infty$;

(2) $T(v_2)=1$, $T(v_3)=4$, 故

$$p(v_2)=1,\quad V_1=\{v_1,v_2\};$$

(3) $T(v_3)=\{T(v_3),P(v_2)+w_{23}\}=3$,

$$T(v_4)=\min\{T(v_6),P(v_2)+w_{24}\}=4,$$

故取 $P(v_3)=3$, $V_1=\{v_1,v_2,v_3\}$;

(4) $T(v_6)=\min\{T(v_6),P(v_3)+w_{36}\}=5$, 而 $T(v_4)<T(v_6)$, 故 $P(v_4)=4$, $V_1=\{v_1,v_2,v_3,v_4\}$;

(5) $T(v_6)=\min\{T(v_6),P(v_4)+w_{46}\}=\min\{5,4+2\}=5$, $V_1=\{v_1,v_2,v_3,v_4,v_6\}$. 通过反复追踪, 可以得到 v_1 到 v_6 的最短路径为 $v_1\to v_2\to v_3\to v_4\to v_6$.

二、 Warshall-Floyd 方法

Dijkstra 可以算出起点到各点的最短路, 但有时要求一个图中任意两点之间的最短路, 用 Dijkstra 算法可以通过改变各起点的算法, 但很烦琐, 现介绍一种方便解决此类问题的 Warshall-Floyd 算法, 这种方法还适用于有负权的网络图.

算法的具体步骤为:

设 w_{ij} 为边 (v_i, v_j) 的权, 当 v_i 与 v_j 不相邻时, $w_{ij}=+\infty$.

(1) 构造权矩阵 $D^{(0)}=(d_{ij}^{(0)})$ 和序号矩阵 $R^{(0)}=(r_{ij}^{(0)})$. 其中 $d_{ij}^{(0)}=w_{ij}$, $r_{ij}^{(0)}=j$, $i,j=1,2,\cdots,n$;

(2) 由 $D^{(k-1)}=(d_{ij}^{(k-1)})$ 推出 $D^{(k)}=(d_{ij}^{(k)})$, 由 $R^{(k-1)}=(r_{ij}^{(k-1)})$ 推出 $R^{(k)}=(r_{ij}^{(k)})$,

$$d_{ij}^{(k)}=\begin{cases}\min\{d_{ij}^{(k-1)}, d_{ik}^{(k-1)}+d_{kj}^{(k-1)}\}, & i\neq k, j\neq k,\\ d_{kj}^{(k-1)}, & i=k,\\ d_{ik}^{(k-1)}, & j=k,\end{cases}$$

$$r_{ij}^{(k)}=\begin{cases}r_{ij}^{(k-1)}, & d_{ij}^{(k)}=d_{ij}^{(k-1)},\\ r_{ik}^{(k-1)}, & d_{ij}^{(k)}<d_{ij}^{(k-1)}.\end{cases}$$

(3) 若 $d_{ij}^{(k)}<0$, 则计算终止, 说明 G 中存在一条含有顶点 v_i 的负回路. 由 $r_{ij}^{(k)}$ 找出此回路, 否则, 令 $k=k+1$ 转入 (4);

(4) 当 $k=n$ 时, 则计算终止. 若 $d_{ij}^{(n)}=+\infty$, 说明 G 中不存在 v_i 到 v_j 的闭回路; 否则, 记 $d_{ij}=d_{ij}^{(n)}$, 表示由 v_i 到 v_j 的最短路, 最短路可由 $r_{ij}^{(n)}$ 找出; 当 $k<n$ 时, 转入 (2).

例 5　求图 11.6 中各顶点间的最短路径.

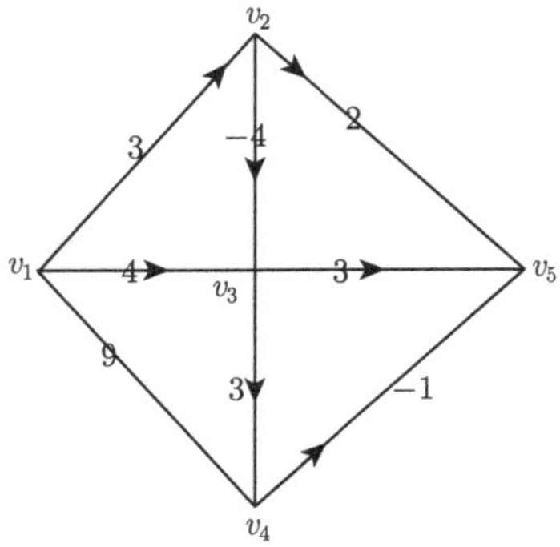

图 11.6　例 5 图

解

$$D^{(0)}=\begin{pmatrix}0&3&4&9&\infty\\\infty&0&-4&\infty&2\\\infty&\infty&0&3&3\\9&\infty&\infty&0&-1\\\infty&2&\infty&\infty&0\end{pmatrix},$$

$$R^{(0)}=\begin{pmatrix}1&2&3&4&5\\1&2&3&4&5\\1&2&3&4&5\\1&2&3&4&5\\1&2&3&4&5\end{pmatrix}.$$

用 Warshall-Floyd 方法进行计算, 例

$$d_{42}^{(1)}=\min\{d_{42}^{(0)},d_{41}^{(0)}+d_{12}^{(0)}\}=\{\infty,9+3\}=12,$$

$$d_{43}^{(1)}=\min\{d_{43}^{(0)},d_{41}^{(0)}+d_{13}^{(0)}\}=\{\infty,9+4\}=13,$$

$$r_{42}^{(1)}=r_{41}^{(0)}=1,\quad r_{43}^{(1)}=r_{41}^{(0)}=1.$$

其他元素 $d_{ij}^{(k)}$ 和 $r_{ij}^{(k)}$ 可类似计算, 得到

$$D^{(5)}=\begin{pmatrix}0&3&-1&2&1\\8&0&-4&-1&-2\\12&4&0&3&2\\9&1&-3&0&-1\\10&2&2&1&0\end{pmatrix},\quad R^{(5)}=\begin{pmatrix}1&2&2&2&2\\3&2&3&3&3\\4&4&3&4&4\\1&5&5&4&5\\2&2&2&2&5\end{pmatrix}.$$

$d_{ij}^{(5)}$ 就是由 v_i 到 v_j 的最短路长, 由 $R^{(5)}$ 可以找出最短路径, 例如, $d_{15}^{(5)}=1$ 由 v_1 到 v_5 的最短路长为 1, 其最短路由 $r_{15}^{(5)}=2$ (即必过 v_2), $r_{25}^{(5)}=3$, 即必经过 v_3 点, 再由 $r_{35}^{(5)}=4$, 则必经过 v_4 点, 最后由 $r_{45}^{(5)}=5$ 可知, 由 v_1 到 v_5 的最短路径为 $\{v_1v_2v_3v_4v_5\}$.

第四节　中国邮路问题

一、 欧拉回路

定义 6　(1) 一条开链称为道路, 一条闭链称为回路.

(2) 边不重复的道路称为简单道路; 边不重复的回路称为简单回路.

(3) 在连通图中, 经过图中的每边一次且仅一次的道路称为欧拉道路; 经过图中每边一次且仅一次的回路称为欧拉回路.

(4) 具有欧拉回路的图称为欧拉图 (简称 E 图).

注意简单回路和欧拉回路是有区别的, 简单回路不必经过图的每条边, 而欧拉回路必须经过图的每条边.

定理 8　一个连通无向图 $G=(V,E)$ 是欧拉图的充分必要条件是它的每一个顶点的次数均为偶次.

推论 1　连通无向图 G 为欧拉图的充分必要条件是 G 的边集可划分为若干简单回路.

推论 2　连通无向图 G 有欧拉道路的充分必要条件是 G 中有且只有两个次数为奇数的顶点.

二、 中国邮路问题

一个邮递员, 从邮局出发, 经过他所管辖的街, 若巡回一遍, 完成投递任务后返回邮局. 如何安排邮递员的巡回路线, 使总路程最短. 此问题就称为中国邮路问题. 中国邮路问题具有普遍意义, 如公安执勤人员执行巡逻任务、企业的巡回检测等都存在如何选择最短巡回路线的问题.

中国邮路问题用图论语言描述就是, 给定一个连通赋权图 G, 要求一条回路经过每边至少一次, 且此回路的权和最小.

1. 最理想的情况

如果 $G=(V,E)$ 是一个连通的欧拉图, 则有欧拉回路, 这时每边只需经过一次, 回路的长度 (权和) 为

$$L(C)=\sum w_{ij},$$

即权和是图所有边的权之和, 其中 w_{ij} 为边 (v_i,v_j) 的权 (长度).

邮递员的投递路线也就是欧拉回路.

寻找欧拉回路的方法: 从 G 中任一点出发, 如从 v_1 出发, 经关联边 e_1 进入点 v_2, 由于 v_2 为偶次, 必可由 v_2 出发经关联边 e_2 进入 v_3, 如此进行下去, 每边仅取一次, 回到 v_1, 得到一条基回路 C_1. 若 C_1 过 G 的每边, 则 C_1 就是一欧拉回路, 否则, 从 G 中去掉 C_1 后得到一子图 G', 则 G' 的各顶点次数仍为偶次. 由于 G 连通, C_1 与 G' 必有一重合顶点 v_i, 在 G' 中从 v_i 出发, 重复前面的方法, 可又得一基本回路 C_2, 如此重复下去, 可得一系列基本回路 $C_1,C_2,\cdots,C_k$, 将这些基本回路连接起来, 就是 G 的一条欧拉回路.

2. 次理想情况

若连通图 $G=(V,E)$ 只有两个奇次点 v_i,v_j, 则有从 v_i 到 v_j 的欧拉道路. 那么从 v_j 回到 v_i 则必须重复经过一些边. 显然要使总的投递路线最短, 必须使重复边的总长度最小, 因而就成了寻找 v_i 到 v_j 的最短路径, 这种情况就是次理想情况.

次理想情况的算法为

(1) 求出奇次点 v_i 与 v_j 之间的最短路径 P.

(2) 令 $\bar{G}=G+P$.

(3) $\bar{G}$ 为 E 图, $\bar{G}$ 的欧拉回路就是邮递投递路线的最优解.

这种次理想的投递路线长为 $L=\sum w_{ij}+L(P)$. 即为 G 的权和加上最短路 P 的权.

例 6　如图 11.7 所示, 求最优投递路线.

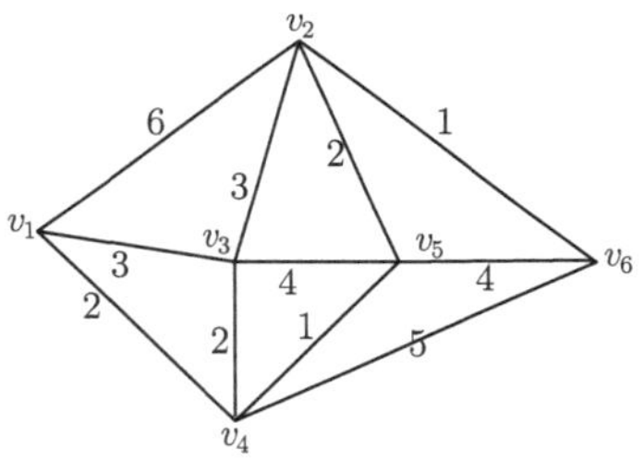

图 11.7　例 6 图

解　v_1 与 v_6 为奇次点, v_1 到 v_6 的最短路

$$P=(v_1v_4v_5v_2v_6),\quad L(p)=6,$$

令 $\bar{G}=G+P$, $\bar{G}$ 的欧拉回路为

$$C=(v_1v_2v_3v_5v_2v_6v_4v_5v_2v_6v_5v_4v_3v_1v_4v_1),$$

$$L(c)=\sum w_{ij}+L(p)=33+6=39.$$

3. 一般情况下的邮路问题

当 $G=(V,E)$ 不是欧拉图也无欧拉道路, 即奇次顶点数大于 2 时, 邮递路线就必须重复更多的边, 下面介绍这种一般情形的最优解的方法 —— 奇偶点作业法.

设 $G=(V,E)$ 为连通无向图, 求一个边集 $E_1\subset E$, 把 G 中属于 E_1 的边均变为二重边得到图 $\bar{G}=G+E_1$, $\bar{G}$ 无奇点, 且 $L(E_1)=\sum\limits_{e\in E_1}w(e)$ 最小 ($w(e)$ 是边 e 的权).

定理 9　已知图 $\bar{G} = G + E_1$ 无奇点, 则 $L(E_1) = \sum\limits_{e \in E_1} w(e)$ 最小的充分必要条件是:

(1) 每条边最多重复一次;

(2) 对于图 G 的每个初等圈而言, 重复边的长度之和不超过圈长的一半.

此定理提供了一般情况下寻求最优投递路的方法 —— 奇偶点作业法. 奇偶点作业法步骤为

(1) 确定初始可行方案: 先检查图中的奇点, 如无奇点, 则是 E 图, 找出欧拉回路即可, 若有奇点, 则奇点的个数必为偶数个, 对这些奇点进行两两配对, 在配对的每对顶点间选一条路径, 使这条路径上的边均为二重边.

(2) 调整可行方案, 使重复边最多重复一次, 若边重复次数大于 2, 则将这条边去掉偶数条重复边, 使其最多重复 1 次.

(3) 检查每一个圈, 看圈中重复边的长度是否超过圈长的一半, 若不超过, 即为最优解; 否则, 转入下一步.

(4) 调整重复边, 将圈中重复边改为不重复边, 不重复边改为重复边. 转入 (3).

例 7　求图 11.8 的最优投递路线.

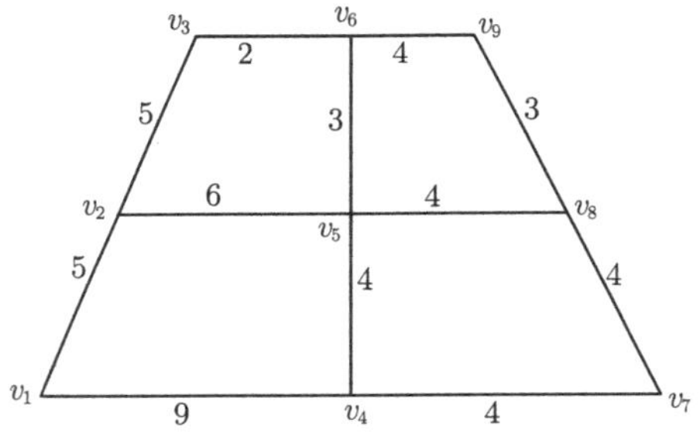

图 11.8　例 7 图

解　(1) v_2, v_4, v_6, v_8 为奇点, 进行配对, $\{v_2, v_4\}, \{v_6, v_8\}$, 取配对点的路线 $(v_2v_3v_6v_9v_8v_7v_4)$, $(v_6v_3v_2v_1v_4v_7v_8)$, 得图 11.9(a).

(2) 边 (v_2, v_3), (v_3, v_6), (v_4, v_7), (v_7, v_8) 为三重边, 去掉它们的重复边各两条得图 (b).

(3) 检查每个初等圈, 发现圈 $(v_1v_2v_5v_4v_1)$ 的总长度为 24, 而重点边长度为 14, 大于圈长的一半, 则将该图中重复边改变为不重复, 不重复边改变为重复边, 得图 (c). 继续检验圈, 发现圈 $(v_2v_3v_6v_9v_8v_5v_2)$ 长度为 24, 重复边长为 13, 再调整得最后图 (d), 图 (d) 中的边满足了定理 9, 可得最优解.

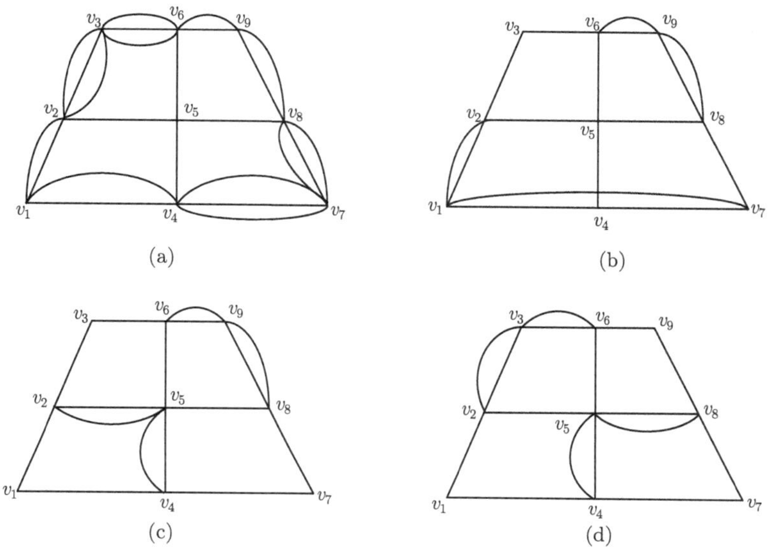

图 11.9　奇偶作业法求最优投递路线

这种方法比较容易, 但要检查每个初等圈, 当 G 的顶点数或边数较多时, 运算量极大, 下面介绍 Edmonds 提出的算法, 算法思想是: 利用奇次结点之间的完美匹配来确定重复边, 从而使欧拉图具有最优投递路线. 算法如下:

(1) 求出 G 的所有奇次结点之间的最短路径和距离.

(2) 以 G 的所有奇次结点为结点 (必为偶数), 以它们之间的距离作为结点之间的边的权, 得到一个完全图 G_1.

(3) 求出 G_1 的最小权完全匹配 M.

(4) 将 M 中的匹配边 (v_i, v_j) 写成 v_i 与 v_j 之间最短路径所经过的边的集合 E_{ij}.

(5) 令 $\bar{G} = G \cup \{E_{ij} \mid (v_i, v_j) \in M\}$, 则 $\bar{G}$ 是欧拉图, 即邮路的最优解.

在具体问题中, 可用 Warshall-Floyd 算法求两点之间的最短路径, 可用最大权匹配算法求最小权匹配, 方法是构造一个结点和边完全与 G 相同的图 G', 不过 G' 的各边的权等于一个较大的数减去 G 中相应边的权, G' 的最大权匹配就是 G 的最小权匹配.

如例 6, 有 4 个奇次结点 v_2, v_4, v_6, v_8, 算出它们相互之间的最短距离和最短路径如下

$$d(v_2, v_4) = 10, \quad P(v_2, v_4) = (v_2 v_5 v_4);$$

$$d(v_2, v_6) = 7, \quad P(v_2, v_6) = (v_2 v_3 v_6);$$

$d(v_2, v_8) = 10, \quad P(v_2, v_8) = (v_2 v_5 v_8);$

$d(v_4, v_6) = 7, \quad P(v_4, v_6) = (v_4 v_5 v_6);$

$d(v_4, v_8) = 7, \quad P(v_4, v_8) = (v_2 v_5 v_8);$ 　或　$P(v_4, v_8) = (v_4 v_7 v_8);$

$d(v_6, v_8) = 7, \quad P(v_6, v_8) = (v_6 v_5 v_8);$ 　或　$P(v_6, v_8) = (v_6 v_9 v_8).$

以 v_2, v_4, v_6, v_8 为顶点, 以最短距离为权作完全图 G.

G 的最小权完全匹配为

$$M = \{(v_2, v_6), (v_4, v_8)\}.$$

匹配边换成两点间最短路径的边

$$E_M = \{(v_2, v_3), (v_3, v_6), (v_4, v_7), (v_7, v_8)\} \text{ (图 11.10)}.$$

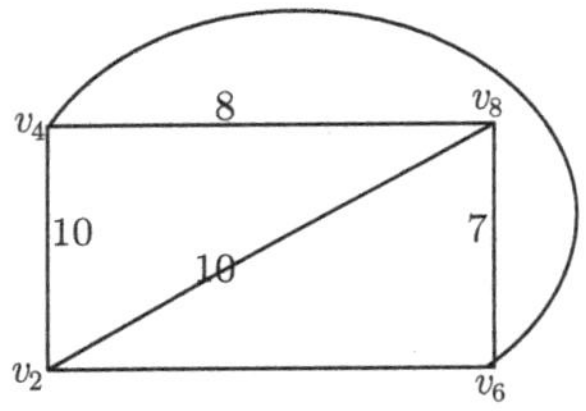

图 11.10　匹配后的最短路径

将 E_M 作为重复边加到 G 上得欧拉图

$$\bar{G} = G + E_M,$$

则 $\bar{G}$ 的任一欧拉回路都为最优解 (图 11.11).

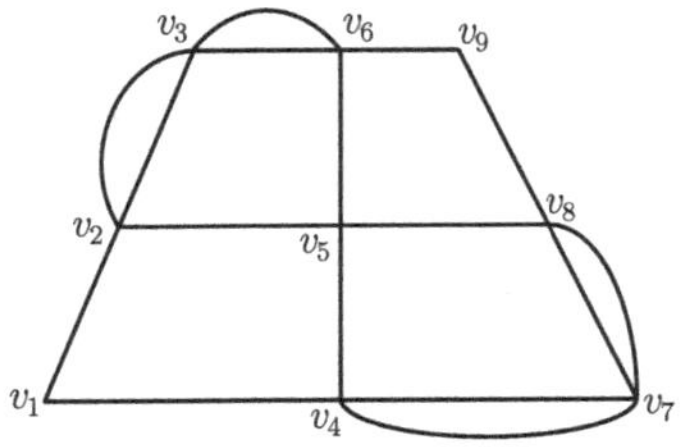

图 11.11　欧拉图

4. 多邮递员问题

若邮局有 k 个邮递员 $(k > 1)$, 同时去投递邮件, 如何去分配他们的投递路线, 才能使他们的总路最短? 用图论语言描述即为: 在一个连通赋权图 $G = (V, E)$ 中,

找出过某点 v_0 的 k 条基体回路 $C_1, C_2, \cdots, C_k$, 而 E 中每边至少在这些回路中出现一次, 使得这些回路的总长度之和最小.

若令 $W(C_i)$ 为 C_i 的长度, $E(C_i)$ 为 C_i 中的边集, 则数学模型为

$$\begin{aligned} \min \quad & \sum_{i=1}^{k} W(C_i), \\ \text{s.t.} \quad & E \subset \bigcup_{i=1}^{k} E(C_i). \end{aligned}$$

有时可能还要求 k 个回路的长度尽可能平衡, 则可加上条件

$$\max\left\{\frac{W(C_i) - W(C_j)}{\min W(C_j)}\right\} \leqslant \delta.$$

这样的多邮递员问题, 一般可将 G 分成 k 个子图, 这 k 个子图的权和相差不太大, 再对每个子图用单邮递员问题方法求解.

第五节 旅行商问题

一、基本概念

所谓旅行商问题是: 商人从某驻地出发, 经所要去的城市至少一次, 然后返回原地, 应如何安排其旅行路线使总的旅行路线最短.

旅行商问题有着广泛的意义, 它不仅是一个如何解决旅行商的最优回路问题, 而且有许多其他的问题都可以化为旅行商问题求解. 如流水线作业生产线的顺序安排问题、机组人员轮班安排问题、教师任课班级负荷分配问题等, 都直接或间接与旅行商问题有关.

旅行商问题用图论语言描述是: 构造一个图 $G=(V,E)$, 图中的每个顶点分别表示旅行商的驻地和各个城市, 顶点之间的边表示两地之间的通路, 边上的权表示两地之间的距离, 于是旅行商问题就化为一个在赋权图中寻找一个通过每个顶点至少一次的回路问题.

定义 7 (1) 旅行商回路: 在一个无向图 $G=(V,E)$ 中, 经过每个顶点至少一次的回路称为旅行商回路.

(2) 哈密顿道路和哈密顿回路: 在一个无向图 $G=(V,E)$ 中, 经过每个顶点一次且仅一次的回路 (道路) 称为哈密顿回路 (道路), 简称为 H 回路 (H 道路).

(3) 具有哈密顿回路的图称为哈密顿图, 简称为 H 图.

(4) 总长最小的哈密顿回路称为最优哈密顿回路, 总长最小的旅行商回路称为最优旅行商回路.

要判定一个图是否为 H 图, 要比判定一个图是否为 E 图困难得多, 到现在为止还没有找到 H 图存在的充分条件, 下面有几个判定 H 图的充分条件.

定理 10　任意一个完全图 K_n 必是 H 图.

定理 11　若图 $G=(V,E)$ 满足条件 $\delta \geqslant \frac{1}{2}n$, 则 $G=(V,E)$ 是 H 图.

其中 $n=|V|\geqslant 3$, δ 是顶点的最小次数.

定理 12　设 $G=(V,E)$, 若图中的任意两个顶点 $u,v\in V$ 的次数之和都不小于顶点的个数, 即 $\deg(u)+\deg(v)\geqslant |V|$, 则 $G=(V,E)$ 是 H 图.

在有些情况下, 最优旅行商回路与最优哈密顿回路是一致的, 在有一些情况下它们又是不一致的. 如图 11.12 所示.

哈密顿回路是 $(v_1v_2v_3v_1)$, 总长度为 2+4+8=14, 而回路 $(v_1v_2v_3v_2v_1)$ 的总长度为 $2\times(2+4)=12$, 即经过顶点 v_2 两次的旅行商回路要比经过每个顶点一次的哈密顿回路的路程短.

那么在什么情况下哈密顿回路和旅行商回路是一致的呢?

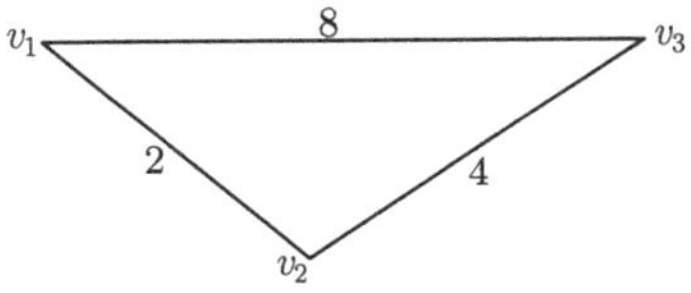

图 11.12　例图

定理 13　在图 $G=(V,E)$ 中, 若任意的两个顶点 v_i,v_j 都满足下面的三角不等式

$$w(v_i,v_j)\leqslant w(v_i,v_k)+w(v_k,v_j),$$

$$v_i,v_j,v_k\in V,\quad v_i\neq v_j,\quad v_j\neq v_k,\quad v_k\neq v_i,$$

则最优旅行商回路与哈密顿回路相同.

根据这个定理, 可以导出旅行商回路和哈密尔顿回路等价的条件: 对于一般的无向网络图, 可以用任意两点之间最短路径算法, 构造一个等价的网络图, 在该网络图中, 各顶点对之间的距离 (权值) 由它们之间的最短路代替. 显然在这个等价的网络图中, 三角不等式皆满足, 据此求得的最优哈密顿回路可以很方便地还原成为原网络图的最优旅行商回路.

因此在大多数情况下, 最优旅行商回路问题可以归结为最优哈密顿回路问题. 不过迄今为止, 还没有找到最优哈密顿回路的有效算法, 这使得哈密顿回路问题成为了一个世界难题. 现有的算法基本分为两类, 一类是精确求解法, 另一类是近似求解法. 由于旅行商回路的精确算法是一个非多项式算法, 所以问题的规模不能太大.

二、 旅行商问题的数学模型

前面我们说过, 在满足三角不等式的情况下, 最优旅行商回路和最优哈密顿回路相同, 所以我们只讨论哈密顿回路的数学模型.

设有 n 个城市 $A_1, A_2, \cdots, A_n$. 已知从 A_i 城到 A_j 城的距离为 c_{ij}, 得到一个 n 阶的距离矩阵 $C=(c_{ij})_{n\times n}$. 旅行商从某城出发, 遍历其他 $n-1$ 个城市各一次, 最后回到出发地点. 求总路程最短的路径.

令

$$x_{ij}=\begin{cases}1, & \text{若由 } A_i \text{ 城到 } A_j \text{ 城},\\ 0, & \text{若由 } A_i \text{ 城不到 } A_j \text{ 城}.\end{cases}$$

于是问题的数学模型为

目标函数 $\min z=\sum\limits_{i=1}^{n}\sum\limits_{j=1}^{n}c_{ij}x_{ij}$.

约束条件:

(1) 从 A_i 城不到 A_i 城, 即 $x_{ii}=0\ (i=1,2,\cdots,n)$;

(2) 恰好有一次到达 A_j 城, 即 $\sum\limits_{i=1}^{n}x_{ij}=1\ (j=1,2,\cdots,n)$;

(3) 恰好有一次离开 A_i 城, 即 $\sum\limits_{j=1}^{n}x_{ij}=1\ (i=1,2,\cdots,n)$;

(4) 避免两城之间来回, 即 $x_{ij}+x_{ji}\leqslant 1\ (i\neq j)$;

避免三城之间形成回路, 即

$$x_{ij}+x_{jk}+x_{ki}\leqslant 2 \quad (i,j,k \text{ 两两不相同});$$

避免在 $n-1$ 个城市之间形成回路, 即

$$x_{i_1i_2}+x_{i_2i_3}+\cdots+x_{i_{n-1}i_1}\leqslant n-2, \quad \text{其中 } i_1,i_2,\cdots,i_n \text{ 两两不等};$$

(5) $x_{ij}=0$ 或 1, $i,j=1,2,\cdots,n$.

从上面可以看出, 如果只在约束条件 (1)—(3), (5) 下求目标函数最小值, 则旅行商回路问题就变成了一个指派问题, 那样就可以用匈牙利算法求解了.

三、 旅行商问题的算法

H 回路是通过图的每个结点一次且仅一次的回路. 对于完全图来说, 不同的 H 回路, 实际上是结点的不同排列, 为了避免重复, 一般都指定一个结点作为起点. 因此, n 阶完全无向图有 $\dfrac{(n-1)!}{2}$ 种不同的排列, 即有 $\dfrac{(n-1)!}{2}$ 种不同的 H 回路. 对于 n 阶完全有向图, 则有 $(n-1)!$ 种不同的 H 回路. 由于 H 回路如此多, 当顶点数较大时, 用全搜索方法搜索 H 回路是不现实的. 下面介绍几种旅行商问题的算法.

1. 分枝定界法

从上面的数学模型可以看出, 当旅行商问题的数学模型去掉一个条件之后, 就是一个指派问题, 根据指派问题的算法, 可以得到旅行商问题的分枝定界法的一些特点:

(1) 在网络图所对应的距离 (或者是费用) 矩阵中, 每一行 (或列) 的所有元素都减去本行 (或列) 中的最小元素, 由此得到一个简化矩阵, 则简化矩阵所对应问题的最优解也就是原问题的最优解.

(2) 距离 (或费用) 矩阵中的各行各列的最小元素之和就是原问题的下界, 当简化矩阵中的零元素构成一条哈密顿回路时, 则该问题即为原问题的最优解.

(3) 以最大罚函数值作为分枝条件, 选择相应的零元素进入预选回路, 从网络中删除该元素, 从而达到降低问题基向量个数以简化问题.

(4) 在简化的网络中, 以下界定界继续上述定界与分枝过程. 分枝时必须考虑在预选回路中要消除可能出现的子回路.

(5) 分枝完后, 若其下界不能剪除其他所有分枝时必须通过回溯运算.

分枝定界法的过程:

(1) 定界: 所谓定界就是求出问题的上下界. 对于上界我们任意取一条 H 回路, 将此 H 回路的长度作为上界的初始值. 例如, 若图 $G=(V,E)$ 为一完全图, 任意取一 H 回路 $C=(v_1,v_2,\cdots,v_n,v_1)$, 其长度为 $\bar{L}(C)=\sum\limits_{(v_i,v_j)\in C}w(v_i,v_j)$.

显然最优 H 回路的长度不会超过 $\bar{L}(C)$, 于是可以令 $\bar{L}(C)$ 为可行方向的上界. 对于下界的求法, 可以利用简化矩阵的性质. 由于距离矩阵的行列简化 (每一行每一列减去本行本列的最小值) 不影响最优解, 若简化后的各行各列的零元素构成一 H 回路, 则该 H 回路就是最优 H 回路.

由定理 5 可知, 距离矩阵简化总量可以构成原问题的一个下界.

第 i 行的简化值是第 i 行的最小值 $a_i=\min\limits_{1\leqslant i\leqslant n}\{w_{ij}\}\ (i=1,2,\cdots,n)$.

第 j 列的简化值为 $b_j=\min\limits_{1\leqslant j\leqslant n}\{w_{ij}-a_i\}\ (j=1,2,\cdots,n)$.

于是简化总量为 $\underline{L}=\sum\limits_{i=1}^{n}a_i+\sum\limits_{j=1}^{n}b_j$.

(2) 分枝.

构造二元树. 结点表示 H 回路的集合, 根结点是所有回路的集合, 标 (i,j) 的结点表示含边 (v_i,v_j) 的所有 H 回路的集合, 标 $(\overline{i,j})$ 的结点表示不含边 (v_i,v_j) 的所有 H 回路的集合. 对结点 (i,j) 继续分枝, (k,l) 表示含边 (v_i,v_j) 也含边 (v_k,v_l) 的 H 回路的集合, $(\overline{k,l})$ 表示含边 (v_i,v_j) 不含边 (v_k,v_l) 的 H 回路的集合. 分枝过程如图 11.13 所示. 如此分枝下去, 则子集将越分越小.

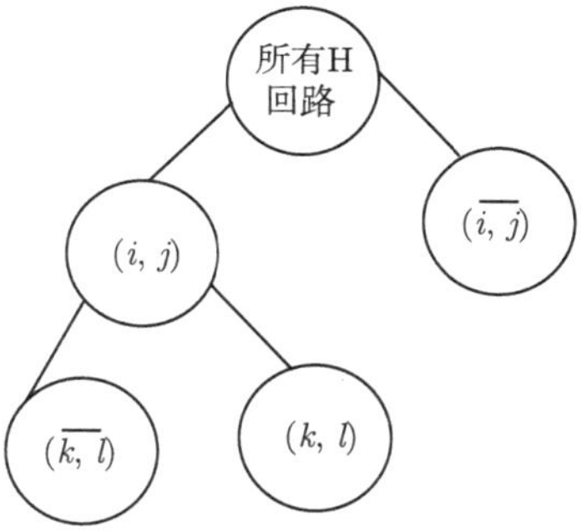

图 11.13 分枝图

在分枝过程中, 如何选取进入回路的边呢?

若距离矩阵 $W=(w_{ij})$ 经过简化以后变为 $W'=(w'_{ij})$.

一般情况下, 要选取 $w'_{ij}=0$ 所对应的边 (v_i, v_j) 进入回路. 但是这样的 w'_{ij} 很多, 每行每列至少有一个, 为此, 引入罚函数 F_{ij} 进行优选.

设 F_i 是矩阵 W' 的第 i 行中除本身这个零元素以外的最小值, F_j 是矩阵 W' 的第 j 列中除本身这个零元素以外的最小值, 令

$$F_{ij}=F_i+F_j=\min_k\left\{w'_{ik}\right\}+\min_k\left\{w'_{kj}\right\}.$$

选取 $\max\limits_{i,j}\left\{F_{ij}|w'_{ij}=0\right\}$ 所对应的边 (v_i, v_j) 进入回路. 其含义是选取 (v_i, v_j) 进入回路可以使最终 H 回路的增值 (与下界比较) 减少最多, 罚函数的加入加速了解的收敛过程.

在 $w'_{ij}=0$ 所对应的边 (v_i, v_j) 入选回路以后, 可以删除 w'_{ij} 所在行列的其他元素 (或将这些元素都置为 ∞), 在以后的讨论中就不再考虑, 此外, 当 (v_i, v_j) 入选回路以后, 为避免以后可能将 (v_j, v_i) 选入形成一条子回路 $\{(v_i, v_j), (v_j, v_i)\}$, 所以这时就置 $w'_{ji}=\infty$, 这样的处置随每一条边的入选而一同进行.

(3) 分枝后再定界.

这时需要就 (v_i, v_j) 和 $\overline{(v_i, v_j)}$ 两种情况定界.

(i) 含有 (v_i, v_j) 的全体 H 回路的下界值可以在降阶以后的距离矩阵中, 用前面的方法确定下界.

(ii) 不含有 (v_i, v_j) 的全体 H 回路的下界值, 只要在距离矩阵中令 $w'_{ij}=\infty$, 然后用前述的方法确定下界.

(4) 分枝定界终止.

连续分枝过程, 最终可得到一条过网络全部顶点的 H 回路. 若下界值不能剪除所有的其他分枝, 即尚有一些分枝其下界值更小, 则需要回溯到这类顶点, 继续上述分枝定界过程.

例 8　有五个城市需要商人联系业务, 这五个城市之间的距离如下

$$\begin{array}{c} \\ v_1 \\ v_2 \\ v_3 \\ v_4 \\ v_5 \end{array}\begin{array}{c} \begin{array}{ccccc} v_1 & v_2 & v_3 & v_4 & v_5 \end{array} \\ \left(\begin{array}{ccccc} \infty & 25 & 40 & 31 & 27 \\ 5 & \infty & 17 & 30 & 25 \\ 19 & 15 & \infty & 6 & 1 \\ 9 & 50 & 24 & \infty & 6 \\ 22 & 8 & 7 & 10 & \infty \end{array}\right) \end{array}.$$

解　(1) 任意选可行解作上界, 任意找一个 H 回路

$$C = \{(v_1, v_2), (v_2, v_3), (v_3, v_5), (v_5, v_4), (v_4, v_1)\},$$

则

$$\bar{L}(C) = 25 + 17 + 1 + 10 + 9 = 62.$$

(2) 简化矩阵.

$$D' = \begin{array}{c} \\ v_1 \\ v_2 \\ v_3 \\ v_4 \\ v_5 \\ b_j \end{array}\begin{array}{c} \begin{array}{ccccc} v_1 & v_2 & v_3 & v_4 & v_5 \end{array} \\ \left(\begin{array}{ccccc} \infty & 0 & 15 & 3 & 2 \\ 0 & \infty & 12 & 22 & 20 \\ 18 & 14 & \infty & 2 & 0 \\ 3 & 44 & 18 & \infty & 0 \\ 15 & 1 & 0 & 0 & \infty \end{array}\right) \\ \begin{array}{ccccc} 0 & 0 & 0 & 3 & 0 \end{array} \end{array}\begin{array}{c} a_i \\ 25 \\ 5 \\ 1 \\ 6 \\ 7 \\ \\ \end{array}.$$

从上面矩阵可以看出, 零元素没有构成回路, 则下界为简化总量

$$\underline{L} = (25 + 5 + 1 + 6 + 7) + 3 = 47.$$

(3) 分枝.

找出零元素对应罚函数值

$$F_{12} = 2 + 1 = 3, \quad F_{21} = 12 + 3 = 15, \quad F_{35} = 2 + 0 = 2,$$

$$F_{45} = 3 + 0 = 3, \quad F_{53} = 0 + 12 = 12, \quad F_{54} = 0 + 2 = 2,$$

其中 F_{21} 最大, 故选择边 (v_2, v_1) 进行分枝：含有边 (v_2, v_1) 的全体 H 回路的集合 $(2,1)$ 和不含 (v_2, v_1) 的全体 H 回路的集合 $\overline{(2,1)}$.

(4) 确定分枝的下界.

对于结点 $(2,1)$, 将简化矩阵 D' 中的第 2 行和第 1 列的元素全部置为 ∞(或将它们删除降阶), 并置 $w'_{12}=\infty$ 以保证 (v_2,v_1) 与 (v_1,v_2) 不构成回路, 得到

$$\begin{array}{c} \\ v_1 \\ v_2 \\ v_3 \\ v_4 \end{array}\begin{array}{c} \begin{matrix} v_1 & v_2 & v_3 & v_4 \end{matrix} \\ \begin{pmatrix} \infty & 15 & 3 & 2 \\ 14 & \infty & 2 & 0 \\ 44 & 18 & \infty & 0 \\ 1 & 0 & 0 & \infty \end{pmatrix} \end{array} \rightarrow \begin{array}{c} \begin{pmatrix} \infty & 13 & 1 & 0 \\ 13 & \infty & 2 & 0 \\ 43 & 18 & \infty & 0 \\ 0 & 0 & 0 & \infty \end{pmatrix} \begin{matrix} 2 \\ 0 \\ 0 \\ 0 \end{matrix} \\ \begin{matrix} 1 & 0 & 0 & 0 \end{matrix} \end{array}.$$

简化总量为 3, 加上第 1 次的简化量 47, 于是得两次简化总量之和为 47+3=50 就是回路集合 $(2,1)$ 的下界.

对于结点 $\overline{(2,1)}$, 我们将 D' 中的 w'_{21} 置为 ∞, 然后简化得

$$\begin{array}{c} \\ v_1 \\ v_2 \\ v_3 \\ v_4 \\ v_5 \end{array}\begin{array}{c} \begin{matrix} v_1 & v_2 & v_3 & v_4 & v_5 \end{matrix} \\ \begin{pmatrix} \infty & 0 & 15 & 3 & 2 \\ \infty & \infty & 12 & 22 & 20 \\ 18 & 14 & \infty & 2 & 0 \\ 3 & 44 & 18 & \infty & 0 \\ 15 & 1 & 0 & 0 & \infty \end{pmatrix} \end{array} \rightarrow \begin{array}{c} \begin{pmatrix} \infty & 0 & 15 & 3 & 2 \\ \infty & \infty & 0 & 10 & 8 \\ 15 & 14 & \infty & 2 & 0 \\ 0 & 44 & 18 & \infty & 0 \\ 12 & 1 & 0 & 0 & \infty \end{pmatrix} \begin{matrix} 0 \\ 12 \\ 0 \\ 0 \\ 0 \end{matrix} \\ \begin{matrix} 3 & 0 & 0 & 0 & 0 \end{matrix} \end{array}.$$

得简化总量为 $12+3=15$, 前后两次的简化总量为 47+15=62, 作为回路集合 $\overline{(2,1)}$ 的下界. 由于 $(2,1)$ 的下界小于 $\overline{(2,1)}$ 的下界, 故对结点 $(2,1)$ 继续分枝.

(5) 继续分枝.

结点 $(2,1)$ 的简化矩阵中有 6 个零元素 $w_{15},w_{35},w_{45},w_{53},w_{54},w_{52}$, 重复前面的罚函数选择方法, 得到 w_{45} 所对应的边 (v_4,v_5) 入选回路. 于是结点 $(2,1)$ 引出两个分枝: $(4,5)$ 和 $\overline{(4,5)}$, 通过前面叙述过的方法定界, 得到 $\overline{(4,5)}$ 的下界为 $68>62$, 此枝就可以剪除. 对于 $(4,5)$ 继续分枝为 $(1,4)$ 和 $\overline{(1,4)}$, 而 $(1,4)$ 的下界为 64, $\overline{(1,4)}$ 的下界为 65, 都大于 62.

(6) 回溯.

由 $(2,1)$ 继续分枝下去的下界已大于由 $\overline{(2,1)}$ 分枝下去的下界 62, 故不能再继续分枝下去, 由此回溯到 $\overline{(2,1)}$ 进行分枝, 得到一个分枝状态树.

由此最优 H 回路为 $(v_1v_2v_3v_5v_4v_1)$.

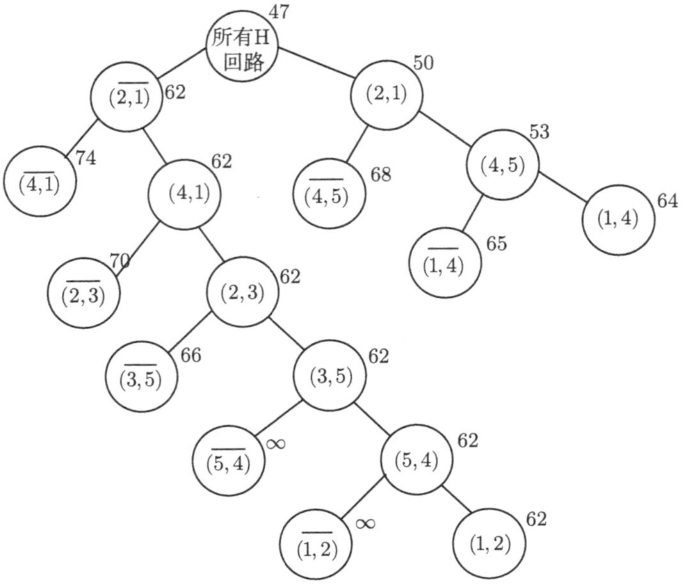

图 11.14　例 8 的分枝定界图

(7) 近似算法.

由于求解旅行商问题的精确解很困难, 故希望找出一些计算方便的近似算法. 下面介绍几种近似算法.

1) 逐次修正算法

算法步骤如下:

(1) 在图中任找一 H 回路 C_0, 不妨设为

$$C_0 = (v_1, v_2, \cdots, v_i, \cdots, v_j, \cdots, v_n, v_1).$$

(2) 对所有的满足条件 $1 < i+1 < j < n$ 的 i, j, 若

$$w(v_i, v_j) + w(v_{i+1}, v_{j+1}) < w(v_i, v_{i+1}) + w(v_j, v_{j+1}),$$

则在 C_0 中删除边 (v_i, v_{i+1}) 和 (v_j, v_{j+1}), 而加入新边 (v_i, v_j) 和 (v_j, v_{j+1}), 形成新的回路 C, 即 $C = (v_1, v_2, \cdots, v_i, v_j, v_{j-1}, \cdots, v_{i+1}, v_{j+1} \cdots, v_n, v_1)$.

(3) 对 C 重复步骤 (2), 直到条件不满足为止, 最后得到的 C 即为所求.

例 9　对图 11.15 所示的完全图, 用逐次修正法求最优 H 回路.

解　任取一回路 $C_0 = (v_1 v_2 v_3 v_4 v_5 v_6 v_1)$.

可以计算得

$$w(v_1, v_4) + w(v_2, v_5) < w(v_1, v_2) + w(v_4, v_5),$$

故可以删除边 $(v_1,v_2),(v_4,v_5)$ 而加入边 $(v_1,v_4),(v_2,v_5)$, 得到一个新回路

$$C_1=(v_1v_4v_3v_2v_5v_6v_1).$$

从 C_1 可以计算得到 $w(v_1,v_5)+w(v_2,v_6)<w(v_6,v_1)+w(v_2,v_5)$, 故删除边 (v_6,v_1) 和边 (v_2,v_5), 添加边 (v_1,v_5) 和 (v_2,v_6), 得到回路 $C_2=(v_1v_3v_2v_6v_5v_4v_1)$.

从 C_2 可以计算得到 $w(v_1,v_3)+w(v_5,v_4)<w(v_1,v_5)+w(v_3,v_4)$, 故删除边 (v_1,v_5) 和边 (v_3,v_4), 添加边 (v_1,v_3) 和 (v_5,v_4), 得到回路 $C_2=(v_1v_3v_2v_6v_5v_4v_1)$.

在 C_3 中已经找不到满足条件的边, 故 C_3 即为所求的近似 H 回路, 其长为 $w(C_3)=192$.

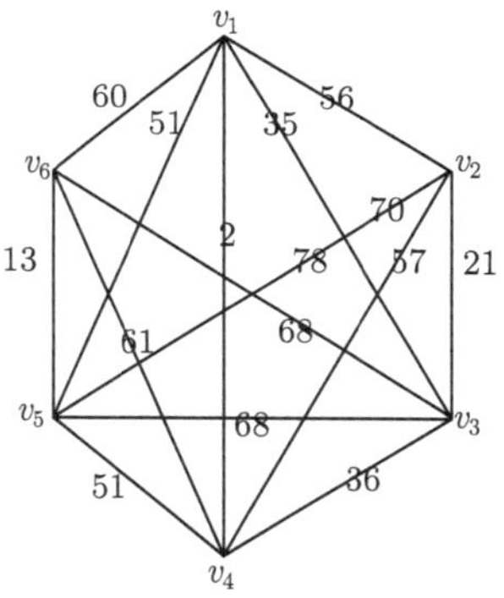

图 11.15　完全图

下面估计这一算法的误差界限. 设 C_0 为 G 的最优 H 回路, 则对图 G 的任意一个顶点 v, $C_0-\{v\}$ 是 $G-\{v\}$ 的 H 路径, 因而也是 $G-\{v\}$ 的生成树, 由此可见, 若 T 为 $G-\{v\}$ 一棵最小生成树, 而 e_1,e_2 是与 v 关联的权最小的两条边, 则 $w(T)+w(e_1)+w(e_2)$ 将是 $w(C_0)$ 的一个下界. 若把用这一算法求得的 H 回路记为 C, 则可以得到

$$w(T)+w(e_1)+w(e_2)\leqslant w(C_2)\leqslant w(C).$$

对于例 9, 取顶点 v_3, 可得 $G-\{v_3\}$ 的一棵最小生成树 T, $w(T)=122$, 此时与 v_3 关联的权最小的两条边为 $(v_2,v_3),(v_1,v_3)$, 则

$$w(T)+w(v_1,v_3)+w(v_2,v_3)=122+21+35=178,$$

故 $178\leqslant w(C_0)\leqslant 192$.

2) C-W 节约算法

设图 $G=(V,E)$, $V=\{v_1,v_2,\cdots,v_n\}$, w_{ij} 是边 (v_i,v_j) 的权, 且设 $w_{ij}=w_{ji}$.

算法的基本思路是：在 V 中任取一顶点作为起点，不妨取点 v_1，旅行商从 v_1 出发到其他每个顶点之后又返回 v_1，即 $v_1 \to v_j \to v_1$ $(j=2,3,\cdots,n)$，则旅行商所走的路程总和为 $w = 2\sum_{j=2}^{n} w_{2j}$.

若连接点 v_i 和 $v_j(i,j \neq 1, i \neq j)$，使旅行商走边 (v_i,v_j)，而不再走边 (v_i,v_1) 和边 (v_1,v_j)，即旅行商走 $v_1 \to v_i \to v_j \to v_1$，这时所引起的节约路程为

$$S(v_i,v_j) = 2(w_{1i}+w_{1j}) - (w_{1i}+w_{ij}+w_{1j}) = w_{1i}+w_{1j}-w_{ij}.$$

对于不同的点，$S(v_i,v_j)$ 越大，旅行商走 (v_i,v_j) 所引起的节约路程就越多，因而应优先考虑将这条边插入线路中去.

具体步骤为:

(1) 选取起点，如选取 v_1，得到旅行商初始路线 $v_1 \to v_j \to v_1$ $(j=2,3,\cdots,n)$;

(2) 对不违背限制条件的所有顶点对 (v_i,v_j)，计算节约值 $S(v_i,v_j) = w_{1i}+w_{1j}-w_{ij}$;

(3) 将 $S(v_i,v_j)$ 按值从大到小排序;

(4) 按 $S(v_i,v_j)$ 的排序，在满足以下条件时，将边 (v_i,v_j) 插入线路中. 其条件是：v_i 与 v_j 不在一条线路上，而且 v_i,v_j 均与起点相邻;

(5) 返回 (4) 直到所有可插入的弧 (v_i,v_j) 全部插入进去为止.

对上面的例 9 用 C-W 节约算法进行计算. 首先写出距离矩阵如下

$$\begin{array}{c} \\ v_1 \\ v_2 \\ v_3 \\ v_4 \\ v_5 \\ v_6 \end{array}
\begin{array}{c} \begin{array}{cccccc} v_1 & v_2 & v_3 & v_4 & v_5 & v_6 \end{array} \\
\left(\begin{array}{cccccc}
0 & 56 & 35 & 2 & 51 & 60 \\
56 & 0 & 21 & 57 & 78 & 70 \\
35 & 56 & 0 & 36 & 68 & 68 \\
2 & 21 & 36 & 0 & 51 & 61 \\
51 & 78 & 68 & 51 & 0 & 13 \\
60 & 70 & 68 & 61 & 13 & 0
\end{array}\right) \end{array}.$$

取 v_1 为基点，利用节约路程的计算表达式 $S(v_i,v_j) = w_{1i}+w_{1j}-w_{ij}$ 来计算 $S(v_i,v_j)$，并排序得表 11.1 和表 11.2.

表 11.1　计算例 9 的 C-W 节约算法所得边的节约值

序号	边	节约值	序号	边	节约值
1	(v_5,v_6)	98	6	(v_3,v_5)	18
2	(v_2,v_3)	70	7	(v_3,v_4)	3
3	(v_2,v_6)	46	8	(v_4,v_5)	2
4	(v_2,v_5)	29	9	(v_2,v_4)	1
5	(v_3,v_6)	27	10	(v_4,v_6)	1

表 11.2 C-W 节约算法所得线路表

序号	插入边	线路说明	节约值
0		$v_1 \to v_2 \to v_1, v_1 \to v_3 \to v_1, v_1 \to v_4 \to v_1,$ $v_1 \to v_5 \to v_1, v_1 \to v_6 \to v_1$	
1	(v_5, v_6)	$v_1 \to v_2 \to v_1, v_1 \to v_3 \to v_1,$ $v_1 \to v_4 \to v_1, v_1 \to v_5 \to v_6 \to v_1$	98
2	(v_2, v_3)	$v_1 \to v_2 \to v_3 \to v_1, v_1 \to v_4 \to v_1,$ $v_1 \to v_5 \to v_6 \to v_1$	70
3	(v_2, v_6)	$v_1 \to v_3 \to v_2 \to v_6 \to v_5 \to v_1, v_1 \to v_4 \to v_1$	46
4	(v_3, v_4)	$v_1 \to v_5 \to v_6 \to v_2 \to v_3 \to v_4 \to v_1$	3

最后得到一近似最优 H 回路：$v_1 \to v_5 \to v_6 \to v_2 \to v_3 \to v_4 \to v_1$，其总长度为 193.

四、多旅行商回路问题

多旅行商回路问题 (MTSP) 表述如下：给定 n 个城市 $v_1, v_2, \cdots, v_n$，有 m 个旅行商以 v_1 为基地，要到各个城市恰好去一次，问如何安排各旅行商的巡回路线，使他们走过的总路程最短.

用图论语言描述为：在一个连通图 $G = (V, E)$ 中，要找出 m 个回路，除 v_1 以外的所有顶点在这些回路中必须出现一次，且仅出现一次，v_1 在每个回路中都恰好出现一次，怎么来寻找这 m 个回路，使它们的总长度最小？

设 w_{ij} 为边 (v_i, v_j) 的长度 (或权)，当 $w_{ij} = w_{ji}$ 时称为对称型 MTSP；当 $w_{ij} \neq w_{ji}$ 时，称为非对称型 MTSP.

下面讨论对称型 MTSP 的数学模型.

设 $x_{ij} = 1$ 表示旅行商从 v_i 到 v_j，$x_{ij} = 0$ 表示旅行商不从 v_i 到 v_j，则 MTSP 的数学模型为：

目标函数 $\min z = \sum\limits_{i=1}^{n} \sum\limits_{j=1}^{n} w_{ij} x_{ij}$，

约束条件

(1) 从 v_i 城到 v_i 城，即 $x_{ii} = 0 \quad (i = 1, 2, \cdots, n)$；

(2) 恰有一次到达 v_j 城，即 $\sum\limits_{i=1}^{n} x_{ij} = 1 (j = 1, 2, \cdots, n)$；

(3) 恰有一次离开 v_i 城，即 $\sum\limits_{j=1}^{n} x_{ij} = 1 (i = 1, 2, \cdots, n)$；

(4) 有 m 到达和离开 v_1 城，即 $\sum\limits_{i=1}^{n} x_{i1} = m, \sum\limits_{j=1}^{n} x_{1j} = m$；

(5) 在 $v_2, v_3, \cdots, v_n$ 中避免两城之间来回，即

$$x_{ij} + x_{ji} \leqslant 1 \quad (i \neq j, i, j > 1);$$

避免在三城之间来回, 即 $x_{ij}+x_{jk}+x_{ki}\leqslant 2\,(i,j,k$ 均大于 1, 且两两不相等);

避免在 $n-2$ 城之间来回, 即 $x_{i_1i_2}+x_{i_2i_3}+\cdots+x_{i_{n-2}i_1}\leqslant n-3$. 其中 $i_1,i_2,\cdots,i_{n-2}$ 均大于 1, 且两两不相等;

(6) $x_{ij}=0$ 或 $1(i,j=1,2,\cdots,n)$.

这样的 n 个顶点, m 个旅行商的多旅行商回路问题, 一般可以转化为 $n'=n+m-1$ 个顶点的单旅行商问题 (TSP) 来求解. 转化方法如下:

设 $G=(V,E)$ 是一连通图, $V=\{v_0,v_1,\cdots,v_{n-1}\}$, v_0 是旅行商的驻地, 即 m 个旅行商从 v_0 出发, 各自选取多个城经过以后回到 v_0, 形成不相交的 m 个回路. 将 v_0 转化为 m 个顶点 $v_1',v_2',\cdots,v_m'$, 其他顶点 v_i 相应的转化为顶点 v_{i+m}', 得到一个新的图 $G'=(V',E')$, $V'=\left\{v_1',v_2',\cdots,v_m',v_{m+1}',\cdots,v_{m+n-1}'\right\}$, $w_{ij}=w(v_i,v_j)(i,j=0,1,\cdots,n-1)$. 由 v_0 转化的顶点与其他顶点之间的距离就是 v_0 与相应顶点的距离, 而 v_0 转化的顶点之间的距离为 ∞, 即

$$w(v_i',v_{m+j}')=w_{0j}\quad(i=1,2,\cdots,m;j=1,2,\cdots,n-1),$$

$w(v_i',v_j')=\infty$, $i,j=1,2,\cdots,m$. 距离矩阵为

$$W=\begin{array}{c} \\ v_1' \\ v_2' \\ \vdots \\ v_m' \\ v_{m+1}' \\ \vdots \\ v_{m+n-1}\end{array}\begin{array}{c}\begin{array}{ccccccc} v_1' & v_2' & \cdots & v_m' & v_{m+1}' & \cdots & v_{m+n-1}'\end{array}\\ \left(\begin{array}{ccccccc}\infty & \infty & \cdots & \infty & w_{01} & \cdots & w_{0,n-1}\\ \infty & \infty & \cdots & \infty & w_{01} & \cdots & w_{0,n-1}\\ \vdots & \vdots & & \vdots & \vdots & & \vdots\\ \infty & \infty & \cdots & \infty & w_{01} & \cdots & w_{0,n-1}\\ w_{10} & w_{10} & \cdots & w_{10} & \infty & \cdots & w_{1,n-1}\\ \vdots & \vdots & & \vdots & \vdots & & \vdots\\ w_{n-1,0} & w_{n-1,0} & \cdots & w_{n-1,0} & w_{n-1,1} & \cdots & \infty\end{array}\right)\end{array}.$$

第六节　匹配与覆盖

一、基本概念

1. 定义

定义 8　(1) 在无向图 $G=(V,E)$ 中, 边集 E 的任一子集 $M\subseteq E$, 若 M 中任意两边都不相邻 (即无公共端点), 则 M 称为 G 的一个匹配 (或对集); G 中属于匹配的边称为匹配边; 匹配边的两个端点互为匹配点; 匹配边的所有顶点称为关于 M 的饱和点, 匹配中的边数称为匹配 M 的基数, 记为 $|M|$, 显然匹配 M 的子集也是匹配.

(2) 设 M 为 $G=(V,E)$ 的一个匹配, 若不存在另一个匹配 M', 使得 $|M'|>|M|$, 则称 M 为 G 的最大基数匹配 (简称为最大匹配).

(3) 若 $G=(V,E)$ 的每个顶点都是 M 的饱和点, 则称 M 为 G 的完全匹配 (完美匹配).

从定义可以看出, 若 G 有完全匹配, 则 G 的顶点数一定为偶数, 且 $|M|=\dfrac{1}{2}|V|$, 即匹配 M 的边数为顶点数的一半; 完全匹配一定是最大匹配; 最大匹配不是唯一的, 但基数是定值.

定义 9　设 C 为图 $G=(V,E)$ 的一个边集, 即 $C\subseteq E$, 若 G 中每一个顶点至少与 C 中的一条边关联, 则称边集 C 为图的覆盖.

2. 应用举例

下面举几个匹配与覆盖的例子.

(1) 外贸交易会议准备安排各类专业谈判, 已知现有翻译人员语种和专业情况, 仅当翻译人员的语种和专业都对口时, 谈判方能顺利进行, 如何安排才能使同时展开的谈判小组数最多?

用 V_1 表示语种的集合, V_2 表示专业集合, V_1,V_2 之间的边表示某一语种 (或一组) 翻译人员的专业适应面, 这样由顶点 V_1+V_2 和 V_1 与 V_2 之间的边构成了一个图, 这个图的最大匹配的基数就是能安排的最多谈判小组.

(2) 一个全国性委员会选举委员会, 要求地方各民族都有代表参加委员会, 但又希望委员的总人数尽可能少, 作一个图 $G=(V,E)$, $V=V_1\cup V_2$, V_1 中的顶点代表地方, V_2 中的顶点代表民族, 每一个候选人既代表一个地方又代表一个民族. V_1 和 V_2 的一些顶点之间的连线就表示一个候选人代表一个地方和一个民族. 此图中求最小覆盖中的边数即是满足要求的委员人数最少的方案.

3. 最大匹配和最小覆盖的关系

可以由一个图的最大匹配 M^* 构造出最小覆盖 C^*, 也可以由最小覆盖 C^* 构造出最大匹配 M^*, 下面给出两种构造法.

(1) 对于图 G 中的一个匹配, 任选取 G 中的一个非饱和点 V, 再又任取一条与 V 关联的边加到匹配 M 中, 重复上述过程, 直到不存在非饱和点, 则得到一个覆盖 C, 即通过增加匹配 M 中的边, 消除非饱和点, 最终必可得到覆盖.

若 M 为最大匹配 M^*, 则由此构造法所得的覆盖必为最小覆盖 C^*.

(2) 由覆盖构造匹配.

设 C 为图 E 中的一个覆盖, 在图 G 中任选与两条以上覆盖边关联的顶点 (称为重复覆盖点), 将其中任意一条与该顶点关联的边从 C 中删去, 重复上述步骤, 直到不存在重复覆盖点为止, 则覆盖中剩余的边集必为一个匹配. 若 C 为最小覆盖 C^*, 则由此构造法所得的匹配必为最大匹配 M^*.

4. 基本定理

定义 10　设 M 是图 G 一个匹配, 若 G 中存在一条初等链 P, P 的边是由属于 M 的匹配边和不属于 M 的非匹配边交替出现组成的, 则称 P 为交错链; 若 P 的两个端点都是 M 非饱和点, 则称这条交错链 P 为可扩充链.

定理 14　图 G 的匹配 M 是最大匹配的充分必要条件, 是 G 不含 M 的可扩充链.

实际上, 若 M 是 G 的一个匹配, P 是 G 的一个可扩充链, 若将 P 中的匹配边改为非匹配边, 非匹配边改为匹配边, 不在 P 上的匹配边保持不变, 则匹配变为了 M', 可以看出 M' 的边数比 M 的边数增加 1, 即

$$|M'| = |M| + 1,$$

上面由 M 到 M' 的变换, 实际上是对 M 和 $E(P)$($E(P)$ 是 E 中 P 的边集) 进行环和, 即

$$M' = M \oplus E(P).$$

二、 偶图中的完全匹配

1. 定义和性质

定义 11　(1) 设无向图 $G = (V, E)$ 的顶点集 V 能分成两个子集 V_1 和 V_2, 满足

$$V_1 \cap V_2 = \varnothing, \quad V_1 \cup V_2 = V,$$

且对任意一条边 $e = (x, y) \in E$ 均有 $x \in V_1$ 和 $y \in V_2$, 则称 G 为偶图 (求二分图), 常记为 $G = (V_1, V_2, E)$, 并称 V_1 和 V_2 为 G 的互补项点子集.

(2) 若偶图 G 的互补顶点子集 V_1 中的每一个顶点都与 V_2 中的所有顶点相邻, 则称 G 为完全偶图.

常用 $K_{m,n}$ 表示一个完全偶图, 其中 $|V_1| = m$, $|V_2| = n$, 显然 $K_{m,n}$ 有 $m \times n$ 条边.

定义 12　设 M 为偶图 $G = (V_1, V_2, E)$ 的一个匹配, 若 V_1 中的所有顶点都是 M 的饱和点, 则称 M 为从 V_1 到 V_2 的完全匹配.

显然, 完全匹配一定是最大匹配, 但偶图并不一定存在完全匹配, 例如, 当 $|V_1| < |V_2|$ 时, 不可能有 V_1 到 V_2 的完全匹配. 即使 $|V_1| \leqslant |V_2|$, 也不一定存在 V_1 到 V_2 的完全匹配.

定理 15　设 $G=(V_1,V_2,E)$, 则有从 V_1 到 V_2 的完全匹配的充分条件是: 对任意 $A\subseteq V_1$, 均有 $|N(A)|\geqslant|A|$, 其中 $N(A)\subseteq V_2$ 为 V_2 中与 A 中的顶点邻接的顶点集合.

定理 16　设 $G=(V_1,V_2,E)$, 若 V_1 中每个顶点至少有 $k(k>0)$ 条关联边, V_2 中每个顶点最多有 k 条关联边, 则 G 中有一个从 V_1 到 V_2 的完全匹配.

2. 偶图完全匹配和最大匹配的算法

算法思路: 在偶图 $G=(V_1,V_2,E)$ 中, 任找一个匹配 M, 若 V_1 中的顶点都是 M 的饱和点, 则 M 是完全匹配, 当然也是最大匹配. 否则, 在 V_1 中任找一个 M 的非饱和点, 如 v_0, 以 v_0 为起点, 找出图 G 的交错链, 若所有的交错链的终点都是 M 的饱和点, 则说明以 v_0 为起点的交错链都不是可扩充链, 那么, 图 G 没有完全匹配. 若有一条交错链的终点是非饱和点, 则其是可扩充链, 在这条可扩充链上将原有的匹配边改为非匹配边, 非匹配边改为匹配边, 其他的匹配边不改变, 则得到一个新匹配 M', $|M'|=|M|+1$, 重复上述过程, 直到找出完全匹配或判断不存在完全匹配.

具体步骤如下:

(1) 任给出图 G 的一个初始匹配 M;

(2) 若 M 已饱和 V_1 的所有结点, 即 M 是完全匹配, 停止计算, 否则转入下一步;

(3) 找 V_1 中任一非饱和点 v_0, 令 $A=\{v_0\}$, $B=\varnothing$;

(4) 若 $N(A)=B$, 则不存在完全匹配, 停止计算, 否则, 转入下一步;

(5) 找一结点 $y\in N(A)-B$;

(6) 若 y 是 M 饱和点, 则找出 y 的配对点 x, 令 $A=A+\{x\}$, $B=B+\{y\}$, 转 (4), 否则转下一步;

(7) 存在一条从 v_0 到 y 的可扩充链 P, 令 $M=M\oplus E(P)$, 转 (2).

对于偶图的最大匹配的算法, 只要将上面偶图的完全匹配算法稍作修改即可.

具体步骤如下:

(1) 任给出图 G 的一个初始匹配 M, 若 M 已饱和 V_1 的所有顶点, 则 M 为从 V_1 到 V_2 的完全匹配, 已是最大匹配, 停止计算. 否则, 设 V_1 中的 M 非饱和点为 $v_1,v_2,\cdots,v_k$, 并令 $i=1$, 转入下一步;

(2) 若 $i=k+1$, 则停止计算, M 为最大匹配, 否则转入下一步;

(3) 令 $A=\{v_i\}$, $B=\varnothing$;

(4) 若 $N(A)=B$, 令 $i=i+1$, 转入 (2), 否则, 转入下一步;

(5) 找一结点 $y\in N(A)-B$;

(6) 若 y 是 M 饱和点, 则找出 y 的配对点 x, 令 $A=A+\{x\}$, $B=B+\{y\}$, 转 (4), 否则转下一步;

(7) 存在一条从 v_0 到 y 的可扩充链 P, 令 $M=M\oplus E(P)$, 转 (2).

三、 偶图的最大权匹配

定义 13　设 M 是偶图 G 的一个匹配, $w(M)$ 表示匹配 M 的权和, 若对 G 的所有匹配 M' 都有 $w(M)\geqslant w(M')$, 则称 M 为偶图 G 的最大权匹配.

要注意的一点是, 偶图的最大匹配并不一定是最大匹配, 也不一定是完全匹配, 但对完全偶图而言, 最大权匹配一定是最大匹配, 也是完全匹配.

为了便于处理, 常常将一般偶图的最大权匹配问题化为完全偶图的最大权匹配问题, 转化方法是: 若原偶图不是完全偶图, 增加一些边, 这些边的权值为 0, 使其变为完全偶图, 若原偶图中的互补顶点子集 V_1 和 V_2 中的顶点个数不相等, 则增加一些虚拟顶点及相应的边 (这些边的权值为 0) 值 $|V_1|=|V_2|$, 这样原偶图就变成了完全偶图, 上面的这两种变换. 显然并不影响问题的求解, 新完全偶图的最大权匹配与原偶图的最大权匹配完全一致. 下面讨论完全偶图的最大权匹配.

先来看看完全偶图 $G=(V_1,V_2,E)$, $|V_1|=|V_2|=n$ 的最大权匹配问题的数学模型, 设 w_{ij} 为边 $(x_i,y_j)\in E$ $(x_i\in V_1, y_j\in V_2)$ 的权, $x_{ij}=1$ 表示匹配中含有边 (x_i,y_j), $x_{ij}=0$ 表示匹配中不含有边 (x_i,y_j), 则最大权匹配问题的数学模型为

$$\max \quad \sum_{i=1}^{n}\sum_{j=1}^{n} w_{ij}x_{ij},$$

$$\text{s.t.}\begin{cases}\displaystyle\sum_{j=1}^{n} x_{ij}=1, & i=1,2,\cdots,n,\\ \displaystyle\sum_{i=1}^{n} x_{ij}=1, & j=1,2,\cdots,n,\\ x_{ij}=0 \text{ 或 } 1.\end{cases}$$

从模型上看, 这是一个典型的指派问题, 不过标准指派问题中的目标函数是求最小值, 令 $\bar{w}_{ij}=w_{\max}-w_{ij}$, 则 $w_{\max}=\max\limits_{i,j}\{w_{ij}\}$, 于是目标函数转化为 $\min\displaystyle\sum_{i=1}^{n}\sum_{j=1}^{n}\bar{w}_{ij}x_{ij}$.

完全偶图的最大权匹配问题即为指派问题, 可用匈牙利算法求解.

下面再讲一种便于计算机上运行的标号算法.

定义 14　(1) 设 $G=(V_1,V_2,E)$ 是一赋权完全偶图, 若在顶点集 $V=V_1+V_2$ 上给出一个实函数 d, 使得对任意的 $x_i\in V_1$, $y_j\in V_2$, 均有

$$d(x_i)+d(y_j)\geqslant w_{ij}=w(x_i,y_j),$$

则称 d 为 G 的一个可行顶点标号, 并称 $d(v)(v\in V)$ 为顶点 V 的标号.

(2) 设 l 为赋权完全偶图 $G=(V_1,V_2,E)$ 的一个可行顶点标号, 作边集 E_l

$$E_l=\{(x_i,y_j)\,|d(x_i)+d(y_j)=w_{ij}\}\subseteq E,$$

即权值恰好等于两端点标号之和的边形成的集合, 则称生成子图 $G_l=(V_1,V_2,E_l)$ 为 G 对应于标号 l 的等价子图.

定理 17　若 d 是 G 的一个可行顶点标号, 如果等价子图 G_d 有一完全匹配 M^*, 则 M^* 就是 G 的最大权匹配.

根据定理 3, 可以得到完全偶图的最大权匹配的算法思路: 首先对赋权偶图给出一个可行结点标号 d, 然后根据 d 构造等价子图 G_d, 再用完全匹配的算法求 G_d 的完全匹配 (这时不考虑边所带的权), 若 G_d 存在完全匹配 M^*, 则 M^* 即是 G 的最优匹配. 否则修改结点标号 d, 在新的结点标号下构造新的等价子图, 如此不断的修改, 直到等价子图含有完全匹配为止.

为了简单方便, 可行结点的初始标号按如下方法取值:

$$\begin{aligned}&d(x)=\max_{y\in V_2}w(x,y), && x\in V_1,\\ &d(y)=0, && y\in V_2.\end{aligned}$$

下面给出最大权匹配算法:

(1) 给出初始标号 $d(x_i)=\max\limits_{j}w_{ij},\ d(y_j)=0\,,\ i,j=1,2,\cdots,n$;

(2) 求出边集 $E_d=\{(x_i,y_j)|d(x_i)+d(y_j)=w_{ij}\}$ 及等价子图 G_d 和 G_d 中的一个匹配 M;

(3) 如 M 已饱和 V_1 的所有结点, 则 M 即是 G 的最优匹配, 计算结束, 否则转入下一步;

(4) 在 V_1 中找一非 M 饱和点 v_0, 令 $A=\{v_0\}\,,\ B=\varnothing$;

(5) 若 $N_{G_d}(A)=B$, 则转 (9), 否则进行下一步;

(6) 找一结点 $y\in N_{G_d}(A)-B$;

(7) 若 y 是饱和点, 则找出 y 的配对点 z, 令 $A=A+\{z\}\,,\ B=B+\{y\}$, 转 (5), 否则进行下一步;

(8) 存在一条从 v_0 到 y 的可增广路 P, 令 $M=M\oplus E(P)$, 转 (3);

(9) (i) 按下式计算 a 值,

$$a=\min\{d(x_i)+d(y_j)-w_{ij}|x_i\in A,y_j\notin N_{G_d}(A)\}\,,$$

(ii) 修改标号: $d'(v)=\begin{cases}d(v)-a, & v\in A,\\ d(v)+a, & v\in B,\\ d(v), & \text{其他}.\end{cases}$

(iii) 根据 d' 求 $E_{d'}$ 和 $G_{d'}$.

(10) 令 $d=d', G_d=G_{d'}$, 转 (6).

真题练习　2007 年全国大学生数学建模竞赛 B 题

乘公交, 看奥运

我国人民翘首企盼的第 29 届奥运会明年 8 月将在北京举行, 届时有大量观众到现场观看奥运比赛, 其中大部分人将会乘坐公共交通工具 (简称公交, 包括公汽、地铁等) 出行. 这些年来, 城市的公交系统有了很大发展, 北京市的公交线路已达 800 条以上, 使得公众的出行更加通畅、便利, 但同时也面临多条线路的选择问题. 针对市场需求, 某公司准备研制开发一个解决公交线路选择问题的自主查询计算机系统.

为了设计这样一个系统, 其核心是线路选择的模型与算法, 应该从实际情况出发考虑, 满足查询者的各种不同需求. 请你们解决如下问题:

(1) 仅考虑公汽线路, 给出任意两个公汽站点之间线路选择问题的一般数学模型与算法. 并根据附录数据, 利用你们的模型与算法, 求出以下 6 对起始站 → 终点站之间的最佳路线 (要有清晰的评价说明).

(i) S3359→S1828;　(ii) S1557→S0481;　(iii) S0971→S0485;

(iv) S0008→S0073;　(v) S0148→S0485;　(vi) S0087→S3676.

(2) 同时考虑公汽与地铁线路, 解决以上问题.

(3) 假设又知道所有站点之间的步行时间, 请你给出任意两站点之间线路选择问题的数学模型.

附件 1 和附件 2 的数据详见网址 http://www.shumo.com/wiki 栏目中的数模题库.

第十二章　常用的 MATLAB 建模工具箱

第一节　MATLAB 基本命令

这里介绍 MATLAB 一些基本知识, 包括 MATLAB 命令窗口和基本命令, MATLAB 绘图功能、M 文件的创建、文件存取及数据读写以及 MATLAB 的图像处理功能.

一、基本操作

1. **命令窗口**

点击桌面上的 MATLAB 图标, 或是点击开始程序 MATLAB 组中的相应程序项, 运行进入 MATLAB, 呈现出来标题为 Command Window 的窗口就是命令窗口. 命令窗口是与 MATLAB 编译器相联结的主窗口, 当其中显示符号 “>>” 时, 就代表系统已处于接受命令的状态 (“>>” 就是命令提示符), 于是就可以直接在该窗口输入所编写的命令或源程序, 然后按回车键运行.

例如, 在命令窗口中输入一个 3×3 的矩阵:

```
>>A=[1 2 3; 4 5 6; 7 8 10]
```

按回车键, MATLAB 就会返回如下结果:

A =

$$\begin{matrix} 1 & 2 & 3 \\ 4 & 5 & 6 \\ 7 & 8 & 10 \end{matrix}$$

要对此矩阵求逆, 只需输入: >>B=inv(A)

然后按回车键, MATLAB 就会返回相应结果:

B =

$$\begin{matrix} -0.6667 & -1.3333 & 1.0000 \\ -0.6667 & 3.6667 & -2.0000 \\ 1.0000 & -2.0000 & 1.0000 \end{matrix}$$

1) 命令的编辑

使用方向键及控制键等功能键可以编辑修改已输入的命令. 例如, 如果错误地输入了:

```
>>r=sqt(9+25)/2
```

由于将 sqrt 错拼成 sqt, MATLAB 就会返回如下信息:

??? Undefined function or variable 'sqt'.

可以不必重新输入一行新命令, 只需简单地使用键盘上的向上方向键就可回到先前输入错误的那一行进行修改.

在 MATLAB 中输入的命令都会保留在一个存储器中, 可以利用某些功能键调用先前输入的命令. 在 MATLAB6.x 和 MATLAB7.x 版本中, 还可以从专门的 Command History 窗口中再次运行前面输入的命令.

2) 中断正在执行的命令

在 MATLAB 环境下可以通过按 Ctrl+C 组合键来中断正在执行的命令或程序.

3) format 命令

用 format 命令可以控制数值在屏幕上的显示方式, 通过关键字 format 后面跟上不同的参数, 就可以设置不同的显示方式. 这些命令只会改变数值的显示, 并不会对数值本身造成影响.

4) 续行符

如果命令超过一行, 利用一个空格加 "…", 然后按回车键就可以跳到下一行继续命令的输入.

各符号间的空格可有可无, 但增加空格能增加可读性. 注意, 一行中最多能输入 4096 个字符.

2. MATLAB 的基本命令

表 12.1　MATLAB 的基本命令

主题词	含义	主题词	含义
format	设置数据显示格式	feval	函数求值
who	显示变量名	input	提示输入
whos	显示变量信息	disp	输出
clear	清除内存变量	tic	启动秒表
save	保存工作变量到文件	toc	时间读数 (秒)
load	从文件装载变量	help	帮助
linspace	区间等分	lookfor	查找
length	获取数组长度	type	列程序清单
size	矩阵大小	which	查找文件目录
max	最大值	double	双精度
min	最小值	str2num	字符串转化为数值
sum	求和	num2str	数值转化为字符串
find	条件检索		

二、 MATLAB 绘图功能

MATLAB 有很强的图形功能, 可以方便地实现数据的视觉化. 强大的计算功能与图形功能相结合为 MATLAB 在科学技术和教学方面的应用提供了更加广阔的天地.

1. 二维平面图形

MATLAB 提供了许多在二维和三维空间内显示可视信息的工具, 这种直观表示信息的方式在数据处理和工程技术中有十分重要的作用. 用图形表示信息的技术叫做数据的可视化. 表 12.2 为 MATLAB 的二维平面绘图的基本函数.

表 12.2 基本绘图函数表

命令	含义
plot	建立向量或矩阵对应坐标的图形
fplot	自动画函数的图形
title	给图形加标题
xlabel	给 x 轴加标记
ylabel	给 y 轴加标记
text	在图形指定的位置上加文本字符串
gtext	在鼠标的位置上加文本字符串
grid	打开网格线

表 12.3 plot 绘图函数的参数表

字元	颜色	字元	图线型态
y	黄色	.	点
k	黑色	o	圆
w	白色	x	x
b	蓝色	+	+
g	绿色	*	*
r	红色	-	实线
c	亮青色	:	点线
m	锰紫色	-.	点虚线
		--	虚线

1) hold on 命令

hold on 命令用于在已画好的图形上添加新的图形.

2) plot 命令

plot 命令是绘制一维曲线的基本函数, 但在使用此函数之前, 需先定义曲线上每一点的 x 及 y 坐标.

```
>>x=0:0.005:2*pi;            % 0到10的1257个点的x坐标
```

```
>>y=sin(x);                     % 对应的 y 坐标
>>plot(x,y);                    % 绘图
>>Y=sin(2*x);
>>plot(x,y,'r-',x,Y,'b*')       % 同时画两个函数.
```

结果如图 12.1 所示.

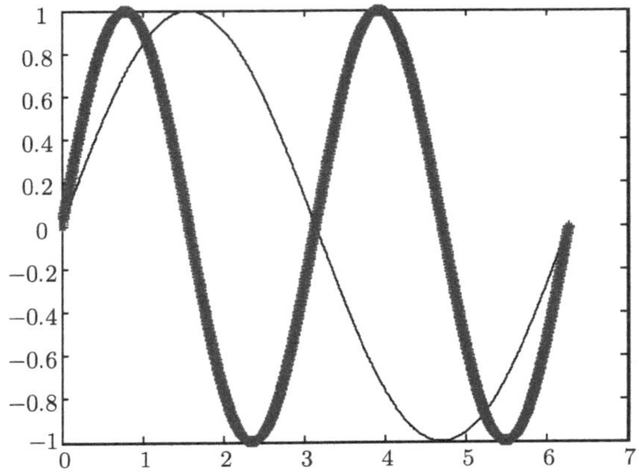

图 12.1　sin(x) 和 sin($2x$) 图

若要同时改变颜色及图像型态, 只需在坐标后面加上相关字串即可.

```
>>plot(x,sin(x),'r*'), %如图 12.2 所示.
```

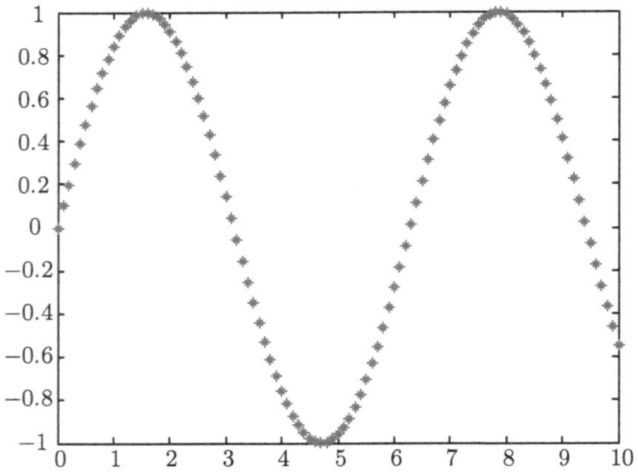

图 12.2　改变颜色及型态的 sin(x) 图

用 axis([xmin,xmax,ymin,ymax]) 函数来调整坐标轴的范围.

```
>> axis([0,6, -1.5,1]), %如图 12.3 所示.
```

MATLAB 也可对图形加上各种注解与处理:

```
>>xlabel('x 轴');          % x 轴注解
>>ylabel('y 轴');          % y 轴注解
>>title('余弦函数');        % 图形标题
>>legend('y=cos(x)');      % 图形注解
>>gtext('y=cos(x)');       % 图形注解,用鼠标定位注解位置
>>grid on;                 % 显示格线
```

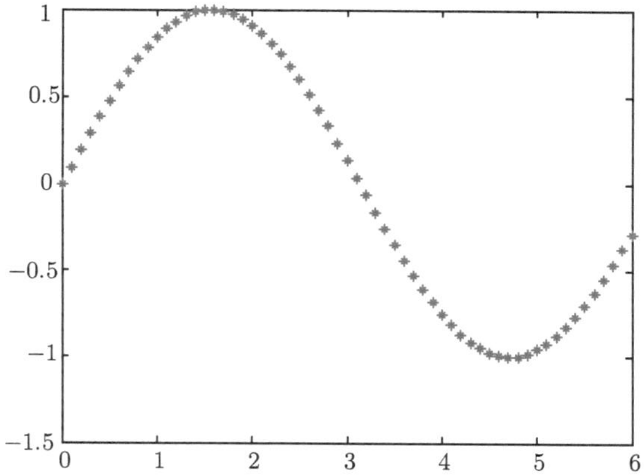

图 12.3 调整坐标轴的范围

3) fplot 命令

fplot 命令可以用于画一个已定义的函数图像, 而无须产生绘图所需要的一组数据作为变数. 其语法为 fplot('fun',[xmin xmax ymin ymax]), 其中 fun 为已定义的函数名称, 例如, sin, cos 等; 而 xmin, xmax, ymin, ymax 是设定的绘图范围.

例 1 画出函数 $f(x)=\dfrac{\sin x}{x}$ 在 $-20<x<20, -0.4<y<1.2$ 之间的图像.

```
>> fplot('sin(x). /x',[-20 20 -0.4 1.2]), %如图 12.4 所示.
```

例 2 画椭圆 $\dfrac{x^2}{3^2}+\dfrac{y^2}{2^2}=1$ 的图像, 要求标出 x 轴、y 轴、图形标题.

```
>>a=[0:pi/50:2*pi]';
>>X=3*cos(a); %参数方程
>>Y=2*sin(a);
>>plot(X,Y);
>>xlabel('x轴');
>>ylabel('y轴');
>>title('椭圆'), %如图12.5所示.
```

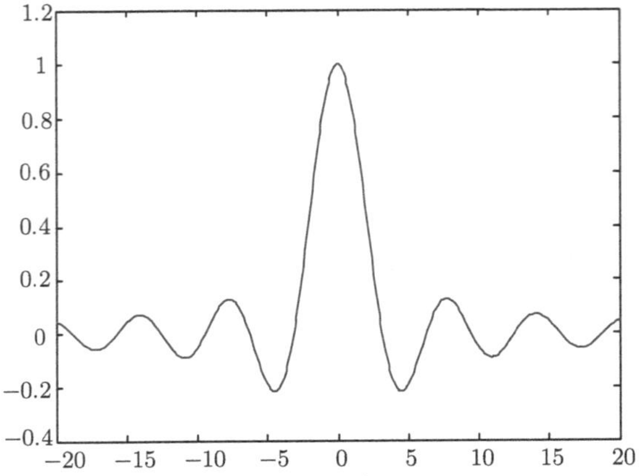

图 12.4　$f(x)=\dfrac{\sin x}{x}$ 函数图

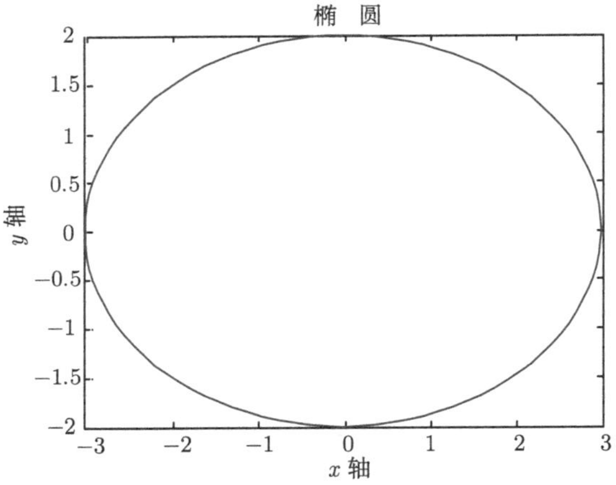

图 12.5　椭圆的图像

2. 三维图形

1) plot3 命令

plot3 命令将二维图形绘制的函数 plot 的特性扩展到三维空间图形. 函数格式除了包括第三维的信息 (比如 z 方向) 之外, 与二维函数 plot 相同. plot3 一般语法调用格式是 plot3(x,y,z,S), 这里 x, y, z 是向量或矩阵, S 是可选的字符串, 用来指定颜色、标记符号和线形.

例 3　画三维螺旋线 $\begin{cases} x=3\sin t, \\ y=3\cos t, \quad t\in[0,2\pi]. \\ z=t, \end{cases}$

```
>>t=0:pi/50:10*pi;
```

```
>>plot3(sin(t),cos(t),t,'*b');
>>grid on %添加网格, 如图12.6所示.
```

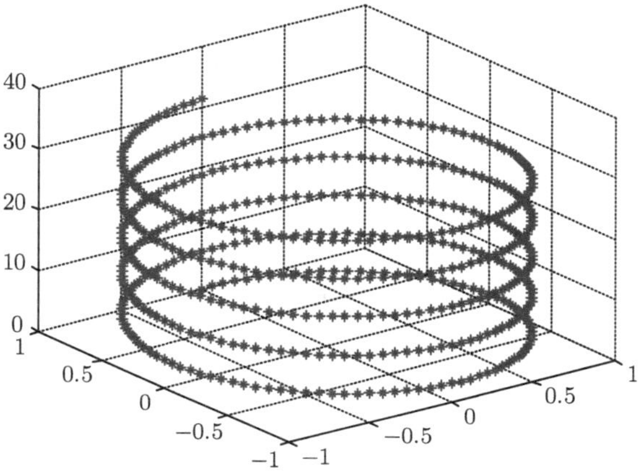

图 12.6 空间曲线的图形

2) 画立体网状图命令: mesh

利用在 x-y 平面的矩形网格点上的 z 轴坐标值, 通过将邻接的点用直线连接起来形成网状曲面, 其结果好像在数据点有结点的鱼网.

例 4 画出由函数 $z = x\mathrm{e}^{-(x^2+y^2)}$ 形成的立体网状图.

```
>>x=linspace(-2, 2, 25);
>>y=linspace(-2, 2, 25);
>>[xx,yy]=meshgrid(x, y);
>>zz=xx. *exp(-xx. ^2-yy. ^2);
>>mesh(xx, yy, zz)  %如图12.7所示.
```

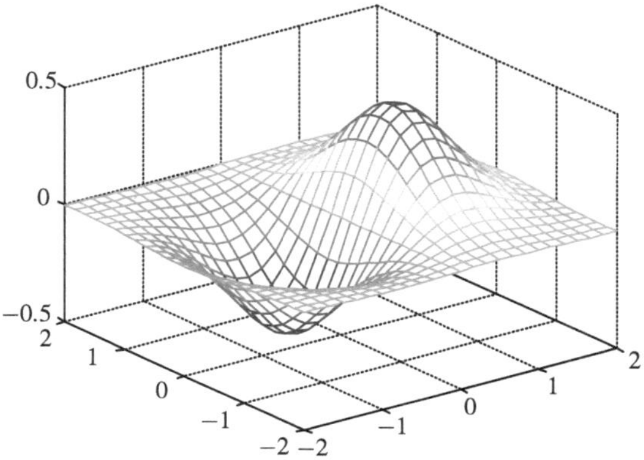

图 12.7 曲面的立体网状图

3) 画曲面图形命令: surf

曲面图除了各线条之间的空档 (称作补片) 用颜色填充以外, 和网格图看起来是一样的. 这种图一般使用函数 surf 来绘制. surf 和 mesh 的用法类似.

例 5　画出马鞍面 $z=x^2-y^2$ 形成的立体曲面图.

```
>>x=linspace(-2, 2, 25);
>>y=linspace(-2, 2, 25);
>>[xx,yy]=meshgrid(x, y);
>>zz=xx. ^2-yy. ^2;
>>surf(xx, yy, zz); %如图12.8所示.
```

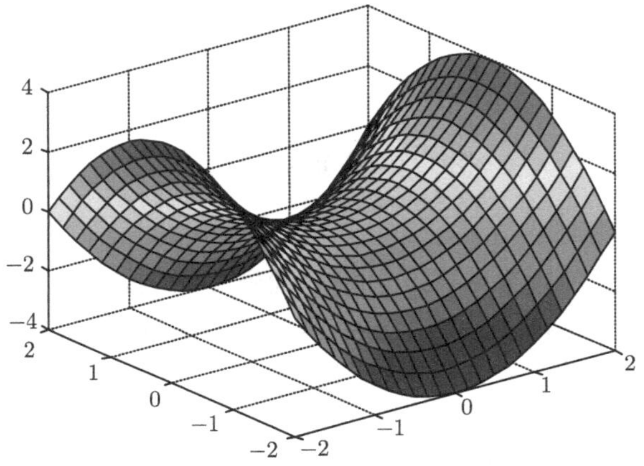

图 12.8　马鞍面曲面图

4) 空间等值线图:

contour3(x,y,z,n), 其中 n 表示等值线数.

例 6　曲面 $z=xe^{-(x^2+y^2)}$ 的三维和二维等值线图.

```
>> x=linspace(-2, 2, 25);              % 在 x 轴上取25点
>> y=linspace(-2, 2, 25);              % 在 y 轴上取25点
>> [xx,yy]=meshgrid(x, y);             % xx 和 yy 都是 25 ×25的矩阵
>> zz=xx. *exp(-(xx. ^2+yy. ^2));    % 计算函数值,zz 也是25×25的矩阵
>>subplot(1,3,1);                      % 绘图区域分割
>>surf(xx, yy, zz);                    % 画出立体网状图
>>subplot(1,3,2);
>>c=contour3(xx,yy,zz,10);             % 画三维等值线图
>>title('z=x*exp(-(x^2+y^2) ');
>>subplot(1,3,3);
```

```
>>contour(xx,yy,zz,10);              % 画二维等值线图
>>grid on;                           % 如图12.9所示.
```

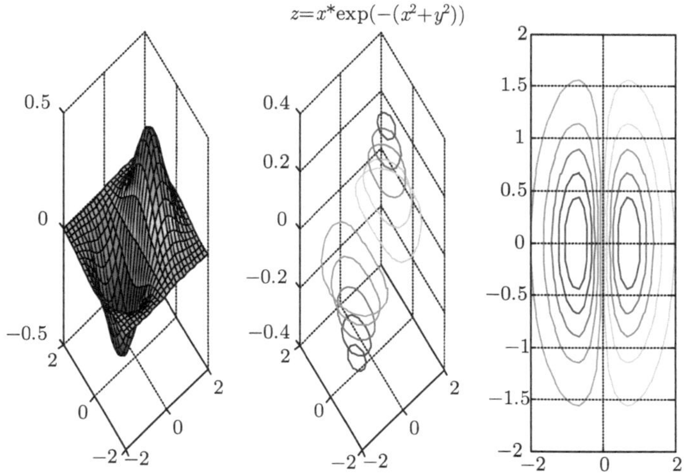

图 12.9 曲面的三维与二维等值线图

3. 特殊图形

MATLAB 提供了很多绘制特殊图形的命令, 以适应不同的应用.

(1) 条形图命令: bar %画条形图; bar3 %画三维条形图

例 7 用条形图表示某地 1 月份 3 日—6 日 4 天的最高温度.

```
>>x=3:7;
>> y=[13 11.8 8.1 7.7 9.1];
>> subplot(1,2,1)
>> bar(x,y)
>> subplot(1,2,2)
>> bar3(x,y)
>> bar3(x,y,'r')    %如图12.10所示.
```

(2) 饼形图命令: pie %画二维饼图; pie3 %画三维饼图.

例 8 绘制 4 个季度支出额的饼图, 如图 12.11 所示.

```
>> x=[200 100 250 400];
>> explode=[0 1 0 1];
>> subplot(1,2,1)
>> pie(x,explode)
>> subplot(1,2,2)
```

```
>> pie3(x,explode)
```

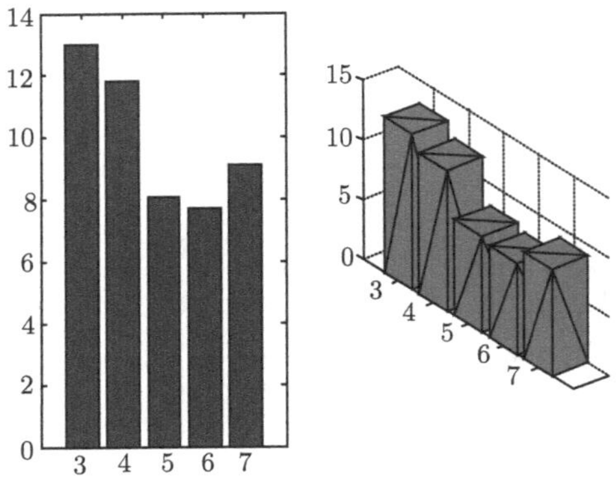

图 12.10　条形图和三维条形图

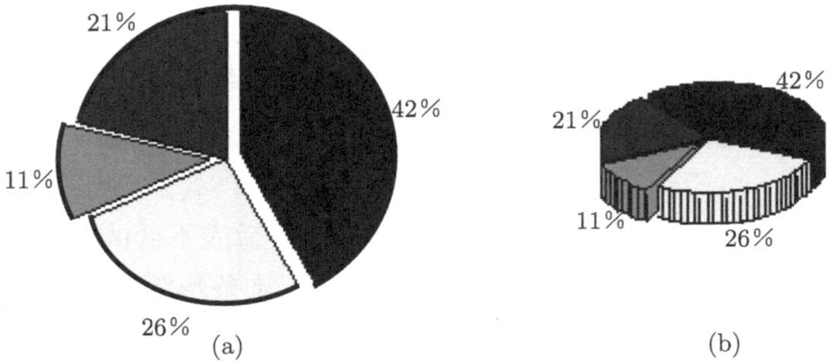

图 12.11　二维和三维饼图

(3) 离散数据图.

例 9　使用不同的方式来显示 $y = \mathrm{e}^{-2x}\sin x$ 的离散数据, 如图 12.12 所示.

```
>> x=0:0.1:1.5*pi;
>> y=sin(x).*exp(-2*x);
>> subplot(3,1,1)
>> stem(x,y,'filled');   %画火柴杆图
>> subplot(3,1,2)
>> stairs(x,y)           %画阶梯图
>> subplot(3,1,3)
>> scatter(x,y)          %画点图
```

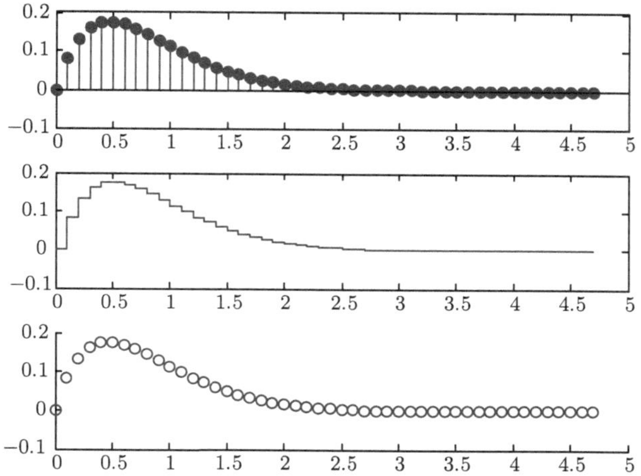

图 12.12 离散数据图

(4) 坐标图命令: polar(theta,radius, ' 参数').

例 10 画心形线 $r=3(1+\cos\theta)$, 如图 12.13 所示.

```
>>theta =0:0.1:2*pi;
>>r=3*(1+cos(theta));
>>polar(theta,r,'r')
```

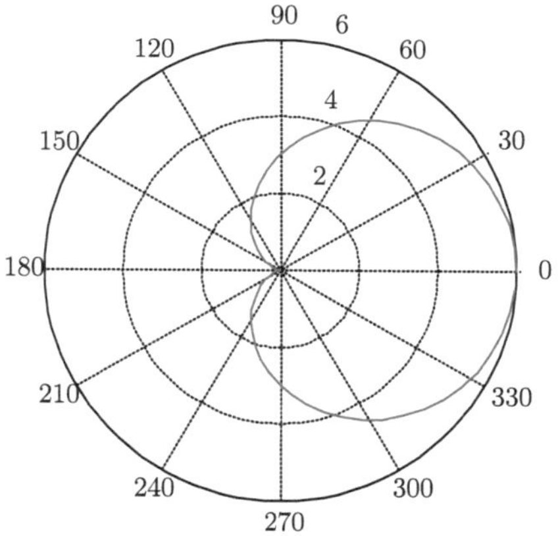

图 12.13 心形线图

4. **图形的输出**

在数学建模中, 往往需要将产生的图形输出到 Word 文档中. 通常可采用下述方法: 首先, 在 MATLAB 图形窗口中选择 File 菜单中的 Export 选项, 将打开图形输出对话框, 在该对话框中可以把图形以 emf, bmp, jpg, pgm 等格式保存. 然后, 再打开相应的文档, 并在该文档中选择插入菜单中的图片选项插入相应的图片即可.

三、 M 文件

所谓 M 文件就是用 MATLAB 语言编写的磁盘文件, 该文件均以 “.m” 作为文件的扩展名, 它们都是 ASCII 码的文件格式, 因此可以采用任何能够生成 ASCII 码文件格式的编辑器加以编辑. M 文件分为 M 脚本 (script) 文件与 M 函数 (function) 文件两大类.

1. M 脚本文件

M 脚本文件就是根据用户要求, 使用 MATLAB 语言组成的具有一定功能的 MATLAB 指令集合. M 脚本文件运行后, 所产生的变量驻留在 MATLAB 的工作空间中, 只要用户不对其使用 clear 命令加以清除 (或关闭 MATLAB 命令窗口), 则这些变量将会一直保留在 MATLAB 的工作空间中. 下述 MATLAB 语句如果以. m 为扩展名存盘, 就构成了 M 脚本文件.

```
num=2* [1,2];
den=conv(conv([1,0],[,3]),[1,2,2]);
G1=tf(num,den);
G=ss(G1);
[a,b,c,d]=ssdata(G);
Ab=a-b*c
Bb=b
Cb=c
Db=0
Step(Ab,Bb,Cb,Db)
```

2. M 函数文件

从结构上看 M 函数文件的第一行一定具有函数声明行, 该行是以 function 作为该行的关键字, 它是 M 函数文件必须具有的内容. 在该行中, 函数名与函数的相关变量均被加以定义; 而 M 函数文件的另一关键内容是 M 函数体, 这也是 M 函数文件不可缺少的一部分内容, 由它实现该 M 函数文件的相应功能. 在这两部分之间可以插入各种注释与说明, 这些注释与说明的内容放在%后面, 该部分内容不作为程序加以执行, 而为在线帮助和阅读程序提供必要的信息. 在 M 函数文件中所定义的变量都是内部变量, 函数执行完毕后这些变量将随之消失, 不会影响 MATLAB 的整个工作空间, M 函数文件就是建立一个函数, 而这个函数可以同 MATLAB 的基本库函数一样加以使用, 表 12.4 给出了 MATLAB 的常用基本数学函数.

表 12.4 基本数学函数

函数名	功能	函数名	功能
sin(x)	正弦函数	ln(x)	自然对数 ln(x)
cos(x)	余弦函数	log10(x)	以 10 为底的对数函数
tan(x)	正切函数	abs(x)	模或绝对值
cot(x)	余切函数	angle(x)	复相角
sec(x)	正割函数	conj(x)	共轭复数
csc(x)	余割函数	imag(x)	复数虚部
asin(x)	反正弦函数	real(x)	复数实部
acos(x)	反余弦函数	fix(x)	近似 0 的整数
atan(x)	反正切函数	floor(x)	近似小于自身的最大整数
acot(x)	反余切函数	ceil(x)	近似大于自身的最小整数
asec(x)	反正割函数	round(x)	四舍五入
acsc(x)	反余割函数	rem(x,y)	x 除以 y 的余数
exp(x)	指数 exp 函数	sign(x)	符号函数

考察下述例子.

```
function y= mean(x) %This is a M function file
m=length(x);
y=sum(x)/m;
```

将上述程序存入 mean.m 的磁盘文件, 从而构造了一个 M 函数文件, 该函数文件能够实现对平均数的求取. 现在如果需要即可对其加以使用, 在 MATLAB 命令窗口中键入

```
r=1:99;
mean (r)
```

运行得到

```
ans=
      50
```

该例就是直接使用了所建立的 M 函数文件, 对数列 r 求出相应的平均数.

四、文件存取及数据读写

1. 主要函数

表 12.5 主要函数

名称	功能	名称	功能
input	提示用户输入	disp	显示矩阵或文本
pause	等待用户响应	save	保存工作空间变量
load	从磁盘文件中恢复变量	xor	异或运算

续表

名称	功能	名称	功能
all	向量所有元素为真, 则其值为真; 对矩阵, 按列进行	any	向量的任一元素为真, 则其值为真; 对矩阵, 则按列进行
fopen	打开文件	fclose	关闭文件
fwrite	二进制数据写入到文件	fread	从文件中读二进制数据
fprintf	将格式化数据写入到文件	fscanf	从文件中读格式化的数据
imread	图像文件读入 (储存 work 空间中)	imwrite	图像写入

2. 文件的存取

(1) 打开文件.

fid=fopen(文件名, ' 打开方式')——fid>0, 表明打开成功;

打开方式有: r, r+,w,w+,a,a+.

(2) 关闭文件.

sta=fclose(fid)——sta 表示关闭文件操作的返回代码, 关闭成功返回 0, 否则返回 -0;

fclose('all')—— 表示关闭所有已打开的文件.

(3) save 函数.

(i) save dfile(文件名)—— 工作空间的所有变量存入"dfile.mat" 文件;

(ii) save dfile x —— 只把 x 以二进制格式存入"dfile.mat" 文件;

(iii) save dfile.dat x-ascii—— 将变量 x 以 8 为 ASCII 码的形式存入"dfile.mat" 文件;

(iv) save dfile.dat x -ascii -double—— 将变量 x 以 16 为 ASCII 码的形式存入"dfile.mat" 文件;

(v) save(fname, 'x','-ascii')——fname 为事先定义好的, 包含文件名的字符串, 该用法将变量 x 以 ASCII 码的格式存入有 fname 定义的文件中.

(4) load 函数.

(i) load—— 把磁盘文件 "matlab.mat" 的内容读入内存;

(ii) load dfile—— 把磁盘文件 "dfile.mat" 的内容读入内存;

(iii) load dfile.dat—— 把磁盘文件 "dfile.dat" 的内容读入内存;

(iv) x=load(fname)——fname 为事先定义好的, 包含文件名的字符串, 将由 fname 定义文件名的数据文件读入变量 x 中.

3. 数据的读写

(1) 写二进制文件.

COUNT=fwrite(fid, A, precision)

COUNT—— 返回所写元素个数; fid—— 文件句柄;

A—— 用来存放写入文件的数据; precision—— 数据精度.

(2) 写文本文件.

```
fprintf(fid, format, A)
```

fid—— 文件句柄, 指定要写入数据的文件; format—— 控制所写数据的格式; A—— 用来存放数据的矩阵.

(3) 读二进制文件.

```
[A,COUNT]=fread(fid,size,precision)
```

A—— 存放读取数据的矩阵; COUNT—— 返回所读取的元素个数; fid—— 文件句柄;size—— 可选项; precision—— 数据精度.

(4) 读文本文件.

```
[A,COUNT]=fscanf(fid, format, size)
```

A—— 存放读取的数据; COUNT—— 返回所读取的元素个数; fid—— 文件句柄; format—— 控制读取的数据格式; size—— 可选项, 决定矩阵 A 中数据的排列形式.

(5) imread 函数.

```
A=imread(文件名,''图像文件格式'')
```

[A,map] =imread(文件名, "图像文件格式")map 为双精度.

(6) imwrite 函数.

```
imwrite(A, 文件名, ''图像文件格式'')
imwrite(A, map, 文件名, ''图像文件格式'')
```

五、 图像处理

1. 图像处理 (image processing)

也称计算机图像处理, 将图像信号转化成数字信号并利用计算机进行处理的过程. 图像处理一般指数字图像处理. 数字图像是指用数字摄像机、扫描仪等设备经过采样和数字化得到的一个大的二维数组, 该数组的元素称为像素, 其值为一整数, 称为灰度值. 常见的处理有图像数字化、图像编码、图像增强、图像复原、图像分割和图像分析等. 图像处理一般指数字图像处理.

2. 二值图像

一幅二值图像的二维矩阵仅由 0, 1 两个值构成, "0" 代表黑色, "1" 代白色. 由于每一像素 (矩阵中每一元素) 取值仅有 0, 1 两种可能, 所以计算机中二值图像的数据类型通常为 1 个二进制位. 二值图像通常用于文字、线条图的扫描识别 (OCR) 和掩膜图像的存储.

3. 灰度图像

灰度图像矩阵元素的取值范围通常为 [0, 255]. 因此其数据类型一般为 8 位无符号整数的 (int8), 这就是人们经常提到的 256 灰度图像. “0” 表示纯黑色, “255” 表示纯白色, 中间的数字从小到大表示由黑到白的过渡色. 在某些软件中, 灰度图像也可以用双精度数据类型 (double) 表示, 像素的值域为 [0, 1], “0” 代表黑色, “1” 代表白色, 0 到 1 之间的小数代表不同的灰度等级. 二值图像可以看成是灰度图像的一个特例.

4. RGB 彩色图像

RGB 图像与索引图像一样都可以用来表示彩色图像. 与索引图像一样, 它分别用红 (R)、绿 (G)、蓝 (B) 三原色的组合来表示每个像素的颜色. 但与索引图像不同的是, RGB 图像每一个像素的颜色值 (由 RGB 三原色表示) 直接存放在图像矩阵中, 由于每一像素的颜色需由 R, G, B 三个分量来表示, M, N 分别表示图像的行列数, 三个 $M\times N$ 的二维矩阵分别表示各个像素的 R, G, B 三个颜色分量. RGB 图像的数据类型一般为 8 位无符号整型, 通常用于表示和存放真彩色图像, 当然也可以存放灰度图像.

5. 查询图像文件信息 (图 12.14)

```
I=imread('paper.jpg');
I=rgb2gray(I);
D=imfinfo('paper.jpg');
D
```

```
            FileSize: 331699
              Format: 'jpg'
       FormatVersion: ''
               Width: 1814
              Height: 845
            BitDepth: 24
           ColorType: 'truecolor'
     FormatSignature: ''
     NumberOfSamples: 3
        CodingMethod: 'Huffman'
       CodingProcess: 'Sequential'
             Comment: {}
         Orientation: 1
         XResolution: 72
         YResolution: 72
      ResolutionUnit: 'Inch'
            Software: 'Microsoft Windows Photo Viewer 6.1.7600.16385'
            DateTime:
    YCbCrPositioning: 'Centered'
       DigitalCamera: [1x1 struct]
         UnknownTags: [1x1 struct]
```

图 12.14　图像文件信息

6. 图像的颜色条 (图 12.15)

```
I=imread('paper.jpg');
colorbar
```

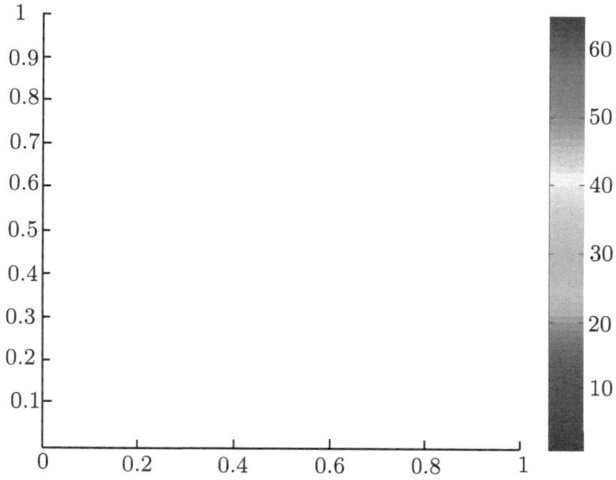

图 12.15 图像的颜色条

7. 图像的灰化处理 (图 12.16)

```
I=imread('paper.jpg');
I1=rgb2gray(I);
subplot(121),imshow(I);
subplot(122),imshow(I1);
```

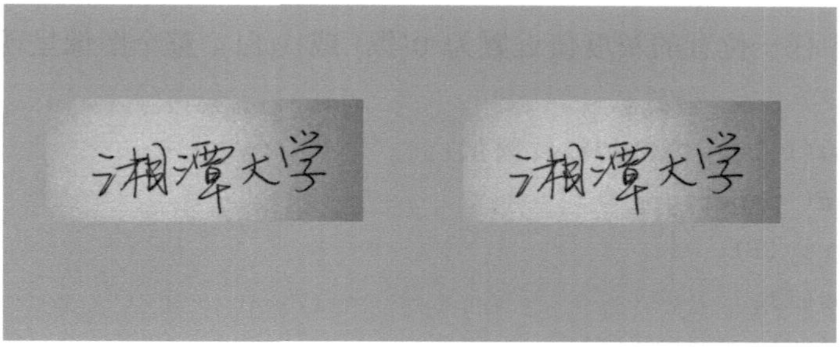

图 12.16 图像的灰化处理

8. 用直方图均衡实现图像增强

图像增强的目的是突出图像中有用的信息, 削弱或消除不需要的信息. 直方图均衡化是图像增强的一种常用方法, 它能使图像的灰度分布均匀, 对比度增大, 细节更清晰. 它的基本思想是把原始图像的直方图变换成均匀分布的形式, 这样就增加了像素灰度值的动态范围, 从而达到了增强图像整体对比度的效果. 下面是用 MATLAB 实现的源程序及注解, 输出结果如图 12.17 所示.

```
I=imread('paper.jpg');
I=rgb2gray(I);
J=histeq(I,64);
subplot(2,2,1), imshow(I);
subplot(2,2,2), imhist(I,64);
subplot(2,2,3),imshow(J);
subplot(2,2,4), imhist(J,64);
```

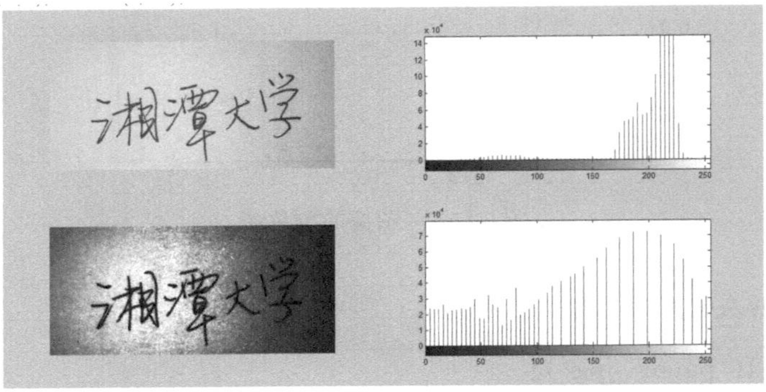

图 12.17　直方图均衡实现图像增强

9. 图像的二值化处理 (图 12.18)

将图像中任一位置的灰度值设置为 0(黑) 或 1(白), 整个图像呈现明显的黑白效果.

```
BW=im2bw(I,level)(level位阈值);
I=imread('paper.jpg');
I=rgb2gray(I);
I1=im2bw(I);
subplot(121),imshow(I);
subplot(122),imshow(I1);
```

10. 图像的分割 (主要用到的方法是阈值分割法和边缘检测法)

阈值分割时, 图像灰度被分成不同的等级, 通过设置阈值把像素点分成若干类. 当小于阈值的灰度像素构成目标时, 则大于阈值的灰度像素就构成背景.

其中二值化法最为常用.

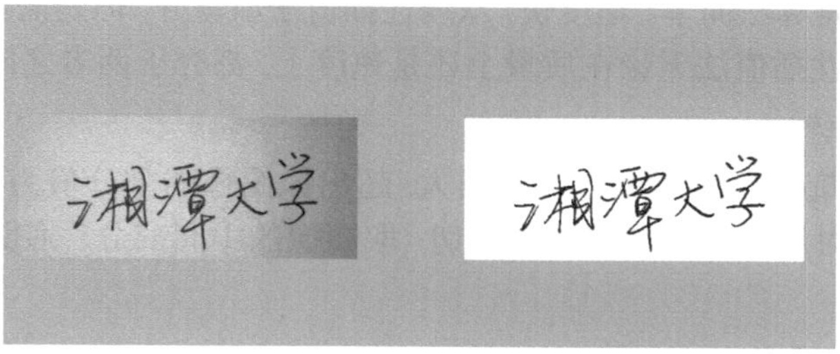

图 12.18 图像的二值化处理

11. 边缘处理

图像对象的边缘由灰度值不连续或者变化强烈来反映, 这些边缘是图像在灰度空间或在梯度方向发生突变像素的集合, 由图像中对象物理特性 (如成像亮度、几何特性、反射系数) 发生变化引起. 边缘检测的算子较多, 代表性的边缘检测算子有 Roberts 算子、Sobel 算子、Prewitt 算子、LoG 算子.

程序代码:

```
I=imread('paper.jpg');
I=rgb2gray(I);
bw1=edge(I,'roberts');
bw2=edge(I,'sobel');
bw3=edge(I,'log');
subplot(141),imshow(I);
subplot(142),imshow(bw1);
subplot(143),imshow(bw2);
subplot(144),imshow(bw3);
```

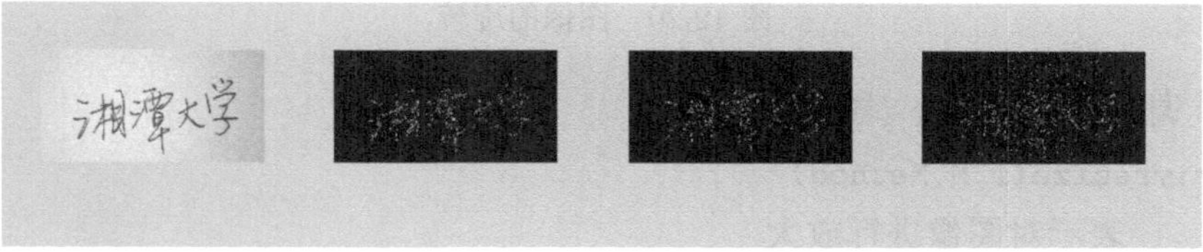

图 12.19 图像边缘处理

12. 图像的几何变化

以最近邻插法、双线性插值法和双三次插值法三种常用数字图像插值算法为基础, 实现了数字图像的比例缩放、旋转和剪取等一系列几何变换. 通过研究可以发现, 插值算法的选取直接影响到数字图像在经过几何变换之后的质量. 最近邻插法质量最差, 但是算法简单、速度快; 双线性插值法质量好, 但是需要较大的计算量才能完成; 双线性插值法无论在质量上还是速度上, 都介于两者之间.

1) 图像的旋转

一般来说, 旋转后的图像会比原图大, 超出原图像的部分值为 0. 用户也可以指定 crop 参数对旋转后的图像进行剪切 (取图像的中间部分), 使返回的图像与原图大小相同.

```
z=imrotate(I,M,Method)
z=imrotate(I,M,Method, 'crop')
%I为图像对应数组;
%M为图像逆时针旋转的角度;
%Method为方法, 包括: nearest,bilinear, bicubic;
I=imread('paper.jpg');
I=rgb2gray(I);
J=imrotate(I,45,'nearest');
subplot(121),imshow(I);
subplot(122),imshow(J);
```

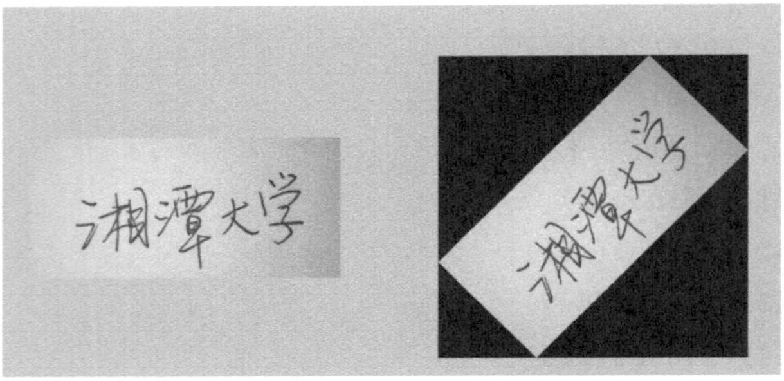

图 12.20　图像的旋转

2) 调整图片的大小 (图 12.21)

```
z=imresize(I,M,Method)
```

M>1, 表示对图像进行放大;

裁剪图像的一部分: 有时只需要处理图像中的一部分, 或者需要将某一部分取出, 这样就要对图像进行剪取. 图形的裁剪处理可使用 imcrop 函数实现

```
I=imread('paper.jpg');
I=rgb2gray(I);
J=imcrop(I,[300 400 300 1000]);
```

```
subplot(121),imshow(I);
subplot(122),imshow(J);
```

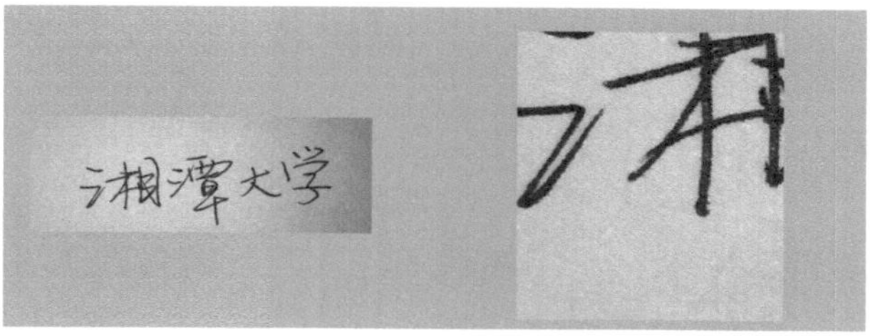

图 12.21 经过放大的图片

13. 滤波处理 (图 12.22)

功能：产生预定义滤波器

格式：H=fspecial(type)

H=fspecial('gaussian',n,sigma), %高斯低通滤波器.

H=fspecial('sobel'), %sobel水平边缘增强滤波器.

H=fspecial('prewitt'), %prewitt算子边缘增强滤波器.

H=fspecial('log',n,sigma), %拉普拉斯高斯滤波器.

H=fspecial('average',n), %均值滤波器.

运用高斯低通滤波器:

```
I=imread('paper.jpg');
I=rgb2gray(I);
J=imnoise(I,'gaussian',0,0.005);
subplot(231),imshow(I);
subplot(232),imshow(J);
K1=wiener2(J,[3,3]);
K2=wiener2(J,[5,5]);
K3=wiener2(J,[7,7]);
K4=wiener2(J,[9,9]);
subplot(233),imshow(K1);
subplot(234),imshow(K2);
subplot(235),imshow(K3);
subplot(236),imshow(K4);
```

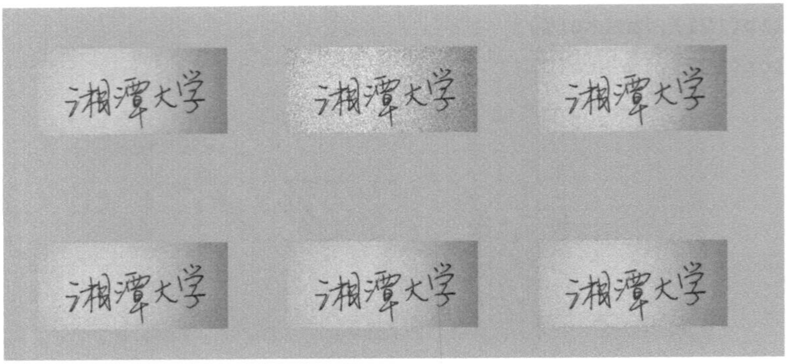

图 12.22　图片高斯滤波

第二节　MATLAB 优化工具箱简介

MATLAB 是 Mathworks 公司推出的一套功能强大的过程计算及数值分析软件, 是目前世界上应用最广泛的工程计算软件之一. 它包含很多工具箱, 主要用来扩充 MATLAB 的数值计算、符号运算、图形建模仿真等功能, 使其能够用于多种学科. 如控制系统工具箱 (Control System Toolbox)、信号处理工具箱 (Signal Processing Toolbox)、财政金融工具箱 (Financial Toolbox) 等. 本节主要介绍 MATLAB 的优化工具箱 (Optimization Toolbox) 的一些内容.

一、 线性规划问题

线性规划问题是目标函数和约束条件均为线性函数的问题, MATLAB6.0 解决的线性规划问题的标准形式为

$$\begin{aligned} \min \quad & f^{\mathrm{T}} \cdot x, \quad x \in \mathbf{R}^n, \\ \text{sub.to} \quad & A \cdot x \leqslant b, \\ & \mathrm{Aeq} \cdot x = \mathrm{beq}, \\ & \mathrm{lb} \leqslant x \leqslant \mathrm{ub}, \end{aligned}$$

其中 f, x, b, beq, lb, ub 为向量, A, Aeq 为矩阵.

其他形式的线性规划问题都可经过适当变换化为此标准形式.

在 MATLAB6.0 版中, 线性规划 (Linear Programming) 问题已用函数 linprog 取代了 MATLAB5.x 版中的 lp 函数. 当然, 由于版本的向下兼容性, 一般说来, 低版本中的函数在 6.0 版中仍可使用.

函数 linprog

格式 `x=linprog(f,A,b)` %求 $\min f^{\mathrm{T}} * x$, sub.to $A \cdot x \leqslant b$ 线性规划的最优解

```
x=linprog(f,A,b,Aeq,beq) %等式约束 Aeq ·x= beq，若没有不等式约
                          束 A·x≤b，则 A=[ ]，b=[ ]
x=linprog(f,A,b,Aeq,beq,lb,ub) %指定 x 的范围 lb≤x≤ ub，若没
                          有等式约束 Aeq·x=beq，则 Aeq=[]，
                          beq=[]
x=linprog(f,A,b,Aeq,beq,lb,ub,x0) %设置初值 x0
x=linprog(f,A,b,Aeq,beq,lb,ub,x0,options) %options 为指定的
                          优化参数
[x,fval]=linprog(···) %返回目标函数最优值，即 fval=f' * x
[x,lambda,exitflag]=linprog(···) %lambda 为解 x 的 Lagrange 乘子
[x, lambda,fval,exitflag]=linprog(···) % exitflag为终止迭代的错误
                          条件
[x,fval, lambda,exitflag,output]=linprog(···)% output为关于优化的
                          一些信息
```

说明 若 exitflag>0 表示函数收敛于解 x, exitflag=0 表示超过函数估值或迭代的最大数字, exitflag<0 表示函数不收敛于解 x; 若 lambda=lower 表示下界 lb, lambda=upper 表示上界 ub, lambda=ineqlin 表示不等式约束, lambda=eqlin 表示等式约束, lambda 中的非 0 元素表示对应的约束是有效约束; output=iterations 表示迭代次数, output=algorithm 表示使用的运算规则, output=cgiterations 表示 PCG 迭代次数.

例 11 求下面的优化问题

$$
\begin{aligned}
\min\quad & 10x_1+3x_2-6x_3+x_4,\\
\text{sub.to}\quad & x_1-x_2-x_3+2x_4\leqslant 25,\\
& 4x_1+3x_2+x_3-x_4\leqslant 33,\\
& 3x_1+2x_2-2x_3-x_4\leqslant 30,\\
& 4x_1-x_2+x_3\leqslant 50,\\
& 0\leqslant x_1,\ 0\leqslant x_2,\ 0\leqslant x_3, 0\leqslant x_4.
\end{aligned}
$$

解

```
>>clc,clear
>>f=[10; 3; -6;1];
>>A=[1 -1 -1 2;4 3 1 -1;3 2 -2 -1;4 -1 1 0];
>>b=[25; 33; 30;50];
>>lb=zeros(4,1);
>>[x,fval,exitflag]=linprog(f,A,b,[],[],lb)
```

结果为

```
x=                %最优解
     0.0000
     0.0000
    50.0000
    17.0000
fval=               %最优值
      -283.0000
exitflag=           %收敛
        1
```

二、 foptions 函数

对于优化控制, MATLAB 提供了 18 个参数, 这些参数的具体意义为

options(1)—— 参数显示控制 (默认值为 0). 等于 1 时显示一些结果.

options(2)—— 优化点 x 的精度控制 (默认值为 1×10^{-4}).

options(3)—— 优化函数 F 的精度控制 (默认值为 1×10^{-4}).

options(4)—— 违反约束的结束标准 (默认值为 1×10^{-6}).

options(5)—— 算法选择, 不常用.

options(6)—— 优化程序方法选择, 为 0 则为 BFCG 算法, 为 1 则采用 DFP 算法.

options(7)—— 线性插值算法选择, 为 0 则为混合插值算法, 为 1 则采用立方插算法.

options(8)—— 函数值显示 (目标 —— 达到问题中的 Lambda)

options(9)—— 若需要检测用户提供的梯度, 则设为 1.

options(10)—— 函数和约束估值的数目.

options(11)—— 函数梯度估值的个数.

options(12)—— 约束估值的数目.

options(13)—— 等约束条件的个数.

options(14)—— 函数估值的最大次数 (默认值是 $100\times$ 变量个数)

options(15)—— 用于目标 —— 达到问题中的特殊目标.

options(16)—— 优化过程中变量的最小有限差分梯度值.

options(17)—— 优化过程中变量的最大有限差分梯度值.

options(18)—— 步长设置 (默认为 1 或更小).

Foptions 已经被 optimset 和 optimget 代替, 详情请查函数 optimset 和 optimget.

三、非线性规划问题

1) 有约束的一元函数的最小值

单变量函数求最小值的标准形式为

$$\min_{x} \quad f(x),$$
$$\text{sub.to}\, x_1 < x < x_2.$$

在 MATLAB5.x 中使用 fmin 函数求其最小值.

函数 fminbnd

格式 `x = fminbnd(fun,x1,x2)` %返回自变量 x 在区间 $x_1 < x < x_2$ 上函数 fun 取最小值时 x 值, fun 为目标函数的表达式字符串或 MATLAB 自定义函数的函数柄

`x = fminbnd(fun,x1,x2,options)`　　% options为指定优化参数选项

`[x,fval] = fminbnd(…)`　　% fval为目标函数的最小值

`[x,fval,exitflag] = fminbnd(…)`　　% xitflag为终止迭代的条件

`[x,fval,exitflag,output] = fminbnd(…)`　　% output为优化信息

说明　若参数 exitflag>0, 表示函数收敛于 x, 若 exitflag=0, 表示超过函数估计值或迭代的最大数字, exitflag<0 表示函数不收敛于 x; 若参数 output=iterations 表示迭代次数, output=funccount 表示函数赋值次数, output=algorithm 表示所使用的算法.

例 12　计算下面函数在区间 $(-5, 5)$ 内的最小值和函数取最小值时 x 的值.

$$f(x) = \frac{x^3 + x^2 - 1}{\mathrm{e}^x + \mathrm{e}^{-x}}.$$

解

```
>>[x,fval,exitflag,output]=fminbnd('(x^3+x^2-1)/exp(x)+exp
(-x)',-5,5)
x =
   -4.9999
fval =
   -1.4840e+04
```

例 13　在 [0,5] 上求下面函数的最小值 $f(x) = (x-3)^3 - 1$.

解　先自定义函数在 MATLAB 编辑器中建立 M 文件为

```
function f = myfun(x)
f = (x-3).^2 - 1;
```

保存为 myfun.m, 然后在命令窗口键入命令

```
>> x=fminbnd(@myfun,0,5)
```

则结果显示为

```
x =
     3
```

2) 无约束多元函数最小值

多元函数最小值的标准形式为 $\min_{x} f(x)$, 其中 x 为向量, 如 $x=[x_1,x_2,\cdots,x_n]$ 在 MATLAB5.x 中使用 fmins 求其最小值.

命令利用函数 fminsearch 求无约束多元函数最小值;

函数 fminsearch

格式 x = fminsearch(fun,x0) % x_0为初始点, fun为目标函数的表达式字符串或MATLAB自定义函数的函数柄

x = fminsearch(fun,x0,options) % options查optimset

[x,fval] = fminsearch(…) % 最优点的函数值

[x,fval,exitflag] = fminsearch(…) % exitflag与单变量情形一致

[x,fval,exitflag,output] = fminsearch(…) % output与单变量情形一致

注 fminsearch 采用了 Nelder-Mead 型简单搜寻法.

例 14 求 $y=\sin x_1+\cos x_2$ 的最小值点.

解 >>X=fminsearch('sin(x(1))+cos(x(2))', [0,0])

结果为

```
X =
     -1.5708    3.1416
```

或在 MATLAB 编辑器中建立函数文件

```
function f=myfun(x)
f=sin(x(1))+cos(x(2));
```

保存为 myfun.m, 在命令窗口键入

>> X=fminsearch ('myfun', [0,0]) 或>>X=fminsearch(@myfun, [0,0])

结果为

```
X =
     -1.5708 3.1416
```

命令 利用函数 fminunc 求多变量无约束函数最小值.

函数 fminunc

格式x = fminunc(fun,x0) %返回给定初始点 x_0 的最小函数值点

x = fminunc(fun,x0,options) %options 为指定优化参数

[x,fval] = fminunc(⋯) %fval 最优点 x 处的函数值

[x,fval,exitflag] = fminunc(⋯) %exitflag 为终止迭代的条件，与上同

[x,fval,exitflag,output] = fminunc(⋯) %output 为输出优化信息

[x,fval,exitflag,output,grad] = fminunc(⋯) %grad 为函数在解 x 处的梯度值

[x,fval,exitflag,output,grad,hessian] = fminunc(⋯) %目标函数在解 x 处的黑塞值

注 当函数的阶数大于 2 时, 使用 fminunc 比 fminsearch 更有效, 但当所选函数高度不连续时, 使用 fminsearch 效果较好.

例 15 对函数 $e^{x_1}(f(x)=4x_1^2+4x_1x_2+2x_2^2+2x_2+1)$ 进行最小值优化.

解

```
>>clear
>> fun='exp(x(1))*(4*x(1)^2+2*x(2)^2+4*x(1)*x(2)+2*x(2)+1)';
>>x0=[0,0];
>> [x,fval]=fminunc(fun,x0)
```

结果为

```
x =
   0.5000   -1.0000
fval =
   1.4644e-15
```

3) 有约束的多元函数最小值

非线性有约束的多元函数的标准形式为

$$\begin{aligned} \min_{x}\quad & f(x), \\ \text{sub.to}\quad & C(x) \leqslant 0, \\ & \mathrm{Ceq}(x) = 0, \\ & A \cdot x \leqslant b, \\ & \mathrm{Aeq} \cdot x = \mathrm{beq}, \\ & \mathrm{lb} \leqslant x \leqslant \mathrm{ub}, \end{aligned}$$

其中 x, b, beq, lb, ub 是向量, A, Aeq 是矩阵, $C(x)$, Ceq(x) 是返回向量的函数, $f(x)$ 是目标函数, $f(x)$, $C(x)$, Ceq(x) 可以是非线性函数.

在 MATLAB5.x 中, 它的求解由函数 constr 实现.

函数 fmincon

格式
```
x = fmincon(fun,x0,A,b)
x = fmincon(fun,x0,A,b,Aeq,beq)
x = fmincon(fun,x0,A,b,Aeq,beq,lb,ub)
x = fmincon(fun,x0,A,b,Aeq,beq,lb,ub,nonlcon)
x = fmincon(fun,x0,A,b,Aeq,beq,lb,ub,nonlcon,options)
```
[x,fval] = fmincon(⋯)

[x,fval,exitflag] = fmincon(⋯)

[x,fval,exitflag,output] = fmincon(⋯)

[x,fval,exitflag,output,lambda] = fmincon(⋯)

[x,fval,exitflag,output,lambda,grad] = fmincon(⋯)

[x,fval,exitflag,output,lambda,grad,hessian] = fmincon(⋯)

参数说明

fun 为目标函数, 它可用前面的方法定义;

x_0 为初始值;

A, b 满足线性不等式约束 $A \cdot x \leqslant b$, 若没有不等式约束, 则取 $A = [], b = []$;

Aeq, beq 满足等式约束 Aeq·x=beq, 若没有, 则取 Aeq=[ ], beq=[ ];

lb, ub 满足 lb⩽ x ⩽ub, 若没有界, 可设 lb=[ ], ub=[ ];

nonlcon 的作用是通过接受的向量 x 来计算非线性不等约束 $C(x) \leqslant 0$ 和等式约束 Ceq(x) = 0 分别在 x 处的估计 C 和 Ceq, 通过指定函数柄来使用, 如 >>x = fmincon(@myfun,x0,A,b,Aeq,beq,lb,ub,@mycon), 先建立非线性约束函数, 并保存为 mycon.mfunction [C,Ceq] = mycon(x);

$C = \cdots$ %计算 x 处的非线性不等约束 $C(x) \leqslant 0$ 的函数值;

Ceq = ⋯ %计算 x 处的非线性等式约束 Ceq(x) = 0 的函数值;

lambda 是 Lagrange 乘子, 它体现哪一个约束有效;

output 输出优化信息;

grad 表示目标函数在 x 处的梯度;

hessian 表示目标函数在 x 处的黑塞值.

例 16 求 $[x_1, x_2]$, 使目标函数 $f(x) = \mathrm{e}^{x_1}(f(x) = 4x_1^2 + 4x_1x_2 + 2x_2^2 + 2x_2 + 1)$ 取得最小值, 约束条件为: $1.5 + x_1x_2 - x_1 - x_2 \leqslant 0; -x_1x_2 \leqslant 10, x \geqslant 0, x \geqslant 0$.

解 (1) 建立非线性约束的 M 文件

```
function [c,ceq]=confun(x)
c=[1.5+x(1)*x(2)-x(1)-x(2);-x(1)*x(2)-10];
ceq=[];
end
```

(2) 建立优化命令

```
>> clear
x0=[-1,1];
fun='exp(x(1))*(4*x(1)\ 2+2*x(2)\ 2+4*x(1)*x(2)+2*x(2)+1)';
lb=[0,0];
ub=[];
options=[];
>>[x,fval,exitflag,output]=fmincon(fun,x0,[],[],[],[],lb,ub,
'confun',options)
```

则结果为

```
    x =
        0.0000    1.5000
fval =
     8.5000
exitflag =        %解收敛
       1
output =
           iterations: 14
             funcCount: 45
   constrviolation: 0
             stepsize: 6.4041e-10
           algorithm: 'interior-point'
     firstorderopt: 1.3333e-06
       cgiterations: 0
       message: 'Local minimum found that satisfies the
       constraints....'
```

例 17 求下面问题在初始点 x=(10, 10, 10) 处的最优解.

$$\begin{aligned}&\min\quad f(x)=-x_1x_2x_3,\\&\text{sub.to}\quad 0\leqslant x_1+2\,x_2+2\,x_3\leqslant 72.\end{aligned}$$

解 约束条件的标准形式为

$$\begin{aligned}\text{sub.to}\quad &-x_1-2\,x_2-2\,x_3\leqslant 0,\\&x_1+2\,x_2+2\,x_3\leqslant 72.\end{aligned}$$

```
>>fun= '-x(1)*x(2)*x(3)';
>>x0=[10,10,10];
```

```
>>A=[-1 -2 -2;1 2 2];
>>b=[0;72];
>>[x,fval]=fmincon(fun,x0,A,b)
```

结果为

```
x =
    24.0000   12.0000   12.0000
fval =
        -3456
```

4) 二次规划问题

二次规划问题 (Quadratic Programming) 的标准形式为

$$
\begin{aligned}
\min \quad & \frac{1}{2}x^{\mathrm{T}} H x + f^{\mathrm{T}} x, \\
\text{sub.to} \quad & A \cdot x \leqslant b, \\
& \mathrm{Aeq} \cdot x = \mathrm{beq}, \\
& \mathrm{lb} \leqslant x \leqslant \mathrm{ub},
\end{aligned}
$$

其中, H, A, Aeq 为矩阵, f, b, beq, lb, ub, x 为向量. 其他形式的二次规划问题都可转化为标准形式.

MATLAB5.x 版中的 qp 函数已被 6.0 版中的函数 quadprog 取代.

函数 quadprog

```
格式x=quadprog(H,f,A,b)
%其中 H,f,A,b 为标准形中的参数, x 为目标函数的最小值
x=quadprog(H,f,A,b,Aeq,beq)
%Aeq,beq 满足等约束条件 Aep·x=bep
x=quadprog(H,f,A,b,Aeq,beq,lb,ub)
%lb,ub 分别为解 x 的下界与上界
x=quadprog(H,f,A,b,Aeq,beq,lb,ub,x0)
%x0 为设置的初值
x=quadprog(H,f,A,b,Aeq,beq,lb,ub,x0,options)
%options 为指定的优化参数
[x,fval] = quadprog(…)
%fval 为目标函数最优值
[x,fval,exitflag] = quadprog(…)
```

```
%exitflag 与线性规划中参数意义相同
[x,fval,exitflag,output] = quadprog(···)
%output 与线性规划中参数意义相同
[x,fval,exitflag,output,lambda] = quadprog(···)
%lambda 与线性规划中参数意义相同
```

例 18 求解下面二次规划问题

$$
\begin{aligned}
\min \quad & f(x)=\frac{1}{2}x_1^2+x_2^2-x_1x_2-2x_1-6x_2,\\
\text{sub.to} \quad & x_1+x_2\leqslant 2,\\
& -x_1+2x_2\leqslant 2,\\
& 2x_1+x_2\leqslant 3,\\
& 0\leqslant x_1,\quad 0\leqslant x_2.
\end{aligned}
$$

解 $f(x)=\frac{1}{2}x^{\mathrm{T}}Hx+f^{\mathrm{T}}x$, 则

$$
H=\begin{bmatrix}1 & -1\\ -1 & 2\end{bmatrix},\quad f=\begin{bmatrix}-2\\ -6\end{bmatrix},\quad x=\begin{bmatrix}x_1\\ x_2\end{bmatrix}.
$$

在 MATLAB 中实现如下

```
>>H=[1 -1; -1 2] ;
>>f=[-2; -6];
>>A=[1 1; -1 2; 2 1];
>>b=[2; 2; 3];
>>lb=zeros(2,1);
>>[x,fval,exitflag,output] = quadprog(H,f,A,b,[],[],lb)
```

结果为

```
x =          %最优解
    0.6667
    1.3333
fval=      %最优值
   -8.2222
exitflag =    %收敛
      1
output =
        iterations: 3
          algorithm: 'medium-scale: active-set'
    firstorderopt: [ ]
```

```
        cgiterations: [ ]
```

说明第 1, 2 个约束条件有效, 其余无效.

例 19 求二次规划的最优解.

$$\begin{aligned}\max \quad & f(x_1,x_2)=x_1x_2+3,\\ \text{sub.to} \quad & x_1+x_2-2=0.\end{aligned}$$

解 化成标准形式

$$\begin{aligned}\min \quad & f(x_1\,x_2)=-x_1x_2-3=\frac{1}{2}(x_1\,x_2)\begin{pmatrix}0 & -1\\ -1 & 0\end{pmatrix}\begin{pmatrix}x_1\\ x_2\end{pmatrix}\\ & \qquad +(0,\ 0)\begin{pmatrix}x_1\\ x_2\end{pmatrix}-3,\\ \text{sub.to} \quad & x_1+x_2=2.\end{aligned}$$

在 MATLAB 中实现如下

```
>>H=[0,-1;-1,0];
>>f=[0;0];
>>Aeq=[1 1];
>>b=2;
>>[x,fval] = quadprog(H,f,[ ],[ ],Aeq,b)
```

结果为

```
   x =
        1.0000
        1.0000
   fval=
        -1.0000
```

四、“半无限” 有约束的多元函数最优解

“半无限” 有约束多元函数最优解问题的标准形式为

$$\begin{aligned}\min_{x} \quad & f(x),\\ \text{sub.to} \quad & C(x)\leqslant 0,\\ & \text{Ceq}(x)=0,\\ & A\cdot x\leqslant b,\end{aligned}$$

$$
\begin{aligned}
&\mathrm{Aeq}\cdot x=\mathrm{beq},\\
&K_1(x,\ w_1)\leqslant 0,\\
&K_2(x,\ w_2)\leqslant 0,\\
&\cdots\cdots\\
&K_n(x,\ w_n)\leqslant 0,
\end{aligned}
$$

其中 x, b, beq, lb, ub 都是向量;A, Aeq 是矩阵; $C(x)$, Ceq(x), $K_i(x,\ w_i)$ 是返回向量的函数, $f(x)$ 是目标函数; $f(x)$, $C(x)$, Ceq(x) 是非线性函数;$K_i(x,\ w_i)$ 是半无限约束, $w_1, w_2, \cdots, w_n$ 通常是长度为 2 的向量.

在 MTALAB5.x 中, 使用函数 seminf 解决这类问题.

函数 fseminf

格式
```
x = fseminf(fun,x0,ntheta,seminfcon)
x = fseminf(fun,x0,ntheta,seminfcon,A,b)
x = fseminf(fun,x0,ntheta,seminfcon,A,b,Aeq,beq)
x = fseminf(fun,x0,ntheta,seminfcon,A,b,Aeq,beq,lb,ub)
x = fseminf(fun,x0,ntheta,seminfcon,A,b,Aeq,beq,lb,ub,options)
[x,fval] = fseminf(…)
[x,fval,exitflag] = fseminf(…)
[x,fval,exitflag,output] = fseminf(…)
[x,fval,exitflag,output,lambda] = fseminf(…)
```

参数说明 x_0 为初始估计值;

fun 为目标函数, 其定义方式与前面相同;

A, b 由线性不等式约束 $A\cdot x\leqslant b$ 确定, 没有, 则 A=[ ], b=[ ];

Aeq, beq 由线性等式约束 $\mathrm{Aeq}\cdot x=\mathrm{beq}$ 确定, 没有, 则 Aeq=[ ], beq=[ ];

lb, ub 由变量 x 的范围 $\mathrm{lb}\leqslant x\leqslant \mathrm{ub}$ 确定;

options 为优化参数;

ntheta 为半无限约束的个数;

seminfcon 用来确定非线性约束向量 C 和 Ceq 以及半无限约束的向量 K_1, K_2, …, K_n, 通过指定函数柄来使用, 如

x = fseminf(@myfun,x0,ntheta,@myinfcon)

先建立非线性约束和半无限约束函数文件, 并保存为 myinfcon.m

```
function [C,Ceq,K1,K2,…,Kntheta,S] = myinfcon(x,S)
%S 为向量 w 的采样值
%初始化样本间距
if  isnan(S(1,1)),
```

```
    S = …  %S 有 ntheta 行 2 列
end
w1 = …        %计算样本集
w2 = …        %计算样本集
…
wntheta = …  % 计算样本集
K1 = …        % 在$x$和$w$处的第1个半无限约束值
K2 = …        %在$x$和$w$处的第2个半无限约束值…
Kntheta = …  %在$x$和$w$处的第ntheta个半无限约束值
C = …          %在$x$处计算非线性不等式约束值
Ceq = …        %在$x$处计算非线性等式约束值
```

如果没有约束，则相应的值取为"[ ]"，如Ceq=[]

fval 为在 x 处的目标函数最小值；exitflag 为终止迭代的条件；output 为输出的优化信息；

lambda为解 x 的Lagrange乘子.

例 20　求下面一维情形的最优化问题

$$\min_{x} \quad f(x)=(x_1-0.5)^2+(x_2-0.5)^2+(x_3-0.5)^2,$$

sub.to

$$K_1(x,w_1)=\sin(w_1x_1)\cos(w_1x_2)-\frac{1}{1000}(w_1-50)^2-\sin(w_1x_3)-x_3\leqslant 1,$$

$$K_2(x,w_2)=\sin(w_2x_2)\cos(w_2x_1)-\frac{1}{1000}(w_2-50)^2-\sin(w_2x_3)-x_3\leqslant 1,$$

$$1\leqslant w_1\leqslant 100,$$

$$1\leqslant w_2\leqslant 100.$$

解　将约束方程化为标准形式

$$K_1(x,w_1)=\sin(w_1x_1)\cos(w_1x_2)-\frac{1}{1000}(w_1-50)^2-\sin(w_1x_3)-x_3-1\leqslant 0,$$

$$K_2(x,w_2)=\sin(w_2x_2)\cos(w_2x_1)-\frac{1}{1000}(w_2-50)^2-\sin(w_2x_3)-x_3-1\leqslant 0.$$

先建立非线性约束和半无限约束函数文件，并保存为 mycon.m

```
function [C,Ceq,K1,K2,S] = mycon(X,S)
% 初始化样本间距
if  isnan(S(1,1)),
   S = [0.2  0; 0.2  0];
end
```

```
% 产生样本集
w1 = 1:S(1,1):100;
w2 = 1:S(2,1):100;
%计算半无限约束
K1 = sin(w1*X(1)).*cos(w1*X(2))-1/1000*(w1-50).^2-sin(w1*X(3))-
     X(3)-1;
K2 = sin(w2*X(2)).*cos(w2*X(1))-1/1000*(w2-50).^2 -sin(w2*X(3))-
     X(3)-1;
%无非线性约束
C = [ ]; Ceq=[ ];
%绘制半无限约束图形(图12.23)
plot(w1,K1,'-',w2,K2,':'),title('半无限约束')
```

然后在 MATLAB 命令窗口或编辑器中建立 M 文件 (图 12.23)

```
fun = 'sum((x-0.5).^2)';
x0 = [0.5; 0.2; 0.3];        %起始值
[x,fval] = fseminf(fun,x0,2,@mycon)
```

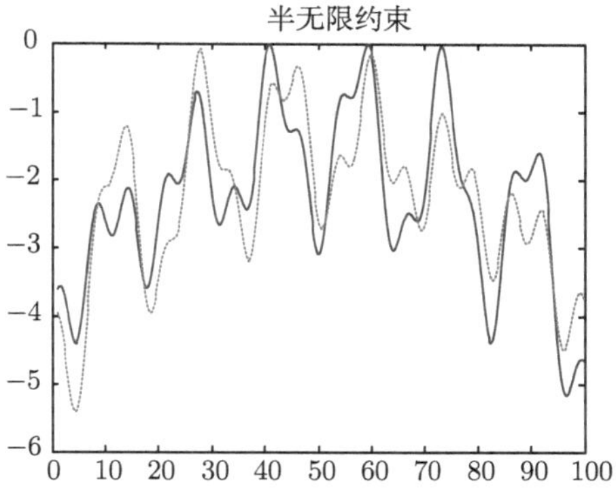

图 12.23

结果为

```
x =
     0.6673
     0.3013
     0.4023
fval =
      0.0770
>>[C,Ceq,K1,K2] = mycon(x,NaN);     %利用初始样本间距
>>max(K1)
```

```
ans =
      -0.0017
>>max(K2)
ans =
      -0.0845
```

五、 极小化极大 (Minmax) 问题

极小化极大问题的标准形式为

$$\begin{aligned}
\min_{x}\ \max_{\{F_i\}}\quad & \{F_i(x)\},\\
\text{sub.to}\quad & C(x) \leqslant 0,\\
& \mathrm{Ceq}(x) = 0,\\
& A \cdot x \leqslant b,\\
& \mathrm{Aeq} \cdot x = \mathrm{beq},\\
& \mathrm{lb} \leqslant x \leqslant \mathrm{ub},
\end{aligned}$$

其中 x, b, beq, lb, ub 是向量, A, Aeq 是矩阵, $C(x)$, $\mathrm{Ceq}(x)$ 和 $F(x)$ 是返回向量的函数, $F(x)$, $C(x)$, $\mathrm{Ceq}(x)$ 可以是非线性函数.

在 MATLAB5.x 中, 它的求解由函数 minmax 实现.

函数 fminimax

格式
```
x = fminimax(fun,x0)
x = fminimax(fun,x0,A,b)
x = fminimax(fun,x0,A,b,Aeq,beq)
x = fminimax(fun,x0,A,b,Aeq,beq,lb,ub)
x = fminimax(fun,x0,A,b,Aeq,beq,lb,ub,nonlcon)
x = fminimax(fun,x0,A,b,Aeq,beq,lb,ub,nonlcon,options)
[x,fval,maxfval] = fminimax(…)
[x,fval,maxfval,exitflag] = fminimax(…)
[x,fval,maxfval,exitflag,output] = fminimax(…)
[x,fval,maxfval,exitflag,output,lambda] = fminimax(…)
```

参数说明: fun 为目标函数;

x_0 为初始值;

A, b 满足线性不等约束 $A \cdot x \leqslant b$, 若没有不等约束, 则取 A=[ ], b=[ ];

Aeq, beq 满足等式约束 $\mathrm{Aeq} \cdot x = \mathrm{beq}$, 若没有, 则取 Aeq=[ ], beq=[ ];

lb, ub 满足 $\mathrm{lb} \leqslant x \leqslant \mathrm{ub}$, 若没有界, 可设 lb=[ ], ub=[ ];

nonlcon 的作用是通过接受的向量 x 来计算非线性不等约束 $C(x) \leqslant 0$ 和等式约束 $\mathrm{Ceq}(x)=0$ 分别在 x 处的值 C 和 Ceq, 通过指定函数柄来使用, 如 >>x = fminimax(@myfun,x0,A,b,Aeq,beq,lb,ub,@mycon), 先建立非线性约束函数, 并保存为 mycon.mfunction [C,Ceq] = mycon(x)

C = …%计算 x 处的非线性不等式约束 $C(x) \leqslant 0$ 的函数值;

Ceq = …%计算 x 处的非线性等式约束 $\mathrm{Ceq}(x)=0$ 的函数值;

options 为指定的优化参数;

fval 为最优点处的目标函数值;

maxfval 为目标函数在 x 处的最大值;

exitflag 为终止迭代的条件;

lambda 是 Lagrange 乘子, 它体现哪一个约束有效;

output 输出优化信息.

例 21　求下列函数最大值的最小化问题

$$[\, f_1(x), f_2(x), f_3(x), f_4(x), f_5(x)\,],$$

其中

$$\begin{aligned}
f_1(x) &= 2x_1^2 + x_2^2 - 48x_1 - 40x_2 + 304,\\
f_2(x) &= -x_2^2 - 3x_2^2,\\
f_3(x) &= x_1 + 3x_2 - 18,\\
f_4(x) &= -x_1 - x_2,\\
f_5(x) &= x_1 + x_2 - 8.
\end{aligned}$$

解　先建立目标函数文件, 并保存为

```
myfun.mfunction f = myfun(x)
f(1)= 2*x(1)^2+x(2)^2-48*x(1)-40*x(2)+304;
f(2)= -x(1)^2 - 3*x(2)^2;
f(3)= x(1) + 3*x(2) -18;
f(4)= -x(1)- x(2);
f(5)= x(1) + x(2) - 8;
```

然后, 在命令窗口键入命令

```
x0 = [0.1; 0.1]; % 初始值
[x,fval] = fminimax(@myfun,x0)
```

结果为

```
x =
     4.0000
     4.0000
fval =
```

```
      0.0000  -64.0000   -2.0000   -8.0000   -0.0000
```

例 22　求上述问题的绝对值的最大值最小化问题.

目标函数为 $[\,|f_1(x)|,\ |f_2(x)|,\ |f_3(x)|,\ |f_4(x)|,\ |f_5(x)|\,]$.

解　先建立目标函数文件 (与上例相同).

然后, 在命令窗口或编辑器中建立 M 文件

```
>>x0 = [0.1; 0.1];                        % 初始点
>>options = optimset('MinAbsMax',5);      % 指定绝对值的最小化
>>[x,fval] = fminimax(@myfun,x0,[ ],[ ],[ ],[ ],[ ],[ ],[ ],options)
```

则结果为

```
  x =
      4.9256
      2.0796
  fval =
      37.2356  -37.2356   -6.8357   -7.0052   -0.9948
```

六、多目标规划问题

多目标规划是指在一组约束下, 对多个不同目标函数进行优化. 它的一般形式为

$$\begin{aligned}&\min \quad [\,f_1(x),\ f_2(x), \cdots,\ f_m(x)\,],\\&\text{sub.to}\quad g_j(x) \leqslant 0, \quad j = 1, 2, \cdots, p,\end{aligned}$$

其中 $x = (x_1, x_2, \cdots, x_n)$.

在同一约束下, 当目标函数处于冲突状态时, 不存在最优解 x 使所有目标函数同时达到最优. 此时, 我们使用有效解, 即如果不存在 $x \in S$, 使得 $f_i(x) \geqslant f_i(x^*)$, $i = 1, 2, \cdots m$, 则称 x^* 为有效解.

在 MATLAB 中, 多目标问题的标准形式为

$$\begin{aligned}&\min_{x,\gamma} \quad \gamma\\&\text{sub.to}\quad F(x) - \text{weight} \cdot \gamma \leqslant \text{goal},\\&\qquad\quad C(x) \leqslant 0,\\&\qquad\quad \text{Ceq}(x) = 0,\\&\qquad\quad A \cdot x \leqslant b,\\&\qquad\quad \text{Aeq} \cdot x = \text{beq},\\&\qquad\quad \text{lb} \leqslant x \leqslant \text{ub},\end{aligned}$$

其中 x, b, beq, lb, ub 是向量; A, Aeq 是矩阵; $C(x)$, Ceq(x) 和 $F(x)$ 是返回向量的函数; $F(x)$, $C(x)$, Ceq(x) 可以是非线性函数; weight 是权值系数向量, 用于控制对应的目标函数与用户定义的目标函数值的接近程度; goal 是用户设计的与目标函数相应的目标函数值向量; γ 是一个松弛因子标量; $F(x)$ 是多目标规划中的目标函数向量.

在 MATLAB5.x 中, 它的最优解由 attgoal 函数实现.

函数 fgoalattain

格式
```
x = fgoalattain(fun,x0,goal,weight)
x = fgoalattain(fun,x0,goal,weight,A,b)
x = fgoalattain(fun,x0,goal,weight,A,b,Aeq,beq)
x = fgoalattain(fun,x0,goal,weight,A,b,Aeq,beq,lb,ub)
x = fgoalattain(fun,x0,goal,weight,A,b,Aeq,beq,lb,ub,nonlcon)
x = fgoalattain(fun,x0,goal,weight,A,b,Aeq,beq,lb,ub,nonlcon,
options)
[x,fval] = fgoalattain(···)
[x,fval,attainfactor] = fgoalattain(···)
[x,fval,attainfactor,exitflag] = fgoalattain(···)
[x,fval,attainfactor,exitflag,output] = fgoalattain(···)
[x,fval,attainfactor,exitflag,output,lambda] =
fgoalattain(···)
```

参数说明:

x_0 为初始解向量;

fun 为多目标函数的文件名字符串, 其定义方式与前面 fun 的定义方式相同;

goal 为用户设计的目标函数值向量;

weight 为权值系数向量, 用于控制目标函数与用户自定义目标值的接近程度;

A, b 满足线性不等式约束 $A \cdot x \leqslant b$, 没有时取 A=[ ], b=[ ];

Aeq, beq 满足线性等式约束 $\mathrm{Aeq} \cdot x = \mathrm{beq}$, 没有时取 Aeq=[ ], beq=[ ];

lb, ub 为变量的下界和上界 $\mathrm{lb} \leqslant x \leqslant \mathrm{ub}$;

nonlcon 的作用是通过接受的向量 x 来计算非线性不等约束 $C(x) \leqslant 0$ 和等式约束 $\mathrm{Ceq}(x) = 0$ 分别在 x 处的值 C 和 Ceq, 通过指定函数柄来使用;

如 >> x= fgoalattain(@myfun,x0,goal,weight,A,b,Aeq,beq,lb,ub,@mycon), 先建立非线性约束函数, 并保存为 mycon.mfunction [C,Ceq] = mycon(x);

C = ··· %计算 x 处的非线性不等式约束 $C(x) \leqslant 0$ 的函数值;

Ceq = ···%计算 x 处的非线性等式约束 Ceq $(x) = 0$ 的函数值;

options 为指定的优化参数;

fval 为多目标函数在 x 处的值;
attainfactor 为解 x 处的目标规划因子;
exitflag 为终止迭代的条件;
output 为输出的优化信息;
lambda 为解 x 处的 Lagrange 乘子.

例 23　多目标线性函数优化, 四个目标函数为

$$\min\left(15.4x_1+13.0x_2+13.6x_3+20.6x_4\right),$$
$$\max\left(36.4x_1+43.1x_2+41.2x_3+28.2x_4\right),$$
$$\min\left(2.75x_1+2.32x_2+2.42x_3+3.68x_4\right),$$
$$\min\left(2.20x_1+1.80x_2+1.20x_3+9.60x_4\right),$$

约束条件如下: $\sum x_i=1$; $x_i>0\,(i=1,2,3,4)$.

解

```
clear;clc;
x0=[0 0 0 0];%x 的初值
goal=[1 1 1 1]; %目标值
weight=[1 1 1 1]; %权重值
A=[-1 0 0 0;0 -1 0 0; 0 0 -1 0;0 0 0 -1]; %xi>0(i=1,2,3,4)
化成标准形 xi <=0
B=[0;0;0;0];
Aeq=[1 1 1 1];%∑xi = 1
Beq=1;
[X,FVAL,ATTAINFACTOR,EXITFLAG]=fgoalattain(@fun,x0,goal,weight,
A,B,Aeq,Beq)
function f=fun(x)
f(1)=15.4*x(1)+13.0*x(2)+13.6*x(3)+20.6*x(4);
f(2)=-(36.4*x(1)+43.1*x(2)+41.2*x(3)+28.2*x(4));
f(3)=2.75*x(1)+2.32*x(2)+2.42*x(3)+3.68*x(4);
f(4)=2.20*x(1)+1.80*x(2)+1.20*x(3)+9.60*x(4);
```

结果为

```
X =
        -0.0000    1.0000         0    0.0000
FVAL =
       13.0000  -43.1000    2.3200    1.8000
```

七、最小二乘最优问题

1. 约束线性最小二乘

有约束线性最小二乘的标准形式为

$$\begin{aligned}\min_{x} \quad & \frac{1}{2}\| Cx-d\|_2^2,\\ \text{sub.to} \quad & A\cdot x\leqslant b,\\ & \text{Aeq}\cdot x=\text{beq},\\ & \text{lb}\leqslant x\leqslant \text{ub},\end{aligned}$$

其中 C, A, Aeq 为矩阵; d, b, beq, lb, ub, x 是向量.

在 MATLAB5.x 中, 约束线性最小二乘用函数 conls 求解.

函数 lsqlin

格式 x = lsqlin(C,d,A,b)

%求在约束条件 $A\cdot x\leqslant b$ 下, 方程 $Cx=d$ 的最小二乘解 x.

x = lsqlin(C,d,A,b,Aeq,beq)

%Aeq, beq 满足等式约束 Aeq $\cdot x$ = beq, 若没有不等式约束, 则设 A=[ ], b=[ ]

x = lsqlin(C,d,A,b,Aeq,beq,lb,ub)

%lb, ub 满足 lb $\leqslant x\leqslant$ ub, 若没有等式约束, 则 Aeq=[ ], beq=[ ]

x = lsqlin(C,d,A,b,Aeq,beq,lb,ub,x0)

%x_0 为初始解向量, 若 x 没有界, 则 lb=[ ], ub=[ ]

x = lsqlin(C,d,A,b,Aeq,beq,lb,ub,x0,options)

%options 为指定优化参数

[x,resnorm] = lsqlin(⋯)

%resnorm=norm(C*x-d)^2, 即 2-范数

[x,resnorm,residual] = lsqlin(⋯)

%residual=C*x-d, 即残差

[x,resnorm,residual,exitflag] = lsqlin(⋯)

%exitflag 为终止迭代的条件

[x,resnorm,residual,exitflag,output] = lsqlin(⋯)

%output 表示输出优化信息

[x,resnorm,residual,exitflag,output,lambda] = lsqlin(⋯)

%lambda 为解 x 的 Lagrange 乘子

例 24 求解下面系统的最小二乘解.

系统 $Cx=d$.

约束 $A \cdot x \leqslant b; \mathrm{lb} \leqslant x \leqslant \mathrm{ub}$.

先输入系统系数和 x 的上下界

```
C = [0.9501    0.7620    0.6153    0.4057;…
     0.2311    0.4564    0.7919    0.9354;…
     0.6068    0.0185    0.9218    0.9169;…
     0.4859    0.8214    0.7382    0.4102;…
     0.8912    0.4447    0.1762    0.8936];
d = [ 0.0578; 0.3528; 0.8131; 0.0098; 0.1388];
A =[ 0.2027    0.2721    0.7467    0.4659;…
     0.1987    0.1988    0.4450    0.4186;…
     0.6037    0.0152    0.9318    0.8462];
b =[ 0.5251; 0.2026; 0.6721];
lb = -0.1*ones(4,1);
ub = 2*ones(4,1);
```

然后调用最小二乘命令

```
 [x,resnorm,residual,exitflag,output,lambda] = lsqlin(C,d,A,b,
 [ ],[ ],lb,ub)
```

结果为

```
x =
   -0.1000   -0.1000    0.2152    0.3502
resnorm =
    0.1672
residual =
      0.0455    0.0764   -0.3562    0.1620    0.0784
exitflag =
         1 %说明解 x 是收敛的
output =
         iterations: 4
          algorithm: 'medium-scale: active-set'
      firstorderopt: []
        cgiterations: []
lambda =
       lower: [4x1 double]
       upper: [4x1 double]
       eqlin: [0x1 double]
```

```
    ineqlin: [3x1 double]
```

通过 lambda.ineqlin 可查看非线性不等式约束是否有效.

2. 非线性数据 (曲线) 拟合

非线性曲线拟合是已知输入向量 $x_{\rm data}$ 和输出向量 $y_{\rm data}$, 并且知道输入与输出的函数关系为 $y_{\rm data}=F(x,x_{\rm data})$, 但不知道系数向量 x. 今进行曲线拟合, 求 x 使得下式成立

$$\min_x \quad \frac{1}{2}\parallel F(x,\ x_{\rm data})-y_{\rm data}\parallel_2^2=\frac{1}{2}\sum_i\left(F(x,\ x_{{\rm data}_i})-y_{{\rm data}_i}\right)^2.$$

在 MATLAB5.x 中, 使用函数 curvefit 解决这类问题.

函数 lsqcurvefit

格式
```
x = lsqcurvefit(fun,x0,xdata,ydata)
x = lsqcurvefit(fun,x0,xdata,ydata,lb,ub)
x = lsqcurvefit(fun,x0,xdata,ydata,lb,ub,options)
[x,resnorm] = lsqcurvefit(···)
[x,resnorm,residual] = lsqcurvefit(···)
[x,resnorm,residual,exitflag] = lsqcurvefit(···)
[x,resnorm,residual,exitflag,output] = lsqcurvefit(···)
[x,resnorm,residual,exitflag,output,lambda] = lsqcurvefit(···)
[x,resnorm,residual,exitflag,output,lambda,jacobian]=
lsqcurvefit(···)
```

参数说明:

x_0 为初始解向量; $x_{\rm data}$, $y_{\rm data}$ 为满足关系 $y_{\rm data}=F(x,x_{\rm data})$ 的数据;

lb, ub 为解向量的下界和上界 $\rm lb\leqslant x\leqslant ub$, 若没有指定界, 则 lb=[ ], ub=[ ];

options 为指定的优化参数;

fun 为拟合函数, 其定义方式为 x=lsqcurvefit(@myfun,x0,xdata,ydata), 其中 myfun 已定义为 function F= myfun(x,xdata)

F =··· %计算 x 处拟合函数值 fun 的用法与前面相同;

resnorm=sum ((fun(x,xdata)-ydata).2), 即在 x 处残差的平方和;

residual=fun(x,xdata)-ydata, 即在 x 处的残差;

exitflag 为终止迭代的条件;

output 为输出的优化信息;

lambda 为解 x 处的 Lagrange 乘子;

jacobian 为解 x 处拟合函数 fun 的 Jacobian 矩阵.

例 25　求解如下最小二乘非线性拟合问题.

已知输入向量 x_{data} 和输出向量 y_{data}, 且长度都是 n, 拟合函数为

$$y_{\text{data}}(i) = x(1) \cdot x_{\text{data}}(i)^2 + x(2) \cdot \sin(x_{\text{data}}(i)) + x(3) \cdot x_{\text{data}}(i)^3,$$

即目标函数为

$$\min_{x} \quad \frac{1}{2}\sum_{i=1}^{n}\left(F(x,\ x_{\text{data}_i}) - y_{\text{data}_i}\right)^2,$$

其中

$$F(x,\ x_{\text{data}}) = x(1) \cdot x_{\text{data}^2} + x(2) \cdot \sin(x_{\text{data}}) + x(3) \cdot x_{\text{data}^3},$$

初始解向量为 x_0=[0.3, 0.4, 0.1].

解　先建立拟合函数文件, 并保存为 myfun.m

```
function F = myfun(x,xdata)
F = x(1)*xdata.^2 + x(2)*sin(xdata) + x(3)*xdata.^3;
```

然后给出数据 x_{data} 和 y_{data}

```
>>xdata = [3.6 7.7 9.3 4.1 8.6 2.8 1.3 7.9 10.0 5.4];
>>ydata = [16.5 150.6 263.1 24.7 208.5 9.9 2.7 163.9 325.0 54.3];
>x0 = [10, 10, 10];    %初始估计值
>>[x,resnorm] = lsqcurvefit( @ myfun,x0,xdata,ydata)
```

结果为

```
Optimization terminated successfully:
Relative function value changing by less than OPTIONS.TolFun
x =
0.2269  0.3385    0.3021
resnorm =
      6.2950
```

3. 非线性最小二乘

非线性最小二乘 (非线性数据拟合) 的标准形式为

$$\min_{x} \quad f(x) = f_1(x)^2 + f_2(x)^2 + \cdots + f_m(x)^2 + L,$$

其中 L 为常数.

在 MATLAB5.x 中, 用函数 leastsq 解决这类问题, 在 6.0 版中使用函数 lsqnonlin.

设

$$F(x)=\begin{bmatrix} f_1(x) \\ f_2(x) \\ \vdots \\ f_m(x) \end{bmatrix}$$

则目标函数可表达为

$$\min_x \quad \frac{1}{2}\ \| F(x) \|_2^2=\frac{1}{2}\sum_i f_i(x)^2,$$

其中 x 为向量, $F(x)$ 为函数向量.

函数 lsqnonlin

格式 `x = lsqnonlin(fun,x0)`

x_0 为初始解向量; fun 为 $f_i(x)$, $i=1,2,\cdots,m$, fun 返回向量值 F, 而不是平方和值, 平方和隐含在算法中, fun 的定义与前面相同.

```
x = lsqnonlin(fun,x0,lb,ub)
%lb, ub 定义 x 的下界和上界 lb ≤ x ≤ub.
x = lsqnonlin(fun,x0,lb,ub,options)
%options 为指定优化参数, 若 x 没有界, 则 lb=[ ], ub=[ ]
[x,resnorm] = lsqnonlin(…)
%resnorm=sum(fun(x).^2), 即解 x 处目标函数值
[x,resnorm,residual] = lsqnonlin(…)
%residual=fun(x), 即解 x 处 fun 的值
[x,resnorm,residual,exitflag] = lsqnonlin(…)
%exitflag 为终止迭代条件
[x,resnorm,residual,exitflag,output] = lsqnonlin(…)
%output 输出优化信息
[x,resnorm,residual,exitflag,output,lambda] = lsqnonlin(…)
%lambda 为 Lagrange 乘子
[x,resnorm,residual,exitflag,output,lambda,jacobian]
=lsqnonlin(…)
%fun 在解 x 处的 Jacobian 矩阵
```

例 26 求下面非线性最小二乘问题 $\sum_{k=1}^{10}(2+2k-\mathrm{e}^{kx_1}-\mathrm{e}^{kx_2})^2$ 初始解向量为 $x_0=[0.3,\ 0.4]$.

解 先建立函数文件, 并保存为 myfun.m, 由于 lsqnonlin 中的 fun 为向量形

式而不是平方和形式, 因此, myfun 函数应由 $f_i(x)$ 建立

$$f_k(x) = 2 + 2k - e^{kx_1} - e^{kx_2}, \quad k = 1, 2, \cdots, 10.$$

```
function F = myfun(x)
k = 1:10;
F = 2 + 2*k-exp(k*x(1))-exp(k*x(2));
```

然后调用优化程序

```
x0 = [0.3 0.4];
[x,resnorm] = lsqnonlin(@myfun,x0)
```

结果为

```
Optimization terminated successfully:
Norm of the current step is less than OPTIONS.TolX
x =
     0.2578    0.2578
resnorm =     %求目标函数值
   124.3622
```

4. 非负线性最小二乘

非负线性最小二乘的标准形式为

$$\begin{array}{ll} \min\limits_{x} & \frac{1}{2}\|Cx - d\|_2^2, \\ \text{sub.to} & x \geqslant 0, \end{array}$$

其中矩阵 C 和向量 d 为目标函数的系数, 向量 x 为非负独立变量.

在 MATLAB5.x 中, 用函数 nnls 求解这类问题, 在 6.0 版中则用函数 lsqnonneg.

函数 lsqnonneg

格式
```
x = lsqnonneg(C,d) %C 为实矩阵, d 为实向量
x = lsqnonneg(C,d,x0) %x0 为初始值且大于 0
x = lsqnonneg(C,d,x0,options)   % options为指定优化参数
[x,resnorm] = lsqnonneg(…)   % resnorm=norm (C*x-d)^2
[x,resnorm,residual] = lsqnonneg(…)  %residual=C*x-d
[x,resnorm,residual,exitflag] = lsqnonneg(…)
[x,resnorm,residual,exitflag,output] = lsqnonneg(…)
[x,resnorm,residual,exitflag,output,lambda] = lsqnonneg(…)
```

例 27　一个最小二乘问题的无约束与非负约束解法的比较.

解　先输入数据

```
>>C = [0.0372  0.2869; 0.6861 0.7071; 0.6233 0.6245; 0.6344
0.6170];
>>d = [0.8587; 0.1781; 0.0747; 0.8405];
>> [C\d, lsqnonneg(C,d)]
ans =
      -2.5627          0
       3.1108     0.6929
```

注意①当问题为无约束线性最小二乘问题时, 使用 MATLAB 下的 "\" 运算即可解决. ②对于非负最小二乘问题, 调用 lsqnonneg(C,d) 求解.

八、非线性方程 (组) 求解

1. 非线性方程的解

非线性方程的标准形式为 $f(x)=0$

函数 fzero

格式

```
x = fzero (fun,x0) %用 fun 定义表达式 f(x), x0 为初始解
x = fzero (fun,x0,options)
[x,fval] = fzero(…)      %fval=f(x)
[x,fval,exitflag] = fzero(…)
[x,fval,exitflag,output] = fzero(…)
```

说明　该函数采用数值解求方程 $f(x)=0$ 的根.

例 28　求方程 $x^2+4\sin(x)=25$ 的实数根 $(-2\pi<x<2\pi)$.

解

```
>>x=-2*pi:0.1:2*pi;
>>f=x.^2+4*sin(x)-25;
>>plot(x,f);
>>grid on;
```

从曲线上可以看出, 函数的零点大约在 $x_1\approx-4$ 和 $x_2\approx5$ 附近.

```
>>x1= fzero ('x^2+4*sin(x)-25',-4) %求出方程在 x1 ≈ -4 时的根
>>x2= fzero ('x^2+4*sin(x)-25',5) %方程在 x1 ≈5 时的根
```

结果为

```
x1 =
      -4.5861
x2 =
       5.3186
```

2. 非线性方程组的解

非线性方程组的标准形式为 $F(x)=0$, 其中 x 为向量, $F(x)$ 为函数向量.

函数 fsolve

格式 x = fsolve(fun,x0)

%用 fun 定义向量函数，其定义方式为先定义方程函数 function F = myfun (x).

F =[表达式 1; 表达式 2; ⋯; 表达式 m]

%保存为 myfun.m，并用下面方式调用 x = fsolve(@myfun,x0)，x_0 为初始估计值

x = fsolve(fun,x0,options)

[x,fval] = fsolve(⋯)

%fval=$F(x)$，即函数值向量

[x,fval,exitflag] = fsolve(⋯)

[x,fval,exitflag,output] = fsolve(⋯)

[x,fval,exitflag,output,jacobian] = fsolve(⋯)

%jacobian 为解 x 处的 Jacobian 阵

其余参数与前面参数相似.

例 29　求下列系统的根

$$2x_1-x_2=\mathrm{e}^{-x_1},\quad -x_1+2x_2=\mathrm{e}^{-x_2}.$$

解　化为标准形式

$$2\,x_1-x_2-\mathrm{e}^{-x_1}=0,\quad -x_1+2\,x_2-\mathrm{e}^{-x_2}=0.$$

设初值点为 x0=$[-5,-5]$.

先建立方程函数文件, 并保存为 myfun.m

```
function F = myfun(x)
F = [2*x(1) - x(2) - exp(-x(1));
        -x(1) + 2*x(2) - exp(-x(2))];
```

然后调用优化程序

```
x0 = [-5; -5];               %初始点
options=optimset('Display','iter');  %显示输出信息
[x,fval] = fsolve(@myfun,x0,options)
```

结果为

```
Optimization terminated successfully:
```

```
 Relative function value changing by less than OPTIONS.TolFun
x =
    0.5671
    0.5671
fval =
    1.0e-008 *
     -0.5320
     -0.5320
```

例 30 求矩阵 x 使其满足方程 $x \times x \times x = \begin{bmatrix} 1 & 2 \\ 3 & 4 \end{bmatrix}$, 设初始解向量为 x=[1, 1;1, 1].

解 先编写 M 文件

```
function F = myfun(x)
F = x*x*x-[1,2;3,4];
```

然后调用优化程序求解

```
>>x0 = ones(2,2);                              %初始解向量
>>options = optimset('Display','off');         %不显示优化信息
>>[x,Fval,exitflag] = fsolve(@myfun,x0,options)
```

结果为

```
x =
    -0.1291    0.8602
       1.2903    1.1612
Fval =
    1.0e-003 *
       0.1541   -0.1163
       0.0109   -0.0243
exitflag =
        1
```

第三节 统计工具箱简介

统计工具箱是 MATLAB 提供给人们的一个强有力的统计分析工具. 包含 200 多个 M 文件 (函数), 主要支持以下各方面的内容.

概率分布: 提供了 20 种概率分布, 包含离散和连续分布, 且每种分布, 提供了 5 个有用的函数, 即概率密度函数、累积分布函数、逆累积分布函数、随机产生器

与方差计算函数.

参数估计：依据特殊分布的原始数据, 可以计算分布参数的估计值及其置信区间.

描述性统计：提供描述数据样本特征的函数, 包括位置和散布的度量、分位数估计值和数据处理缺失情况的函数等.

回归分析：回归分析是应用极其广泛的数据分析方法之一, 包括多元线性回归、一元多项式、多元二项式、非线性回归以及逐步回归.

假设检验：提供最通用的假设检验函数：t 检验和 z 检验.

其他的功能就不再介绍.

统计工具箱函数主要分为两类

数值计算函数 (M 文件)；

交互式图形函数 (Gui).

MATLAB **惯例**：

beta	线性模型中的参数；	$E(x)$	x 的数学期望；
$f(x\|a,b)$	概率密度函数；	$F(x\|a,b)$	累积分布函数；
$I([a,b])$	指示 (Indicator) 函数；		
p,q	p 事件发生的概率.		

一、 概率分布

统计工具箱提供的常见分布：

数据连续分布	统计量连续分布	离散分布
Continuous	Continuous	discrete
Beta(分布)	Chi-square	Binomial 二项
Exponential 指数	Noncentral chi-square	Geometric 几何
Gamma	F 分布	Hyper G
Lognormal 对数正态	Noncentral F	Negative Binomial
Normal 正态	Student's t	Poisson 泊松
Rayleigh 瑞利	Noncentral t	
Uniform 均匀		
Weibull 威布尔		

1. 概率密度函数 pdf (Probability Density Function)

```
>>功能：可选的通用概率密度函数
>>格式：Y=pdf('Name',X,A1,A1,A3)
        'Name' 为特定的分布名称，第一个字母必须大写；
         X为分布函数自变量取值矩阵；
         A1,A2,A3 分别为相应分布的参数值；
```

Y:存放结果，为概率密度值矩阵.

算例:

```
>> y=pdf('Normal',-2:2,0,1)
y =
     0.0540     0.2420     0.3989     0.2420     0.0540
>> Y=pdf('Normal',-2:0.5:2,1,4)
Y =
0.0753     0.0820     0.0880     0.0930     0.0967     0.0990
0.0997     0.0990     0.0967
>> p=pdf('Poisson',0:2:8,2)
p =
    0.1353     0.2707     0.0902     0.0120     0.0009
>> p=pdf('F',1:2:10,4,7)
p =
    0.4281     0.0636     0.0153     0.0052     0.0021
```

我们也可以利用这种计算功能和作图功能, 绘制一下密度函数曲线 (图 12.24), 例如, 绘制不同的正态分布的密度曲线.

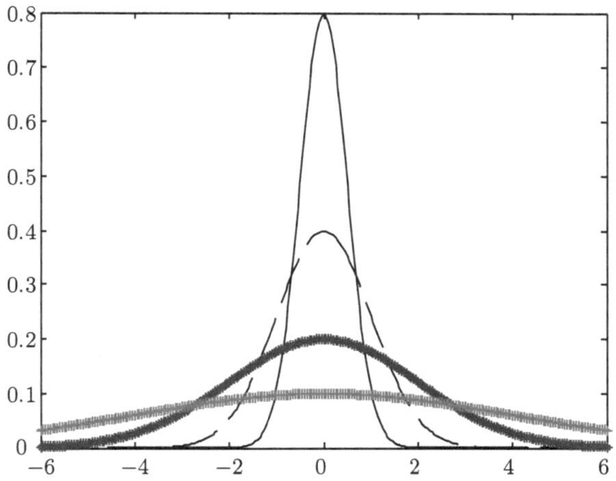

图 12.24 不同的正态分布的密度曲线

```
>>x=[-6:0.05:6];
>> y1=pdf('Normal',x,0,0.5);
>> y2=pdf('Normal',x,0,1);
>> y3=pdf('Normal',x,0,2);
>> y4=pdf('Normal',x,0,4);
```

```
>>plot(x,y1,'K-',x,y2,'K--',x,y3,'*',x,y4,'+')
```

这个程序计算了 $\mu=0$, 而 σ 取不同值时的正态分布密度函数曲线的形态, 可以看出, σ 越大, 曲线越平坦.

2. 累积分布函数及逆累积分布函数 cdf, icdf

\>\> 功能: 计算可选分布函数的累积分布和逆累积分布函数

\>\> 格式:

```
P=cdf('Name',X,A1,A2,A3)
X=icdf('Name',P,A1,A2,A3)
>> x=[-3:0.5:3];
>> p=cdf('Normal',x,0,1)
p =
    0.0013    0.0062    0.0228    0.0668    0.1587    0.3085
    0.5000    0.6915    0.8413    0.9332    0.9772    0.9938
    0.9987
>> x=icdf('Normal',p,0,1)
x =
-3.0000    -2.5000    -2.0000    -1.5000    -1.0000    -0.5000    0
0.5000     1.0000     1.5000      2.0000      2.5000     3.0000
```

3. 随机数产生器 random

\>\> 功能: 产生可选分布的随机数

\>\> 格式: y=random('Name',A1,A2,A3,m,n);

　　A1,A2,A3 分布的参数;

　　'Name' 分布的名称;

　　m,n 确定 y 的数量, 如果参数是标量, 则 y 是 $m\times n$ 矩阵.

例如: 产生服从参数为 (9, 10) 的 F 分布的 4 个随机数值

```
>>y=random('F',9,10,2,2)
y =
     3.4907 1.6762
     0.5702 1.1534
```

4. **均值和方差表 12.6 以 'stat' 结尾的函数**

表 12.6 均值和方差的计算函数

分布类型名称	函数名称及调用格式
Beta 分布	[m,v]=betastat(A,B)
二项分布	[m,v]=binostat(N,P)
Chi-square 分布	[m,v]=chi2stat(nu)
指数分布	[m,v]=expstat(mu)
F 分布	[m,v]=fstat(v1,v2)
Gamma 分布	[m,v]=gamstat(A,B)
几何分布	[m,v]=geostat(P)
超几何分布	[mn,v]=hygestat(M,K,N)
正态分布	[m,v]=normstat(mu,sigma)
对数正态分布	[m,v]=lognstat(mu,sigma)
负二项分布	[m,v]=nbinstat(R,P)
非中心 F 分布	[m,v]=ncfstat(nu1,nu2,delta)
非中心 t 分布	[m,v]=nctstat(nu,delta)
非中心 χ^2 分布	[m,v]=ncx2stat(nu,delta)
泊松分布	[m,v]=poisstat(lambda)
瑞利分布	[m,v]=raylstat(B)
t 分布	[m,v]=tstat(nu)
离散均匀分布	[m,v]=unidstat(N)
连续均匀分布	[m,v]=unistat(A,B)
威尔分布	[m,v]=weibstat(A,B)

二、参数估计

参数估计是总体的分布形式已经知道, 且可以用有限个参数表示的估计问题. 分为点估计 (极大似然估计, Maximum Likelihood Estimate, MLE) 和区间估计.

求取各种分布的最大似然估计估计量 mle

```
>> 格式: phat=mle('dist',data)
         [phat,pci]=mle('dist',data)
         [phat,pci]=mle('dist',data,alpha)
         [phat,pci]=mle('dist',data,alpha,p1)
```

>>'dist' 为给定的特定分布的名称, 'beta','binomial' 等. Data 为数据样本, 矢量形式给出. Alpha 用户给定的置信度值, 以给出 100(1−alpha)%的置信区间, 缺省为 0.05. 最后一种是仅供二项分布参数估计, p1 为实验次数.

例 31 计算 beta 分布的两个参数的似然估计和区间估计 (alpha=0.1,0.05, 0.001), 样本由随机数产生.

```
>>random('beta',4,3,100,1);
```

```
>> [p,pci]=mle('beta',r,0.1)
p =
      4.6613    3.5719
pci =
      3.6721    2.7811
      5.6504    4.3626
>> [p,pci]=mle('beta',r,0.05)
p =
    4.6613    3.5719
pci =
      3.4827    2.6296
      5.8399    4.5141
>> [p,pci]=mle('beta',r,0.001)
p =
      4.6613    3.5719
pci =
      2.6825    1.9900
      6.6401    5.1538
```

例 32　计算二项分布的参数估计与区间估计, alpha=0.01.

```
>> r=random('Binomial',10,0.2,10,1);
>> [p,pci]=mle('binomial',r,0.01,10)
p =
0.2000    0.2000    0.1000    0.4000    0.2000    0.2000
0.4000
0      0.1000   0.2000
pci =
0.0109    0.0109      0.0005    0.0768    0.0109    0.0109
0.0768
NaN    0.0005      0.0109
0.6482   0.6482    0.5443    0.8091    0.6482    0.6482
0.8091    0.4113    0.5443    0.6482
```

三、描述统计

>> 位置度量：几何均值 (geomean)、调和均值 (harmmean)、算术平均值 (mean)、中位数 (median)、修正的样本均值 (trimean);

>> 散布度量：方差 (var)、内四分位数间距 (iqr)、平均绝对偏差 (mad)、样本极差 (range)、标准差 (std)、任意阶中心矩 (moment)、协方差矩阵 (cov);

>> 缺失数据情况下的处理：忽视缺失数据的最大值 (nanmax)、忽视缺失数据的平均值 (nanmean)、忽视缺失数据的中位数 (nanmedian)、忽视缺失数据的最小值 (nanmin)、忽视缺失数据的标准差 (nanstd)、忽视缺失数据的和 (namsum);

>> 相关系数：corrcoef , 计算相关系数;

>> 样本分位数：prctile, 计算样本的经验分位数;

>> 样本峰度：kurtosis, 计算样本峰度;

>> 样本偏度：skewness, 计算样本偏度;

>> 自助法：bootstrp, 对样本从新采样进行自助统计.

1. 中心趋势 (位置) 度量

样本中心趋势度量的目的在于对数据样本在分布线上分布的中心位置予以定为. 均值是对中心位置简单和通常的估计量. 不幸的是, 几乎所有的实际数据都存在野值 (输入错误或其他小的技术问题造成的). 样本均值对这样的值非常敏感. 中位数和修正 (剔除样本高值和低值) 后的均值则受野值干扰很小. 而几何均值和调和均值对野值也较敏感. 下面逐个说明这些度量函数.

>>geomean

功能：样本的几何均值

格式：m=geomean(X)

$$m = \left[\prod_{i=1}^{n} x_i\right]^{\frac{1}{n}}$$

若 X 为向量, 则返回 X 中元素的几何均值; 若 X 为矩阵, 给出的结果为一个行向量, 即每列几何均值.

例 33　产生的样本的几何均值.

```
>> X=random('F',10,10,100,1);
>> m=geomean(X)
m =
     1.1007
>> X=random('F',10,10,100,5);
>> m=geomean(X)
m =
    0.9661     1.0266     0.9703     1.0268     1.0333
>>harmmean
```

功能：样本的调和均值

格式：m=harmmean(X)

$$m = \frac{n}{\sum_{i=1}^{n} \frac{1}{x_i}}$$

例 34 随机数的调和均值.

```
>> X=random('Normal',0,1,50,5);
>> m=harmmean(X)
m =
     -0.2963   -0.0389   -0.9343    5.2032    0.7122
```

```
>>mean
```

功能：样本数据的算术平均值

格式：m=mean(x)

$$\bar{x}_j = \frac{1}{n}\sum_{i=1}^{n} x_{ij}$$

例 35 正态随机数的算术平均数.

```
>>X=random('Normal',0,1,300,5);
>>xbar=mean(X)
xbar =
        0.0422   -0.0011   -0.0282    0.0616   -0.0080
```

```
>>median
```

功能：样本数据的中值 (中位数), 是对中心位值的鲁棒估计

格式：m=median(X)

例 36 计算样本的中值.

```
>> X=random('Normal',0,1,5,3)
X =
    0.0000    0.8956    0.5689
   -0.3179    0.7310   -0.2556
    1.0950    0.5779   -0.3775
   -1.8740    0.0403   -0.2959
    0.4282    0.6771   -1.4751
>> m=median(X)
m =
    0.0000    0.6771   -0.2959
```

```
>>trimmean
```

功能：剔除极端数据的样本均值

格式：m=trimmean(X,percent)

说明：计算剔除观测值中最高 percent%和最低 percent%的数据后的均值.

例 37 计算修改后的样本均值.

```
>> X=random('F',9,10,100,4);
>> m=trimmean(X,10)
m =
    1.1470    1.1320    1.1614    1.0469
```

2. 散布度量

散布度量是描述样本中数据离其中心的程度，也称离差. 常用的有极差、标准差、平均绝对差、四分位数间距.

>>iqr

功能：计算样本的内四分位数的间距，是样本的鲁棒估计

格式：y=iqr(X)

说明：计算样本的 75%和 25%的分位数之差，不受野值影响.

例 38 计算样本的四分位间距.

```
>> X=random('Normal',0,1,100,4);
>> m=iqr(X)
m =
    1.3225    1.2730    1.3018    1.2322
```

>>mad

功能：样本数据的平均绝对偏差

格式：y=mad(X)

说明：正态分布的标准差 sigma 可以用 mad 乘以 1.3 估计.

例 39 计算样本数据的绝对偏差.

```
>> X=random('F',10,10,100,4);
>> y=mad(X)
y =
    0.5717    0.5366    0.6642    0.7936
>> y1=var(X)
y1 =
    0.6788    0.6875    0.7599    1.3240
>> y2=y*1.3
y2 =
```

```
    0.8824    0.8938    0.9879    1.7212
>>range
```

功能：计算样本极差

格式：y=range(X)

说明：极差对野值敏感.

例 40　计算样本值的极差.

```
>> X=random('F',10,10,100,4);
>> y=range(X)
y =
   10.8487    3.5941    4.2697    4.0814
>>var
```

功能：计算样本方差

格式：y=var(X) y=var(X,1) y=var(X,w)

说明：var(X) 经过 $n-1$ 次标准化, var(X,1) 经过 n 次标准化.

例 41　计算各类方差.

```
>> X=random('Normal',0,1,100,4);
>> y=var(X)
y =
    0.9645    0.8209    0.9595    0.9295
>> y1=var(X,1)
y1 =
    0.9548    0.8126    0.9499    0.9202
>> w=[1:1:100];
>> y2=var(X,w)
y2 =
    0.9095    0.7529    0.9660    0.9142
>>std
```

功能：样本的标准差

格式：y=std(X)

说明：经过 $n-1$ 次标准化后的标准差

$$s=\left(\frac{1}{n-1}\sum_{i=1}^{n}(x_i-\bar{x})^2\right)^{\frac{1}{2}}.$$

例 42　计算随机样本的标准差.

```
>> X=random('Normal',0,1,100,4);
>> y=std(X)
y =
    0.8685    0.9447    0.9569    0.9977
```

```
>>cov
```

功能：协方差矩阵

格式：C=cov(X) C=cov(x,y) C=cov([x y])

说明：若 X 为向量, cov(X) 返回一个方差标量; 若 X 为矩阵, 则返回协方差矩阵; cov(x, y) 与 cov([x y]) 相同, x 与 y 的长度相同.

例 43 计算协方差.

```
>> x=random('Normal',2,4,100,1);
>> y=random('Normal',0,1,100,1);
>> C=cov(x,y)
C =
   12.0688   -0.0583
   -0.0583    0.8924
```

3. 处理缺失数据的函数

在对大量数据样本时, 常常遇到一些无法确定的或者无法找到确切的值. 在这种情况下, 用符号 “NaN”(not a number) 标注这样的数据. 这种情况下, 一般的函数得不到任何信息.

例如，M 中包含 NaN 数据

```
>> m=magic(3);
>> m([1 5 9])=[NaN NaN NaN];
>> sum(m)
ans =
    NaN    NaN    NaN
```

但是通过缺失数据的处理, 得到有用的信息 (表 12.7).

```
>> nansum(m)
ans =
      7     10     13
```

```
>>nanmax
```

功能：忽视 NaN, 求其他数据的最大值

格式：m=nanmax(X)

```
[m,ndx]=nanmax(X)
```

```
m=nanmax(a,b)
```

说明：nanmax(X) 返回 X 中数据除 nan 外的其他的数据的最大值, [m,ndx]=nanmax(X) 还返回 X 最大值的序号给 ndx.m=nanmax(a,b) 返回 a 或者 b 的最大值

```
>> m=magic(3);
>> m([1 5 9])=[NaN NaN NaN];
>> [m,ndx]=nanmax(m)
m =
     4     9     7
ndx =
     3     3     2
```

表 12.7　处理缺失数据的常用函数

函数名称	功能	调用格式
nanmax	求包含缺失数据的最大值	(略)
nanmin	求包含缺失数据的最小值	同上
nanmean	求包含缺失数据的平均值	Y=nanmean(X)
nanmedian	求包含缺失数据中位数	Y=nanmedian(X)
nanstd	求包含缺失数据的标准差	Y=nanstd(X)
nansum	求包含缺失数据的和	Y=nansum(X)

>>moment

功能：任意阶的中心矩

格式：m=moment(X,order)

说明：order 为阶, 函数本身除以 X 的长度.

例 44　计算样本函数的中心矩.

```
>> X=random('Poisson',2,100,4);
>> m=moment(X,1)
m =
     0     0     0     0
>> m=moment(X,2)
m =
   1.7604    2.0300    1.6336    2.3411
>> m=moment(X,3)
m =
   1.3779    2.5500    2.3526    2.2964
```

4. **百分位数及其图形描述**

百分位数图形可以直观观测到样本的大概中心位置和离散程度, 可以对中心趋势度量和散布度量作补充说明.

>>prctile

功能: 计算样本的百分位数

格式: y=prctile(X,p)

说明: 计算 X 中数据大于 $P\%$的值, P 的取值区间为 [0, 100], 如果 X 为向量, 返回 X 中 P 百分位数; X 为矩阵, 给出一个向量; 如果 P 为向量, 则 y 的第 i 个行对应于 X 的 $P(i)$ 百分位数. 例如

```
>> x=(1:5)'*(1:5)
x =
      1     2     3     4     5
      2     4     6     8    10
      3     6     9    12    15
      4     8    12    16    20
      5    10    15    20    25
>> y=prctile(x,[25,50,75])
y =
    1.7500    3.5000    5.2500    7.0000    8.7500
    3.0000    6.0000    9.0000   12.0000   15.0000
    4.2500    8.5000   12.7500   17.0000   21.2500
```

作出相应的百分位数的图形 (图 12.25)

```
>> boxplot(x)
```

相关系数 corrcoef

功能: 相关系数

格式: R=corrcoef(X)

例 45 合金的强度 y 与含碳量 x 的样本如下, 试计算 $r(x,y)$.

```
>>  X=[41 42.5 45 45.5 45 47.5 49 51 50 55 57.5 59.5;
0.1,0.11 0.12 0.13 0.14 0.15 0.16 0.17 0.18 0.20 0.22 0.24]';
>> R=corrcoef(X)
R =
    1.0000    0.9897
    0.9897    1.0000
```

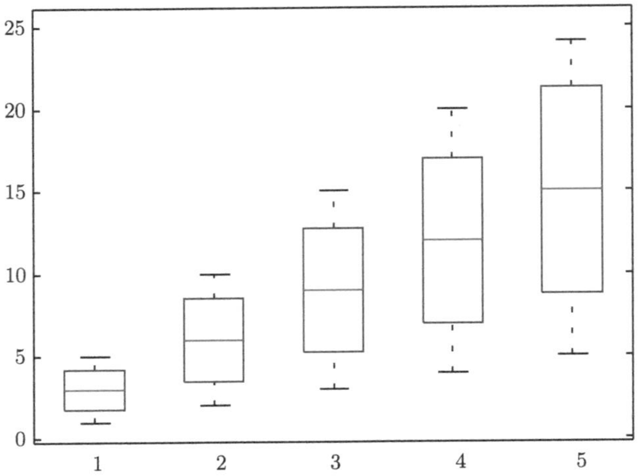

图 12.25　列分位数构造 5 个盒图

样本峰度 kurtosis

功能：样本峰度

格式：k=kurtosis(X)

说明：峰度为单峰分布区线“峰的平坦程度”的度量，其定义为 $k=\dfrac{E(x-\mu)^4}{\sigma^4}$. MATLAB 工具箱中峰度不采用一般定义 ($k-3$, 标准正态分布的峰度为 0). 而是定义标准正态分布峰度为 3, 曲线比正态分布平坦, 峰度大于 3, 反之, 小于 3.

例 46　计算随机样本的峰度

```
>> X=random('F',10,20,100,4);
>> k=kurtosis(X)
k =
  6.5661    5.5851
  6.0349    7.0129
```

样本偏度 skewness

功能：样本偏度

格式：y=skewness(X)

说明：偏度是度量样本围绕其均值的对称情况. 如果偏度为负, 则数据分布偏向左边, 反之, 偏向右边. 其定义为 $y=\dfrac{E(x-\mu)^3}{\sigma^3}$.

```
>> X=random('F',9,10,100,4);
>> y=skewness(X)
y =
```

```
    1.0934    1.5513    2.0522    2.9240
```

自助法 bootstrap

引例：一组来自 15 个法律学校的学生的 lsat 分数和 gpa 进行比较的样本.

```
>> load lawdata
>> x=[lsat gpa]
x =
```

576.0000	3.3900
635.0000	3.3000
558.0000	2.8100
578.0000	3.0300
666.0000	3.4400
580.0000	3.0700
555.0000	3.0000
661.0000	3.4300
651.0000	3.3600
605.0000	3.1300
653.0000	3.1200
575.0000	2.7400
545.0000	2.7600
572.0000	2.8800
594.0000	2.9600

绘图, 并进行曲线拟合 (图 12.26)

```
>> plot(lsat,gpa,'+')
>> lsline
```

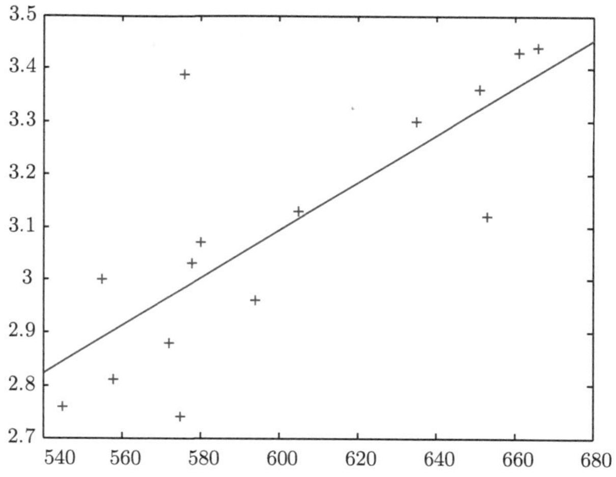

图 12.26 lsat 分数和 gpa 比较图

通过图 12.26 的拟合可以看出, lsat 随着 gpa 增长而提高, 但是我们确信此结论的程度是多少? 曲线只给出了直观表现, 没有量的表示. 计算相关系数.

```
>> y=corrcoef(lsat,gpa)
y =
    1.0000    0.7764
    0.7764    1.0000
```

相关系数是 0.7764, 但是由于样本容量 $n = 15$ 比较小, 我们仍然不能确定在统计上相关的显著性多大. 应此, 必须采用 bootstrp 函数对 lsat 和 gpa 样本来从新采样, 并考察相关系数的变化.

```
>> y1000=bootstrp(1000,'corrcoef',lsat,gpa);
>> hist(y1000(:,2),30)
```

绘制 lsat, gpa 和相关系数的直方图如图 12.27 所示.

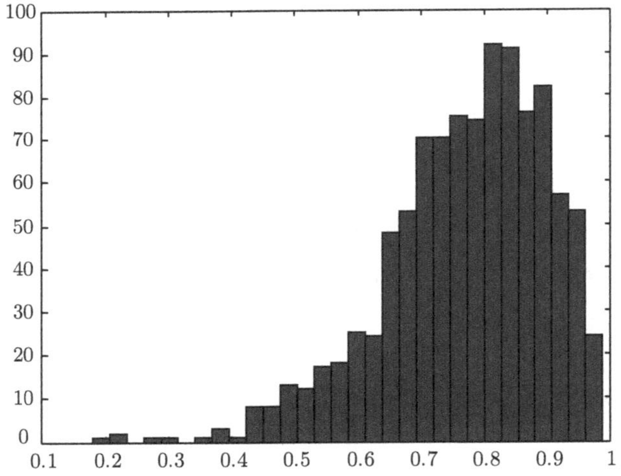

图 12.27　lsat,gpa 和相关系数直方图

结果显示, 相关系数绝大多数在区间 [0.4,1] 内, 表明 lsat 分数和 gpa 具有确定的相关性, 这样的分析, 不需要对象关系数的概率分布作出很强的假设.

四、回归分析工具箱

1. 多元线性回归

多元线性回归: $y = \beta_0 + \beta_1 x_1 + \cdots + \beta_p x_p$.

(1) 确定回归系数的点估计值:

命令为: b=regress(Y, X)

(i) b 表示 $b=\begin{bmatrix}\hat{\beta}_0\\ \hat{\beta}_1\\ \vdots\\ \hat{\beta}_p\end{bmatrix}$;

(ii) Y 表示 $Y=\begin{bmatrix}Y_1\\ Y_2\\ \vdots\\ Y_n\end{bmatrix}$;

(iii) X 表示 $X=\begin{bmatrix}1 & x_{11} & x_{12} & \cdots & x_{1p}\\ 1 & x_{21} & x_{22} & \cdots & x_{2p}\\ \vdots & \vdots & \vdots & & \vdots\\ 1 & x_{n1} & x_{n2} & \cdots & x_{np}\end{bmatrix}$

(2) 求回归系数的点估计和区间估计、并检验回归模型:

命令为: [b, bint,r,rint,stats]=regress(Y,X,alpha)

(i) bint 表示回归系数的区间估计.

(ii) r 表示残差.

(iii) rint 表示置信区间.

(iv) stats 表示用于检验回归模型的统计量, 有三个数值: 相关系数 r^2, F 值、与 F 对应的概率 p.

说明 相关系数 r^2 越接近 1, 说明回归方程越显著; $F>F_{1-\alpha}(k,n-k-1)$ 时拒绝 H_0, F 越大, 说明回归方程越显著; 与 F 对应的概率 $p<\alpha$ 时拒绝 H_0, 回归模型成立.

(v) alpha 表示显著性水平 (缺省时为 0.05).

(3) 画出残差及其置信区间.

命令为: rcoplot(r,rint)

例 47 如下程序.

解 (i) 输入数据.

```
>> x=[143 145 146 147 149 150 153 154 155 156 157 158 159 160 162
    164]';
>> X=[ones(16,1) x];
>> Y=[88 85 88 91 92 93 93 95 96 98 97 96 98 99 100 102]';
```

(ii) 回归分析及检验.

```
[b,bint,r,rint,stats]=regress(Y,X)
```

```
        b,bint,stats
得结果: b =                   bint =
   -16.0730                  -33.7071    1.5612
   0.7194                    0.6047    0.8340
     stats =
          0.9282  180.9531    0.0000
```

即 $\hat{\beta}_0 = -16.073, \hat{\beta}_1 = 0.7194$; $\hat{\beta}_0$ 的置信区间为 $[-33.7017, 1.5612]$, $\hat{\beta}_1$ 的置信区间为 [0.6047, 0.834]; r^2=0.9282, $F = 180.9531$, $p = 0.0000$, 我们知道 $p < 0.05$ 就符合条件, 可知回归模型 $y = -16.073 + 0.7194x$ 成立.

(iii) 残差分析, 作残差图 (图 12.28).

```
>> rcoplot(r,rint)
```

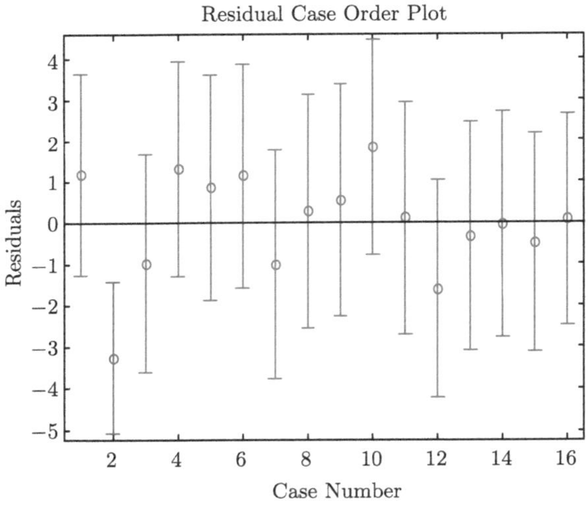

图 12.28　残差图

从残差图可以看出, 除第二个数据外, 其余数据的残差离零点均较近, 且残差的置信区间均包含零点, 这说明回归模型 $y = -16.073 + 0.7194x$ 能较好的符合原始数据, 而第二个数据可视为异常点.

(iv) 预测及作图.

```
>> z=b(1)+b(2)*x
>>plot(x,Y,'k+',x,z,'r')
```

2. 多项式回归

一元多项式回归

1) 一元多项式回归: $y = a_1x^m + a_2x^{m-1} + \cdots + a_mx + a_{m+1}$

(1) 确定多项式系数的命令：[p,S]=polyfit(x,y,m)

说明：$x=(x_1,x_2,\cdots,x_n),y=(y_1,y_2,\cdots,y_n);p=(a_1,a_2,\cdots,a_{m+1})$ 是多项式 $y=a_1x^m+a_2x^{m-1}+\cdots+a_mx+a_{m+1}$ 的系数; S 是一个矩阵, 用来估计预测误差.

(2) 一元多项式回归命令：polytool(x,y,m)

2) 预测和预测误差估计

(1) Y=polyval(p,x) 求 polyfit 所得的回归多项式在 x 处的预测值 Y;

(2) [Y,DELTA]=polyconf(p,x,S,alpha) 求 polyfit 所得的回归多项式在 x 处的预测值 Y 及预测值的显著性为 1−alpha 的置信区间 Y±DELTA;alpha 缺省时为 0.05.

例 48　观测物体降落的距离 s 与时间 t 的关系, 得到数据如下表, 求 s. (关于 t 的回归方程 $\hat{s}=a+bt+ct^2$)

t/s	1/30	2/30	3/30	4/30	5/30	6/30	7/30
s/cm	11.86	15.67	20.60	26.69	33.71	41.93	51.13
t/s	8/30	9/30	10/30	11/30	12/30	13/30	14/30
s/cm	61.49	72.90	85.44	99.08	113.77	129.54	146.48

解法一　直接作二次多项式回归.

```
>> t=1/30:1/30:14/30;
>> s=[11.86 15.67 20.60 26.69 33.71 41.93 51.13 61.49 72.90 85.44
     99.08 113.77 129.54 146.48];
>> [p,S]=polyfit(t,s,2)
```

得回归模型为

$$\hat{s}=489.2946t^2+65.8896t+9.1329.$$

解法二　化为多元线性回归.

```
>> t=1/30:1/30:14/30;
>> s=[11.86 15.67 20.60 26.69 33.71 41.93 51.13 61.49 72.90 85.44
     99.08 113.77 129.54 146.48];
>> T=[ones(14,1) t' (t.^2)'];
>> [b,bint,r,rint,stats]=regress(s',T);
>> b,stats
```

得回归模型为

$$\hat{s}=9.1329+65.8896t+489.2946t^2.$$

预测及作图：

```
>> Y=polyconf(p,t,S)
```

```
>> plot(t,s,'k+',t,Y,'r')
```

多元二项式回归

多元二项式回归命令：rstool(x,y,'model', alpha)

说明：x 表示 $n \times m$ 矩阵; Y 表示 n 维列向量; alpha：显著性水平 (缺省时为 0.05); model 表示由下列 4 个模型中选择 1 个 (用字符串输入, 缺省时为线性模型)：

linear(线性)：$y = \beta_0 + \beta_1 x_1 + \cdots + \beta_m x_m$;

purequadratic(纯二次)：$y = \beta_0 + \beta_1 x_1 + \cdots + \beta_m x_m + \sum_{j=1}^{n} \beta_{jj} x_j^2$;

interaction(交叉)：$y = \beta_0 + \beta_1 x_1 + \cdots + \beta_m x_m + \sum_{1 \leqslant j \neq k \leqslant m} \beta_{jk} x_j x_k$;

quadratic(完全二次)：$y = \beta_0 + \beta_1 x_1 + \cdots + \beta_m x_m + \sum_{1 \leqslant j,k \leqslant m} \beta_{jk} x_j x_k$.

例 49　设某商品的需求量与消费者的平均收入、商品价格的统计数据如下, 建立回归模型, 预测平均收入为 1000、价格为 6 时的商品需求量 (图 12.29).

需求量	100	75	80	70	50	65	90	100	110	60
收入	1000	600	1200	500	300	400	1300	1100	1300	300
价格	5	7	6	6	8	7	5	4	3	9

解法一　选择纯二次模型, 即 $y = \beta_0 + \beta_1 x_1 + \beta_2 x_2 + \beta_{11} x_1^2 + \beta_{22} x_2^2$.

直接用多元二项式回归：

```
>> x1=[1000 600 1200 500 300 400 1300 1100 1300 300];
>> x2=[5 7 6 6 8 7 5 4 3 9];
>> y=[100 75 80 70 50 65 90 100 110 60]';
>> x=[x1' x2'];
>> rstool(x,y,'purequadratic')
```

在左边图形下方的方框中输入 1000, 右边图形下方的方框中输入 6, 则画面左边的 “Predicted Y” 下方的数据变为 88.47981, 即预测出平均收入为 1000、价格为 6 时的商品需求量为 88.4791.

在画面左下方的下拉式菜单中选 “all”, 则 beta, rmse 和 residuals 都传送到 MATLAB 工作区中.

在 MATLAB 工作区中输入命令：beta, rmse

得结果：`beta =`

```
        110.5313
        0.1464
```

```
        -26.5709
        -0.0001
        1.8475
    rmse =
        4.5362
```

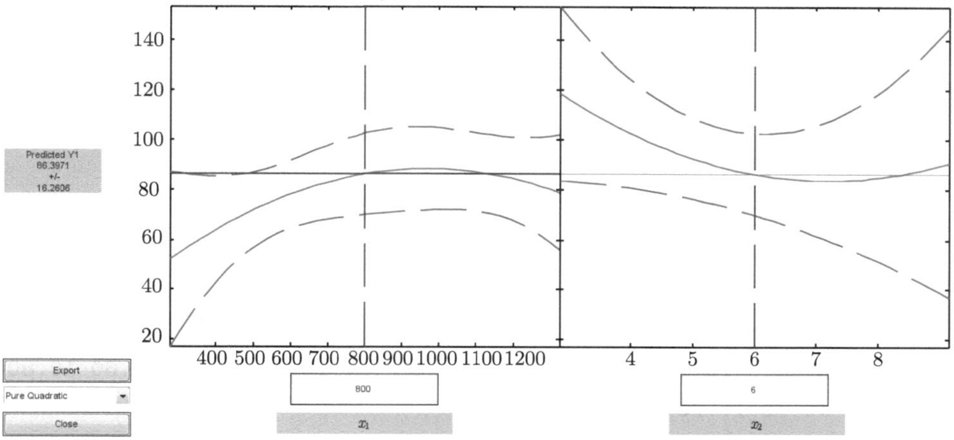

图 12.29　纯二次回归图

故回归模型为：$y=110.5313+0.1464x_1-26.5709x_2-0.0001x_1^2+1.8475x_2^2$, 剩余标准差为 4.5362, 说明此回归模型的显著性较好.

解法二　将 $y=\beta_0+\beta_1x_1+\beta_2x_2+\beta_{11}x_1^2+\beta_{22}x_2^2$ 化为多元线性回归：

```
>> X=[ones(10,1) x1' x2' (x1.^2)' (x2.^2)'];
>> [b,bint,r,rint,stats]=regress(y,X);
>> b,stats
```

结果为: b =

```
        110.5313
        0.1464
        -26.5709
        -0.0001
        1.8475
    stats =
        0.9702    40.6656    0.0005
```

3. **非线性回归**

1) 非线性回归

(1) 确定回归系数的命令：[beta,r,J]=nlinfit(x,y,'model', beta0)

说明：beta 表示估计出的回归系数; r 表示残差; J 表示 Jacobian 矩阵; x,y 表示输入数据; x,y 分别表示矩阵和 n 维列向量, 对一元非线性回归, x 表示 n 维列向量; model 表示是事先用 M 文件定义的非线性函数; beta0 表示回归系数的初值.

(2) 非线性回归命令：nlintool(x,y,'model', beta0,alpha)

2) 预测和预测误差估计

```
[Y,DELTA]=nlpredci('model', x,beta,r,J)
```

表示 nlinfit 或 nlintool 所得的回归函数在 x 处的预测值 Y 及预测值的显著性为 1−alpha 的置信区间 $Y \pm$DELTA.

例 50　如下程序.

解　(1) 对将要拟合的非线性模型 $y = a\mathrm{e}^{b/x}$, 建立 M 文件 volum.m 如下

```
>> function yhat=volum(beta,x)
>> yhat=beta(1)*exp(beta(2)./x);
```

(2) 输入数据：

```
>> y=[6.42 8.20 9.58 9.5 9.7 10 9.93 9.99 10.49 10.59 10.60 10.80
    10.60 10.90 10.76];
>> beta0=[8 2]';
```

(3) 求回归系数：

```
>> [beta,r,J]=nlinfit(x',y','volum',beta0);
>> beta
```

(4) 运行结果：

```
beta =
        11.6036
        -1.0641
```

即得回归模型为

$$y = 11.6036\mathrm{e}^{-\frac{1.10641}{x}}$$

(5) 预测及作图：

```
>> [YY,delta]=nlpredci('volum',x',beta,r ,J);
>> plot(x,y,'k+',x,YY,'r')
```

4. *逐步回归*

逐步回归的命令：stepwise(x,y,inmodel,alpha).

说明：x 表示自变量数据, $n \times m$ 矩阵; y 表示因变量数据, $n \times 1$ 矩阵; inmodel 表示矩阵的列数的指标, 给出初始模型中包括的子集 (缺省时设定为全部自变量); alpha 表示显著性水平 (缺省时为 0.05).

stepwise　　直接调出分步回归 GUI 界面

例 51　水泥凝固时放出的热量 y 与水泥中 4 种化学成分 x_1, x_2, x_3, x_4 有关, 今测得一组数据如下, 试用逐步回归法确定一个线性模型.

序号	1	2	3	4	5	6	7	8	9	10	11	12	13
x_1	7	1	11	11	7	11	3	1	2	21	1	11	10
x_2	26	29	56	31	52	55	71	31	54	47	40	66	68
x_3	6	15	8	8	6	9	17	22	18	4	23	9	8
x_4	60	52	20	47	33	22	6	44	22	26	34	12	12
y	78.5	74.3	104.3	87.6	95.9	109.2	102.7	72.5	93.1	115.9	83.8	113.3	109.4

解　(1) 数据输入:

```
>> x1=[7 1 11 11 7 11 3 1 2 21 1 11 10]';
>> x2=[26 29 56 31 52 55 71 31 54 47 40 66 68]';
>> x3=[6 15 8 8 6 9 17 22 18 4 23 9 8]';
>> x4=[60 52 20 47 33 22 6 44 22 26 34 12 12]';
>> y=[78.5 74.3 104.3 87.6 95.9 109.2 102.7 72.5 93.1 115.9 83.8
    113.3 109.4]';
>> x=[x1 x2 x3 x4];
```

(2) 逐步回归.

```
>> stepwise(x,y)
```

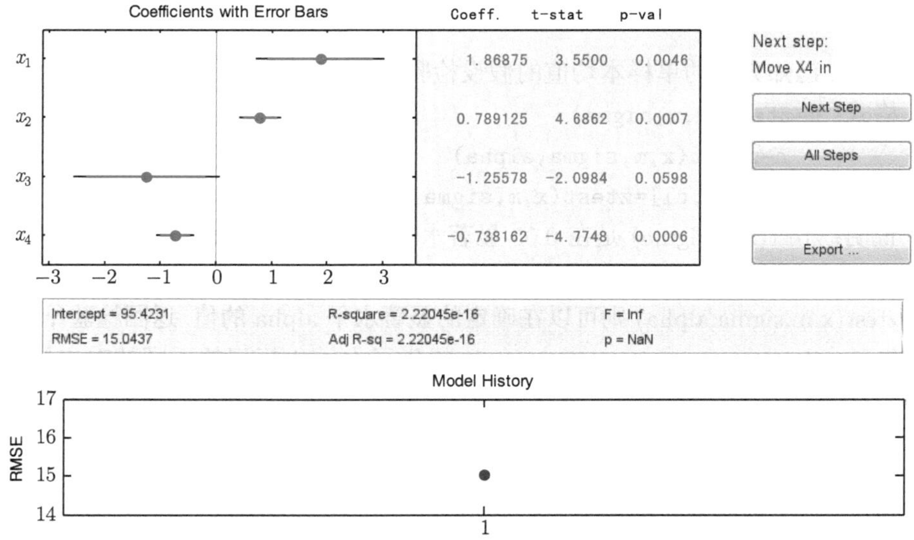

图 12.30　回归 GUI 界面

从图 12.30 中看出变量 x_3 和 x_4 的显著性最差, 剔除 x_3 和 x_4.

(3) 对变量 y 和 x_1, x_2 作线性回归.

```
>> X=[ones(13,1) x1 x2];
>> b=regress(y,X)
```

得结果: b =

```
        52.5773
        1.4683
        0.6623
```

故最终模型为: $y = 52.5773 + 1.4683x_1 + 0.6623x_2$.

五、 假设检验

1. 基本概念

H_0: 零假设, 即初始判断.

H_1: 备择假设, 也称对立假设.

alpha: 显著水平, 在小样本的前提下, 不能肯定自己的结论, 所以事先约定, 如果观测到的符合零假设的样本值的概率小于 alpha, 则拒绝零假设. 典型的显著水平取 alpha=0.05. 如果想减少犯错误的可能, 可取更小的值.

p-值: 在零假设为真的条件下, 观测给定样本结果的概率值. 如果 p <alpha, 则拒绝 H_0, 否则, 就不能肯定拒绝零假设.

2. Ztest

功能: 已知方差的单样本均值的假设检验

格式:
```
h=ztest(x,m,sigma)
h=ztest(x,m,sigma,alpha)
[h,sig,ci]=ztest(x,m,sigma,alpha,tail)
```

说明: ztest(x,m,sigma) 是在 0.05 显著水平下检验正态分布的样本 x 是否具有均值 m 和标准差 sigma.

ztest(x,m,sigma,alpha) 则可以在确定的显著水平 alpha 的值, 返回检验结果 h.

[h,sig,ci]= ztest(x,m,sigma,alpha,tail) 提供了由 tail 标记的不同的对立假设情形的 Z 检验, 其中, sig 与统计量 Z 有关, 在假设成立情况下, Z 观测值较大的概率. ci 为均值的 1−alpha 置信区间.

Tail=0(缺省)——x~=mu tail=1——x>mu tail=−1——x<mu

例 52　对随机产生的样本进行 Z 检验.

某个地方的无铅汽油的平均价格为 115 美分/加仑, 现在这个地方抽样得到 20 个观测值: 119, 117, 115, 116, 112, 121, 115, 122, 116, 118, 109, 112, 119, 112, 117,

113, 114, 109, 109, 118 已知, 这种汽油的价格服从正态分布, 均方差 $\sigma = 4$ 美分. 检验这个地区的这种汽油的平均价格是否是 115.

解 设 H_0: $\mu = 115$, H_1: $\mu \neq 115$

下面利用 Z 检验, 判别零假设

```
>>x =[119 117 115 116 112 121 115 122 116 118 109 112 119 112 117
      113 114 109 109 118];
>> h=ztest(x,115,4)
h =
     0
```

表明, 接受 H_0, 认为该种汽油的平均价格为 115 美分.

```
>> [h,sig,ci]=ztest(x,115,4,0.01,0)
h = 0
sig =
    0.8668
ci =
  112.8461  117.4539
>> [h,sig,ci]=ztest(x,115,4,0.01,1)
h =0
sig =
    0.4334
ci =
  113.0693       Inf
>> [h,sig,ci]=ztest(x,115,4,0.01,-1)
h=0
sig =
    0.5666
ci =
      -Inf  117.2307
```

3. Ttest

功能: 单一样本均值的 t 检验

格式: `h=ttest(x,m)`

```
      h=ttest(x,m,alpha)
      [h,sig,ci]=ttest(x,m,alpha,tail)
```

说明：用于正态总体标准差未知时对均值的 t 检验. tail 功能与 Ztest 作用一致.

```
>> x=random('Normal',0,1,100,1);
>> [h,sig,ci]=ttest(x,0,0.01,-1)
h =
  0
sig =
    0.0648
ci =
       -Inf    0.0808
>> [h,sig,ci]=ttest(x,0,0.001,1)
h =
     0
sig =
    0.9352
ci =
   -0.4542       Inf
```

4. Signtest

功能：成对样本的符号检验

格式：p=signtest(x,y,alpha)

　　　[p,h]=signtest(x,y,alpha)

说明：p 给出两个配对样本 x 和 y 的中位数 (对于正态分布, 中位数, 就是平均值) 相等的显著性概率. x 与 y 的长度相等. y 也可以为标量, 计算 x 的中位数与常数 y 之间差异的概率. $[p,h]$ 返回结果 h. 如果这样两个样本的中位数之间差几乎为 0, 则 $h=0$, 否则有显著差异, 则 $h=1$.

```
>> x=[0 1 0 1 1 1 1 0 1 0];
>> y=[1 1 0 0 0 0 1 1 0 0];
>> [p,h]=signtest(x,y,0.05)
p =
   0.6875
h =
     0
```

5. Signrank

功能：威尔科克符号秩检验

格式：p=signrank(x,y,alpha)

　　[p,h]=signrank(x,y,alpha)

说明：p 给出两个配对样本 x 和 y 的中位数 (对于正态分布, 中位数和均值等) 相等的假设的显著性的概率. x 与 y 的长度相同. $[p,h]$ 返回假设检验的结果, 如果两个样本的中位数之差为零, 则 $h=0$; 否则, 有显著差异, 则 $h=1$.

```
>> x=random('Normal',0,1,200,1);
>> y=random('Normal',0.1,2,200,1);
>> [p,h]=signrank(x,y,0.05)
p =
    0.9757
h =
     0
```

6. Ranksum

功能：两个总体一致性的威尔科克秩和的检验

格式：p=ranksum(x,y,alpha)

　　[p,h]=ranksum(x,y,alpha)

说明：p 返回两个总体样本 x 和 y 一致的显著性概率. x 和 y 的长度可以不同. 但长度长的排在前面. $[p,h]$ 返回检验结果, 如果总体 x 和 y 并非明显不一致, 返回 $h=0$, 否则, $h=1$.

```
>> x=random('Normal',0,2,20,1);
>> y=random('Normal',0.1,4,10,1);
>> [p,h]=ranksum(x,y,0.05)
p =
    0.7918
h =
     0
```

六、统计绘图

统计绘图就是用图形表达函数, 以便直观地、充分地表现样本及其统计量的内在本质性.

1. Box 图

功能: 数据样本的 Box 图

格式: `boxplot(X) boxplot(X,notch) boxplot(X,notch,'sym')`

`boxplot(X,notch,'sym',vert)` `boxplot(X,notch,'sym',vert,whis)`

说明 1: "盒子" 的上底和下底间为四分位间距, "盒子" 的上下两条线分别为样本的 25%和 75%分位数, "盒子" 中间线为样本中位数. 如果盒子中间线不在盒子中间, 表示样本存在一定的偏度.

虚线贯穿 "盒子" 上下, 表示样本的其余部分 (除非有野值). 样本最大值为虚线顶端, 样本最小值为虚线底端. 用 "+" 表示野值.

"切口" 是样本的置信区间, 缺省时, 没有切口.

说明 2: notch=0, 盒子没有切口, notch=1, 盒子有切口; "sym" 为野值标记符号, 缺省时用 "+" 表示. vert=0 时, Box 图水平放置, vert=1 时, Box 图垂直放置. Whis 定义虚线长度为内四分位间距 (IQR) 的函数 (缺省时为 1.5*IQR), 若 whis=0, Box 图用 "sym" 规定的记号显示盒子外所有数据.

```
>> x1=random('Normal',2,1,100,1);
>> x2=random('Normal',1,2,100,1);
>> x=[x1 x2];
>> boxplot(x,1,'*',1,0)
```

绘图结果如图 12.31 所示.

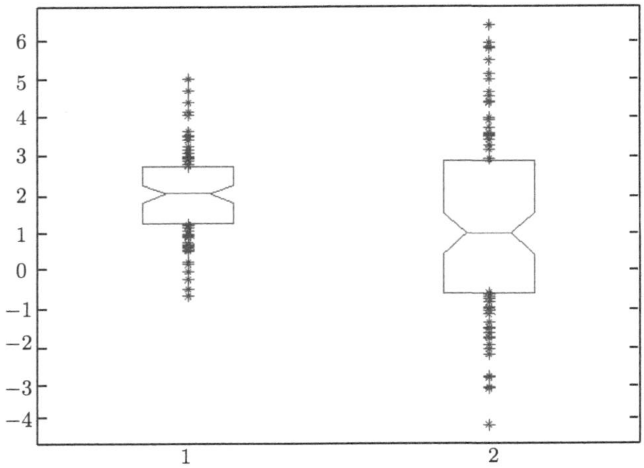

图 12.31　数据样本的 Box 图

2. Errorbar 误差条图

功能: 误差条图

格式: `errorbar(X,Y,L,U,symbol)`

`errorbar(X,Y,L)`

`errorbar(Y,L)`

说明: 误差条是距离点 (X,Y) 上面的长度为 $U(i)$, 下面的长度为 $L(i)$ 的直线. X,Y,L,U 的长度必须相同. symbol 为一字符串, 可以规定线条类型、颜色等 (图 12.32).

```
>> U=ones(20,1);
>> L=ones(20,1);
>> r1=random('Poisson',2,10,1);
>> r2=random('Poisson',10,10,1);
>> U=ones(10,1);
>> L=U;
>> errorbar(r1,r2,L,U,'+')
```

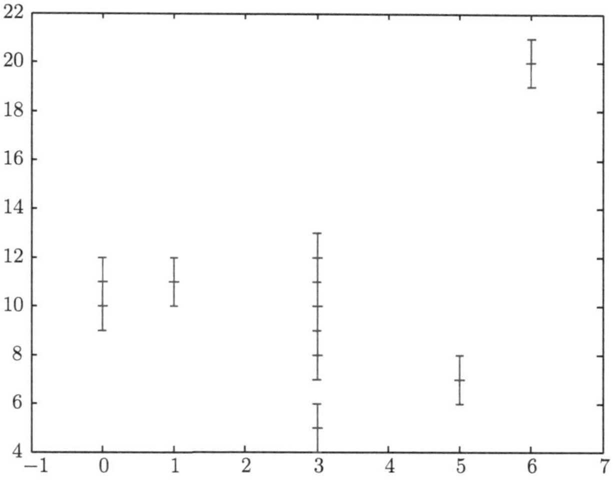

图 12.32 误差条图

3. Lsline 绘制最小二乘拟合线

功能: 绘制数据的最小二乘拟合曲线

格式: `lsline`

`h=lsline`

说明: lsline 为当前坐标系中的每一个线性数据给出其最小二乘拟合曲线 (图

12.33).

```
>> y=[2 3.4 5.6 8 11 12.3 13.8 16 18.8 19.9]';
>> plot(y,'+')
>> lsline
```

4. Refcurve 参考多项式

功能: 在当前图形中给出多项式拟合曲线

格式: `h=refcurve(p)`

说明: 在当前图形中给出多项式 p(系数向量) 的曲线 (图 12.34), n 阶多项式为

```
y=p1*x^n+p2*x^(n-1)+⋯+pn*x+p0
```

则

```
p=[p1 p2 ... pn p0]
>> h=[85 162 230 289 339 381 413 437 452 458 456 440 400 356];
>> plot(h,'+')
>> refcurve([-4.9,100,0])
```

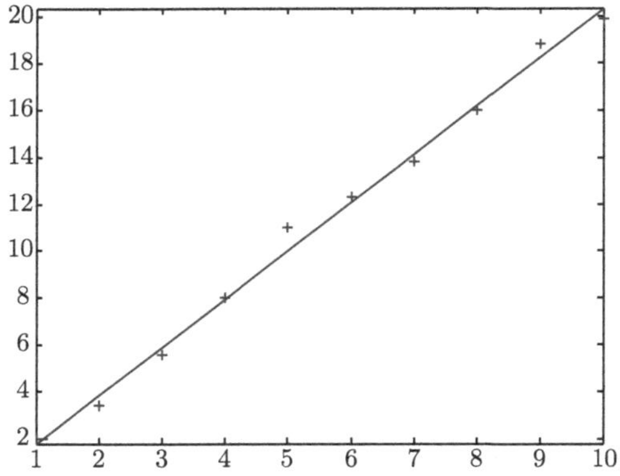

图 12.33　最小二乘拟合曲线

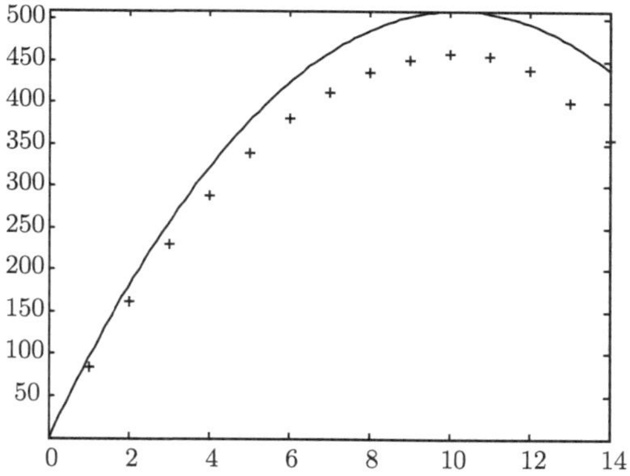

图 12.34　多项式拟合曲线图

第四节　求解微分方程的命令

常微分方程在工程和科学领域有着十分广泛的应用, 许多工程的模块都可以抽象成为常微分方程, 但是限于当前的数学知识, 大部分的常微分方程都没有解析解, 或者求取解析解不方便后续的分析, 因此如何运用数值方法求解常微分方程将是十分重要的内容. 接下来我们就介绍使用 MATLAB 求解常微分方程的命令.

求解方程的数值解时常用的方法有 Euler 法、Runge-Kutta 法等, 但使用 MATLAB 求解常微分方程的数值解时我们可以通过 MATLAB 内置的 ODE 求解器求解, 而不必关心具体使用哪种方法求解, 这给我们带来了很大的方便.

一、 显式常微分方程

显式常微分方程的形式为

$$\begin{cases} y' = f(t, y), \\ y(t_0) = y_0, \end{cases}$$

其中 y', y 和 y_0 都是以变量 t 为参数的向量, $y(t_0) = y_0$ 是该常微分方程的初值条件, 微分方程需要求解的是 $y(t)$.

在 MATLAB 中, 用来求解显式常微分方程组的各种命令的调用格式是完全一致的, 为了叙述方便, 下面介绍计算命令时将用 solver 来代替具体的命令, 在实际应用时需要将 solver 改为相应的命令 (包括 ode45, ode23, ode113, ode15s, ode23s, ode23t, ode23b. 其中 ode15s, ode23s, ode23t, ode23b 适用于刚性方程组, ode45, ode23, ode113 适用于非刚性方程组), 具体的调用格式为

$$[t, y] = \text{solver(odefun,tspan, } y_0 \text{ ,options)},$$

其中, 各参数的具体含义定义为

odefun: 微分方程函数表达式的名称;

tspan: 积分的数据范围, 当其为二元向量 $[t_0, t_f]$ 时, tspan 是用来定义求解数值的时间区间; 当其为多元向量 $[t_0, t_1, \cdots, t_f]$ 时, 命令将会在 tspan 定义的时间序列进行数值求解, 此时 tspan 的元素必须按照单调次序排列;

y_0: 微分方程的初始数值, 即 t_0 时刻的初值列向量;

options: 用来设置算法的参数, 当用户输入变量的个数为 3 时, 系统将会采用默认设置, options 的具体数值可以由函数 odeset 来获得.

t: 所求数值解的自变量的数据列向量;

y: 所求微分方程的因变量数据矩阵.

例 53　使用 MATLAB 命令来求解下面非刚性微分方程组的数值解:

$$\begin{cases} y_1' = y_2 + y_1(1 - y_1^2 - y_2^2), \\ y_2' = y_1 + y_2(1 - y_1^2 - y_2^2), \end{cases}$$

其中初值条件为 $y_1(0) = 0.1$, $y_2(0) = 0.2$.

下面用 MATLAB 进行求解:

Step1

```
function dy=fun(t,y)
%输入微分方程表达式
dy=[
  y(2)+y(1).*(1-y(1).^2-y(2).^2);
  -y(1)+y(2).*(1-y(1).^2-y(2).^2)  ];
```

Step2

```
clear; clc
y0=[0.1;0.2];                      %输入初值
[t,y]=ode45(@fun,[0,20],y0);       %调用ode函数
plot(t,y(:,1),'r-');               %绘制结果
hold on;
plot(t,y(:,2),'g*')
legend('y(1)','y(2)')
grid on.
```

将以上两个 M 文件保存在同一文件夹下, 运行第二个文件, 可得结果如图 12.35 所示.

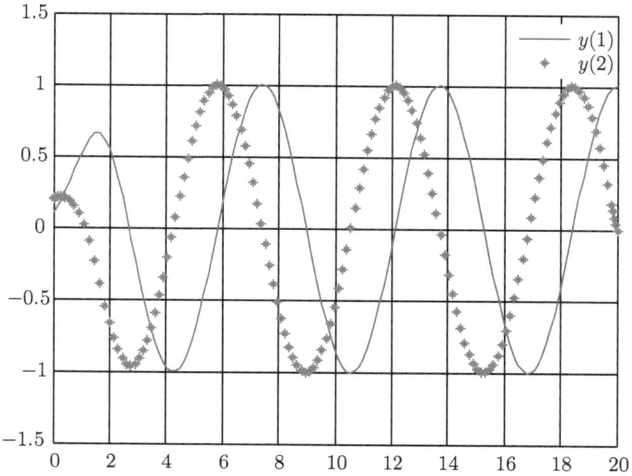

图 12.35　微分方程的数值解

例 54　使用 MATLAB 命令来求解下面刚性微分方程组的数值解:

$$\begin{cases} y_1' = -0.04y_1 + 10^4 y_2 y_3, \\ y_2' = 0.04y_1 - 10^4 y_2 y_3 - 3\times 10^7 y_2^2, \\ y_3' = 3\times 10^7 y_2^2, \end{cases}$$

其中初值条件为 $y_1(0) = 1$, $y_2(0) = 0$ 和 $y_3(0) = 0$.

下面用 MATLAB 进行求解:

Step1

```
function dy=fun(t,y)
%输入微分方程表达式
dy=[
  -0.04*y(1)+1e4*y(2)*y(3);
  0.04*y(1)-1e4*y(2)*y(3)-3e7*y(2)^2;
  3e7*y(2)^2  ];
```

Step2

```
clear;clc
tspan=[0 4*logspace(-6,6)];
y0=[1;0;0];                            %输入初值
[t,y]=ode15s(@fun,tspan,y0);           %调用ode15s函数
y(:,2)=1e4*y(:,2);
semilogx(t,y(:,1),'r-','linewidth',2);hold on;
                                       %使用半对数坐标绘制结果
```

```
semilogx(t,y(:,2),'g*.','linewidth',2);hold on;
semilogx(t,y(:,3),'b.');hold on;
ylabel('1e4*y(:,2)');
axis([10^(-10) 10^10 -0.1 1.1]);
legend('y1','y2','y3');
grid on.
```

将以上两个 M 文件保存在同一文件夹下, 运行第二个文件, 可得结果如图 12.36 所示.

读者可自行尝试使用 ode45 函数进行求解, 并和上面的结果进行对比.

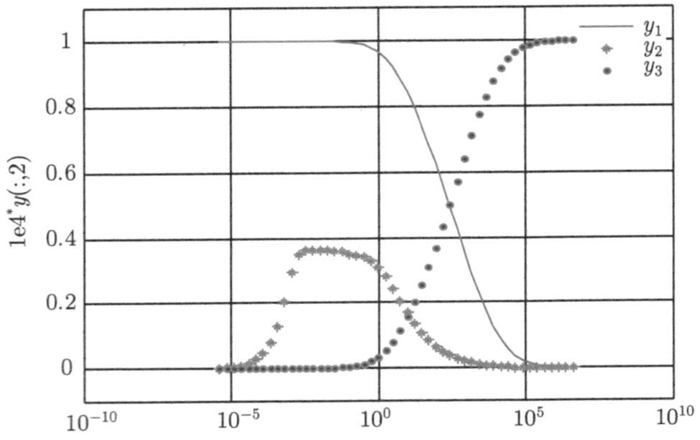

图 12.36　微分方程的数值解

二、 延迟微分方程

在数学上, 延迟微分方程具有如下形式:

$$y(t) = f(t, y(t), y(t-\tau_1), \cdots, y(t-\tau_k)),$$

以上表达式中, 时间跨度区间为 $[t_0, t_f]$, $\tau_1, \tau_2, \cdots, \tau_k$ 都是常数, 表示的是时间延迟, 并且满足 $t_0 < t_f$.

在 MATLAB 中, 求解延迟微分方程的命令为 dde23, 其调用格式如下

$$\text{sol} = \text{dde23(ddefun,lags,history,tspan,options)},$$

其中, 各参数的具体含义如下:

ddefun: 延迟微分方程表达式函数, 格式为 dydt=ddefun(t,y,Z), 其中 t 是当前时间数值, y 是列向量, $Z(:,j)$ 代表 $y(t-\tau_j)$;

lags: 时间延迟向量;

history：y 在时刻 t_0 之前的数值;

tspan：时间跨度区间为 $[t_0, t_f]$, 函数将返回该时间段的微分方程的解;

options：设置解法器参数;

sol：是一个结构体变量, 包含微分方程的解, 注意使用相应的语句查看.

例 55　求解一下延迟微分方程组

$$\begin{cases} y_1'(t) = y_1(t-1), \\ y_2'(t) = y_1(t-1) + y_2(t-0.2), \\ y_3'(t) = y_2(t), \end{cases}$$

其历史数据满足 $y_1(t) = y_2(t) = y_3(t) = 1$, 其中 $t \leqslant 0$, 求解时间区间为 $[0, 5]$.

下面用 MATLAB 求解.

Step1

```
function dy = ddefun(t,y,Z)
%输入微分方程表达式
dy=[
    Z(1,1);
    Z(1,1)+Z(2,2);
y(2)    ];
```

Step2

```
clear;clc
lags=[1,0.2];                                %输入延迟数据
history=[1;1;1];                             %输入历史数据
tspan=[0,5];                                 %设定求解范围
sol = dde23(@ddefun,lags,history,tspan); %调用dde23求解函数
y=sol.y;
y1=y(1,:);
y2=y(2,:);
y3=y(3,:);
plot(sol.x,y1,'o','linewidth',2);          %绘制结果
hold on;
plot(sol.x,y2,'-','linewidth',2);          %绘制结果
hold on;
plot(sol.x,y3,'*','linewidth',2);          %绘制结果
legend('y1','y2','y3');
xlabel('time t');
```

```
ylabel('solution y');
grid on.
```

将以上两个 M 文件保存在同一文件夹下, 运行第二个文件, 可得结果如图 12.37 所示.

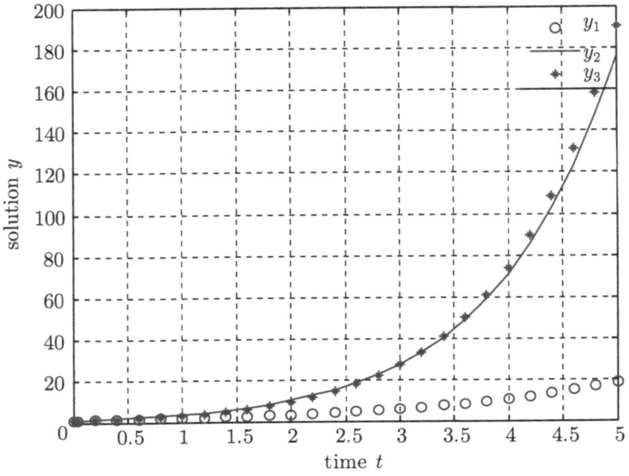

图 12.37　微分方程的数值解

三、 常微分方程的边界问题

微分方程的边界问题比较复杂, 它可能有解, 也可能无解, 可能有唯一解, 也可能有无数解. 接下来介绍的方法仅适用于有唯一解的问题.

在 MATLAB 中, 求解带有边界的常微分方程的相关命令如下

```
solinit = bvpinit(x,yinit,parameters),
sol = bvp4c(odefun,bcfun,solinit,optipons),
sxint = bvpval(sol,xint).
```

bvpinit：该命令用于生成 bvp4c 命令所必须的猜测数据网格. 其中变量 x 是对指定边界区间 $[a, b]$ 上的初始网格; yinit 是对数值解的猜测数值, 可以是常数向量或者函数向量.

bvp4c: 该命令中 odefun 是计算导数的 M 函数文件, 其格式为 $dy = \text{odefun}(x, y)$; bcfun 是描述边界条件的函数, 其具体格式为 $\text{res} = \text{bcfun}(ya, yb)$;

solinit：是对方程解的猜测解, 是一个结构体变量, 可以由 bvpinit 获得;

bvpval：该命令中, sol 是 bvp4c 的输出变量, xint 则是需要计算区间的参数数值.

例 56　求解以下微分方程:

$$y'' + |y| = 0,$$

其边界条件为 $y(0) = 0$ 和 $y(4) = -2$.

该方程为二阶微分方程, 我们需要将其转化为一阶微分方程组以便于编写程序.

令

$$\begin{cases} y_1 = y, \\ y_2 = y', \end{cases}$$

则上述方程可化为

$$\begin{cases} y_1' = y^2, \\ y_2' = -\left|y_1\right|. \end{cases}$$

下面我们就可以编程进行求解.

Step1:

```
function dy=twoode(x,y)
%编写微分方程表达式
dy=[y(2);-abs(y(1))];
```

Step2:

```
function res=twobc(ya,yb)
%设置边界条件
res=[ya(1);yb(1)+2];
```

Step3:

```
clear,clc
solinit=bvpinit(linspace(0,4,5),[1 0]);  %生成猜测网格
sol=bvp4c(@twoode,@twobc,solinit);       %调用函数求解
x=linspace(0,4);
y=deval(sol,x);
plot(x,y(1,:),'r','linewidth',2);        %绘制结果
xlabel('x');
ylabel('y');
grid on.
```

将以上三个 M 文件保存在同一文件夹下, 运行第三个文件, 可得结果如图 12.38 所示.

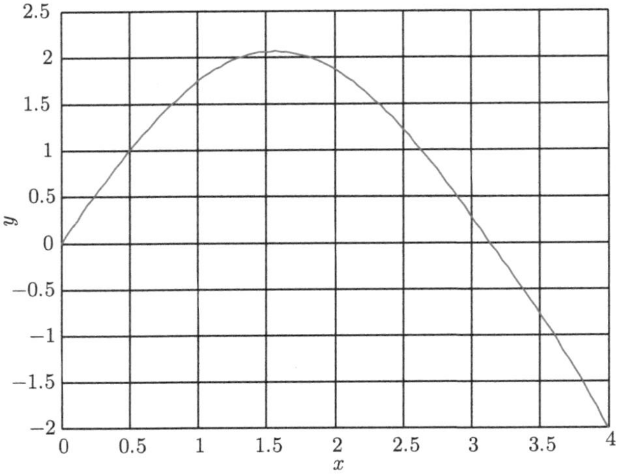

图 12.38 微分方程的数值解

参考文献

[1] 姜启源, 谢金星, 叶俊. 数学模型. 4 版. 北京：高等教育出版社, 2011.

[2] D. 伯格斯, 等. 数学建模. 叶其孝, 等译. 北京：世界图书出版社, 1997.

[3] 叶其孝. 大学生数学建模竞赛辅导教材. 长沙：湖南教育出版社, 1998.

[4] 韩中庚. 数学建模方法及其应用. 北京：高等教育出版社, 2005.

[5] 阮晓青, 周义仓. 数学建模引论. 北京：高等教育出版社, 2005.

[6] 边馥萍, 侯文华, 梁冯珍. 数学模型方法与应用. 北京：高等教育出版社, 2005.

[7] 刘来福, 曾文艺. 数学模型与数学建模. 北京：北京师范大学出版社, 2002.

[8] 谭永基, 蔡志杰. 数学模型. 上海：复旦大学出版社, 2011.

[9] 堵秀凤, 张剑, 张宏民. 数学建模. 北京：北京航空航天大学出版社, 2011.

[10] 司守奎, 孙玺菁. 数学建模算法与应用. 北京：国防工业出版社, 2011.

[11] 邓聚龙. 灰色系统气质理论. 北京：科学出版社, 2014.

[12] 乐经良, 向隆万, 李世栋. 数学实验. 北京：高等教育出版社, 1999.

[13] 苏金明, 阮沈勇. MATLAB6.1 实用指南. 北京：电子工业出版社, 2002.

[14] 沈恒范. 概率论与数理统计教程. 北京：高等教育出版社, 2000.

[15] 付权, 胡蓓华. 基本统计方法教程. 上海：华东师范大学出版社, 1989.

[16] 刁在筠, 刘桂真, 宿洁, 马建华. 运筹学. 北京：高等教育出版社, 2007.

[17] 王振龙. 时间序列分析. 北京：中国统计出版社, 2000.

[18] 王树禾. 微分方程模型与混沌. 合肥：中国科技大学出版社, 1999.

[19] 张芷芬, 丁同仁. 微分方程稳定性理论. 北京：科学出版社, 1985.

[20] 蒲俊, 吉家锋, 伊良忠. MATLAB6.0 数学手册. 上海：浦东电子出版社, 2009.

[21] 司守奎, 孙玺菁, 张德存, 周刚, 韩庆龙. 数学建模算法与应用与习题解答. 北京：国防工业出版社, 2013.

[22] 刘满凤, 傅波, 聂高辉. 运筹学模型与方法教程. 北京：清华大学出版社, 2001.

[23] 马知恩. 种群生态学的数学建模与研究. 合肥：安徽教育出版社, 1996.

[24] 王莲芬. 层次分析法引论. 北京：中国人民大学出版社, 1990.

[25] 宋健, 田雪原. 人口预测和人口控制. 北京：人民出版社, 1982.

[26] 胡运权, 郭耀煌. 运筹学教程. 北京：清华大学出版社, 2012.

[27] 谭跃进, 陈英武, 易进先. 系统工程原理. 长沙：国防科技大学出版社, 1999.

[28] 杨启帆, 方道元. 数学建模. 杭州：浙江大学出版社, 1999.

[29] 张润楚. 多元统计分析. 北京：科学出版社, 2006.

[30] 王惠文. 偏最小二乘回归方法及其应用. 北京：国防工业出版社, 2000.

[31] 汪培庄. 模糊集合论及其应用. 上海：上海科学技术出版社, 1983.

[32] 蒋泽军, 王丽芳, 高宏宾. 模糊数学教程. 北京：国防工业出版社, 2004.

[33] 王松桂, 史建红, 尹素菊, 吴密霞. 线性模型引论. 北京：科学出版社, 2004.

[34] 何书元. 随机过程. 北京：北京大学出版社, 2015.

[35] 陈宝林. 最优化理论与算法. 北京：北京大学出版社, 2005.

[36] 陈珽. 决策分析. 北京: 科学出版社, 1987.
[37] 宋健, 于景元. 人口控制论. 北京: 科学出版社, 1985.
[38] 姜启源, 谢金星. 一项成功的高等教育改革实践 —— 数学建模教学与竞赛活动的探索与实践. 中国高教研究, 2011, 12: 1—5.
[39] 李大潜. 中国大学生数学建模竞赛. 北京: 高等教育出版社, 2011.
[40] 孙浩, 叶正麟. 西北工业大学数学建模创新教育之探索. 高等数学研究, 2008, 11(4): 127—128.
[41] 郑洲顺, 李学顺, 蔡海涛. 数学建模课程与学生创新能力的培养. 数学理论与应用, 2000, 20(4): 4—7.
[42] 周远清, 姜启源. 数学建模竞赛实现了什么. 光明日报, 2006-01-11.
[43] 陈珍珍. 统计学. 厦门: 厦门大学出版社, 2002.
[44] 雷功炎. 数学模型讲义. 北京: 北京大学出版社, 1999.